CONJUNTOS E FUNÇÕES

Blucher

Cícero Nachtigall

Alexandre Molter

Maurício Zahn

CONJUNTOS E FUNÇÕES

com aplicações

Conjuntos e funções: com aplicações

Publisher Edgard Blücher
Editor Eduardo Blücher
Coordenação editorial Jonatas Eliakim
Produção editorial Isabel Silva
Diagramação Autores
Revisão de texto Gabriela Castro
Capa Leandro Cunha
Imagem da capa iStockphoto

Editora Blucher
Rua Pedroso Alvarenga, 1245, 4º andar
CEP 04531-934 – São Paulo – SP – Brasil
Tel.: 55 11 3078-5366
contato@blucher.com.br
www.blucher.com.br

Dados Internacionais de Catalogação na Publicação (CIP)
Angélica Ilacqua CRB-8/7057

Nachtigall, Cícero

Conjuntos e funções : com aplicações / Cícero Nachtigall, Alexandre Molter, Maurício Zahn. – São Paulo : Blucher, 2022.

332 p.: il.

ISBN 978-65-5506-147-5 (impresso)
ISBN 978-65-5506-148-2 (eletrônico)

1. Matemática 2. Teoria dos conjuntos 3. Funções (matemática) I. Título II. Molter, Alexandre III. Zahn, Maurício

21-3619 CDD 511.3

Índices para catálogo sistemático:
1. Matemática

Prefácio

Esta obra tem como objetivo servir de guia aos estudantes, professores e admiradores de conjuntos e funções. Ela foi cuidadosamente elaborada, explicando tudo em detalhes, mas sem ser redundante. Contém inúmeros exemplos com explicações minuciosas de cada assunto abordado e uma ampla variedade de exercícios e aplicações em diversas áreas do conhecimento. No intuito de guiar e auxiliar o leitor na compreensão de cada assunto abordado, exercícios não demonstrativos têm as respostas indicadas e o texto contém diversas ilustrações.

Elaborado por professores de matemática básica e universitária, com formação em Licenciatura em Matemática e diversos anos de experiência com o magistério, este livro apresenta os assuntos de forma didática e educativa, não deixando de lado a precisão na apresentação da parte teórica. Ele vai de encontro às necessidades dos alunos e é um excelente texto-guia para os professores.

Os autores

Dedicamos esta obra a todos os professores e estudantes que utilizarão este texto como referencial de seus estudos de conjuntos e funções.

Conteúdo

Capítulo 1

Conceitos preliminares

Neste primeiro capítulo, revisaremos resumidamente alguns tópicos do Ensino Médio que servirão de base para os próximos capítulos. Caso o leitor esteja bem familiarizado com estes conceitos, recomendamos que o mesmo visite ao menos alguns destes exercícios e migre em seguida para o capítulo seguinte.

1.1 Expressões numéricas

Relembramos abaixo algumas *propriedades da potenciação*:

(1) $a^1 = a$

(2) $a^m \cdot a^n = a^{m+n}$

(3) $(a^m)^n = a^{m \cdot n}$

(4) $(a \cdot b)^m = a^m \cdot b^m$

(5) $\dfrac{a^m}{a^n} = a^{m-n}$

(6) $\left(\dfrac{a}{b}\right)^n = \dfrac{a^n}{b^n}$

(7) $a^{-n} = \dfrac{1}{a^n}$

(8) $\left(\dfrac{a}{b}\right)^{-n} = \left(\dfrac{b}{a}\right)^n$

(9) $a^0 = 1$

Além destas, relembramos algumas *propriedades da radiciação*:

(1) $\sqrt[n]{a^m} = a^{\frac{m}{n}}$

(2) $\sqrt[n]{a} \cdot \sqrt[n]{b} = \sqrt[n]{a \cdot b}$

(3) $\sqrt[n]{\sqrt[m]{a}} = \sqrt[n \cdot m]{a}$

(4) $\dfrac{\sqrt[n]{a}}{\sqrt[n]{b}} = \sqrt[n]{\dfrac{a}{b}}$

(5) $\sqrt[n]{a^m} \cdot \sqrt[q]{a^p} = \sqrt[n \cdot q]{a^{q \cdot m + p \cdot n}}$

Vejamos exemplos de aplicação destas propriedades.

Exemplo 1.1 Calcule o valor das expressões numéricas abaixo:

(a) $12 - [2 - 3^2 - 4(\sqrt[3]{27} - 3^0) + 5] - 7^1$

(b) $\dfrac{(-2)^4 + 2^4 - (-3)^3 \cdot (-7)^0 + \sqrt[3]{-27}}{5^0 + \sqrt[4]{2} \cdot \sqrt[4]{8} - (-5)^1}$

(c) $\dfrac{\dfrac{7}{4} - \dfrac{1}{2}}{\dfrac{5}{2^3} - \dfrac{3 \cdot \sqrt[5]{32}}{\sqrt[3]{-8}}}$

(d) $\dfrac{\sqrt[3]{25} \cdot (-27)^{\frac{2}{3}} \cdot (5)^{\frac{1}{3}} + \left(\dfrac{1}{7}\right)^{-2}}{\sqrt[3]{\sqrt{64}} - 25^{\frac{1}{2}} \cdot 5^{-1}}$

Solução:

(a)

$$12 - [2 - 3^2 - 4(\sqrt[3]{27} - 3^0) + 5] - 7^1 = 12 - [2 - 9 - 4(\sqrt[3]{3^3} - 1) + 5] - 7$$

$$12 - [-7 - 4(3 - 1) + 5] - 7 = 12 - [-7 - 8 + 5] - 7 = 12 - (-10) - 7 = 15.$$

(b)

$$\frac{(-2)^4 + 2^4 - (-3)^3 \cdot (-7)^0 + \sqrt[3]{-27}}{5^0 + \sqrt[4]{2} \cdot \sqrt[4]{8} - (-5)^1} = \frac{16 + 16 - (-27) \cdot 1 + \sqrt[3]{(-3^3)}}{1 + \sqrt[4]{16} + 5} =$$

$$= \frac{32 + 27 + (-3)}{1 + \sqrt[4]{2^4} + 5} = \frac{56}{8} = 7.$$

(c)

$$\frac{\dfrac{7}{4} - \dfrac{1}{2}}{\dfrac{5}{2^3} - \dfrac{3 \cdot \sqrt[5]{32}}{\sqrt[3]{-8}}} = \frac{\dfrac{7-2}{4}}{\dfrac{5}{8} - \dfrac{3 \cdot \sqrt[5]{2^5}}{\sqrt[3]{(-2)^3}}} = \frac{\dfrac{5}{4}}{\dfrac{5}{8} - \dfrac{3 \cdot 2}{-2}} = \frac{\dfrac{5}{4}}{\dfrac{5}{8} + 3} = \frac{\dfrac{5}{4}}{\dfrac{5+24}{8}} = \frac{5}{4} \cdot \frac{8}{29} = \frac{10}{29}.$$

(d)

$$\frac{\sqrt[3]{25} \cdot (-27)^{\frac{2}{3}} \cdot (5)^{\frac{1}{3}} + \left(\dfrac{1}{7}\right)^{-2}}{\sqrt[3]{\sqrt{64}} - 25^{\frac{1}{2}} \cdot 5^{-1}} = \frac{\sqrt[3]{5^2} \cdot [(-3)^3]^{\frac{2}{3}} \cdot \sqrt[3]{5} + (7)^2}{\sqrt[3]{8} - \sqrt{25} \cdot \dfrac{1}{5}} =$$

$$= \frac{\sqrt[3]{5^2} \cdot (-3)^2 \cdot \sqrt[3]{5} + 49}{\sqrt[3]{2^3} - \dfrac{5}{5}} = \frac{9\sqrt[3]{5^2} \cdot \sqrt[3]{5} + 49}{2 - 1} = 9\sqrt[3]{5^3} + 49 = 45 + 49 = 94.$$

Exemplo 1.2 Racionalize as seguintes expressões:

(a) $\dfrac{1}{\sqrt{2}}$ **(b)** $\dfrac{\sqrt{5}}{\sqrt[3]{2}}$ **(c)** $-\dfrac{1}{2\sqrt[5]{9}}$ **(d)** $\dfrac{2}{\sqrt{7}\cdot\sqrt[3]{7}}$ **(e)** $\dfrac{12}{\sqrt[4]{3}\cdot\sqrt[3]{4}}$

Solução:

(a) $\dfrac{1}{\sqrt{2}}=\dfrac{1}{\sqrt{2}}\times\dfrac{\sqrt{2}}{\sqrt{2}}=\dfrac{\sqrt{2}}{\sqrt{2^2}}=\dfrac{\sqrt{2}}{2}.$

(b) $\dfrac{\sqrt{5}}{\sqrt[3]{2}}=\dfrac{\sqrt{5}}{\sqrt[3]{2}}\times\dfrac{\sqrt[3]{2^2}}{\sqrt[3]{2^2}}=\dfrac{\sqrt{5}\sqrt[3]{2^2}}{\sqrt[3]{2^3}}=\dfrac{\sqrt{5}\sqrt[3]{4}}{2}.$

(c) $-\dfrac{1}{2\sqrt[5]{9}}=-\dfrac{1}{2\sqrt[5]{3^2}}\times\dfrac{\sqrt[5]{3^3}}{\sqrt[5]{3^3}}=-\dfrac{\sqrt[5]{3^3}}{2\sqrt[5]{3^5}}=-\dfrac{\sqrt[5]{27}}{2\cdot 3}=-\dfrac{\sqrt[5]{27}}{6}.$

(d) $\dfrac{2}{\sqrt{7}\cdot\sqrt[3]{7}}=\dfrac{2}{7^{\frac{1}{2}}\cdot 7^{\frac{1}{3}}}=\dfrac{2}{7^{\frac{1}{2}+\frac{1}{3}}}=\dfrac{2}{7^{\frac{5}{6}}}=\dfrac{2}{\sqrt[6]{7^5}}=\dfrac{2}{\sqrt[6]{7^5}}\times\dfrac{\sqrt[6]{7}}{\sqrt[6]{7}}=\dfrac{2\sqrt[6]{7}}{7}.$

(e) $\dfrac{12}{\sqrt[4]{3}\cdot\sqrt[3]{4}}=\dfrac{12}{\sqrt[4]{3}\cdot\sqrt[3]{2^2}}=\dfrac{12}{\sqrt[4]{3}\cdot\sqrt[3]{2^2}}\times\dfrac{\sqrt[4]{3^3}}{\sqrt[4]{3^3}}\times\dfrac{\sqrt[3]{2}}{\sqrt[3]{2}}=\dfrac{12\sqrt[4]{27}\sqrt[3]{2}}{3\cdot 2}=2\sqrt[4]{27}\sqrt[3]{2}.$

Exercícios

1. Calcule o valor das expressões numéricas abaixo:

   (a) $(-1)^{1001}-\{\pi^0+\sqrt[4]{81}+2[10-(-2)^5-(\sqrt[3]{-64}+(0,02)^{-1})+3]\}$

   (b) $$\dfrac{\sqrt[3]{\sqrt{64}}-\left(-\dfrac{1}{5}\right)^{-2}+3\left(\dfrac{8}{\sqrt[5]{2}}\right)^{0}}{\left(\dfrac{1}{8}\right)^{-\frac{2}{3}}-\sqrt{\left(\dfrac{1}{27}\right)^{\frac{4}{3}}}}$$

2. Racionalize as seguintes expressões:

   (a) $\dfrac{2}{\sqrt{3}}$ (c) $\dfrac{6}{\sqrt[5]{9}}$ (e) $\dfrac{10}{\sqrt{5}\cdot\sqrt[3]{5}}$

   (b) $\dfrac{3\sqrt{2}}{2\sqrt{3}}$ (d) $\dfrac{2}{3\sqrt[4]{25}}$ (f) $\dfrac{\sqrt[4]{2}}{\sqrt[5]{2}\cdot\sqrt[3]{9}}$

3. Racionalize as seguintes expressões:

(a) $\dfrac{1-\sqrt{5}}{\sqrt{3}}$ (b) $\dfrac{2+\sqrt{8}}{\sqrt{2}}$ (c) $\dfrac{\sqrt[3]{3}-\sqrt{2}}{\sqrt[3]{5}}$ (d) $\dfrac{\sqrt[3]{4}-6\sqrt[3]{2}}{\sqrt{\sqrt[3]{16}}}$

Respostas

1. (a) -3 (b) $-\dfrac{36}{7}$

2. (a) $\dfrac{2\sqrt{3}}{3}$ (b) $\dfrac{\sqrt{6}}{2}$ (c) $2\sqrt[5]{27}$ (d) $\dfrac{2\sqrt{5}}{15}$ (e) $2\sqrt[6]{5}$ (f) $\dfrac{\sqrt[20]{2}\sqrt[3]{3}}{3}$

3. (a) $\dfrac{\sqrt{3}-\sqrt{15}}{3}$ (b) $2+\sqrt{2}$ (c) $\dfrac{\sqrt[3]{75}-\sqrt{2}\sqrt[3]{25}}{5}$ (d) $1-3\sqrt[3]{4}$

1.2 Expressões algébricas

1.2.1 Fatoração e produtos notáveis

De maneira geral, *fatorar* uma expressão significa escrevê-la como um produto de dois ou mais fatores.

A seguir, estudaremos alguns casos de fatoração de expressões algébricas.

Fatoração por fator comum

Quando os termos da expressão possuem um fator comum, podemos colocá-lo em evidência e obter a forma fatorada.

Se a expressão é dada por $ax+ay$, por exemplo, podemos colocar o fator comum a em evidência e escrevê-la como

$$ax+ay=a(x+y)$$

Exemplo 1.3 Fatore as seguintes expressões:

(a) $5x+5y$ **(b)** $2x+4$ **(c)** $9-3x$ **(d)** $2x+2y-6$

Solução:

(a) $5x + 5y = 5(x + y)$

(b) $2x + 4 = 2(x + 2)$

(c) $9 - 3x = 3(3 - x)$

(d) $2x + 2y - 6 = 2(x + y - 3)$

Exemplo 1.4 Fatore as seguintes expressões:

(a) $x^2 + x^4$

(b) $y^3 - 2y^2$

(c) $16x^3 - 8x^4 + 12x^6$

(d) $x^3y^2 + x^2y^3 - xy$

Solução: Note que, em cada um dos itens, é possível colocar fatores em evidência. Fatorando cada um deles, obtemos:

(a) $x^2 + x^4 = x^2(1 + x^2)$

(b) $y^3 - 2y^2 = y^2(y - 2)$

(c) $16x^3 - 8x^4 + 12x^6 = 4x^3(4 - 2x + 3x^3)$

(d) $x^3y^2 + x^2y^3 - xy = xy(x^2y + xy^2 - 1)$

Fatoração por agrupamento

A fatoração por agrupamento consiste em agrupar os termos de uma expressão algébrica utilizando os fatores comuns.

Se a expressão é dada por $ax + ay + bx + by$, por exemplo, podemos colocar o fator comum a em evidência na primeira parte e o fator comum b em evidência na segunda parte e escrever

$$ax + ay + bx + by = a(x + y) + b(x + y)$$

Note que, na expressão acima, é possível colocar o fator comum $x + y$ em evidência e se obter uma forma fatorada ainda mais reduzida que a anterior.

$$ax + ay + bx + by = (a + b)(x + y)$$

Exemplo 1.5 Fatore as seguintes expressões:

(a) $x^2 + 2x + 6xy + 12y$ **(b)** $x^3 + x^2 + x + 1$

Solução: Note que todo os itens podem ser fatorados utilizando o agrupamento. Fatorando cada um deles, obtemos:

(a) $(x + 6y)(x + 2)$ **(b)** $(x^2 + 1)(x + 1)$

Os próximos casos de fatoração são também chamados de *produtos notáveis*.

Fatoração da diferença de dois quadrados

A expressão $a^2 - b^2$ pode ser fatorada como o produto de $(a + b)$ por $(a - b)$, isto é,

$$a^2 - b^2 = (a + b)(a - b)$$

Este também é um caso de fatoração chamado de *diferença de dois quadrados*, onde $a^2 - b^2$ é o que chamamos de diferença de dois quadrados e o produto $(a + b)(a - b)$ de *produto da soma pela diferença.*

Assim, dizemos que $(a + b)(a - b)$ é a forma fatorada de $a^2 - b^2$.

Exemplo 1.6 Fatore as seguintes expressões:

(a) $x^2 - 16$ **(b)** $y^2 - 1$ **(c)** $x^2y^2 - 4$ **(d)** $4x^2 - 25$

Solução: Note que todos os itens são diferenças de dois quadrados. Fatorando cada um deles, obtemos:

(a) $(x + 4)(x - 4)$ **(c)** $(xy + 2)(xy - 2)$
(b) $(y + 1)(y - 1)$ **(d)** $(2x + 5)(2x - 5)$

Fatoração do trinômio quadrado perfeito

As expressões $(a + b)^2$ e $(a - b)^2$ podem ser desenvolvidas, respectivamente, como

$$(a + b)^2 = a^2 + 2ab + b^2 \quad \text{e} \quad (a - b)^2 = a^2 - 2ab + b^2$$

Estes também são considerados casos de fatoração, chamados de *trinômios quadrados perfeitos.*

Dizemos que $(a+b)^2$ é a forma fatorada de $a^2+2ab+b^2$ e que $(a-b)^2$ é a forma fatorada de $a^2-2ab+b^2$.

Exemplo 1.7 Fatore as seguintes expressões algébricas:

(a) x^2+2x+1 **(b)** $x^2-8x+16$ **(c)** $x^2y^2-4xy+4$ **(d)** $y^4+2y^2x+x^2$

Solução: Note que todos os itens são trinômios quadrados perfeitos. Fatorando cada um deles, obtemos:

(a) $(x+1)^2$ **(b)** $(y-4)^2$ **(c)** $(xy-2)^2$ **(d)** $(y^2+x)^2$

Fatoração da soma e diferença de dois cubos

A expressão a^3+b^3 pode ser fatorada como o produto de $(a+b)$ por (a^2-ab+b^2), isto é,

$$a^3+b^3=(a+b)(a^2-ab+b^2)$$

Este também é um caso de fatoração chamado de *soma de dois cubos*, onde "a^3+b^3" é o que estamos chamando de soma de dois cubos.

Se diz que $(a+b)(a^2-ab+b^2)$ é a forma fatorada de a^3+b^3.

Da mesma forma, expressão a^3-b^3 pode ser fatorada como o produto de $(a-b)$ por (a^2+ab+b^2), isto é,

$$a^3-b^3=(a-b)(a^2+ab+b^2)$$

Este também é um caso de fatoração chamado de *diferença de dois cubos*, onde a^3-b^3 é o que estamos chamando de diferença de dois cubos.

Dizemos que $(a-b)(a^2+ab+b^2)$ é a forma fatorada de a^3-b^3.

Exemplo 1.8 Fatore os seguintes polinômios:

(a) $x^3 + 27$ **(b)** $y^3 - 8$ **(c)** $8x^3 + 125$ **(d)** $64 - y^3$

Solução:

(a) $(x + 3)(x^2 - 3x + 9)$

(b) $(y - 2)(y^2 + 2y + 4)$

(c) $(2x + 5)(4x^2 - 10x + 25)$

(d) $(4 - y)(16 + 4y + y^2)$

Observacão. As fatorações obtidas para a diferença de dois quadrados $(a^2 - b^2)$ e a diferença de dois cubos $(a^3 - b^3)$ podem ser generalizadas para potências maiores que 2 e 3.

Para cada $n \in \mathbb{N}$, a expressão $a^n - b^n$ pode ser fatorada como

$$a^n - b^n = (a - b)(a^{n-1} + a^{n-2}b + a^{n-3}b^2 + \ldots + a^2b^{n-3} + ab^{n-2} + b^{n-1})$$

Note que, para a diferença de dois quadrados $(n = 2)$ e de dois cubos $(n = 3)$, a expressão acima resulta em

$$a^2 - b^2 = (a - b)(a + b)$$

$$a^3 - b^3 = (a - b)(a^2 + ab + b^2)$$

De forma semelhante, para $n = 4$, $n = 5$ e $n = 6$, por exemplo, obtém-se:

$$a^4 - b^4 = (a - b)(a^3 + a^2b + ab^2 + b^3)$$

$$a^5 - b^5 = (a - b)(a^4 + a^3b + a^2b^2 + ab^3 + b^4)$$

$$a^6 - b^6 = (a - b)(a^5 + a^4b + a^3b^2 + a^2b^3 + ab^4 + b^5)$$

1.2.2 Simplificação de frações algébricas

De maneira simplificada, uma fração algébrica é um quociente que mostra expressões algébricas no numerador ou no denominador.

Simplificar uma fração algébrica corresponde a efetuar sobre ela fatorações em seu numerador e denominador, com o intuito de cancelar fatores múltiplos presentes em numerador e denominador.

Exemplo 1.9 Simplifique as seguintes frações algébricas:

(a) $\dfrac{16}{4x}$ (b) $\dfrac{x^2y}{2x}$ (c) $\dfrac{4x^2y^3z}{20xy^2z^3}$

Solução: Utilizando propriedades da simplificação de frações, obtemos:

(a) $\dfrac{16}{4x} = \dfrac{4 \cdot 4}{4 \cdot x} = \dfrac{4}{x}$

(b) $\dfrac{x^2y}{2x} = \dfrac{x \cdot x \cdot y}{2 \cdot x} = \dfrac{xy}{2}$

(c) $\dfrac{4x^2y^3z}{20xy^2z^3} = \dfrac{4 \cdot x \cdot x \cdot y \cdot y \cdot y \cdot z}{4 \cdot 5 \cdot x \cdot y \cdot y \cdot z \cdot z \cdot z} = \dfrac{xy}{5z^2}$, ou, de uma forma mais rápida,

$$\frac{4x^2y^3z}{20xy^2z^3} = \frac{4 \cdot x^{2-1}y^{3-2}}{4 \cdot 5 \cdot z^{3-1}} = \frac{xy}{5z^2}$$

Os casos de fatoração e os produtos notáveis são muito utilizados para fazer simplificações de frações algébricas.

Exemplo 1.10 Simplifique as seguintes frações algébricas:

(a) $\dfrac{2x+10}{x+5}$ (c) $\dfrac{t^2-9}{t+3}$ (e) $\dfrac{m^2-n-m+mn}{m^2+2mn+n^2}$

(b) $\dfrac{y-3}{xy-3x+2y-6}$ (d) $\dfrac{y^2-2y+1}{2y-2}$ (f) $\dfrac{z^4-16}{z^2+4z+4}$

Solução:

(a) Utilizando o fator comum em evidência para fatorar $2x + 10$ como $2(x + 5)$, obtemos:

$$\frac{2x+10}{x+5} = \frac{2(x+5)}{x+5} = 2$$

(b) Utilizando a fatoração por agrupamento para fatorar $xy - 3x + 2y - 6$ como $(x + 2)(y - 3)$, obtemos:

$$\frac{y-3}{xy-3x+2y-6} = \frac{y-3}{(x+2)(y-3)} = \frac{1}{x+2}$$

(c) Utilizando a diferença de dois quadrados para fatorar $t^2 - 9$ como $(t + 3)(t - 3)$, obtemos:

$$\frac{t^2-9}{t+3} = \frac{(t+3)(t-3)}{t+3} = t-3$$

(d) Escrevendo $y^2 - 2y + 1 = (y-1)^2$ e $2y - 2 = 2(y-1)$, obtemos:

$$\frac{y^2 - 2y + 1}{2y - 2} = \frac{(y-1)^2}{2(y-1)} = \frac{y-1}{2}$$

(e) Escrevendo $m^2 - n - m + mn = (m+n)(m-1)$ e $m^2 + 2mn + n^2 = (m+n)^2$, obtemos:

$$\frac{m^2 - n - m + mn}{m^2 + 2mn + n^2} = \frac{(m+n)(m-1)}{(m+n)^2} = \frac{m-1}{m+n}$$

(f) Escrevendo $z^4 - 16 = (z^2-4)(z^2+4) = (z+2)(z-2)(z^2+4)$ e $z^2 + 4z + 4 = (z+2)^2$, obtemos:

$$\frac{z^4 - 16}{z^2 + 4z + 4} = \frac{(z+2)(z-2)(z^2+4)}{(z+2)^2} = \frac{(z-2)(z^2+4)}{z+2}$$

Exemplo 1.11 Racionalize e simplifique ao máximo as seguintes frações algébricas:

(a) $\dfrac{x}{\sqrt{x}}$ **(b)** $\dfrac{b}{\sqrt{a}\cdot\sqrt{b}}$ **(c)** $\dfrac{2}{\sqrt[3]{4}\cdot\sqrt[5]{a^2}}$ **(d)** $\dfrac{2\sqrt{x}y^2zw^{\frac{5}{3}}}{x^2\sqrt[5]{y^2}z^2w}$

Solução: Racionalizando cada uma das expressões, obtemos:

(a) $\dfrac{x}{\sqrt{x}} = \dfrac{x}{\sqrt{x}} \times \dfrac{\sqrt{x}}{\sqrt{x}} = \dfrac{x\cdot\sqrt{x}}{x} = \sqrt{x}$

(b) $\dfrac{b}{\sqrt{a}\cdot\sqrt{b}} = \dfrac{b}{\sqrt{a}\cdot\sqrt{b}} \times \dfrac{\sqrt{a}\cdot\sqrt{b}}{\sqrt{a}\cdot\sqrt{b}} = \dfrac{b\cdot\sqrt{a}\cdot\sqrt{b}}{a\cdot b} = \dfrac{\sqrt{a}\sqrt{b}}{a}$

(c) $\dfrac{2}{\sqrt[3]{4}\cdot\sqrt[5]{a^2}} = \dfrac{2}{\sqrt[3]{2^2}\cdot\sqrt[5]{a^2}} = \dfrac{2}{\sqrt[3]{2^2}\cdot\sqrt[5]{a^2}} \times \dfrac{\sqrt[3]{2}\cdot\sqrt[5]{a^3}}{\sqrt[3]{2}\cdot\sqrt[5]{a^3}} = \dfrac{2\sqrt[3]{2}\sqrt[5]{a^3}}{2a} = \dfrac{\sqrt[3]{2}\sqrt[5]{a^3}}{a}$

(d) $\dfrac{2\sqrt{x}y^2zw^{\frac{5}{3}}}{x^2\sqrt[5]{y^2}z^2w} = \dfrac{2x^{\frac{1}{2}}y^2zw^{\frac{5}{3}}}{x^2y^{\frac{2}{5}}z^2w} = \dfrac{2y^{2-\frac{2}{5}}w^{\frac{5}{3}-1}}{x^{2-\frac{1}{2}}z^{2-1}} = \dfrac{2y^{\frac{8}{5}}w^{\frac{2}{3}}}{x^{\frac{3}{2}}z} = \dfrac{2\sqrt[5]{y^8}\sqrt[3]{w^2}}{z\sqrt{x^3}}$

Exemplo 1.12 Racionalize as seguintes frações algébricas:

(a) $\dfrac{1}{\sqrt{x}-\sqrt{2}}$ **(b)** $\dfrac{t}{\sqrt{t}+3}$ **(c)** $\dfrac{1}{\sqrt{xy}-2}$ **(d)** $\dfrac{6\sqrt{x}}{\sqrt{2x}-\sqrt{2y}}$

Solução:

(a) Neste caso, multiplica-se o numerador e o denominador por $\sqrt{x}+\sqrt{2}$ para efetuar a racionalização.

$$\frac{1}{\sqrt{x}-\sqrt{2}}=\frac{1}{\sqrt{x}-\sqrt{2}}\times\frac{\sqrt{x}+\sqrt{2}}{\sqrt{x}+\sqrt{2}}=\frac{\sqrt{x}+\sqrt{2}}{(\sqrt{x}-\sqrt{2})(\sqrt{x}-\sqrt{2})}=$$

$$\frac{\sqrt{x}+\sqrt{2}}{(\sqrt{x})^2-(\sqrt{2})^2}=\frac{\sqrt{x}+\sqrt{2}}{x-2}$$

De forma semelhante ao item (a), obtém-se:

(b) $\dfrac{t}{\sqrt{t}+3}=\dfrac{t}{\sqrt{t}+3}\times\dfrac{\sqrt{t}-3}{\sqrt{t}-3}=\dfrac{t(\sqrt{t}-3)}{(\sqrt{t}+3)(\sqrt{t}-3)}=\dfrac{t\sqrt{t}-3t}{t-9}$

(c) $\dfrac{1}{\sqrt{xy}-2}=\dfrac{1}{\sqrt{xy}-2}\times\dfrac{\sqrt{xy}+2}{\sqrt{xy}+2}=\dfrac{\sqrt{xy}+2}{(\sqrt{xy}-2)(\sqrt{xy}+2)}=\dfrac{\sqrt{xy}+2}{xy-4}$

(d) $\dfrac{6\sqrt{x}}{\sqrt{2x}-\sqrt{2y}}=\dfrac{6\sqrt{x}}{\sqrt{2x}-\sqrt{2y}}\times\dfrac{\sqrt{2x}-\sqrt{2y}}{\sqrt{2x}-\sqrt{2y}}=\dfrac{6\sqrt{x}(\sqrt{2x}-\sqrt{2y})}{2x-2y}$

$$=\frac{3\sqrt{x}(\sqrt{2x}-\sqrt{2y})}{x-y}=\frac{3x\sqrt{2}-3\sqrt{2xy}}{x-y}$$

1.2.3 Operações com frações algébricas

Vejamos a seguir algumas operações com frações algébricas.

Exemplo 1.13 Efetue as seguintes operações:

(a) $\dfrac{1}{x}+\dfrac{3}{2x}$ **(b)** $\dfrac{1}{x^3}+\dfrac{x-1}{x}+\dfrac{5}{2x^2}$ **(c)** $\dfrac{2}{x-1}-\dfrac{2x}{x+3}$

Solução:

(a) Neste caso, o mínimo múltiplo comum dos denominadores é $2x$. Sendo assim, tem-se:

$$\frac{1}{x}+\frac{3}{2x}=\frac{2+3}{2x}=\frac{5}{2x}$$

(b) Neste caso, o mínimo múltiplo comum dos denominadores é $2x^3$. Sendo assim, tem-se:

$$\frac{1}{x^3}+\frac{x-1}{x}+\frac{5}{2x^2}=\frac{2+2x^2(x-1)+5x}{2x^3}=\frac{2x^3-2x^2+5x+2}{2x^3}$$

(c) Neste caso, os denominadores não possuem fatores comuns, portanto o mínimo múltiplo comum será o produto dos denominadores, ou seja, será o produto $(x-1)(x+3)$. Sendo assim, tem-se:

$$\frac{2}{x-1} - \frac{2x}{x+3} = \frac{2(x+3) - 2x(x-1)}{(x-1)(x+3)} = -\frac{2x^2 - 4x - 6}{(x-1)(x+3)}$$

Exemplo 1.14 Efetue as seguintes operações:

(a) $\dfrac{y}{x+2} - \dfrac{3}{2x+4}$ **(b)** $\dfrac{2x}{x-1} - \dfrac{5}{x^2-1}$ **(c)** $\dfrac{x-1}{x+1} - \dfrac{2x}{x^2+2x+1}$

Solução:

(a) Neste caso, o mínimo múltiplo comum dos denominadores é $2x+4$. Sendo assim, tem-se:

$$\frac{y}{x+2} - \frac{3}{2x+4} = \frac{2y-3}{2x+4}$$

(b) Neste caso, lembrando que $x^2 - 1 = (x+1)(x-1)$, o mínimo múltiplo comum dos denominadores é $x^2 - 1$. Sendo assim, tem-se:

$$\frac{2x}{x-1} - \frac{5}{x^2-1} = \frac{2x(x+1) - 5}{x^2-1} = \frac{2x^2 + 2x - 5}{x^2-1}$$

(c) Neste caso, lembrando que $x^2 + 2x + 1 = (x+1)^2$, o mínimo múltiplo comum dos denominadores é $(x+1)^2$. Sendo assim, tem-se:

$$\frac{x-1}{x+1} - \frac{2x}{x^2+2x+1} = \frac{x-1}{x+1} - \frac{2x}{(x+1)^2} = \frac{(x-1)(x+1) - 2x}{(x+1)^2} = \frac{x^2 - 2x - 1}{(x+1)^2}$$

Exercícios

1. Fatore as seguintes expressões:

(a) $12x^2 - 24x + 18$ (c) $5xy - 2y^3zx$ (e) $-2z^3 - 8z^6$

(b) $x^5 + x^4 + x^3$ (d) $3xw^4 + 12x^3w^2$ (f) $3x^3y^2 + 6x^2y^5$

2. Fatore as seguintes expressões, utilizando a fatoração por agrupamento:

   (a) $x^3 + x^2 - x - 1$ (c) $x^3 - x^2 - x + 1$ (e) $x^2 - 3x + 2xy - 6y$

   (b) $x^3 - x^2 + x - 1$ (d) $x^8 - x^7 + x - 1$ (f) $6x^2 - 8xy - 9ax + 12ay$

3. Fatore o numerador e o denominador e simplifique:

   (a) $\dfrac{x + ax + y + ay}{x + y}$ (c) $\dfrac{yx^2 + 2x + 2xy + 4}{xy + x^2 + 2y + 2x}$

   (b) $\dfrac{2x - 2}{x^4 - x^3 - x^2 + x}$ (d) $\dfrac{x^3 + x^2 - x - 1}{x^3 - x^2 - x + 1}$

4. Fatore as seguintes expressões:

   (a) $4x^2 - 1$ (c) $x^4 - 16$ (e) $x^2y + x^2 - 49y - 49$

   (b) $36x^2 - 25y^2$ (d) $x^6 - 9x^4$ (f) $x^6 - 81x^2 - y^2x^4 + 81y^2$

5. Fatore o numerador e o denominador e simplifique:

   (a) $\dfrac{x^2 - 36}{x + 6}$ (c) $\dfrac{x^3 + x^2 - 4x - 4}{x + 2}$

   (b) $\dfrac{2x - 4}{x^4 - 16}$ (d) $\dfrac{x^2y^2 - x^2 - y^2 + 1}{xy - x + y - 1}$

6. Fatore as seguintes expressões:

   (a) $x^2 - 12x + 36$ (d) $x^4 + 4x^2 + 4$

   (b) $4x^2 + 12x + 9$ (e) $x^3 - 6x^2 + 9x$

   (c) $9y^2 - 30y + 25$ (f) $x^2y + 2xy - 3x^2 - 6x + y - 3$

7. Fatore o numerador e o denominador e simplifique:

   (a) $\dfrac{x^2+8x+16}{x+4}$ (c) $\dfrac{x^2+x}{x^2+2x+1}$

   (b) $\dfrac{3x-9}{x^2-6x+9}$ (d) $\dfrac{x^4-x^3-x^2+x}{x^3-2x^2+x}$

8. Fatore as seguintes expressões:

   (a) x^3+1 (c) $27x^3+1$ (e) $x^3y+2x^3-64y-128$

   (b) x^3-1 (d) x^4-8x (f) x^6-y^6

9. Em cada caso, fatore e simplifique:

   (a) $\dfrac{x^3-1}{x-1}$ (b) $\dfrac{3x+6}{x^3+8}$ (c) $\dfrac{x^3+125}{x^2-25}$ (d) $\dfrac{y^3x+y^3-8x-8}{y^2+2y+4}$

10. Em cada caso, faça a racionalização do quociente e simplifique ao máximo:

   (a) $\dfrac{2x^2}{\sqrt{3x}}$ (d) $\dfrac{\sqrt[3]{3}}{\sqrt[5]{a}\cdot\sqrt[3]{b^2}}$ (g) $\dfrac{2}{\sqrt{y}-\sqrt{3}}$

   (b) $\dfrac{\sqrt{2}+1}{\sqrt[3]{x}}$ (e) $\dfrac{1}{\sqrt{x}-1}$ (h) $\dfrac{3-t}{\sqrt{t}-\sqrt{3}}$

   (c) $\dfrac{2a}{\sqrt[4]{\sqrt[3]{a^2}}}$ (f) $\dfrac{y^2-2}{y-\sqrt{2}}$ (i) $\dfrac{m-4\sqrt{m}+4}{\sqrt{m}-2}$

11. Efetue as seguintes operações:

(a) $\dfrac{4}{3x^3}+\dfrac{5}{4x^2}-\dfrac{8}{x^4}$ (c) $\dfrac{3x}{x+2}-\dfrac{5}{x^2}+\dfrac{x-1}{x+1}$ (e) $\dfrac{2x+3}{x^2-6x+9}-\dfrac{3x-1}{x^2-9}$

(b) $\dfrac{2}{x-4}-\dfrac{3}{2x}+2$ (d) $\dfrac{5x+1}{x+2}-\dfrac{2x^3}{x^2-4}$ (f) $\dfrac{2x}{x+1}+\dfrac{3x}{x^3+x^2+2x+2}$

12. Simplifique a seguinte expressão: $\dfrac{\dfrac{x}{x-2}+\dfrac{x}{x+2}}{\dfrac{x}{x-2}-\dfrac{x}{x+2}}$.

13. Simplifique cada expressão ao máximo possível:

(a) $\dfrac{(x+h)^2 - x^2}{h}$ (b) $\dfrac{(x+h)^3 - x^3}{h}$ (c) $\dfrac{\sqrt{x+h} - \sqrt{x}}{h}$

Respostas

1. (a) $6(2x^2 - 4x + 3)$ (c) $xy(5 - 2y^2z)$ (e) $-2z^3(1 + 4z^3)$

   (b) $x^3(x^2 + x + 1)$ (d) $3xw^2(w^2 + 4x^2)$ (f) $3x^2y^2(x + 2y^3)$

2. (a) $(x^2 - 1)(x + 1)$ (c) $(x^2 - 1)(x - 1)$ (e) $(x + 2y)(x - 3)$

   (b) $(x^2 + 1)(x - 1)$ (d) $(x^7 + 1)(x - 1)$ (f) $(2x - 3a)(3x - 4y)$

3. (a) $a + 1$ (b) $\dfrac{2}{x^3 - x}$ (c) $\dfrac{yx + 2}{y + x}$ (d) $\dfrac{x + 1}{x - 1}$

4. (a) $(2x + 1)(2x - 1)$ (d) $x^4(x + 3)(x - 3)$

   (b) $(6x + 5y)(6x - 5y)$ (e) $(x + 7)(x - 7)(y + 1)$

   (c) $(x^2 + 4)(x + 2)(x - 2)$ (f) $(x + y)(x - y)(x + 3)(x - 3)(x^2 + 9)$

5. (a) $x - 6$ (c) $(x + 1)(x - 2)$

   (b) $\dfrac{2}{(x^2 + 4)(x + 2)}$ (d) $(x - 1)(y + 1)$

6. (a) $(x - 6)^2$ (c) $(3y - 5)^2$ (e) $x(x - 3)^2$

   (b) $(2x + 3)^2$ (d) $(x^2 + 2)^2$ (f) $(y - 3)(x + 1)^2$

7. (a) $x + 4$ (b) $\dfrac{3}{x - 3}$ (c) $\dfrac{x}{x + 1}$ (d) $x + 1$

8. (a) $(x + 1)(x^2 - x + 1)$ (d) $x(x - 2)(x^2 + 2x + 4)$

   (b) $(x - 1)(x^2 + x + 1)$ (e) $(y + 2)(x - 4)(x^2 + 4x + 16)$

   (c) $(3x + 1)(9x^2 - 3x + 1)$ (f) $(x + y)(x^2 - xy + y^2)(x - y)(x^2 + xy + y^2)$

9. (a) $x^2 + x + 1$ (b) $\dfrac{3}{x^2 - 2x + 4}$ (c) $\dfrac{x^2 - 5x + 25}{x - 5}$ (d) $(y - 2)(x + 1)$

10. (a) $\dfrac{2x\sqrt{3x}}{3}$ (d) $\dfrac{\sqrt[3]{3b}\sqrt[5]{a^4}}{ab}$ (g) $\dfrac{2(\sqrt{y} + \sqrt{3})}{y - 3}$

(b) $\dfrac{(\sqrt{2} + 1)\sqrt[3]{x^2}}{x}$ (e) $\dfrac{\sqrt{x} + 1}{x - 1}$ (h) $-\sqrt{t} - \sqrt{3}$

(c) $2\sqrt[6]{a^5}$ (f) $y + \sqrt{2}$ (i) $\sqrt{m} - 2$

11. (a) $\dfrac{15x^2 + 16x - 96}{12x^4}$ (d) $-\dfrac{2x^3 - 5x^2 + 9x + 2}{x^2 - 4}$

(b) $\dfrac{4x^2 - 15x + 12}{2x^2 - 8x}$ (e) $-\dfrac{x^2 - 19x - 6}{x^3 - 3x^2 - 9x + 27}$

(c) $\dfrac{4x^4 + 4x^3 - 7x^2 - 15x - 10}{x^4 + 3x^3 + 2x^2}$ (f) $\dfrac{2x^3 + 7x}{x^3 + x^2 + 2x + 2}$

12. x

13. (a) $2x + h$ (b) $3x^2 + 3xh + h^2$ (c) $\dfrac{1}{\sqrt{x + h} + \sqrt{x}}$

1.3 Polinômios em uma variável

Os polinômios representam um importante estudo dentro da matemática e permeiam vários assuntos em diversas áreas do conhecimento científico. Nesta seção, faremos um estudo resumido sobre alguns aspectos dos polinômios de uma variável.

Definição 1.15

Um *polinômio na variável* x é uma expressão algébrica do tipo

$$a_n x^n + a_{n-1} x^{n-1} + \ldots a_1 x + a_0$$

onde $n \in \mathbb{N}$ e $a_n, a_{n-1}, \ldots, a_1, a_0$ são números reais, tais que $a_n \neq 0$.

O número n é chamado de *grau do polinômio.*

Os números $a_n, a_{n-1}, \ldots, a_1, a_0$ são chamados de *coeficientes do polinômio.*

O número a_n é chamado de *coeficiente dominante do polinômio.*

Exemplo 1.16 O polinômio $x^2 - 5x + 6$ é um polinômio de grau 2 e coeficientes $a_2 = 1$, $a_1 = -5$ e $a_0 = 6$.

Os polinômios de grau 0 são chamados de *polinômios constantes*, os de grau 1 de *polinômios de primeiro grau*, os de grau 2 de *polinômios de segundo grau*, e assim por diante.

As expressões $a_n x^n$, $a_{n-1}x^{n-1}$, ..., $a_1 x$ e a_0 que formam um polinômio são chamadas de *monômios* ou *termos do polinômio.*

O monômio a_0 é chamado de *termo constante.*

Exemplo 1.17 O polinômio $-2x^5 + x^4 + 3x^2 - x$ é um polinômio de quinto grau formado pelos monômios $-2x^5$, x^4, $3x^2$ e $-x$.

Um polinômio formado apenas por dois monômios é chamado de *binômio*, e um polinômio formado apenas por três monômios é chamado de *trinômio.*

1.3.1 Operações com polinômios

As operações de soma, subtração, multiplicação e divisão de dois polinômos estão diretamente relacionadas às operações com os monômios que formam esses polinômios.

Soma e subtração

Lembre que só se pode somar *monômios semelhantes*, isto é, que têm o mesmo grau.

O resultado da soma de dois monômios semelhantes é um monômio cujo coeficiente é a soma dos coeficientes dos dois monômios (exemplo: $4x^3 + 2x^3 = 6x^3$). A subtração também só vale para monômios semelhantes.

A soma (ou subtração) de polinômios será a soma (ou subtração) dos monômios que formam os polinômios dados.

Exemplo 1.18 Determine a soma dos polinômios

$$3x^4 + 2x^3 - x^2 + 2x + 1 \qquad \text{e} \qquad x^4 - x^2 - 2x + 5$$

Solução: Para obter a soma $(3x^4 + 2x^3 - x^2 + x + 1) + (x^4 - x^2 - 2x + 5)$, somamos os coeficientes dos monômios de mesmo grau, ou seja,

$$\begin{array}{rr} & 3x^4 + 2x^3 - x^2 + 2x + 1 \\ + & x^4 + 0x^3 - x^2 - 2x + 5 \\ \hline & 4x^4 + 2x^3 - 2x^2 + 0x + 6 \end{array}$$

Portanto, o polinômio resultante da soma é $4x^4 + 2x^3 - 2x^2 + 6$.

Exemplo 1.19 Dados os polinômios

$$3x^4 + 2x^3 - x^2 + 2x + 1 \qquad \text{e} \qquad x^4 - x^2 - 2x + 5$$

determine a subtração do primeiro pelo segundo.
Solução. Para obter a subtração

$$(3x^4 + 2x^3 - x^2 + x + 1) - (x^4 - x^2 - 2x + 5)$$

subtraímos os coeficientes dos monômios de mesmo grau, ou seja,

$$\begin{array}{rr} & 3x^4 + 2x^3 - x^2 + 2x + 1 \\ - & x^4 + 0x^3 - x^2 - 2x + 5 \\ \hline & 2x^4 + 2x^3 + 0x^2 + 4x - 4 \end{array}$$

Portanto, o polinômio resultante da subtração é $2x^4 + 2x^3 + 4x - 4$.

Multiplicação

Lembre que o resultado da multiplicação de dois monômios é um monômio cujo coeficiente é o produto dos coeficentes dos dois monômios multiplicados e cujo grau é a soma dos graus. Por exemplo: $(3x^2)(2x^5) = 6x^7$.

Para efetuar o multiplicação de dois polinômios, deve-se multiplicar cada monômio do primeiro polinômio por todos os monômios do segundo polinômio. O produto será o polinômio resultante destes produtos.

Exemplo 1.20 Efetue o produto dos polinômios: $x^2 - 3x + 2$ e $3x - 1$.

Solução: Utilizando um método semelhante ao utilizado para a multiplicação de números inteiros, obtemos:

$$
\begin{array}{rr}
 & x^2 - 3x + 2 \\
\times & \underline{3x - 1} \\
 & 3x^3 - x^2 \\
 & -9x^2 + 3x \\
+ & \underline{6x - 2} \\
 & 3x^3 - 10x^2 + 9x - 2
\end{array}
$$

Portanto, o polinômio resultante da multiplicação é $3x^3 - 10x^2 + 9x - 2$.

Divisão

Analisando a sequência de passos a seguir, certamente você se lembrará do *algorítmo da divisão* utilizado para realizar a divisão de números naturais.

$$
\begin{array}{r|l}
\widehat{17}3 & \underline{12} \\
 & 1
\end{array}
\qquad
\begin{array}{r|l}
173 & \underline{12} \\
-12 & 1
\end{array}
\qquad
\begin{array}{r|l}
173 & \underline{12} \\
\underline{-12} & 1 \\
53 &
\end{array}
\qquad
\begin{array}{r|l}
173 & \underline{12} \\
\underline{-12} & 14 \\
53 &
\end{array}
\qquad
\begin{array}{r|l}
173 & \underline{12} \\
\underline{-12} & 14 \\
53 & \\
-48 &
\end{array}
\qquad
\begin{array}{r|l}
173 & \underline{12} \\
\underline{-12} & 14 \\
53 & \\
\underline{-48} & \\
5 &
\end{array}
$$

Utilizando o algorítmo da divisão, podemos escrever:

$$\underbrace{173}_{\text{Dividendo}} = \underbrace{12}_{\text{Divisor}} \times \underbrace{14}_{\text{Quociente}} + \underbrace{5}_{\text{Resto}}$$

A divisão de polinômios será realizada de forma muito similar ao desenvolvimento acima, mas utilizando monômios ao invés de algarismos.

Lembre que o resultado da divisão de dois monômios é um monômio cujo coeficiente é o quociente dos coeficentes dos dois monômios multiplicados e cujo grau é a subtração dos graus. Por exemplo: $(4x^6) \div (3x^4) = \frac{4}{3}x^2$.

Exemplo 1.21 Efetue a divisão $(x^2 + 3x + 4) \div (x + 1)$.

Solução: Neste exercício, vamos detalhar cada passo da divisão. Podemos reescrevê-la na forma

$$
\begin{array}{r|l}
x^2 + 3x + 4 & \underline{\; x + 1 \;}
\end{array}
$$

onde o polinômio $x^2 + 3x + 4$ é o *dividendo* e o polinômio $x + 1$ é o *divisor*.

Note que os monômios do dividendo e do divisor devem ser escritos com os graus em ordem decrescente.

Primeiramente, dividimos o monômio de maior grau do dividendo pelo monômio de maior grau do divisor, ou seja, $x^2 \div x$. Como o resultado é x, então x será o primeiro monômio do *quociente* da divisão, e escrevemos:

$$\begin{array}{r|l} x^2 + 3x + 4 & x + 1 \\ \cline{2-2} & x \end{array}$$

Agora multiplicamos x por $x+1$ para obter x^2+x. Este passa a subtrair o dividendo, ou seja,

$$\begin{array}{r|l} x^2 + 3x + 4 & x + 1 \\ \cline{2-2} -(x^2 + x) \quad & x \end{array}$$

Efetuando a subtração, obtemos:

$$\begin{array}{r|l} x^2 + 3x + 4 & x + 1 \\ \cline{2-2} -x^2 - x \quad & x \\ \cline{1-1} 2x + 4 & \end{array}$$

Desta forma, o processo de divisão realizado até agora deixou um quociente igual a x e um resto (parcial) igual a $2x + 4$.

Note que o procedimento acima é válido sempre que o grau do dividendo é maior ou igual ao grau do divisor. Continuaremos o processo agora considerando $2x + 4$ como dividendo e $x + 1$ como divisor.

Repetimos este processo até que o quociente tenha grau menor que o grau do divisor. Como $2x + 4$ tem grau 1 e o quociente $x + 1$ também tem grau 1, prosseguimos com a divisão. Da mesma forma, dividimos o monômio de maior grau do dividendo, que agora é $2x + 4$ pelo monômio de maior grau do divisor, ou seja, $2x \div x$. Como o resultado desta divisão é 2, então somamos 2 ao quociente que havíamos obtido no passo anterior, ou seja,

$$\begin{array}{r|l} x^2 + 3x + 4 & x + 1 \\ \cline{2-2} -x^2 - x \quad & x + 2 \\ \cline{1-1} \end{array}$$

$$\begin{array}{c} 2x+4 \\ -(2x+2) \end{array}$$

Efetuando a subtração, obtemos:

$$\begin{array}{r|l} x^2+3x+4 & x+1 \\ \cline{2-2} \underline{-x^2-x} & x+2 \\ 2x+4 & \\ \underline{-2x-2} & \\ 2 & \end{array}$$

Como o polinômio contante 2 tem grau menor que o grau do quociente $(x+1)$, então a operação de divisão foi finalizada.

Portanto, podemos reescrever o polinômio dado na forma:

$$\underbrace{x^2+3x+4}_{\text{Dividendo}} = \underbrace{(x+1)}_{\text{Divisor}}\ \underbrace{(x+2)}_{\text{Quociente}} + \underbrace{2}_{\text{Resto}}$$

Ou podemos escrever que:

$$\frac{x^2+3x+4}{x+1} = x+2+\frac{2}{x+1}$$

Exemplo 1.22 Efetue a divisão $(x^2-5x+6) \div (x-2)$.

Solução: Vamos proceder exatamente como no exemplo 1.21, porém de forma mais resumida. Os passos foram numerados para facilitar a compreensão.

Primeiro passo

$$\begin{array}{r|l} x^2-5x+6 & x-2 \\ \cline{2-2} & x \end{array}$$

Segundo passo

$$\begin{array}{r|l} x^2-5x+6 & x-2 \\ \cline{2-2} -x^2+2x & x \end{array}$$

Terceiro passo

$$\begin{array}{r|l} x^2-5x+6 & x-2 \\ \cline{2-2} \underline{-x^2+2x} & x \\ -3x+6 & \end{array}$$

Quarto passo

$$\begin{array}{r|l} x^2-5x+6 & x-2 \\ \cline{2-2} \underline{-x^2+2x} & x-3 \\ -3x+6 & \end{array}$$

Quinto passo

$$\begin{array}{r|l} x^2-5x+6 & x-2 \\ \cline{2-2} \underline{-x^2+2x} & x-3 \\ -3x+6 & \\ 3x-6 & \end{array}$$

Sexto passo

$$\begin{array}{r|l} x^2-5x+6 & x-2 \\ \cline{2-2} \underline{-x^2+2x} & x-3 \\ -3x+6 & \\ \underline{3x-6} & \\ 0 & \end{array}$$

Portanto, podemos reescrever o polinômio dado na forma:

$$\underbrace{x^2-5x+6}_{\text{Dividendo}} = \underbrace{(x-2)}_{\text{Divisor}}\ \underbrace{(x-3)}_{\text{Quociente}}$$

No exemplo 1.22, temos uma *divisão exata*, ou seja, o resto é igual a zero.

Nestes casos, se diz que o polinômio x^2-5x+6 é *divisível* por $x-2$, ou ainda que o polinômio $x-2$ *divide* o polinômio x^2-5x+6. Assim, podemos escrever:

$$\frac{x^2-5x+6}{x-2} = x-3$$

Exemplo 1.23 Efetue a divisão $(x^4+x^3-5x^2-4x+4) \div (x^2-4)$.

Solução: Descrevendo detalhadamente cada passo da divisão, temos:

Primeiro passo

$$\begin{array}{r|l} x^4+x^3-5x^2-4x+4 & x^2-4 \\ \cline{2-2} & x^2 \end{array}$$

Segundo passo

$$\begin{array}{r|l} x^4+x^3-5x^2-4x+4 & x^2-4 \\ \cline{2-2} -x^4 \qquad +4x^2 \qquad\qquad & x^2 \end{array}$$

Terceiro passo

$$\begin{array}{r|l} x^4+x^3-5x^2-4x+4 & x^2-4 \\ \cline{2-2} -x^4 \qquad +4x^2 \qquad\qquad & x^2 \\ \hline x^3-x^2-4x+4 & \end{array}$$

Quarto passo

$$\begin{array}{r|l} x^4+x^3-5x^2-4x+4 & x^2-4 \\ \cline{2-2} -x^4 \qquad +4x^2 \qquad\qquad & x^2+x \\ \hline x^3-x^2-4x+4 & \end{array}$$

Quinto passo

$$\begin{array}{r|l} x^4+x^3-5x^2-4x+4 & x^2-4 \\ \cline{2-2} -x^4 \qquad +4x^2 \qquad\qquad & x^2+x \\ \hline x^3-x^2-4x+4 & \\ -x^3 \qquad +4x \qquad & \end{array}$$

Sexto passo

$$\begin{array}{r|l} x^4+x^3-5x^2-4x+4 & x^2-4 \\ \cline{2-2} -x^4 \qquad +4x^2 \qquad\qquad & x^2+x \\ \hline x^3-x^2-4x+4 & \\ -x^3 \qquad +4x \qquad & \\ \hline -x^2 \qquad +4 & \end{array}$$

Sétimo passo

$$\begin{array}{r|l} x^4+x^3-5x^2-4x+4 & x^2-4 \\ \cline{2-2} -x^4 \qquad +4x^2 \qquad\qquad & x^2+x-1 \\ \hline x^3-x^2-4x+4 & \\ -x^3 \qquad +4x \qquad & \\ \hline \end{array}$$

Oitavo passo

$$\begin{array}{r|l} x^4+x^3-5x^2-4x+4 & x^2-4 \\ \cline{2-2} -x^4 \qquad +4x^2 \qquad\qquad & x^2+x-1 \\ \hline x^3-x^2-4x+4 & \\ -x^3 \qquad +4x \qquad & \\ \hline \end{array}$$

$$\begin{array}{r} -x^2+4 \end{array} \qquad\qquad \begin{array}{r} -x^2+4 \\ \underline{x^2-4} \\ 0 \end{array}$$

Portanto, podemos reescrever o polinômio dado na forma:

$$\underbrace{x^4+x^3-5x^2-4x+4}_{\text{Dividendo}} = \underbrace{(x^2-4)}_{\text{Divisor}}\underbrace{(x^2+x-1)}_{\text{Quociente}}$$

No exemplo 1.23, temos novamente uma divisão exata, que pode ser escrita como

$$\frac{x^4+x^3-5x^2-4x+4}{x^2-4} = x^2+x-1$$

Exemplo 1.24 Efetue a divisão $(x^3+7x^2+11x-4)\div(x^2+3x-1)$.

Solução. Destacando apenas os passos principais da divisão, temos:

Pimeiro passo

$$\begin{array}{r|l} x^3+7x^2+11x-4 & x^2+3x-1 \\ \cline{2-2} \underline{-x^3-3x^2+x} & x \\ 4x^2+12x-4 & \end{array}$$

Segundo passo

$$\begin{array}{r|l} x^3+7x^2+11x-4 & x^2+3x-1 \\ \cline{2-2} \underline{-x^3-3x^2+x} & x+4 \\ 4x^2+12x-4 & \\ \underline{-4x^2-12x+4} & \\ 0 & \end{array}$$

Portanto, podemos reescrever o polinômio dado na forma fatorada:

$$x^3+7x^2+11x-4 = (x^2+3x-1)(x+4)$$

Exemplo 1.25 Efetue a divisão $(x^5-2x^4+5x^3-8x^2+5x-3)\div(x^2+4)$.

Solução. Os três principais passos da divisão são:

Primeiro passo

$$\begin{array}{r|l} x^5-2x^4+5x^3-8x^2+5x-3 & x^2+4 \\ \cline{2-2} \underline{-x^5-4x^3} & x^3 \\ -2x^4+x^3-8x^2+5x-3 & \end{array}$$

Segundo passo

$$\begin{array}{r|l} x^5-2x^4+5x^3-8x^2+5x-3 & x^2+4 \\ \cline{2-2} \underline{-x^5-4x^3} & x^3-2x^2 \\ -2x^4+x^3-8x^2+5x-3 & \end{array}$$

$$\begin{array}{l} \underline{2x^4 \quad\quad + 8x^2 \quad\quad\quad} \\ \quad\quad x^3 + 5x - 3 \end{array}$$

<u>Terceiro passo</u>

$$\begin{array}{l|l} x^5 - 2x^4 + 5x^3 - 8x^2 + 5x - 3 & \underline{\; x^2 + 4 \;} \\ \underline{-x^5 \quad\quad - 4x^3 \quad\quad\quad\quad\quad\quad} & x^3 - 2x^2 + x \\ \quad -2x^4 + x^3 - 8x^2 + 5x - 3 & \\ \quad \underline{2x^4 \quad\quad + 8x^2 \quad\quad\quad\quad} & \\ \quad\quad\quad x^3 + 5x - 3 & \\ \quad\quad \underline{-x^3 - 4x \quad\quad} & \\ \quad\quad\quad\quad\quad x - 3 & \end{array}$$

Uma vez que o grau do polinômio $x - 3$ é menor que o grau de $x^2 + 4$ (quociente), a divisão deve ser encerrada.

Portanto, podemos reescrever o polinômio dado na forma:

$$x^5 - 2x^4 + 5x^3 - 8x^2 + 5x - 3 = (x^2 + 4)(x^3 - 2x^2 + x) + x - 3$$

Um caso especial de divisão de polinômios ocorre quando o divisor é um binômio de primeiro grau. Esses casos são particularmente úteis em disciplinas de cálculo, no conteúdo de limites, e daremos um enfoque especial a eles. Para isso, começaremos com a definição de raiz de um polinômio.

Definição 1.26

Um número real a é *raiz* do polinômio $a_n x^n + a_{n-1} x^{n-1} + \ldots a_1 x + a_0$ se

$$a_n a^n + a_{n-1} a^{n-1} + \ldots a_1 a + a_0 = 0.$$

Exemplo 1.27 O número 1 é raiz do polinômio $x^2 - 4x + 3$. De fato, basta notar que $(1)^2 - 4(1) + 3 = 1 - 4 + 3 = 0$.

Exemplo 1.28 O número -2 é raiz do polinômio $x^3 + 3x^2 + 3x + 2$. De fato, basta notar que $(-2)^3 + 3(-2)^2 + 3(-2) + 2 = -8 + 12 - 6 + 2 = 0$.

Proposição 1.29

Um polinômio $a_n x^n + a_{n-1}x^{n-1} + \dots a_1 x + a_0$ é divisível pelo binômio $x - a$ se, e somente se, a for raiz deste polinômio.

Exemplo 1.30 O polinômio $x^2 - 4x + 3$ é divisível pelo binômio $x - 1$, pois o número 1 é raiz do polinômio dado.

Exemplo 1.31 Verifique se o polinômio $x^3 + 3x^2 + 2x$ é divisível pelo binômio $x + 1$ e, em caso afirmativo, fatore o polinômio dado.

Solução: Note primeiramente que -1 é raiz do polinômio $x^3 + 3x^2 + 2x$.

De fato, perceba que $(-1)^3 + 3(-1)^2 + 2(-1) = -1 + 3 - 2 = 0$, portanto, $x^3 + 3x^2 + 2x$ é divisível por $x + 1$. Efetuando a divisão, pode-se obter a forma fatorada do polinômio como $x^3 + 3x^2 + 2x = (x + 1)(x^2 + 2x)$.

Exemplo 1.32 Verifique se o polinômio $x^4 - 8x^2 - 4x + 3$ é divisível pelo binômio $x - 3$ e, em caso afirmativo, fatore o polinômio dado.

Solução: Substituindo x por 3 no polinômio $x^4 - 8x^2 - 4x + 3$, obtemos:

$$(3)^4 - 8(3)^2 - 4(3) + 3 = 81 - 72 - 12 + 3 = 0$$

Portanto, $x^4 - 8x^2 - 4x + 3$ é divisível por $x - 3$.

Efetuando a divisão, pode-se obter a forma fatorada do polinômio como $x^4 - 8x^2 - 4x + 3 = (x^3 + 3x^2 + x - 1)(x - 3)$.

Exemplo 1.33 **(a)** Prove que o polinômio $x^4 + 2x^3 + 3x + 6$ é divisível pelo binômio $x + 2$. Escreva este polinômio na forma fatorada.

(b) Prove que o polinômio $x^3 - 3x + 2$ é divisível pelo binômio $x + 2$. Escreva este polinômio na forma fatorada.

(c) Utilize os itens anteriores para simplificar a seguinte fração algébrica:

$$\frac{x^4 + 2x^3 + 3x + 6}{x^3 - 3x + 2}$$

Solução: **(a)** Substituindo x por -2 no polinômio $x^4 + 2x^3 + 3x + 6$, obtemos:

$$(-2)^4 + 2(-2)^3 + 3(-2) + 6 = 16 - 16 - 6 + 6 = 0$$

Portanto, $x^4 + 2x^3 + 3x + 6$ é divisível por $x + 2$.

Efetuando a divisão, pode-se obter a forma fatorada do polinômio como $x^4 + 2x^3 + 3x + 6 = (x^3 + 3)(x + 2)$.

(b) Substituindo x por -2 no polinômio $x^3 - 3x + 2$, obtemos:

$$(-2)^3 - 3(-2) + 2 = -8 + 8 = 0$$

Portanto, $x^3 - 3x + 2$ é divisível por $x + 2$.

Efetuando a divisão, pode-se obter a forma fatorada do polinômio como $x^3 - 3x + 2 = (x^2 - 2x + 1)(x + 2)$.

(c) Simplificando a fração algébrica dada, obtemos:

$$\frac{x^4 + 2x^3 + 3x + 6}{x^3 - 3x + 2} = \frac{(x^3 + 3)(x + 2)}{(x^2 - 2x + 1)(x + 2)} = \frac{x^3 + 3}{x^2 - 2x + 1}$$

1.3.2 Dispositivo prático de Briot-Ruffini

Uma ferramenta bastante prática para efetuar a divisão de um polinômio

$$a_n x^n + a_{n-1}x^{n-1} + a_{n-2}x^{n-2} + \ldots a_1 x + a_0$$

por um monômio da forma $x - a$ é denominda como o *dispositivo prático de Briot-Ruffini.*

Note que, ao efetuar esta divisão, podemos escrevê-la da seguinte forma:

$$\underbrace{a_n x^n + a_{n-1}x^{n-1} + \ldots a_1 x + a_0}_{\text{dividendo}} = \underbrace{(x - a)}_{\text{divisor}} \cdot \underbrace{(b_{n-1}x^{n-1} + \cdots + b_2 x + b_1)}_{\text{quociente}} + \underbrace{r}_{\text{resto}}$$

O dispositivo Briot-Ruffini consiste em um método prático para encontrar o quociente e o resto na divisão acima.

A utilização deste dispositivo consiste basicamente em dispor o número a e os coeficientes do polinômio dado e seguir os seguintes passos:

a	a_n	a_{n-1}	a_{n-2}	$\ldots$	a_1	a_0

Primeiro passo: na segunda linha, logo abaixo de a_n, reescreva o coeficiente a_n. Este será o primeiro coeficiente do quociente, ou seja, $a_n = b_{n-1}$.

a	a_n	a_{n-1}	a_{n-2}	$\dots$	a_1	a_0
	$\underbrace{a_n}_{b_{n-1}}$					

Segundo passo: logo abaixo de a_{n-1}, escreva $b_{n-1} \cdot a + a_{n-1}$. Este será o segundo coeficiente do quociente, ou seja, $b_{n-2} = b_{n-1} \cdot a + a_{n-1}$.

a	a_n	a_{n-1}	a_{n-2}	$\dots$	a_1	a_0
	b_{n-1}	$\underbrace{b_{n-1} \cdot a + a_{n-1}}_{b_{n-2}}$				

Terceiro passo: logo abaixo de a_{n-2}, escreva $b_{n-2} \cdot a + a_{n-2}$. Este será o terceiro coeficiente do quociente, ou seja, $b_{n-3} = b_{n-2} \cdot a + a_{n-2}$.

a	a_n	a_{n-1}	a_{n-2}	$\dots$	a_1	a_0
	b_{n-1}	b_{n-2}	$\underbrace{b_{n-2} \cdot a + a_{n-2}}_{b_{n-3}}$			

Continuando este procedimento até o passo n, obtemos o passo $n + 1$, como segue:

Passo $n + 1$: na segunda linha, logo abaixo de a_0, escreva $a_1 \cdot a + a_0$.

a	a_n	a_{n-1}	a_{n-2}	$\dots$	a_1	a_0
	b_{n-1}	b_{n-2}	b_{n-3}	$\dots$	b_0	$\underbrace{b_0 \cdot a + a_0}_{r}$

Os números $b_{n-1}, b_{n-2}, \dots b_0$ encontados na segunda linha serão os coeficientes do polinômio resultante da fatoração.

O termo $b_0 \cdot a + a_0$ é o resto da divisão. Desta forma, se $b_0 \cdot a + a_0 = 0$, a divisão é exata.

Exemplo 1.34 Utilize o dispositivo Briot-Ruffini para efetuar a divisão do polinômio $x^3 - 2x^2 - 9x + 6$ pelo binômio $x - 4$.

Solução: Neste caso, tem-se $a = 4$, $a_3 = 1$, $a_2 = -2$, $a_1 = -9$ e $a_0 = 6$.

O dispositivo Briot-Ruffini possibilita determinar os coeficientes b_2, b_1 e b_0 e o resto r na expressão abaixo:

$$\underbrace{x^3 - 2x^2 - 9x + 6}_{\text{dividendo}} = \underbrace{(x - 4)}_{\text{divisor}} \cdot \underbrace{(b_2x^2 + b_1x + b_0)}_{\text{quociente}} + \underbrace{r}_{\text{resto}}$$

Dispondo o número 4 e os coeficientes do polinômio dado, tem-se:

$$\begin{array}{c|ccc|c} a & a_3 & a_2 & a_1 & a_0 \\ \hline & & & & \end{array} \qquad \begin{array}{c|ccc|c} 4 & 1 & -2 & -9 & 6 \\ \hline & & & & \end{array}$$

<u>Primeiro passo</u>

$$\begin{array}{c|ccc|c} 4 & 1 & -2 & -9 & 6 \\ \hline & \underbrace{1}_{b_2} & & & \end{array}$$

<u>Segundo passo</u>

$$\begin{array}{c|ccc|c} 4 & 1 & -2 & -9 & 6 \\ \hline & \underbrace{1}_{b_2} & \underbrace{2}_{b_1 = 1 \cdot 4 - 2} & & \end{array}$$

<u>Terceiro passo</u>

$$\begin{array}{c|ccc|c} 4 & 1 & -2 & -9 & 6 \\ \hline & \underbrace{1}_{b_2} & \underbrace{2}_{b_1} & \underbrace{-1}_{b_0 = 2 \cdot 4 - 9} & \end{array}$$

<u>Quarto passo</u>

$$\begin{array}{c|ccc|c} 4 & 1 & -2 & -9 & 6 \\ \hline & \underbrace{1}_{b_2} & \underbrace{2}_{b_1} & \underbrace{-1}_{b_0} & \underbrace{2}_{r = -1 \cdot 4 + 6} \end{array}$$

Portanto, $b_2 = 1$, $b_1 = 2$, $b_0 = -1$ e $r = 2$. Podemos escrever a divisão de polinômios da seguinte forma:

$$\underbrace{x^3 - 2x^2 - 9x + 6}_{\text{dividendo}} = \underbrace{(x - 4)}_{\text{divisor}} \cdot \underbrace{(x^2 + 2x - 1)}_{\text{quociente}} + \underbrace{2}_{\text{resto}}$$

Exemplo 1.35 Utilize o dispositivo Briot-Ruffini para efetuar a divisão do polinômio $2x^4 + 6x^3 - 5x - 15$ pelo binômio $x + 3$.

Solução: Dispondo o número -3 e os coeficientes do polinômio dado, tem-se:

$$\begin{array}{c|cccc|c} a & a_4 & a_3 & a_2 & a_1 & a_0 \\ \hline & & & & & \end{array} \qquad \begin{array}{c|cccc|c} -3 & 2 & 6 & 0 & -5 & -15 \\ \hline & & & & & \end{array}$$

Primeiro passo

$$\begin{array}{r|cccc|c} -3 & 2 & 6 & 0 & -5 & -15 \\ \hline & \underbrace{2}_{b_3} & & & & \end{array}$$

Segundo passo

$$\begin{array}{r|cccc|c} -3 & 2 & 6 & 0 & -5 & -15 \\ \hline & \underbrace{2}_{b_3} & \underbrace{0}_{b_2 = 2(-3)+6} & & & \end{array}$$

Terceiro passo

$$\begin{array}{r|cccc|c} -3 & 2 & 6 & 0 & -5 & -15 \\ \hline & \underbrace{2}_{b_3} & \underbrace{0}_{b_2} & \underbrace{0}_{b_1 = 0(-3)+0} & & \end{array}$$

Quarto passo

$$\begin{array}{r|cccc|c} -3 & 2 & 6 & 0 & -5 & -15 \\ \hline & \underbrace{2}_{b_3} & \underbrace{0}_{b_2} & \underbrace{0}_{b_1} & \underbrace{-5}_{b_0 = 0(-3)-5} & \end{array}$$

Quinto passo

$$\begin{array}{r|cccc|c} -3 & 2 & 6 & 0 & -5 & -15 \\ \hline & \underbrace{2}_{b_3} & \underbrace{0}_{b_2} & \underbrace{0}_{b_1} & \underbrace{-5}_{b_0} & \underbrace{0}_{r = -5(-3)+15} \end{array}$$

Neste caso, o resto da divisão é igual a zero, portanto a divisão é exata. Pode-se escrever a divisão de polinômios da seguinte forma:

$$\underbrace{2x^4 + 6x^3 - 5x - 15}_{\text{dividendo}} = \underbrace{(x+3)}_{\text{divisor}} \cdot \underbrace{(2x^3 - 5)}_{\text{quociente}}.$$

Exercícios

1. Efetue as seguintes divisões de polinômios:

   (a) $(x^2 + 2x + 5) \div (x - 1)$

   (b) $(x^2 - x - 12) \div (x + 3)$

   (c) $(x^3 + 6x^2 + 2x - 5) \div (x - 2)$

   (d) $(x^4 + 5x^3 - 3x^2 + 2x + 1) \div (x^2 - x + 1)$

   (e) $(x^4 - 3x^2 - 4) \div (x^2 - 4)$

   (f) $(x^4 - 2x^2 - x + 9) \div (x^2 + x)$

(g) $(x^5 + x^4 + x^3 + x^2 + x + 1) \div x^2$

(h) $(x^5 - x^4 + 2x^3 + x^2 - x + 1) \div (-x^3 - 2x + 3)$

(i) $(-x^5 - 2x^3 + 4x^2 + 2x + 6) \div (4 - x^3)$

(j) $(2x^5 + 4x^4 - x^3 - 1) \div (x^3 + 2x^2 + 1)$

2. Em cada caso, utilize o dispositivo Briot-Ruffini para efetuar a divisão do polinômio pelo binômio:

(a) polinômio: $x^2 - x + 2$; binômio: $x - 2$

(b) polinômio: $x^3 - 8x + 3$; binômio: $x + 3$

(c) polinômio: $x^3 + 3x^2 + 3x$; binômio: $x + 2$

(d) polinômio: $2x^4 - 9x^3 + 4x^2 - 2x + 3$; binômio: $x - 4$

Respostas

1. (a) $x^2 + 2x + 5 = (x - 1)(x + 3) + 8$

(b) $x^2 - x - 12 = (x + 3)(x - 4)$

(c) $x^3 + 6x^2 + 2x - 5 = (x - 2)(x^2 + 8x + 18) + 31$

(d) $x^4 + 5x^3 - 3x^2 + 2x + 1 = (x^2 - x + 1)(x^2 + 6x + 2) - 2x - 1$

(e) $x^4 - 3x^2 - 4 = (x^2 - 4)(x^2 + 1)$

(f) $x^4 - 2x^2 - x + 9 = (x^2 + x)(x^2 - x - 1) + 9$

(g) $x^5 + x^4 + x^3 + x^2 + x + 1 = x^2(x^3 + x^2 + x + 1) + x + 1$

(h) $x^5 - x^4 + 2x^3 + x^2 - x + 1 = (-x^3 - 2x + 3)(-x^2 + x) + 6x^2 - 4x + 1$

(i) $-x^5 - 2x^3 + 4x^2 + 2x + 6 = (4 - x^3)(x^2 + 2) + 2x - 2$

(j) $2x^5 + 4x^4 - x^3 - 1 = (x^3 + 2x^2 + 1)(2x^2 - 1)$

2. (a) $x^2 - x - 2 = (x - 2)(x + 1) + 4$

(b) $x^3 - 8x + 3 = (x + 3)(x^2 - 3x + 1)$

(c) $x^3 + 3x^2 + 3x = (x + 2)(x^2 + x + 1) - 2$

(d) $2x^4 - 9x^3 + 4x^2 - 2x + 3 = (2x^3 - x^2 - 2)(x - 4) - 5$

1.4 Exercícios extras para fixação

Nesta seção, lançaremos alguns exercícios para o leitor retomar e fixar os assuntos abordados neste capítulo.

1. Calcule:

   (a) $(-2)^2$ (b) $(-2)^3$ (c) $(-2)^{2^3}$ (d) $[(-2)^2]^3$ (e) 7^0 (f) 3^{-2} (g) $4^{\frac{3}{2}}$ (h) $8^{-\frac{2}{3}}$

2. Calcule:

   (a) $\sqrt{144}$ (b) $\sqrt[3]{-216}$ (c) $\sqrt[4]{\frac{1}{81}}$ (d) $\sqrt[3]{0,125}$ (e) $\sqrt{3}\sqrt{12}$ (f) $\sqrt{3}\sqrt{7}\sqrt{21}$ (g) $\frac{\sqrt{12}}{\sqrt{27}}$ (h) $\frac{\sqrt{3}\sqrt{12}}{\sqrt[3]{2}\sqrt[3]{4}}$

3. Desenvolva os produtos notáveis abaixo:

   (a) $(\sqrt{2}+2)^2$ (b) $(\sqrt{2}-\sqrt{3})^2$ (c) $(\sqrt{2}-\sqrt{3})(\sqrt{2}+\sqrt{3})$

4. Calcule: (a) $\sqrt{\sqrt{5}-\sqrt{3}}\cdot\sqrt{\sqrt{5}+\sqrt{3}}$ (b) $\sqrt[3]{4-\sqrt{17}}\cdot\sqrt[3]{4+\sqrt{17}}$.

5. Racionalize o denominador das seguintes expressões:

   (a) $\frac{2}{\sqrt{2}}$ (b) $\frac{\sqrt{5}}{\sqrt{3}}$ (c) $\frac{1}{2\sqrt{5}}$ (d) $\frac{3}{\sqrt[3]{2}}$ (e) $\frac{2}{\sqrt[4]{5^3}}$ (f) $\frac{\sqrt[5]{3}}{\sqrt[2]{3}}$

6. Racionalize o denominador das seguintes expressões:

   (a) $\frac{2}{\sqrt{3}+1}$ (b) $\frac{\sqrt{5}}{\sqrt{2}+3}$ (c) $\frac{\sqrt{3}}{\sqrt{5}-\sqrt{2}}$ (d) $\frac{\sqrt{3}+\sqrt{2}}{\sqrt{3}-\sqrt{2}}$

7. Calcule: (a) $\frac{2}{\sqrt{3}}+\sqrt{3}$ (b) $\frac{\sqrt{3}}{\sqrt{3}-\sqrt{2}}+\frac{2}{\sqrt{6}}$ (c) $\frac{\sqrt{2}-1}{\sqrt{3}+1}-\frac{\sqrt{2}}{\sqrt{2}+2}$.

8. Classifique cada afirmação abaixo como *verdadeira* ou *falsa*:

(a) $(x+y)^2 = x^2 + y^2$
(c) $\dfrac{x^7}{x^3} = x^4$
(e) $(-x)^3 = -x^3$
(b) $x^7 \cdot x^2 = x^{14}$
(d) $(-x)^2 = -x^2$
(f) $x^2 \cdot y^2 = (xy)^2$

9. Simplifique as expressões:

(a) $\dfrac{x^7y^2}{x^3y}$
(c) $\dfrac{x^2-y^2}{x+y}$
(e) $\dfrac{x^2-xy}{x-y}$
(b) $\dfrac{x^2y^3z^4w}{x^3y^4w^2}$
(d) $\dfrac{x^2+2x+1}{x+1}$
(f) $\dfrac{xz+xw+yz+yw}{x+y}$

10. Mostre que $(x^m)^n \neq x^{m^n}$.

Respostas

1. (a) 4 (b) -8 (c) 256 (d) 64 (e) 1 (f) $\frac{1}{9}$ (g) 8 (h) $\frac{1}{4}$

2. (a) 12 (b) -6 (c) $\frac{1}{3}$ (d) $\frac{1}{2}$ (e) 6 (f) 21 (g) $\frac{2}{3}$ (h) 3

3. (a) $6+4\sqrt{2}$ (b) $5-2\sqrt{6}$ (c) -1

4. (a) $\sqrt{2}$ (b) -1

5. (a) $\sqrt{2}$ (b) $\frac{\sqrt{15}}{3}$ (c) $\frac{\sqrt{5}}{10}$ (d) $\frac{3\sqrt[3]{4}}{2}$ (e) $\frac{2\sqrt[4]{5}}{5}$ (f) $\frac{\sqrt[10]{3^7}}{3}$

6. (a) $\sqrt{3}-1$ (b) $\frac{3\sqrt{5}-\sqrt{10}}{7}$ (c) $\frac{\sqrt{15}+\sqrt{6}}{3}$ (d) $5+2\sqrt{6}$

7. (a) $\frac{5\sqrt{3}}{3}$ (b) $\frac{3+2\sqrt{6}}{3}$ (c) $\frac{(\sqrt{2}-1)(\sqrt{3}-3)}{2}$

8. (a) F (b) F (c) V (d) F (e) V (f) V

9. (a) x^4y (b) $\frac{z^4}{xyw}$ (c) $x-y$ (d) $x+1$ (e) x (f) $w+z$

10. Isso pode ser mostrado com um contraexemplo.

Capítulo 2

Teoria básica dos conjuntos

Neste capítulo, introduziremos conceitos elementares de conjuntos que servirão de base para estudos aprofundados sobre o tema, feitos em disciplinas mais avançadas nos cursos de Matemática e Estatística.

2.1 Definições e propriedades

A ideia de *conjunto* é uma das noções mais primitivas da Matemática, a tal ponto que existe certa dificuldade em estabelecer uma definição formal para o conceito. Assim, estabeleceremos uma definição intuitiva de conjunto.

Entendemos como *conjunto* uma coleção de objetos com alguma propriedade em comum. Esses objetos são chamados de *elementos*.

Geralmente, indicamos os conjuntos por letras maiúsculas de nosso alfabeto

$$A, B, C, D, X, Y, Z...$$

e os elementos por letras minúsculas

$$a, b, c, d, x, y, z...$$

A notação padrão em Matemática lista os elementos de um conjunto separados por vírgulas e delimitados por chaves. Por exemplo, a notação

$$A = \{a, b, c, d\}$$

representa o conjunto A, cujos elementos são a, b, c e d.

Nos conjuntos, a ordem e a quantidade de vezes que os elementos estão listados na coleção é irrelevante.

Se A é um conjunto e a é um dos elementos de A, dizemos que o elemento *a pertence* ao conjunto A e escrevemos $a \in A$.

Para indicar que a não é um dos elementos do conjunto A, dizemos que o elemento *a não pertence* ao conjunto A e escrevemos $a \notin A$.

Os símbolos $\in$ e $\notin$ são utilizados, portanto, para relacionar elementos e conjuntos e são chamados de *relações de pertinência.*

Exemplo 2.1 Dado o conjunto $A = \{1, 2, 3, 4, 5, 6\}$, podemos afirmar que $2 \in A$ e $8 \notin A$.

O *conjunto universo*, geralmente representado pela letra U, é o conjunto ao qual pertencem todos os elementos que se deseja considerar em uma certa situação.

Já o *conjunto unitário* é aquele que possui um único elemento, enquanto o *conjunto vazio*, representado pelos símbolos $\emptyset$ ou $\{\ \}$, é aquele que não possui elemento algum. Em outras palavras, "qualquer que seja o x, temos $x \notin \emptyset$ ".

2.2 Descrição de um conjunto

Existem basicamente três formas de descrever um conjunto. A primeira delas é a *descrição pela citação dos seus elementos*, caracterizada pela enumeração dos elementos do conjunto.

Exemplo 2.2 O conjunto das vogais: $A = \{a, e, i, o, u\}$. Os meses do primeiro trimestre do ano: $A = \{\text{janeiro, fevereiro, março}\}$.

Outra forma de descrição de um conjunto é a *descrição por meio de uma propriedade.* Esta forma é utilizada quando queremos descrever um conjunto A por meio de uma propriedade P dos seus elementos. Neste caso, escrevemos:

$$A = \{x \mid x \text{ goza da propriedade } P\}$$

A simbologia $x \mid x$ serve para indicar "x tal que x". Utilizaremos também as notações "x : x" e "x ; x" com esse significado.

Geralmente, ao descrever um conjunto por meio de uma propriedade, obtemos uma representação sintetizada desse conjunto.

Exemplo 2.3 O conjunto $A = \{$Acre, Alagoas, Amapá, Amazonas, Bahia, Ceará, Distrito Federal, Espírito Santo, Goiás, Maranhão, Mato Grosso, Mato Grosso do Sul, Minas Gerais, Pará, Paraíba, Paraná, Pernambuco, Piauí, Rio de Janeiro, Rio Grande do Norte, Rio Grande do Sul, Rondônia, Roraima, Santa Catarina, São Paulo, Sergipe, Tocantins$\}$ pode ser representado por meio de uma propriedade como

$$A = \{x \mid x \text{ é uma unidade federativa do Brasil}\}$$

Exemplo 2.4 O conjunto $A = \{1980, 1981, 1982, 1983, 1984, 1985, 1986, 1987, 1988, 1989\}$ pode ser representado, por meio de uma propriedade, como:

$$A = \{x \mid x \text{ é um ano da década de } 1980\}.$$

Exemplo 2.5 O conjunto $P = \{\ldots, -6, -4, -2, 0, 2, 4, 6, 8, \ldots\}$ pode ser representado por meio de uma propriedade como

$$P = \{x \mid x \text{ é um número par}\}$$

Para conjuntos infinitos, assim como ocorre no Exemplo 2.5, o símbolo de reticências (. . .) é utilizado para representar a relação contínua de elementos que segue a mesma regra infinitamente.

A terceira forma que se utiliza para representar um conjunto é uma representação gráfica chamada de *diagrama de Venn*, que consiste em curvas fechadas simples (aqui utilizaremos circunferências ou elípses) desenhadas sobre um plano, de forma a simbolizar os conjuntos e permitir a representação de relações entre conjuntos e seus elementos.

Nessa representação, os elementos do conjunto são representados no interior da região delimitada pela curva.

Exemplo 2.6

Considerando o conjunto universo $U = \{1, 2, 3, 4, 5, 6\}$ e o conjunto $A = \{1, 2, 6\}$, temos a representação dada no diagrama de Venn ao lado.

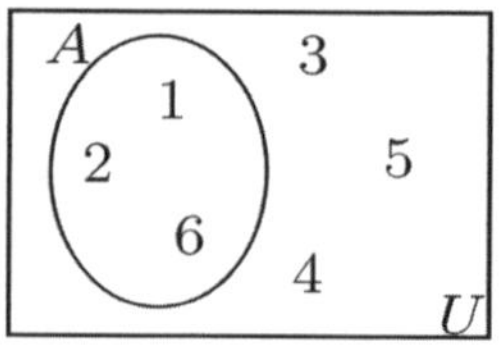

2.3 Subconjuntos

Definição 2.7

Dados dois conjuntos A e B, diz-se que *A é um subconjunto de B* ou que *A é parte de B* se todo elemento de A também é um elemento de B.

Neste caso, dizemos também que *A está contido em B* e utilizamos a notação

$$A \subset B$$

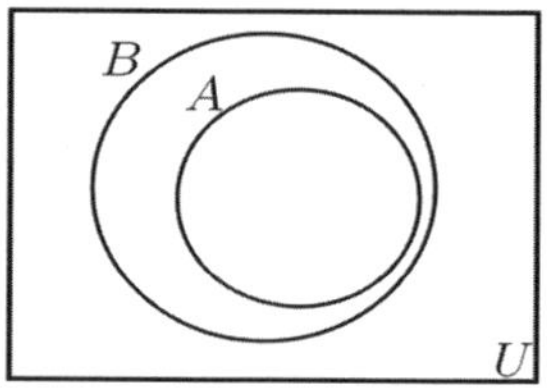

Exemplo 2.8 Se $A = \{1, 2\}$ e $B = \{1, 2, 3, 4, 5, 6\}$, temos $A \subset B$.

Se $A \subset B$ e $B \subset C$, então $A \subset B \subset C$.

A notação $B \supset A$, que é lida *B contém A*, também pode ser utilizada para representar a afirmação $A \subset B$.

Utilizamos a notação $A \not\subset B$, que é lida *A não está contido em B*, para indicar a negação de $A \subset B$. Note que $A \not\subset B$ é verdadeiro se existe pelo menos um elemento de A que não pertence a B.

Da mesma forma, a notação $B \not\supset A$, que é lida *B não contém A*, é a negação de $B \supset A$.

Em particular, dados dois conjuntos A e B, somente uma das afirmações a seguir é verdadeira: $A \subset B$ ou $A \not\subset B$.

Exemplo 2.9 Se $A = \{a, b\}$, $B = \{a, b, c\}$, $C = \{a, b, c, d, e, f\}$ e $D = \{a, f\}$, temos $A \subset B \subset C$, $D \subset C$, $C \supset D$, $B \not\subset A$, $A \not\subset D$, $A \not\supset D$.

Observação: Note que, para todo conjunto A, tem-se $\emptyset \subset A$, ou seja, o conjunto vazio é subconjunto de qualquer conjunto. De fato, sabemos que somente uma das afirmações a seguir é verdadeira: $\emptyset \subset A$ ou $\emptyset \not\subset A$. Afirmar que $\emptyset \not\subset A$ significa que existe pelo menos um elemento x tal que $x \in \emptyset$ e $x \notin A$, o que é impossível pela definição de conjunto vazio. Sendo assim, concluímos que $\emptyset \not\subset A$ é falsa e $\emptyset \subset A$ é verdadeira.

Dizemos que dois conjuntos A e B são *iguais*, e escrevemos $A = B$, quando todos os elementos de A são elementos de B e vice-versa. Ou seja, $A = B$ se, e somente se, $A \subset B$ e $B \subset A$.

Exemplo 2.10 Os conjuntos $A = \{1, 2, 3\}$ e $B = \{1, 1, 3, 2, 2, 2\}$ são iguais.

Exemplo 2.11 Os conjuntos $A = \{x \mid x$ é solução da equação $x^2 - 5x + 6 = 0\}$ e $B = \{2, 3\}$ são iguais.

Utilizaremos a notação $A \neq B$ para indicar que os conjuntos A e B não são iguais. Note que, neste caso, deve valer $A \not\subset B$ ou $B \not\subset A$.

Quando $A \subset B$ e $A \neq B$, dizemos que A é uma *parte própria* de B e indicamos por $A \subsetneq B$.

Proposição 2.12

Sejam A, B e C três conjuntos arbitrários, valem as seguintes propriedades:

(i) $A \subset A$ *(propriedade reflexiva)*

(ii) $(A \subset B \text{ e } B \subset A) \Longrightarrow A = B$ *(propriedade antissimétrica)*

(iii) $(A \subset B \text{ e } B \subset C) \Longrightarrow A \subset C$ *(propriedade transitiva)*

Demonstração. Faremos apenas a prova da transitividade. Considere $A \subset B$ e $B \subset C$. Como $A \subset B$, segue que para todo $x \in A$, implica em $x \in B$. Do mesmo modo, como $B \subset C$, segue que, sendo $x \in B$, então $x \in C$.

Pela arbitrariedade da escolha de x em A, segue que $A \subset C$, provando assim **(iii)**.

□

Dado um conjunto A, o *conjunto das partes de* A, indicado por $\mathcal{P}(A)$, é o conjunto cujos elementos são as partes de A. Desta forma, $B \in \mathcal{P}(A)$ se, e somente se, $B \subset A$.

Note que o conjunto $\mathcal{P}(A)$ está bem definido, ou seja, nunca é vazio, pois, qualquer que seja o conjunto A, sempre vale que $\emptyset \subset A$ e, pela reflexividade da proposição acima, $A \subset A$, ou seja, $\mathcal{P}(A)$ sempre contém pelo menos dois elementos: o conjunto vazio e o conjunto A.

Exemplo 2.13

Se $A = \{a, b, c\}$, então $\mathcal{P}(A) = \{\emptyset, \{a\}, \{b\}, \{c\}, \{a, b\}, \{a, c\}, \{b, c\}, A\}$.

2.4 Operações entre conjuntos

Definição 2.14

Dados os conjuntos A e B, a *união* de A e B, indicada por $A \cup B$, é o conjunto formado pelos elementos que pertencem a A ou a B.

Em símbolos, tem-se

$$A \cup B = \{x \,|\, x \in A \text{ ou } x \in B\}$$

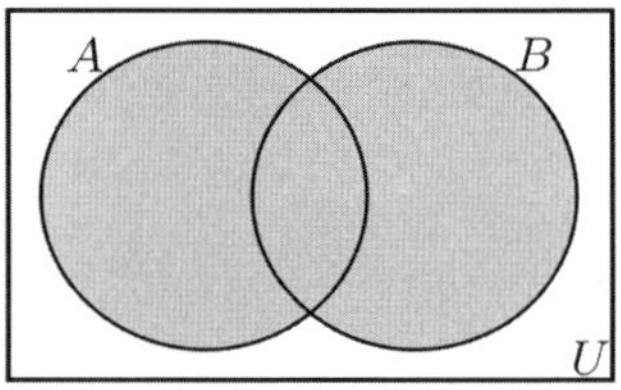

Exemplo 2.15 Se $A = \{1, 2, 3\}$ e $B = \{1, 7, 8\}$, então $A \cup B = \{1, 2, 3, 7, 8\}$.

Exemplo 2.16 Se $A = \{a, b, c, d\}$ e $B = \{b, d\}$, então $A \cup B = A$.

Um fato importante que devemos observar é que um conjunto qualquer é sempre um subconjunto de si mesmo unido a outro conjunto, ou seja, sendo A e B conjuntos em um universo, vale sempre que

$$A \subset A \cup B \quad \text{e} \quad B \subset A \cup B$$

De fato, mostremos que $A \subset A \cup B$ (a prova da outra contenção é análoga): por absurdo, suponha que $A \not\subset A \cup B$. Então, existe $x \in A$ tal que $x \notin A \cup B$. Mas, para x não pertencer à união de dois conjuntos, o mesmo não pode pertencer a nenhum dos conjuntos. Em outras palavras, $x \notin A \cup B$ significa que $x \notin A$ e $x \notin B$. Em particular, $x \notin A$. Mas $x \in A$ é um absurdo! Portanto, segue que $A \subset A \cup B$.

Propriedade 2.4.1 Sejam A, B e C três conjuntos arbitrários, então:

(i) $(A \cup B) \cup C = A \cup (B \cup C)$

(ii) $A \cup B = B \cup A$

(iii) $A \cup \emptyset = A$

(iv) $A \cup A = A$

(v) $A \cup U = U$

A propriedade (i) é chamada de *associatividade* da união, enquanto a propriedade (ii) é chamada de *comutatividade* da união. As demais podem ser consideradas como *propriedades de absorção* para a união de conjuntos.

Demonstração. Provaremos (i) e (iv) – as demais deixaremos para o leitor. Para provar a igualdade $A \cup (B \cup C) = (A \cup B) \cup C$, precisamos provar duas contenções, conforme as afirmações abaixo:

- **Afirmação 1.** $A \cup (B \cup C) \subset (A \cup B) \cup C$: de fato, dado $x \in A \cup (B \cup C)$, vamos mostrar que $x \in (A \cup B) \cup C$. Segue que $x \in A$ ou $x \in B \cup C$:
  - se $x \in A$, então, como $A \subset A \cup B$, segue que $x \in A \cup B$, e, novamente, como $A \cup B \subset (A \cup B) \cup C$, segue que $x \in A \cup B \subset (A \cup B) \cup C$.
  - se $x \in B \cup C$, então $x \in B$ ou $x \in C$. Se $x \in B$, então, como $B \subset A \cup B \subset (A \cup B) \cup C$, segue que $x \in (A \cup B) \cup C$. Por outro lado, se $x \in C$, como $C \subset (A \cup B) \cup C$, segue que $x \in (A \cup B) \cup C$. Em qualquer um dos casos, temos que $x \in (A \cup B) \cup C$.

  Pela arbitrariedade da escolha do x, segue a Afirmação 1.

- **Afirmação 2.** $(A \cup B) \cup C \subset A \cup (B \cup C)$. Fica a cargo do leitor.

Pelas afirmações acima, segue a igualdade desejada.
(iv) Mostraremos que $A \cup A = A$. Para provar essa igualdade, precisamos provar duas contenções: $A \cup A \subset A$ e $A \subset A \cap A$. Faremos isto em duas afirmações.

- **Afirmação 1.** $A \subset A \cup A$: Segue diretamente a reflexividade da contenção.

- **Afirmação 2.** $A \cup A \subset A$: por absurdo, suponhamos que $A \cup A \not\subset A$. Assim, segue que $\exists\, x_0 \in A \cup A$ tal que $x_0 \notin A$. Mas de $x_0 \in A \cup A$, segue que $x_0 \in A$. Logo, $x_0 \in A$ e $x_0 \notin A$. Absurdo! Portanto, $A \cup A \subset A$. Pelas afirmações 1 e 2, segue o resultado.

□

Definição 2.17

Dados os conjuntos A e B, a *interseção* de A e B, indicada por $A \cap B$, é o conjunto formado pelos elementos que pertencem a A e a B.

Em símbolos, tem-se

$$A \cap B = \{x \,|\, x \in A \text{ e } x \in B\}$$

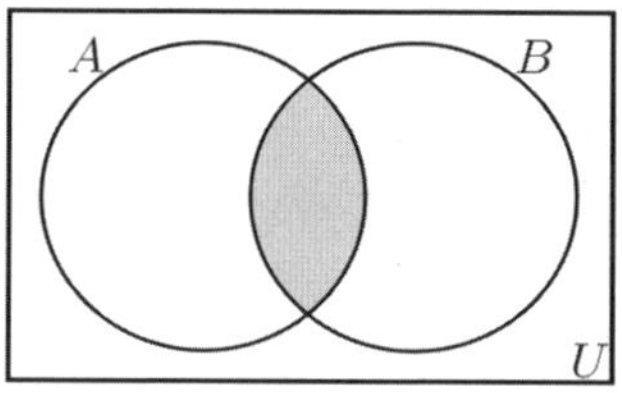

Exemplo 2.18 Se $A = \{1, 2, 3, 4, 5, 6\}$ e $B = \{1, 3, 6, 9, 12\}$, então $A \cap B = \{1, 3, 6\}$.

Se $A \cap B = \emptyset$, diz-se que A e B são *conjuntos disjuntos.*

Exemplo 2.19 Os conjuntos $A = \{a, b, c\}$ e $B = \{d, e, f, g\}$ são disjuntos, pois $A \cap B = \emptyset$.

Propriedade 2.4.2 Sejam A, B e C três conjuntos arbitrários, valem as seguintes propriedades:

(i) $(A \cap B) \cap C = A \cap (B \cap C)$ **(ii)** $A \cap B = B \cap A$ **(iii)** $A \cap A = A$

(iv) $A \cap \emptyset = \emptyset$ **(v)** $A \cap U = A$

Definição 2.20

Dados os conjuntos A e B, a *diferença* de A e B, indicada por $A - B$, é o conjunto formado pelos elementos que pertencem a A e não pertencem a B.

Em símbolos, tem-se

$$A - B = \{x \mid x \in A \text{ e } x \notin B\}$$

Note que $A - A = \emptyset$ e, em geral, $A - B \neq B - A$.

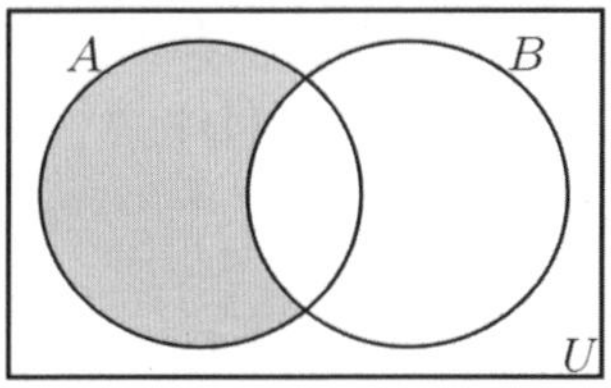

Exemplo 2.21 Se $A = \{1, 2, 3, 4, 5, 6\}$ e $B = \{3, 4, 5, 6, 7, 8, 9\}$, então $A - B = \{1, 2\}$ e $B - A = \{7, 8, 9\}$.

Definição 2.22

Considerando U o conjunto universo, a diferença $U - A$ é o *complementar de* A e será denotada por A^c, ou seja, $A^c = U - A$.

Em símbolos, tem-se

$$A^c = \{x \mid x \notin A\}$$

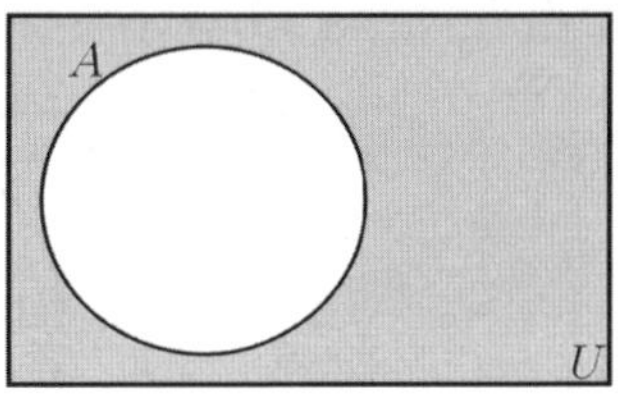

Exemplo 2.23 Considerando o conjunto universo $U = \{1, 2, 3, 4, 5, 6, 7, 8, 9, 10\}$ e os conjuntos $A = \{1, 2, 3, 4, 5, 6\}$ e $B = \{1, 3, 5, 7, 9\}$, então $A^c = \{7, 8, 9, 10\}$ e $B^c = \{2, 4, 6, 8, 10\}$.

Exemplo 2.24 Dado o conjunto universo $U = \{a, b, c, d\}$, determine:

(a) $\{a\}^c$ **(b)** $\{b,c\}^c$ **(c)** U^c **(d)** $\emptyset^c$

Solução:

(a) $\{a\}^c = \{b,c,d\}$ **(b)** $\{b,c\}^c = \{a,d\}$ **(c)** $U^c = U - U = \emptyset$
(d) $\emptyset^c = U - \emptyset = U$

Propriedade 2.4.3 Sejam A, B e C três subconjuntos arbitrários de um conjunto universo U, então

(i) $\emptyset^c = U$ e $U^c = \emptyset$

(ii) $(A^c)^c = A$

(iii) $(A \cup B)^c = A^c \cap B^c$

(iv) $(A \cap B)^c = A^c \cup B^c$

Exemplo 2.25 Dado o conjunto universo $U = \{1,2,3,4,5,6\}$ e os subconjuntos $A = \{1,2,3\}$ e $B = \{1,3,5\}$, determine:

(a) $(A \cup B)^c$ **(b)** $A^c \cap B^c$ **(c)** $(A \cap B)^c$ **(d)** $A^c \cup B^c$

Solução:

(a) $(A \cup B)^c = \{4,6\}$

(b) $A^c \cap B^c = \{4,6\}$

(c) $(A \cap B)^c = \{2,4,5,6\}$

(d) $A^c \cup B^c = \{2,4,5,6\}$

Exemplo 2.26 Uma escola realizou uma pesquisa sobre os hábitos alimentares de seus professores. Constatou-se que 27 professores consomem frutas, 22 consomem legumes, 10 consomem frutas e legumes e 5 não consomem nem frutas nem legumes. Quantos professores essa escola possui?

Solução. Denotemos por A o conjunto de professores que consomem frutas e por B o conjunto de professores que consomem legumes. Temos a situação representada no diagrama abaixo:

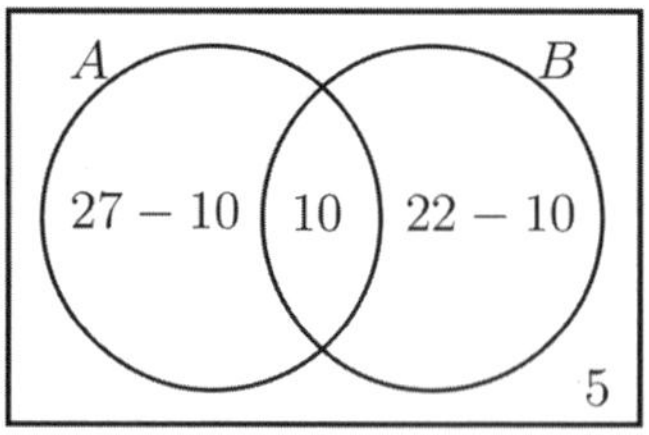

Portanto, o número de professores desta escola é de

$$(27 - 10) + 10 + (22 - 10) + 5 = 17 + 10 + 12 + 5 = 44$$

2.5 Exercícios e aplicações

1. Dados os conjuntos $A = \{0, 1, 3, 5, 7, 9\}$, $B = \{4, 5, 6\}$ e $C = \{0, 5, 7\}$, classifique cada afirmação abaixo como *verdadeira* ou *falsa*:

   (a) $3 \in A$ (c) $A \cap B \cap C = \emptyset$ (e) $A \supset C$ (g) $(A \cap B) \not\subset C$

   (b) $5 \notin C$ (d) $B \subset A$ (f) $A \subset (B \cup C)$ (h) $A \cap C = C$

2. Dados os conjuntos $U = \{1, 2, 3, 4, 5, 6, 7, 8\}$, $A = \{1, 3, 5\}$ e $B = \{2, 5, 8\}$, determine:

   (a) $A \cup B$ (d) B^c (g) $A^c - B$ (j) $A^c \cap B$

   (b) $A \cap B$ (e) $A - B$ (h) $A^c - B^c$ (k) $(A \cap B)^c$

   (c) A^c (f) $B - A$ (i) $(A - B)^c$ (l) $A^c \cup B^c$

3. Sejam A, B e C subconjuntos quaisquer de um conjunto universo U, classifique cada afirmação abaixo como *verdadeira* ou *falsa*:

   (a) $\emptyset \in (A \cap B)$ (i) $A \subset B \Longrightarrow A \cup B = B$

   (b) $\emptyset \subset (A \cap B)$ (j) $A \subset B \Longrightarrow A \cap B = A$

   (c) $A \subset (A \cup B)$ (k) $(A^c)^c = A$

   (d) $B \subset (A \cap B)$ (l) $A \cap A^c = U$

   (e) $(A \cap B \cap C) \subset (A \cap B) \subset A$ (m) $A \cup A^c = U$

   (f) $(A \cap B) \subset A \subset (A \cup C)$ (n) $A \cap A^c = \emptyset$

   (g) $(A \cap B) \subset A \not\subset (A \cap C)$ (o) $A \subset B \Longrightarrow A^c \subset B^c$

   (h) $(A \cap B) \subset (A \cap B \cap C)$ (p) $A \subset B \Longrightarrow B^c \subset A^c$

4. Dados os conjuntos A e B, classifique cada afirmação abaixo como *verdadeira* ou *falsa*:

   (a) $A \cup B = \{x \mid x \in A \text{ e } x \in B\}$ (e) $A^c \cup B^c = \{x \mid x \notin A \text{ e } x \in B\}$

   (b) $A \cap B = \{x \mid x \in A \text{ ou } x \in B\}$ (f) $A \cap B^c = \{x \mid x \in A \text{ e } x \notin B\}$

(c) $A^c \cup B = \{x \mid x \notin A \text{ ou } x \in B\}$ (g) $A^c \cap B^c = \{x \mid x \notin A \text{ e } x \notin B\}$

(d) $A \cap B^c = \{x \mid x \in A \text{ ou } x \notin B\}$ (h) $A^c \cup B^c = \{x \mid x \notin A \text{ ou } x \notin B\}$

5. Determine quantos e quais são os subconjuntos do conjunto dado em cada caso:

   (a) $A = \emptyset$ (c) $C = \{a, b\}$ (e) $E = \{-1, 0, 1, 2\}$

   (b) $B = \{1\}$ (d) $D = \{1, 2, 3\}$ (f) $F = \{1, 2, 3, 4, 5\}$

6. Utilizando o Exercício 5 como experiência, tente determinar quantos subconjuntos tem um conjunto com:

   (a) nenhum elemento (e) quatro elementos

   (b) um elemento (f) cinco elementos

   (c) dois elementos (g) seis elementos

   (d) três elementos (h) vinte elementos

7. Dados os conjuntos

$$A = \{a, b, c\}, B = \{a, b, c, d, e\} \text{ e } C = \{a, b, c, d, e, f, g, h, i, j, k\},$$

   determine o número de conjuntos D que satisfaçam as condições:

   (a) $A \subset D \subset B$ (b) $A \subset D \subset C$ (c) $B \subset D \subset C$.

8. Em uma determinada empresa, foi realizado um levantamento para saber quantos funcionários haviam recebido as vacinas A e B. Os resultados obtidos estão na tabela que segue:

   Determine o número de pessoas que:

   (a) participaram da pesquisa;

   (b) receberam apenas a vacina A;

   (c) receberam apenas a vacina B.

Vacinas	Funcionários
A	210
B	150
A e B	35
Nenhuma	15

9. Em um determinado mês, uma concessionária realizou vendas em um total de 243 automóveis, sendo que 156 clientes optaram pelo modelo A e 93 optaram pelo modelo B. Sabendo que 17 compraram os dois modelos, determine quantas pessoas não optaram nem por A nem por "B".

10. Em um almoço beneficente, foram servidas as sobremesas S_1 e S_2. Determine o número de pessoas presentes, sabendo que 32 pessoas comeram a sobremesa S_1, 10 comeram somente a sobremesa S_2 e 8 não comeram sobremesa.

11. Em um almoço beneficente, foram servidas as sobremesas A, B e C. Sabendo que 8 pessoas comeram apenas a sobremesa A, 48 a sobremesa B, 10 apenas a sobremesa C, 28 pessoas comeram as sobremesas A e B, 25 comeram as sobremesas A e C, 20 comeram as sobremesas B e C e 20 comeram A, B e C, determine o número de pessoas que comeram somente a sobremesa B.

12. Considere U o conjunto de todos os estudantes brasileiros e

    $A = \{x \in U \mid x \text{ é estudante universitário}\}$,

    $B = \{x \in U \mid x \text{ gosta de matemática}\}$,

    $C = \{x \in U \mid x \text{ tem menos de 30 anos}\}$,

    $D = \{x \in U \mid x \text{ pratica algum esporte}\}$.

    Descreva os conjuntos:

    (a) $A \cap B \cap C$
    (b) $A \cap B \cap C \cap D$
    (c) $B - D$
    (d) $A \cap (D - C)$
    (e) $(B \cap C) \cup (B \cap D)$
    (f) $B \cup (A \cap C)$
    (g) $A^c \cup C^c$
    (h) $B \cup (A^c \cap D)$

13. Em cada caso, descreva as características de estudantes brasileiros em termos dos conjuntos A, B, C e D, apresentados no exercício 12.

    (a) gosta de matemática e pratica algum esporte;

(b) estudante universitário que tem mais de 30 anos e gosta de matemática;

(c) não pratica esportes ou não é estudante universitário;

(d) tem menos de 30 anos ou é um praticante de esportes que não gosta de matemática.

14. Considerando as regiões destacadas nos diagramas abaixo, associe o conjunto dado ao diagrama que melhor o representa.

(a) $(A \cup B)^c$

(b) $A^c \cup B^c$

(c) $(A \cap B)^c$

(d) $A^c \cap B^c$

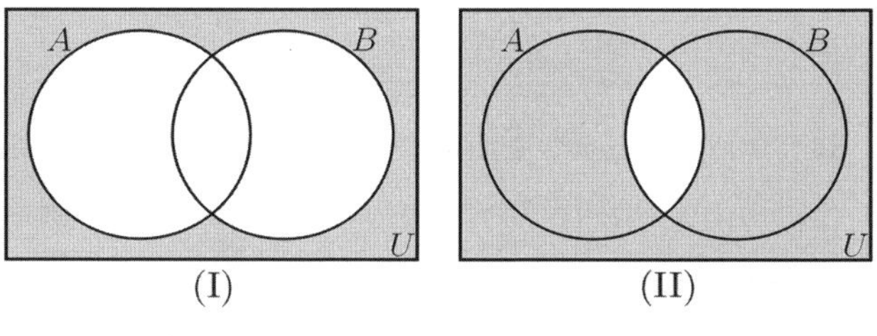

15. Considerando as regiões destacadas nos diagramas abaixo, associe o conjunto dado ao diagrama que melhor o representa.

(a) $(A - B) \cup (A - C)$

(b) $A \cap (B \cup C)$

(c) $(A - B) \cap (A - C)$

(d) $(A \cap B) \cup (A \cap C)$

(e) $A \cup (B \cap C)$

(f) $A - (B \cap C)$

(g) $(A \cup B) \cap (A \cup C)$

(h) $A - (B \cup C)$

(i) $A \cap (B \cup C)^c$

(j) $A \cap (B \cap C)^c$

(k) $A - (B \cup C)^c$

(l) $A \cup (B^c \cup C^c)^c$

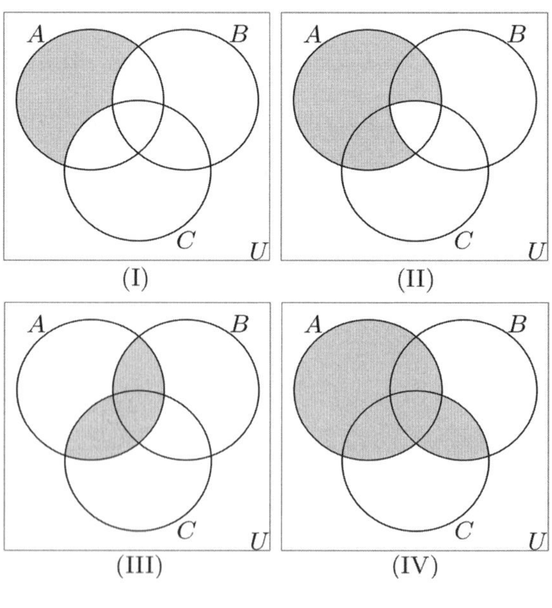

Respostas

1. (a) V. (b) F. (c) F. (d) F. (e) V. (f) F. (g) F. (h) V.

2. (a) $A \cup B = \{1,2,3,5,8\}$
   (b) $A \cap B = \{5\}$
   (c) $A^c = \{2,4,6,7,8\}$
   (d) $B^c = \{1,3,4,6,7\}$
   (e) $A - B = \{1,3\}$
   (f) $B - A = \{2,8\}$
   (g) $A^c - B = \{4,6,7\}$
   (h) $A^c - B^c = \{2,8\}$
   (i) $(A - B)^c = \{2,4,5,6,7,8\}$
   (j) $A^c \cap B = \{2,8\}$
   (k) $(A \cap B)^c = \{1,2,3,4,6,7,8\}$
   (l) $A^c \cup B^c = \{1,2,3,4,6,7,8\}$

3. (a) F. (b) V. (c) V. (d) F. (e) V. (f) V. (g) F. (h) F.
   (i) V. (j) V. (k) V. (l) F. (m) V. (n) V. (o) F. (p) V.

4. (a) F. (b) F. (c) V. (d) F. (e) F. (f) V. (g) V. (h) V.

5. (a) O conjunto A possui 1 subconjunto, a saber, subconjunto $\emptyset$. Note que A possui 0 elementos e $2^0 = 1$ subconjuntos.

   (b) O conjunto B possui 2 subconjuntos, a saber, $\emptyset$ e B. Note que B possui 1 elemento e 2^1 subconjuntos.

   (c) O conjunto C possui 4 subconjuntos, a saber, $\emptyset, \{a\}, \{b\}$ e C. Note que C possui 2 elementos e 2^2 subconjuntos.

   (d) O conjunto D possui 8 subconjuntos, a saber, $\emptyset$, $\{1\}$, $\{2\}$, $\{3\}$, $\{1,2\}$, $\{1,3\}$, $\{2,3\}$ e D. Note que D possui 3 elementos e 2^3 subconjuntos.

   (e) O conjunto E possui 16 subconjuntos: $\emptyset$, $\{-1\}$, $\{0\}$, $\{1\}$, $\{2\}$, $\{-1,0\}$, $\{-1,1\}$, $\{-1,2\}$, $\{0,1\}$, $\{0,2\}$, $\{1,2\}$, $\{-1,0,1\}$, $\{-1,0,2\}$, $\{-1,1,2\}$, $\{0,1,2\}$ e E. Note que E possui 4 elementos e 2^4 subconjuntos.

   (f) O conjunto F possui 32 subconjuntos: $\emptyset$, $\{1\}$, $\{2\}$, $\{3\}$, $\{4\}$, $\{5\}$, $\{1,2\}$, $\{1,3\}$, $\{1,4\}$, $\{1,5\}$, $\{2,3\}$, $\{2,4\}$, $\{2,5\}$, $\{3,4\}$, $\{3,5\}$, $\{4,5\}$, $\{1,2,3\}$, $\{1,2,4\}$, $\{1,2,5\}$, $\{1,3,4\}$, $\{1,3,5\}$, $\{1,4,5\}$, $\{2,3,4\}$, $\{2,3,5\}$, $\{2,4,5\}$, $\{3,4,5\}$, $\{1,2,3,4\}$, $\{1,2,3,5\}$, $\{1,2,4,5\}$, $\{1,3,4,5\}$, $\{2,3,4,5\}$ e F. Note que F possui 5 elementos e 2^5 subconjuntos.

6. (a) 2^0 (b) 2^1 (c) 2^2 (d) 2^3 (e) 2^4 (f) 2^5 (g) 2^6 (h) 2^{20}

7. (a) $2^2 = 4$ (b) $2^8 = 256$ (c) $2^6 = 64$

8. (a) 340 (b) 175 (c) 115

9. 11.

10. 50.

11. 20.

12. (a) $A \cap B \cap C = \{x \in U \mid x$ é estudante universitário, gosta de matemática e tem menos de 30 anos$\}$

    (b) $A \cap B \cap C \cap D = \{x \in U \mid x$ é estudante universitário, gosta de matemática, tem menos de 30 anos e pratica algum esporte$\}$

    (c) $B - D = \{x \in U \mid x$ gosta de matemática e não pratica esportes$\}$

    (d) $A \cap (D - C) = \{x \in U \mid x$ é estudante universitário, pratica algum esporte e tem mais de 30 anos$\}$

    (e) $(B \cap C) \cup (B \cap D) = \{x \in U \mid x$ gosta de matemática e tem menos de 30 anos ou gosta de matemática e pratica algum esporte$\}$

    (f) $B \cup (A \cap C) = \{x \in U \mid x$ gosta de matemática ou é estudante universitário que tem menos de 30 anos$\}$

    (g) $A^c \cup C^c = \{x \in U \mid x$ não é estudante universitário ou tem mais de 30 anos$\}$

    (h) $B \cup (A^c \cap D) = \{x \in U \mid x$ gosta de matemática ou não é estudante universitário e pratica esporte$\}$

13. (a) $B \cap D$ (b) $(A - C) \cap B$ ou $A \cap B \cap C^c$

    (c) $A^c \cup D^c$ (d) $C \cup (B^c \cap D)$

14. (a) I. (b) II. (c) II. (d) I.

15. (a) II. (b) III. (c) I. (d) III. (e) IV. (f) II.

    (g) IV. (h) I. (i) I. (j) II. (k) III. (l) IV.

2.6 Aplicação – Álgebra de Boole

Na Eletrônica Digital, os projetos de circuitos eletrônicos desenvolvem-se com as chamadas "portas lógicas", cuja saída de sinal (presença ou não de tensão elétrica no terminal de saída) obedece a uma lógica zero-um, onde a presença de sinal é denotado por 1 e ausência por 0. Um exemplo de analogia seria uma lâmpada acesa que corresponde ao estado lógico 1 e uma lâmpada apagada, ao estado lógico 0. No que segue, apresentaremos três tipos importantes de portas lógicas muito utilizadas em circuitos digitais.

- A porta **OR** (porta "ou") é uma porta lógica com duas entradas A e B, na qual a saída S assume 1 se pelo menos uma das entradas for 1. A operação A OR B é simbolizada por $S = A + B$. Abaixo, temos a ilustração dessa porta lógica.

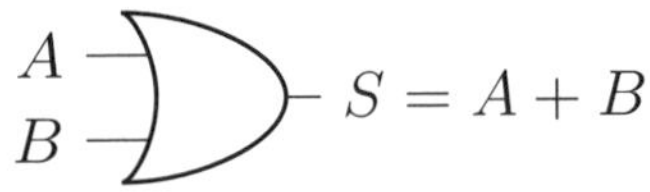

Assim, denotando as entradas por A e B e a saída de S, temos que $S = 1$, se $A = 1$ ou $B = 1$. Em símbolos: $S = A + B = 1$, se $A = 1$ ou $B = 1$. Isso corresponde ao conceito de união de conjuntos: dados dois conjuntos A e B, temos que $x \in A \cup B$ se $x \in A$ ou $x \in B$.

- A porta **AND** (porta "e") é uma porta lógica com duas entradas, na qual a saída S assume o sinal 1 se, e somente se, ambas as entradas assumirem sinal 1. A operação A AND B é simbolizada por $S = A \cdot B$. Abaixo, temos a ilustração dessa porta lógica.

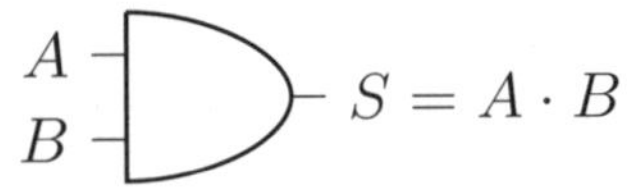

Assim, denotando as entradas por A e B e a saída de S, temos que $S = 1$, se $A = 1$ e $B = 1$. Em símbolos: $S = A \cdot B = 1$, se $A = 1$ e $B = 1$. Isso corresponde ao conceito de interseção de conjuntos: dados dois conjuntos A e B, temos $x \in A \cap B$, se $x \in A$ e $x \in B$. Da mesma forma que, se $x \in A$ e $x \notin B$, temos $x \notin A \cap B$, se $A = 1$ e $B = 0$; então $A \cdot B = 0$, pois neste caso uma das entradas tem sinal zero, portanto a saída será zero.

Abaixo apresentamos uma ilustração do esquema de diagrama em pinos do circuito integrado CMOS8041, que contém entradas e saídas de portas lógicas AND, imagem extraída da Wikimédia commons

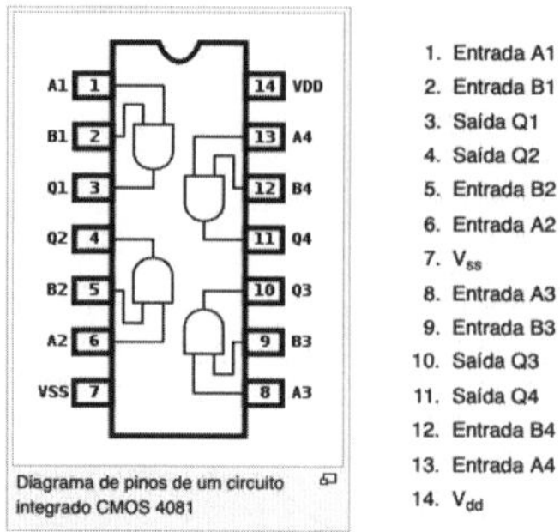

Diagrama de pinos de um circuito integrado CMOS 4081

- Porta **NOT** (porta "não") é a porta lógica inversora, com apenas uma entrada e uma saída S, sendo que a mesma terá saída zero se a entrada for 1, e terá saída 1 se a entrada for zero. Sendo A a porta de entrada, a saída S é denotada pela porta NOT por $S = \overline{A}$. Isso corresponde ao complementar de um conjunto, ou seja, se $x \in A$, então $x \notin A^{\mathsf{C}}$. Abaixo, temos a ilustração dessa porta lógica.

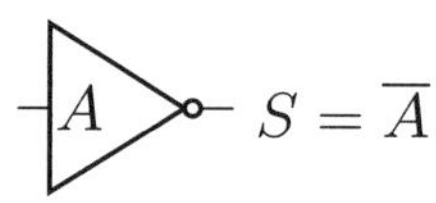

Existem muitas outras portas lógicas, mas ficaremos apenas com essas três, que já são suficientes para apresentar uma importante aplicação de teoria dos conjuntos na Eletrônica.

Veja que vale a propriedade distributiva da teoria dos conjuntos:

$$A \cap (B \cup C) = (A \cap B) \cup (A \cap C)$$

Na linguagem da álgebra de Boole, temos:

$$A \cdot (B + C) = (A \cdot B) + (A \cdot C)$$

que correspondem aos circuitos lógicos abaixo:

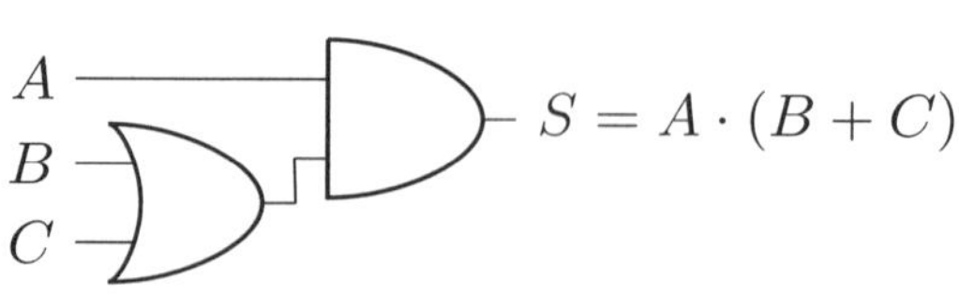

e

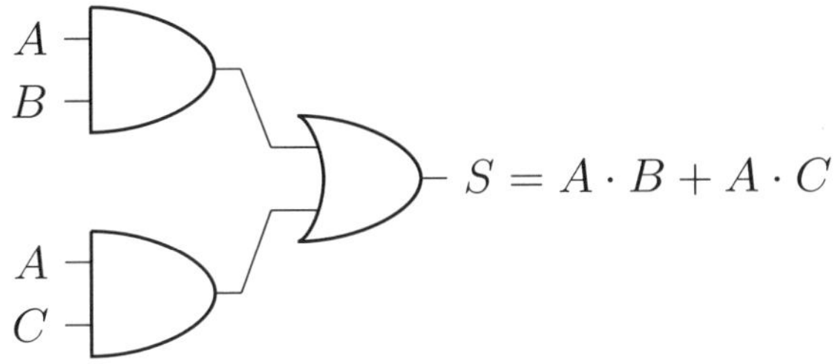

Embora os circuitos acima sejam "eletronicamente equivalentes" (no sentido que desempenham a mesma lógica da álgebra de Boole), o circuito $A \cdot (B + C)$ é mais simples, o que é muito bom eletronicamente, pois melhora a performance do projeto e a velocidade do processamento.

A lei de De Morgan também é aplicável. Na teoria dos conjuntos, temos

$$(A \cup B)^{\complement} = A^{\complement} \cap B^{\complement}$$

Na álgebra de Boole, o equivalente dessa lei é

$$\overline{A + B} = \overline{A} \cdot \overline{B}$$

Por fim, temos os seguintes circuitos para cada um dos lados da igualdade, que desempenham mesma função.

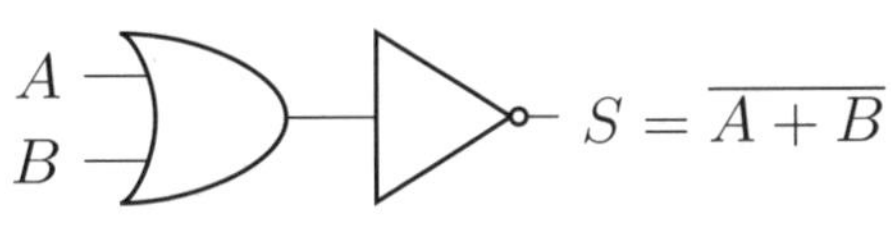

e

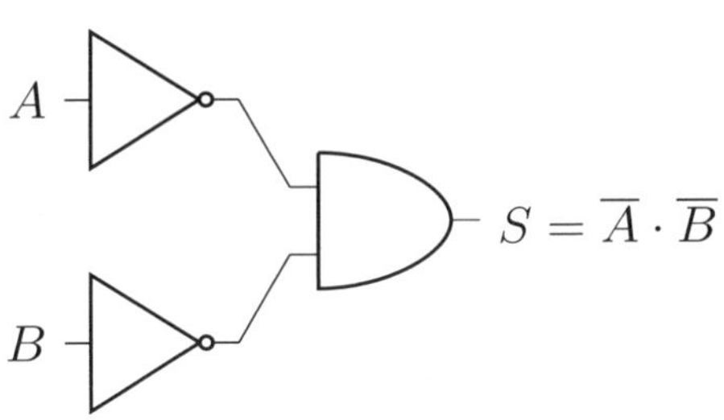

Do mesmo modo tem-se que $\overline{A \cdot B} = \overline{A} + \overline{B}$.

Por exemplo, a *expressão booleana* $\overline{\overline{A \cdot B} + C}$ pode ser simplificada usando a Lei de De Morgan como segue:

$$\overline{\overline{A \cdot B} + C} = \overline{\overline{A \cdot B}} \cdot \overline{C} = A \cdot B \cdot \overline{C}$$

onde usamos a dupla negação

$$\overline{\overline{C}} = C$$

que corresponde à idempotência do complementar

$$(C^{\complement})^{\complement} = C$$

Como um bom exercício, desenhe o circuito lógico da expressão booleana acima e a sua versão simplificada.

Algumas propriedades básicas que podemos verificar imediatamente são, onde $\mathcal{U}$ denota o conjunto universo da teoria dos conjuntos:

- $A + \overline{A} = 1$, do mesmo modo que $A \cup A^{\complement} = \mathcal{U}$,
- $A \cdot \overline{A} = 0$, do mesmo modo que $A \cap A^{\complement} = \emptyset$,
- $A \cdot 1 = A$, do mesmo modo que $A \cap \mathcal{U} = A$,
- $A + 1 = 1$, do mesmo modo que $A \cup \mathcal{U} = \mathcal{U}$.

Exercícios

1. Simplifique cada expressão booleana abaixo e desenhe o circuito lógico simplificado:

   (a) $(A + B) \cdot (A + C)$

   (b) $(A + C) \cdot (A \cdot D + A \cdot \overline{D}) + A \cdot C + C$

   (c) $(A + B + C) \cdot (\overline{A} + \overline{B} + \overline{C})$

Respostas

1. (a) $A + B \cdot C$
   (b) $A + C$
   (c) $A \cdot \overline{C} + \overline{A} \cdot B + \overline{B} \cdot C$

(os desenhos dos circuitos lógicos deixamos para o leitor)

Capítulo 3

Conjuntos numéricos

No capítulo anterior, fizemos um estudo sobre conjuntos de uma forma geral. Já neste capítulo apresentaremos uma abordagem básica dos conjuntos numéricos, que constituem uma importante base para o estudo de funções.

3.1 Números naturais e números inteiros

O conjunto dos *números naturais* será indicado pelo símbolo $\mathbb{N}$ e dado por $\mathbb{N} = \{0, 1, 2, 3, 4, ...\}$.

O subconjunto $\mathbb{N}^* = \{1, 2, 3, 4, ...\}$ é chamado de *conjunto dos naturais não nulos.*

O conjunto dos *números inteiros* será indicado pelo símbolo $\mathbb{Z}$ e dado por $\mathbb{Z} = \{..., -4, -3, -2, -1, 0, 1, 2, 3, 4, ...\}$.

Em seguida, destacamos importantes subconjuntos de $\mathbb{Z}$.

- *Inteiros não nulos:* $\mathbb{Z}^* = \{..., -3, -2, -1, 1, 2, 3, ...\} = \{n \in \mathbb{Z} : n \neq 0\}$
- *Inteiros positivos:* $\mathbb{Z}_+^* = \{1, 2, 3, 4, ...\} = \{n \in \mathbb{Z} : n > 0\}$
- *Inteiros negativos:* $\mathbb{Z}_-^* = \{..., -4, -3, -2, -1\} = \{n \in \mathbb{Z} : n < 0\}$
- *Inteiros não negativos:* $\mathbb{Z}_+ = \{0, 1, 2, 3, 4, ...\} = \{n \in \mathbb{Z} : n \geq 0\}$
- *Inteiros não positivos:* $\mathbb{Z}_- = \{..., -4, -3, -2, -1, 0\} = \{n \in \mathbb{Z} : n \leq 0\}$

Observação: perceba que $\mathbb{Z}_+ = \mathbb{N}$ e $\mathbb{Z}_+^* = \mathbb{N}^*$.

3.2 Números racionais

O *conjunto dos números racionais*, denotado por $\mathbb{Q}$, é o conjunto de todas as *frações ordinárias* da forma $\frac{p}{q}$, onde $p, q \in \mathbb{Z}$ e $q \neq 0$, ou seja,

$$\mathbb{Q} = \left\{ \frac{p}{q} \mid p \in \mathbb{Z}, q \in \mathbb{Z}^* \right\}$$

A *igualdade* em $\mathbb{Q}$ é definida da seguinte forma:

$$\frac{p}{q} = \frac{p'}{q'} \Longleftrightarrow p \cdot q' = q \cdot p' \tag{3.1}$$

Observação: duas frações $\frac{p}{q}$ e $\frac{p'}{q'}$ representam o mesmo número racional se, e somente se, $p \cdot q' = q \cdot p'$. Neste caso, elas são chamadas de *frações equivalentes*. Os inteiros p e q são chamados, respectivamente, de *numerador* e *denominador* da fração $\frac{p}{q}$.

Uma consequência imediata de (3.1) é conhecida como *propriedade de simplificação de frações*, ou seja, para cada $a \in \mathbb{Z}^*$, vale $\frac{a \cdot p}{a \cdot q} = \frac{p}{q}$.

Exemplo 3.1 $\frac{2}{5} = \frac{4}{10} = \frac{8}{20} = \frac{16}{40} = \ldots$, sendo $a = 2$.

Podemos identificar o conjunto $\mathbb{Z}$ com o seguinte subconjunto de $\mathbb{Q}$:

$$\left\{ \frac{p}{q} \in \mathbb{Q} \mid q = 1 \right\}$$

Neste sentido, temos $\mathbb{Z} \subset \mathbb{Q}$.

Em relação aos conjuntos numéricos vistos acima, temos

$$\mathbb{N} \subset \mathbb{Z} \subset \mathbb{Q}$$

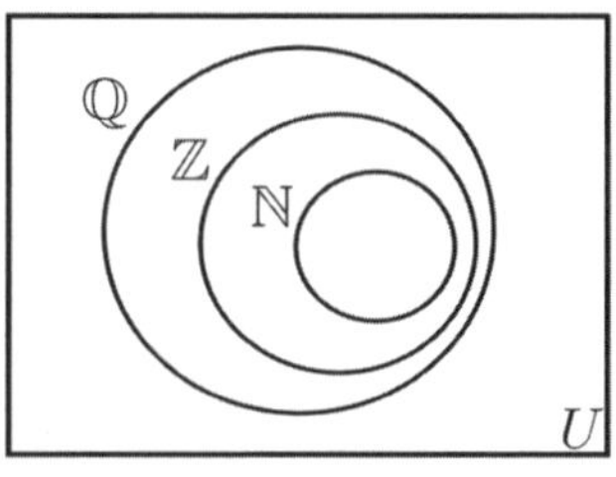

Definição 3.2

Uma fração é chamada de:

(i) *Própria*, se o numerador é menor que o denominador. $\left(\text{Ex.:}\frac{2}{3}, \frac{3}{5}, \frac{3}{6}\right)$

(ii) *Imprópria*, se o numerador é maior ou igual ao denominador. $\left(\text{Ex.:}\frac{7}{2}\right)$

(iii) *Irredutível*, se numerador e denominador são primos entre si. $\left(\text{Ex.:}\frac{4}{5}\right)$

(iv) *Decimal*, se o denominador é uma potência de 10. $\left(\text{Ex.:}\frac{1}{10}, \frac{7}{100}, \frac{3}{10^5}\right)$

A propriedade de simplificação de frações garante, em particular, que toda fração ordinária pode ser transformada em uma fração irredutível.

No conjunto dos números racionais, as operações de *soma* e *produto* são definidas da seguinte forma:

$$\frac{p}{q} + \frac{p'}{q'} = \frac{p \cdot q' + p' \cdot q}{q \cdot q'} \quad \text{e} \quad \frac{p}{q} \cdot \frac{p'}{q'} = \frac{p \cdot p'}{q \cdot q'} \tag{3.2}$$

Exemplo 3.3 Dadas as frações $\frac{2}{5}$ e $\frac{1}{3}$, temos

$$\frac{2}{5} + \frac{1}{3} = \frac{2 \cdot 3 + 1 \cdot 5}{5 \cdot 3} = \frac{11}{15} \quad \text{e} \quad \frac{2}{5} \cdot \frac{1}{3} = \frac{2 \cdot 1}{5 \cdot 3} = \frac{2}{15}$$

Em seguida, destacamos importantes subconjuntos de $\mathbb{Q}$.

- *Racionais não negativos:* $\mathbb{Q}_+ = \{x \in \mathbb{Q} : x \geq 0\}$
- *Racionais não positivos:* $\mathbb{Q}_- = \{x \in \mathbb{Q} : x \leq 0\}$
- *Racionais não nulos:* $\mathbb{Q}^* = \{x \in \mathbb{Q} : x \neq 0\}$
- *Racionais positivos:* $\mathbb{Q}^*_+ = \{x \in \mathbb{Q} : x > 0\}$
- *Racionais negativos:* $\mathbb{Q}^*_- = \{x \in \mathbb{Q} : x < 0\}$

Observação: para cada racional não nulo $x = \frac{p}{q}$, o elemento $x^{-1} = \frac{q}{p}$ satisfaz a propriedade $x \cdot x^{-1} = 1$.

A *divisão* dos racionais $x = \frac{p}{q}$ e $y = \frac{p'}{q'}$, denotada por $x : y$, é dada por

$$x : y = x \cdot y^{-1} = \frac{p}{q} \cdot \frac{q'}{p'} = \frac{pq'}{qp'}$$

Exemplo 3.4 Dadas as frações $\frac{2}{5}$ e $\frac{1}{3}$, temos $\frac{2}{5} : \frac{1}{3} = \frac{2 \cdot 3}{5 \cdot 1} = \frac{6}{5}$

3.2.1 Representação decimal

Todo número racional $x = \frac{p}{q}$ admite uma *representação decimal*, obtida após a divisão de p por q.

Exemplo 3.5

(a) $\frac{1}{5} = 0,2$

(b) $\frac{7}{2} = 3,5$

(c) $\frac{3}{4} = 0,75$

(d) $\frac{1}{3} = 0,33333333\ldots$

(e) $\frac{1}{6} = 0,16666666\ldots$

(f) $\frac{3}{7} = 0,428571428571\ldots$

No processo para obter a representação decimal de uma fração ordinária, podem ocorrer dois casos.

Primeiro caso

Se a representação decimal da fração possui uma quantidade finita de algarismos diferentes de zero, ela é chamada de *decimal exata.*

É o caso dos três primeiros itens do exemplo 3.5.

Segundo caso

Se a representação decimal possui uma quantidade infinita de algarismos que se repetem periodicamente, ela é chamada de *dízima periódica.*

Um "ciclo completo" de algarismos repetidos é chamado de *período da dízima.* É o caso dos três últimos itens do exemplo 3.5.

Nesses casos, costuma-se escrever a dízima periódica de uma maneira mais simples, destacando o período:

$$\frac{1}{3} = 0,33333333... = 0,\overline{3} \qquad \frac{1}{6} = 0,16666666\cdots = 0,1\overline{6}$$

$$\frac{3}{7} = 0,428571428571... = 0,\overline{428571}$$

Exemplo 3.6 Obtenha a fração ordinária irredutível correpondente a cada um dos racionais abaixo:

(a) $0,4$ **(b)** $0,35$ **(c)** $0,\overline{4}$ **(d)** $0,\overline{35}$ **(e)** $5,7\overline{86}$

Solução: Nos ítens (a) e (b), temos decimais exatas; portanto, devemos obter primeiramente frações decimais que representem tais números. Depois, se necessário, transformar a fração encontrada em uma fração irredutível.

(a) $0,4 = \frac{4}{10} = \frac{2}{5}$ **(b)** $0,35 = \frac{35}{100} = \frac{7}{20}$.

Nos ítens (c), (d) e (e), utilizaremos o seguinte procedimento padrão:

(c) Seja

$$x = 0,\overline{4} = 0,44444\ldots \tag{3.3}$$

Como o período desta dízima consiste de um único algarismo, multiplicamos a igualdade (3.3) por 10 e obtemos

$$10x = 4,44444... \tag{3.4}$$

Subtraindo agora a igualdade (3.4) pela igualdade (3.3), obtemos

$$9x = 4 \Longrightarrow x = \frac{4}{9} \Longrightarrow 0,\overline{4} = \frac{4}{9}$$

(d) Seja

$$x = 0,\overline{35} = 0,353535\ldots \tag{3.5}$$

Como o período desta dízima consiste em dois algarismos, multiplicamos a igualdade (3.5) por 100 e obtemos

$$100x = 35,353535... \tag{3.6}$$

Subtraindo agora a igualdade (3.6) pela igualdade (3.5), obtemos

$$99x = 35 \Longrightarrow x = \frac{35}{99} \Longrightarrow 0,\overline{35} = \frac{35}{99}$$

(e) Seja

$$y = 5,7\overline{86} = 5,7 + 0,08686868686\cdots = \frac{57}{10} + 0,0\overline{86} \tag{3.7}$$

Seja

$$x = 0,0\overline{86} \tag{3.8}$$

Como o período desta dízima consiste em dois algarismos, multiplicamos a igualdade (3.8) por 100 e obtemos

$$100x = 8,68686... \tag{3.9}$$

Subtraindo agora a igualdade (3.9) pela igualdade (3.8), obtemos

$$99x = 8,6 \Longrightarrow 99x = \frac{86}{10} \Longrightarrow x = \frac{86}{990} \Longrightarrow 0,0\overline{86} = \frac{86}{990} \tag{3.10}$$

Substituindo (3.10) em (3.7), obtém-se

$$y = \frac{57}{10} + \frac{86}{990} = \frac{28645}{4950} = \frac{5729}{990}.$$

Observação: o estudo acima sobre dízimas periódicas traz um resultado que provavelmente "desafiará" sua intuição matemática. Você já tinha notado, por exemplo, que o número 1 pode ser escrito também como $0,\overline{9}$? Ou seja, $0,9999... = 1$. De fato, utilizando o procedimento acima, tem-se: $0,9999... = x \Longrightarrow 9,9999... = 10x \Longrightarrow 9 + x = 10x \Longrightarrow 9x = 9 \Longrightarrow x = 1$. Portanto, embora aparentemente diferentes, temos que o número 1 e a dízima periódica $0,9999...$ são iguais!

3.3 Números reais

Nosso objetivo nesta seção é introduzir um conjunto numérico mais abrangente que o conjunto dos números racionais, chamado de *conjunto dos números reais.*

Começaremos observando que nem todo número é um número racional!

Pode-se pensar que todo número racional pode ser representado da seguinte forma:

$$a_0, a_1a_2a_3a_4a_5a_6\ldots \tag{3.11}$$

onde $a_0 \in \mathbb{Z}$ e a_1, a_2, a_3, a_4... são dígitos pertencentes ao conjunto $\{0, 1, ..., 9\}$.

Porém, nem todos os números descritos em (3.11) são números racionais, ou seja, decimais exatas ou dízimas periódicas!

Considere, por exemplo, o número dado por

$$x = 0,01001000100001\ldots \tag{3.12}$$

onde os três pontos servem para indicar que o número continua seguindo a lógica dos primeiros algarismos, ou seja, a quantidade de algarismos *zero* intercalados pelos algarismos 1 vai crescendo. Evidentemente, o número dado em (3.12) não é uma decimal exata (pois possui uma infinidade de algarismos não nulos) e também não é uma dízima periódica (pois a quantidade de algarismos *zero* intercalados pelos algarismos 1 vai crescendo), portanto não é um número racional.

Pode-se construir uma infinidade de números não racionais utilizando um raciocínio semelhante ao de cima; por exemplo os números

$$1,234567891011121314\ldots \qquad 2,161166111666\ldots$$

Estes números são chamados de *números irracionais* e pertencem ao *conjunto dos números irracionais*, que denotaremos como $\mathbb{I}$.

Alguns exemplos bastante conhecidos de números irracionais são

$$\pi = 3,141592653589\ldots \qquad e = 2,718281828459045235\ldots$$

Aqui, os três pontos significam que os algarismos se sucedem infinitamente, sem nenhuma contrução predeterminada.

O exercício 3.7 abaixo prova que $\sqrt{2}$ é um número irracional.

Exemplo 3.7 Mostre que não existe $x \in \mathbb{Q}$ tal que $x^2 = 2$.

Solução: Suponha por absurdo que existe $x \in \mathbb{Q}$ tal que $x^2 = 2$. Como $x \in \mathbb{Q}$, sabemos que existem $p \in \mathbb{Z}$ e $q \in \mathbb{Z}^*$, primos entre si, tais que $x = \dfrac{p}{q}$.

Desta forma, teremos $2 = x^2 = \left(\frac{p}{q}\right)^2 = \frac{p^2}{q^2} \Longrightarrow p^2 = 2q^2$. Portanto p^2 é par. Consequentemente, p também é par, e existe $r \in \mathbb{Z}$ tal que $p = 2r$. Portanto, $4r^2 = 2q^2$, ou seja, $q^2 = 2r^2$. Desta forma, q^2 e consequentemente q são pares. Se p e q são pares, então não são primos entre si. (Absurdo!)□

O conjunto formado pela união do conjunto dos números racionais e irracionais é chamado de *conjunto dos números reais* e é denotado por $\mathbb{R}$. Consequentemente, o conjunto dos números irracionais é o conjunto $\mathbb{R} - \mathbb{Q}$.

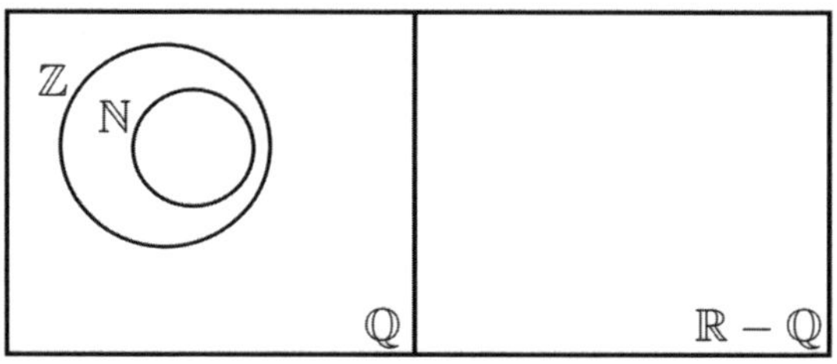

$\mathbb{R} = \mathbb{Q} \cup (\mathbb{R} - \mathbb{Q})$

No conjunto dos números reais, estão definidas duas operações chamadas de *adição* e *multiplicação*, denotadas respectivamente por $+$ e $\cdot$, que, a cada par ordenado $(a, b) \in \mathbb{R}$, associam dois únicos elementos $a+b \in \mathbb{R}$ e $a \cdot b \in \mathbb{R}$.

Observação: o conjunto dos reais munido destas operações é um *corpo*, isto é, satisfaz os axiomas abaixo, estudados em disciplinas de Álgebra.

[**A1**] Associatividade na adição: $(x + y) + z = x + (y + z), \forall x, y, z \in \mathbb{R}$.

[**A2**] Comutatividade na adição: $x + y = y + x, \forall x, y \in \mathbb{R}$.

[**A3**] Existência do elemento *neutro* ou *zero* para a adição: existe $0 \in \mathbb{R}$ tal que $x + 0 = x$, $\forall x \in \mathbb{R}$.

[**A4**] Existência do elemento *simétrico* ou *oposto*: para cada $x \in \mathbb{R}$, existe $-x \in \mathbb{R}$ tal que $x + (-x) = 0$.

[**M1**] Associatividade na multiplicação: $(x \cdot y) \cdot z = x \cdot (y \cdot z), \forall x, y, z \in \mathbb{R}$.

[**M2**] Comutatividade na multiplicação: $x \cdot y = y \cdot x, \forall x, y \in \mathbb{R}$.

[**M3**] Existência do *elemento unidade* ou *1* para a multiplicação: existe $1 \in \mathbb{R}$ tal que $x \cdot 1 = x$, $\forall x \in \mathbb{R}$.

[**M4**] Existência do elemento *inverso multiplicativo*: para cada $x \in \mathbb{R} - \{0\}$, existe $x^{-1} \in \mathbb{R}$ tal que $x \cdot x^{-1} = 1$.

[D1] Distributividade: $x \cdot (y + z) = x \cdot y + x \cdot z, \forall x, y, z \in \mathbb{R}$.

Como visto anteriormente nos conjuntos $\mathbb{Z}$ e $\mathbb{Q}$, também podemos destacar importantes subconjuntos do conjunto $\mathbb{R}$, dados por:

$$\mathbb{R}_+ = \{x \in \mathbb{R} : x \geq 0\}, \quad \mathbb{R}_- = \{x \in \mathbb{R} : x \leq 0\}, \quad \mathbb{R}^* = \{x \in \mathbb{R} : x \neq 0\}$$

$$\mathbb{R}_+^* = \{x \in \mathbb{R} : x > 0\} \quad \text{e} \quad \mathbb{R}_-^* = \{x \in \mathbb{R} : x < 0\}.$$

Respectivamente, chamados de *reais não-negativos, não-positivos, não-nulos, positivos e negativos.*

Na operação multiplicação, é preciso considerar as *regras de sinal*, válidas no conjunto dos números reais. Dados $x, y \in \mathbb{R}$, temos:

(i) se $x > 0$ e $y > 0$ então $x \cdot y > 0$

(ii) se $x > 0$ e $y < 0$ então $x \cdot y < 0$

(iii) se $x < 0$ e $y < 0$ então $x \cdot y > 0$

3.3.1 A reta real

Uma particularidade dos números reais é que existem tantos números reais quanto pontos em uma reta. Esta propriedade permite que o conjunto $\mathbb{R}$ admita uma representação geométrica, como apresentaremos a seguir.

Considere a reta dada r. Com base na ordenação dos números reais, estabelecida na seção anterior, identificamos cada número real em um ponto da reta r da seguinte maneira: para cada número real a, associamos um ponto de r, que denotamos também por a. Sobre a reta r, representamos os números reais maiores que a à direita de a e os números reais menores que a à esquerda de a, conforme a figura abaixo:

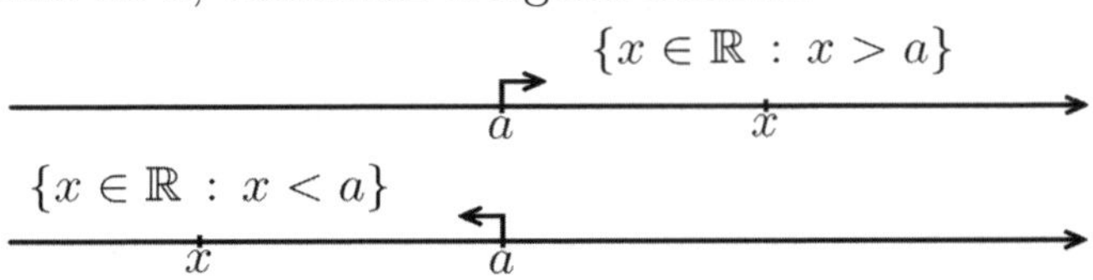

Este procedimento fornece um *sentido positivo* para a reta r, ou seja, um sentido crescente da esquerda para a direita.

A reta construída acima é chamada de *reta real* ou *reta numérica.*

3.3.2 Intervalos reais

Estudaremos agora alguns subconjuntos da reta, chamados de *intervalos*. Considere $a, b \in \mathbb{R}$ tais que $a < b$. O conjunto

$$(a, b) := \{x \in \mathbb{R} \ : \ a < x < b\} \tag{3.13}$$

é chamado de *intervalo aberto* de extremos a e b.

A representação geométrica do intervalo (a, b) na reta real é dada por

A bolinha vazia "∘" é utilizada para indicar que a e b não pertencem ao intervalo.

De forma análoga, os conjuntos

$$[a, b] := \{x \in \mathbb{R} \ : \ a \leq x \leq b\} \tag{3.14}$$

$$[a, b) := \{x \in \mathbb{R} \ : \ a \leq x < b\} \tag{3.15}$$

$$(a, b] := \{x \in \mathbb{R} \ : \ a < x \leq b\} \tag{3.16}$$

são chamados, respectivamente, de *intervalo fechado*, *intervalo fechado à esquerda* e *intervalo fechado à direita* de extremos a e b.

As respectivas representações geométricas são dadas por

A bolinha cheia "•" serve para indicar que a extremidade pertence ao intervalo dado.

Os intervalos dados em (3.13), (3.14), (3.15) e (3.16) são ditos *intervalos limitados*.

Outra classe importante de intervalos são as "semirretas". O conjunto

$$(-\infty, b) := \{x \in \mathbb{R} \; : \; x < b\} \tag{3.17}$$

é chamado de *semirreta esquerda aberta* de origem b.

A representação geométrica do intervalo $(-\infty, b)$ na reta real é dada por

De forma análoga, os conjuntos

$$(-\infty, b] := \{x \in \mathbb{R} \; : \; x \leq b\} \tag{3.18}$$

$$(a, +\infty) := \{x \in \mathbb{R} \; : \; a < x\} \tag{3.19}$$

$$[a, +\infty) := \{x \in \mathbb{R} \; : \; a \leq x\} \tag{3.20}$$

que são chamados, respectivamente, de *semirreta esquerda fechada* de origem b, *semirreta direita aberta* e *semirreta direita fechada* de origem a. As respectivas representações geométricas são dadas por

Os intervalos dados em (3.17), (3.18), (3.19) e (3.20) são ditos *ilimitados*.

O subconjunto de $\mathbb{R}$ formado por um único elemento é chamado de *intervalo degenerado*.

Observação: os intervalos $(a, b), [a, b), (a, b], (-\infty, b), (-\infty, b], (a, +\infty)$ e $[a, +\infty)$ também podem ser denotados, respectivamente, por

$$]a, b[\quad [a, b[\quad]a, b] \quad]-\infty, b[\quad]-\infty, b] \quad]a, +\infty[\quad \text{e} \quad [a, +\infty[$$

Exemplo 3.8 Represente geometricamente os intervalos reais abaixo:

$$I_1 = (0, 2), \; I_2 = [-3, 1), \; I_3 = (-\infty, 5] \; \text{ e } \; I_4 = (-1, +\infty)$$

Solução:

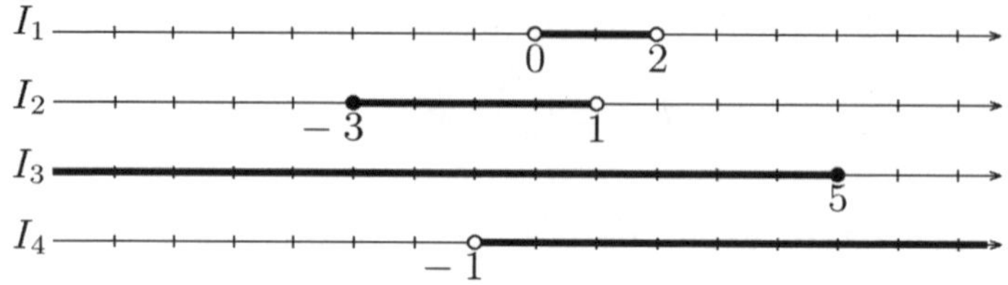

Exemplo 3.9 Dados os intervalos I_1, I_2, I_3 e I_4 como no Exercício 3.8, determine:

(a) $I_1 \cup I_2$ **(b)** $I_1 \cap I_2$ **(c)** $I_3 \cap I_4$ **(d)** $I_3 - I_2$

Solução:

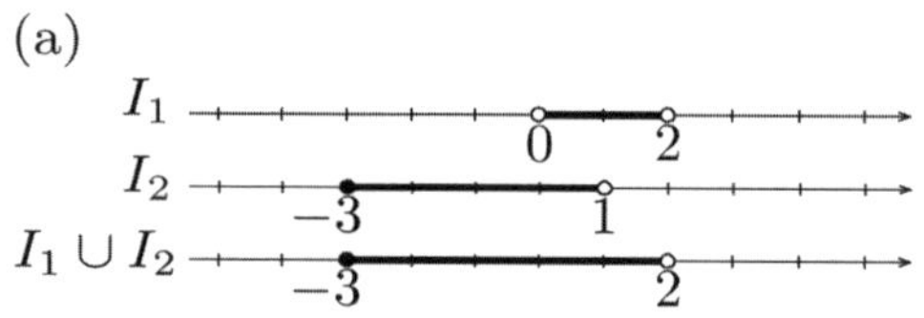

$I_1 \cup I_2 = [-3, 2)$

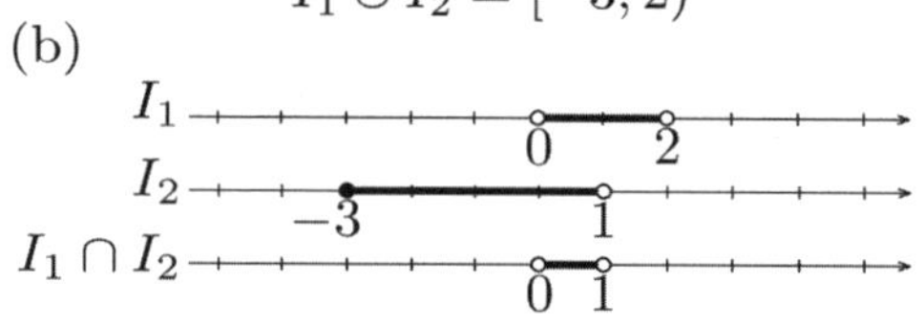

$I_1 \cap I_2 = (0, 1)$

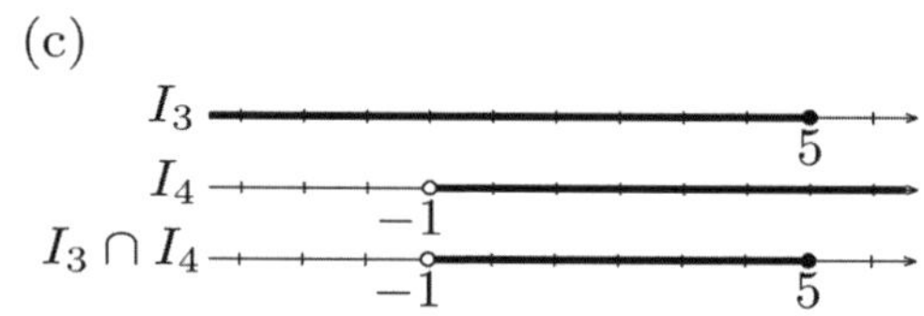

$I_3 \cap I_4 = (-1, 5]$

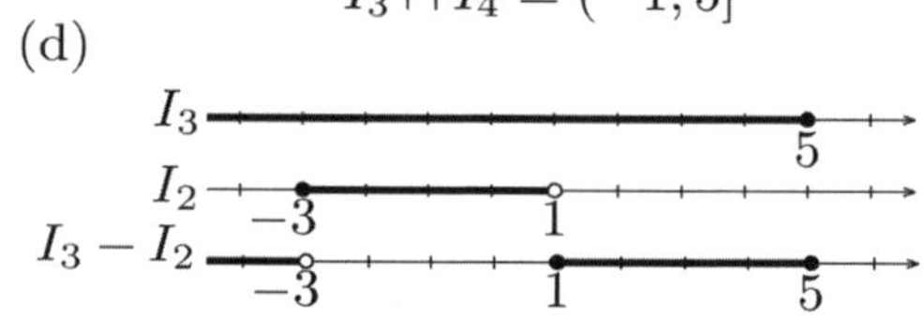

$I_3 - I_2 = (-\infty, -3) \cup [1, 5]$

3.3.3 Módulo de um número real

O *módulo* ou *valor absoluto* de um elemento $x \in \mathbb{R}$, denotado por $|x|$, é definido da seguinte forma:

$$|x| = \begin{cases} x, & \text{se } x > 0 \\ 0, & \text{se } x = 0 \\ -x, & \text{se } x < 0 \end{cases}$$

Equivalentemente, podemos definir o módulo de x como

$$|x| = \max\{-x, x\} \quad \text{ou} \quad |x| = \sqrt{x^2}$$

Exemplo 3.10 Vamos determinar os módulos de 5 e -2 pela notação do máximo e do radical:

$$|5| = \max\{-5, 5\} = 5$$

e

$$|-2| = \max\{-(-2), -2\} = \max\{2, -2\} = 2.$$

Da mesma forma, usando a notação com radical, temos

$$|5| = \sqrt{5^2} = \sqrt{25} = 5$$

e

$$|-2| = \sqrt{(-2)^2} = \sqrt{4} = 2.$$

O módulo de um número real x pode ser interpretado, geometricamente, como a "distância"de x até zero, na reta real.

Exemplo 3.11 As justificativas geométricas para as igualdades $|-5| = 5$, $|5| = 5$, $|-3| = 3$ e $|2| = 2$ são dadas pelas figuras abaixo:

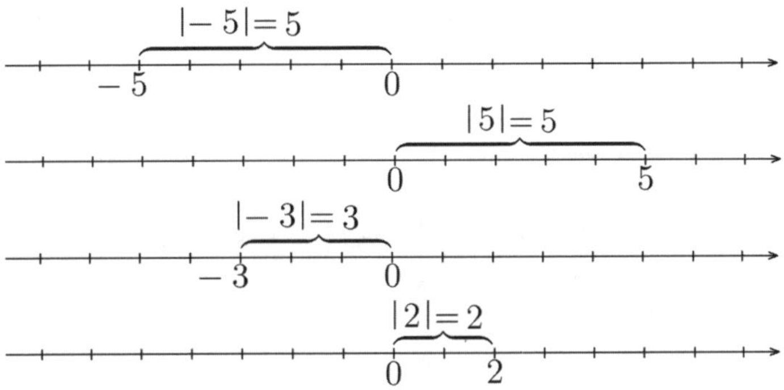

Propriedade 3.3.1 Sejam $x, y \in \mathbb{R}$, então valem as seguintes afirmações:

(i) $|x| \geq 0$

(ii) $|x| = 0 \iff x = 0$

(iii) $|-x| = |x|$

(iv) $|x \cdot y| = |x| \cdot |y|$

(v) $\left|\frac{x}{y}\right| = \frac{|x|}{|y|}$, se $y \neq 0$

(vi) $-|x| \leq x \leq |x|$

Exemplo 3.12 Seja $a \in \mathbb{R}_+$, prove que valem as seguintes afirmações:

(i) $\{x \in \mathbb{R} : |x| \leq a\} = [-a, a]$

(ii) $\{x \in \mathbb{R} : |x| < a\} = (-a, a)$

(iii) $\{x \in \mathbb{R} : |x| \geq a\} = (-\infty, -a] \cup [a, +\infty)$

(iv) $\{x \in \mathbb{R} : |x| > a\} = (-\infty, -a) \cup (a, +\infty)$

Solução:

(i) Consideremos o conjunto $I = \{x \in \mathbb{R} : |x| \leq a\}$. Geometricamente, o conjunto I consiste em todos os números reais cuja distância até zero é menor ou igual a a, ou seja, a representação geométrica de I é dada por:

De onde concluímos que $I = [-a, a]$.

(ii) Análogo ao item (i).

(iii) Consideremos o conjunto $I = \{x \in \mathbb{R} : |x| \geq a\}$. Geometricamente, o conjunto I consiste em todos os números reais cuja distância até zero é maior ou igual a a, ou seja, a representação geométrica de I é dada por:

De onde concluímos que $I = (-\infty, -a] \cup [a, +\infty)$.

(iii) Análogo ao item (iii).

Exemplo 3.13 Represente graficamente os intervalos:

$I_1 = \{x \in \mathbb{R} : |x| \leq 2\}$ $\quad$ $I_3 = \{x \in \mathbb{R} : |x| \geq 1\}$

$I_2 = \{x \in \mathbb{R} : |x| < 5\}$ $\quad$ $I_4 = \{x \in \mathbb{R} : |x| > 3\}$

Solução:

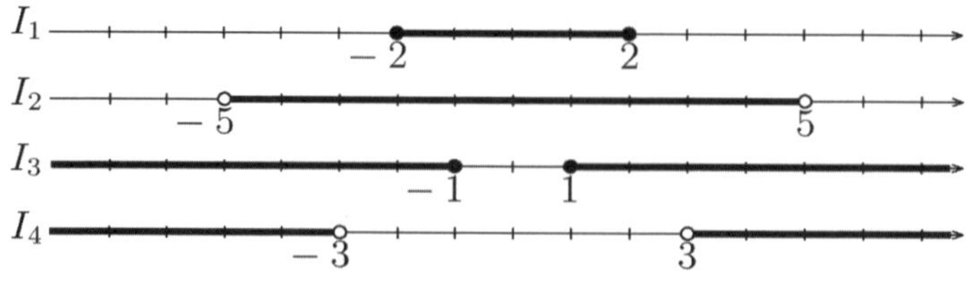

Exemplo 3.14 Represente graficamente os conjuntos:

$I_1 = \{x \in \mathbb{R} : 1 \le |x| \le 3\}$ $\quad$ $I_3 = \{x \in \mathbb{R} : |x| < 6 \text{ e } |x| > 2\}$

$I_2 = \{x \in \mathbb{R} : 1 \le |x| < 3\}$ $\quad$ $I_4 = \{x \in \mathbb{R} : |x| < 1 \text{ ou } |x| \ge 4\}$

Solução:

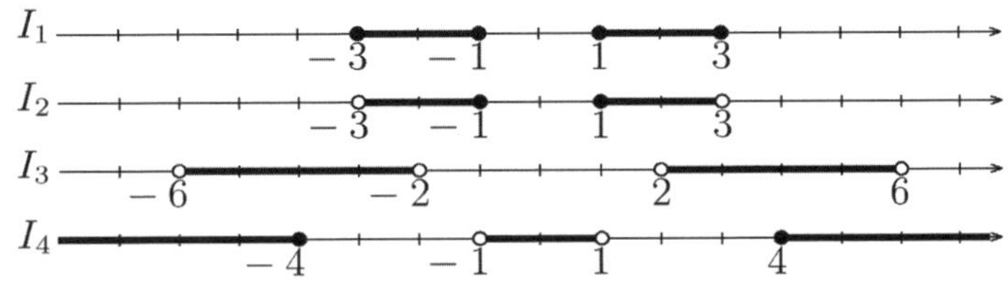

Exercícios

1. Considere o conjunto $U = \{1, 2, 3, 4, 5, 6, 7, 8, 9, 10\}$. Determine o complementar em U de cada um dos conjuntos:

   (a) $A = \{2, 4, 6, 8, 10\}$ $\quad$ (c) $C = \{x \in U \,|\, x \text{ é primo }\}$

   (b) $B = \{x \in U \,|\, x \text{ é múltiplo de } 3\}$ $\quad$ (d) $D = \{x \in U \,|\, \text{mdc}(x, 3) = 1\}$

2. Escreva na forma de fração os seguintes números racionais:

   (a) $0,74$ $\quad$ (b) $1,278$ $\quad$ (c) $2,15$ $\quad$ (d) $0,\overline{4}$

   (e) $0,\overline{74}$ $\quad$ (f) $5,2\overline{6}$ $\quad$ (g) $1,\overline{278}$ $\quad$ (h) $2,01\overline{53}$

3. Represente sobre a reta real cada um dos conjuntos:

   (a) $I_1 = \{x \in \mathbb{R} \,|\, 1 \le x \le 5\}$ $\quad$ (e) $I_5 = \{x \in \mathbb{R} \,|\, x \le 3\}$

   (b) $I_2 = \{x \in \mathbb{R} \,|\, 0 < x \le 2\}$ $\quad$ (f) $I_6 = \{x \in \mathbb{R} \,|\, x > -2\}$

   (c) $I_3 = \{x \in \mathbb{R} \,|\, -4 \le x < 3\}$ $\quad$ (g) $I_7 = \{x \in \mathbb{R} \,|\, x \le -5 \text{ ou } x > 2\}$

   (d) $I_4 = \{x \in \mathbb{R} \,|\, 3 < x < 6\}$ $\quad$ (h) $I_8 = \{x \in \mathbb{R} \,|\, -1 < x \le 3 \text{ ou } x > 5\}$

4. Determine $I \cup J$ e $I \cap J$ nos seguintes casos:

   (a) $I = [-1, 3]$ e $J = [2, 5]$ $\quad$ (d) $I = (-\infty, 3]$ e $J = [-1, 5)$

   (b) $I = (0, 4]$ e $J = (2, 5]$ $\quad$ (e) $I = (-\infty, 2]$ e $J = \left[\frac{3}{2}, \frac{7}{4}\right]$

   (c) $I = (0, 4]$ e $J = (4, 5]$ $\quad$ (f) $I = (-\infty, 3]$ e $J = \left[\frac{3}{2}, +\infty\right)$

5. Represente graficamente os conjuntos:

(a) $I_1 = \{x \in \mathbb{R} : |x| \leq 6\}$ (e) $I_5 = \{x \in \mathbb{R} : |x| \leq 6 \text{ e } |x| > 1\}$

(b) $I_2 = \{x \in \mathbb{R} : |x| < 2\}$ (f) $I_6 = \{x \in \mathbb{R} : |x| < 2 \text{ ou } |x| \geq 5\}$

(c) $I_3 = \{x \in \mathbb{R} : |x| \geq 5\}$ (g) $I_7 = I_1 \cap I_4$

(d) $I_4 = \{x \in \mathbb{R} : |x| > 1\}$. (h) $I_8 = I_2 \cup I_3$

6. Represente graficamente os conjuntos:

(a) $I_1 = \{x \in \mathbb{R} : 2 \leq |x| \leq 5\}$ (e) $I_5 = \{x \in \mathbb{R} : 0 < |x| \leq 4\}$

(b) $I_2 = \{x \in \mathbb{R} : 2 < |x| \leq 5\}$ (f) $I_6 = \{x \in \mathbb{R} : 0 < |x| < 4\}$

(c) $I_3 = \{x \in \mathbb{R} : 2 \leq |x| < 5\}$ (g) $I_7 = I_5^c$

(d) $I_4 = \{x \in \mathbb{R} : 2 < |x| < 5\}$. (h) $I_8 = I_6^c$

7. Dados os intervalos reais $I_1 = (-4, 5]$ e $I_2 = \{x \in \mathbb{R} : |x| \leq 4\}$, represente graficamente os intervalos I_1, I_2, $I_1 \cup I_2$, $I_1 \cap I_2$, $I_1 - I_2$, $I_2 - I_1$, I_1^c e I_2^c.

Respostas

1. (a) $A^c = \{1, 3, 5, 7, 9\}$ (c) $C^c = \{1, 4, 6, 8, 9, 10\}$

(b) $B^c = \{1, 2, 4, 5, 7, 8, 10\}$ (d) $D^c = \{3, 6, 9\}$

2. (a) $\frac{37}{50}$ (b) $\frac{639}{500}$ (c) $\frac{43}{20}$ (d) $\frac{4}{9}$ (e) $\frac{74}{99}$ (f) $\frac{79}{15}$ (g) $\frac{1277}{999}$ (h) $\frac{19952}{9900}$

3. Conjuntos:

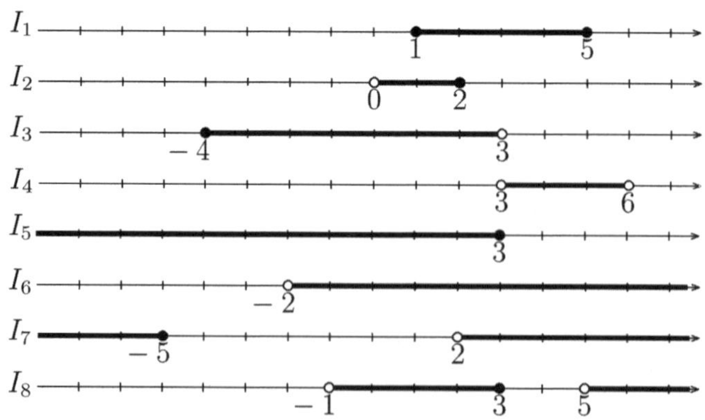

4. (a) $I \cup J = [-1, 5]$ e $I \cap J = [2, 3]$
   (b) $I \cup J = (0, 5]$ e $I \cap J = (2, 4]$
   (c) $I \cup J = (0, 5]$ e $I \cap J = \emptyset$
   (d) $I \cup J = (-\infty, 5)$ e $I \cap J = [-1, 3]$
   (e) $I \cup J = I$ e $I \cap J = J$
   (f) $I \cup J = \mathbb{R}$ e $I \cap J = \left[\frac{3}{2}, 3\right]$

5. Conjuntos:

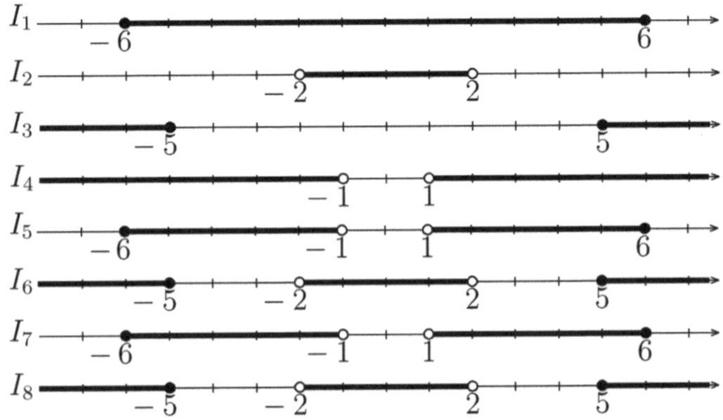

6. Conjuntos:

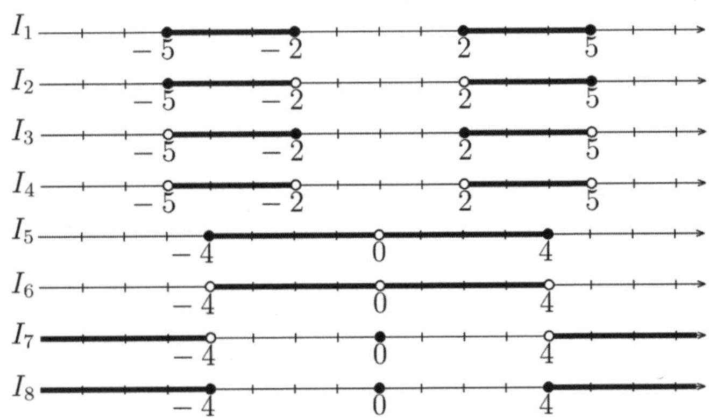

7. Conjuntos:

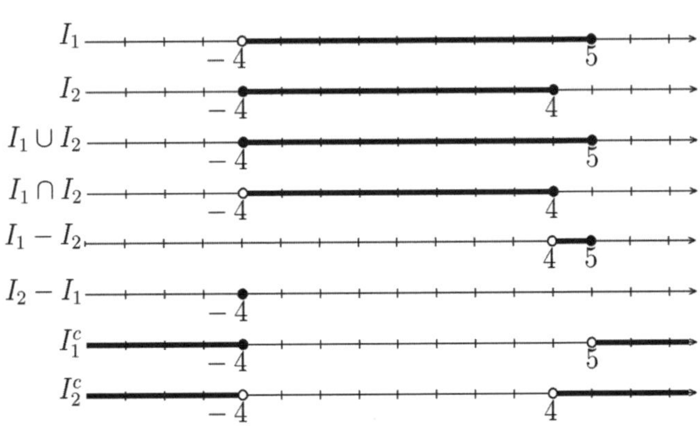

Capítulo 4

Introdução às funções

As primeiras ideias sobre o conceito de função surgiram da necessidade de leis que explicassem o que se observava nos fenômenos naturais. Nos dias de hoje, o conceito de função é um dos mais importantes da matemática, pois utiliza a formulação de leis que relacionam constantes e variáveis para descrever fenômenos naturais e tecnológicos, estudadas em diversas áreas do conhecimento.

4.1 Definição e propriedades básicas

A ideia de função surge naturalmente em várias situações cotidianas. Vejamos alguns exemplos:

Exemplo 4.1 Utilização do conceito de função no dia a dia.

(a) A área de um círculo é dada *em função* do raio deste círculo.

(b) O valor pago em uma viagem de táxi é dado *em função* da distância percorrida.

(c) A produção de uma empresa é dada *em função* da demanda.

(d) O valor da conta de energia elétrica de uma residência é dado *em função* do consumo mensal.

(e) O consumo de energia elétrica de uma residência é dado *em função* da quantidade de aparelhos eletrodomésticos utilizados.

Exemplo 4.2 Com o objetivo de impulsionar as vendas, determinada empresa que comercializa produtos agropecuários divulgou uma promoção para sacas de milho, descrita na tabela a seguir:

Quantidade (sacas)	**Preço de cada saca (R$)**
1	50
2	49
3	48
4	47
5	46
6	45
7	44
8	43
9	42
10	41
A partir de 10	40

Note que, quanto mais sacas de milho o cliente adquirir, menor o custo por unidade. Portanto, o valor de cada saca de milho é dado *em função* do número de sacas adquiridas.

Vamos analisar esse anúncio de uma forma mais matemática. Representando por A a quantidade de sacas adquiridas e por B o valor da saca, de acordo com a tabela divulgada pela empresa, temos

$$A = \{1, 2, 3, 4, \dots 9, 10, 11, 12, \dots\} \quad \text{e} \quad B = \{40, 41, 42, \dots, 49, 48, 50\}$$

Portanto, há uma relação estabelecida entre os elementos do conjunto A e os elementos do conjunto B, na qual o elemento $1 \in A$ está relacionado ao elemento $50 \in B$, o elemento $2 \in A$ está relacionado ao elemento $49 \in B$ e assim por diante.

Note que essa relação está "bem definida" e bastante clara para o cliente da empresa, pois

(i) nenhuma quantidade ficou sem preço (isto é, cada elemento do conjunto A se relaciona com algum elemento do conjunto B);

(ii) nenhuma quantidade possui mais de um preço (isto é, nenhum elemento do conjunto A se relaciona com mais de um elemento do conjunto B).

Neste tipo de situação, onde são cumpridas as condições (i) e (ii) acima, a relação entre os conjuntos A e B será chamada de *função.*

Podemos utilizar um par ordenado (x, y) para demonstrar que a função relaciona o elemento $x \in A$ ao elemento $y \in B$.

A relação dada pelo exemplo 4.2 poderia ser representada na forma de pares ordenados.

$$\{(1,50),(2,49),(3,48),\ldots(9,41),(10,40),(11,40),(12,40),\ldots\}$$

Vejamos a seguir a definição de função.

Definição 4.3

Uma relação entre dois conjuntos não vazios A e B recebe o nome de *função definida em A com imagens em B*, ou simplesmente *função de A em B*, se cada $x \in A$ está relacionado a um único $y \in B$.

Observação: duas condições devem ficar bem claras para que uma relação entre os conjuntos A e B seja uma função. São elas:

(i) cada elemento de A se relaciona com algum elemento de B;

(ii) nenhum elemento de A se relaciona com mais de um elemento de B.

Em geral, denotamos funções pelas letras minúsculas f, g e h, ou ainda, $f_1, f_2, \ldots f_n$ quando são necessárias várias funções em um mesmo exemplo.

Pela definição 4.3, uma função de A em B pode ser interpretada como um conjunto de pares ordenados, onde cada $x \in A$ forma um par ordenado (x, y) com um único $y \in B$.

4.2 Formas de representar uma função

Vejamos agora as principas maneiras de representar uma relação função.

Representação por pares ordenados: consiste em listar apenas os pares ordenados que compõem a função, obedecendo a Definição de função dada acima.

Exemplo 4.4 Sejam $A = \{1, 2, 3, 4\}$, $B = \{1, 2, 3, 4, 5\}$ e f_1, f_2, f_3 e f_4, as funções de A em B dadas por:

$$f_1 = \{(1,1), (2,2), (3,3), (4,4)\} \qquad f_3 = \{(1,5), (2,4), (3,3), (4,2)\}$$

$$f_2 = \{(1,2), (2,3), (3,4), (4,5)\} \qquad f_4 = \{(1,3), (2,3), (3,3), (4,3)\}$$

As representações utilizadas para as relações acima, listando os pares ordenados dessas funções, são chamadas de *representações por pares ordenados.*

Representação explícita: consiste em apresentar a relação por meio de uma *regra de associação* ou *lei de formação*, na qual fique estabelecida a forma com que se dá a relação entre os elementos de A e B.

Exemplo 4.5 As funções dadas no exemplo 4.4 podem ser representadas explicitamente como

$$f_1 = \{(x, y) : x \in A, y \in B \text{ e } x = y\}$$

$$f_2 = \{(x, y) : x \in A, y \in B \text{ e } y = x + 1\}$$

$$f_3 = \{(x, y) : x \in A, y \in B \text{ e } y = 6 - x\}$$

$$f_4 = \{(x, y) : x \in A, y \in B \text{ e } y = 3\}$$

Diagrama de flechas: consiste em representar os conjuntos A e B utilizando diagramas de Venn e uma seta a partir de $x \in A$ até $y \in B$ para demonstrar que o elemento x do conjunto A está relacionado ao elemento y do conjunto B.

Exemplo 4.6 As relações dadas no exemplo 4.4 podem ser representadas utilizando diagramas de flechas como

Representação cartesiana: consiste na representação dos pares ordenados da função no plano cartesiano ortogonal.

Exemplo 4.7 A representação cartesiana das funções do exemplo 4.4 são dadas por

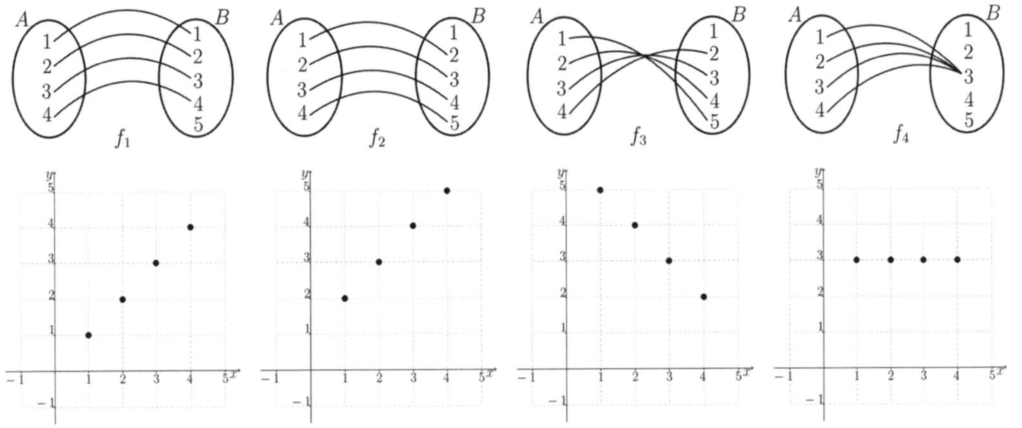

f_1 f_2 f_3 f_4

4.3 Domínio e imagem de uma função

Definição 4.8

Seja f uma função de A em B.

(i) O conjunto de A é chamado de *domínio* ou *conjunto de partida* da função f.

(ii) O conjunto B é chamado de *contradomínio* ou *conjunto de chegada* da função f.

(iii) O conjunto formado pelos elementos de B que se relacionam com elementos de A através da função f é chamado de *imagem* da função f.

Notação 4.9 Algumas notações serão importantes no decorrer do livro. São elas:

(i) O domínio da função f será denotado pelo conjunto $D(f)$, formado pelas abscissas dos pares ordenados pertencentes a f.

(ii) O contradomínio da função f será denotado por $CD(f)$.

(ii) A imagem da função f será denotada pelo conjunto $Im(R)$, formado pelas ordenadas dos pares ordenados pertencentes a f, isto é,

$$Im(f) = \{y \in B : (x, y) \in f, \text{ para algum } x \in A\}$$

Exemplo 4.10 Sejam $A = \{0, 1, 2, 3\}$ e $B = \{-1, 01, 2, 3\}$, verifique quais das relações abaixo são funções:

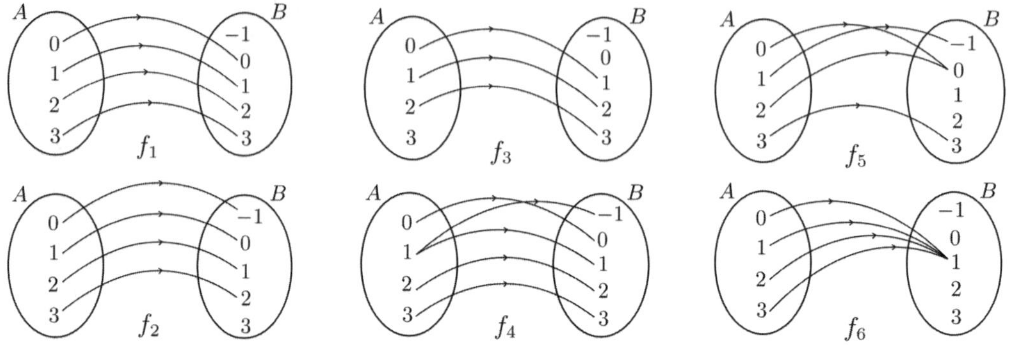

Para as funções, determine o domínio, o contradomínio e a imagem.

Solução:

- A relação f_1 é uma função e $D(f_1) = A$, $CD(f_1) = B$ e $Im(f_1) = \{0, 1, 2, 3\}$.
- A relação f_2 é uma função e $D(f_2) = A$, $CD(f_2) = B$ e $Im(f_2) = \{-1, 0, 1, 2\}$.
- A relação f_3 não é uma função, pois o elemento $3 \in A$ não se relaciona com elementos do conjunto B.
- A relação f_4 não é uma função, pois o elemento $1 \in A$ está relacionado a dois elementos distintos no conjunto B.
- A relação f_5 é uma função e $D(f_5) = A$, $CD(f_5) = B$ e $Im(f_5) = \{-1, 0, 3\}$.
- A relação f_6 é uma função e $D(f_6) = A$, $CD(f_6) = B$ e $Im(f_6) = \{1\}$.

4.4 O teste da reta vertical

Dada a representação cartesiana de uma relação f de A em B, uma ferramenta muito usada para verificar se f é uma função é o *teste da reta vertical*, que consiste em traçar retas verticais da forma $x = a$, onde $a \in A$. Se cada reta vertical interceptar o gráfico de f em um único ponto, então f é uma função. Do contrário, f não é uma função.

Exemplo 4.11 Das relações abaixo, apenas f_1, f_5 e f_9 representam funções definidas no intervalo $[1, 5]$.

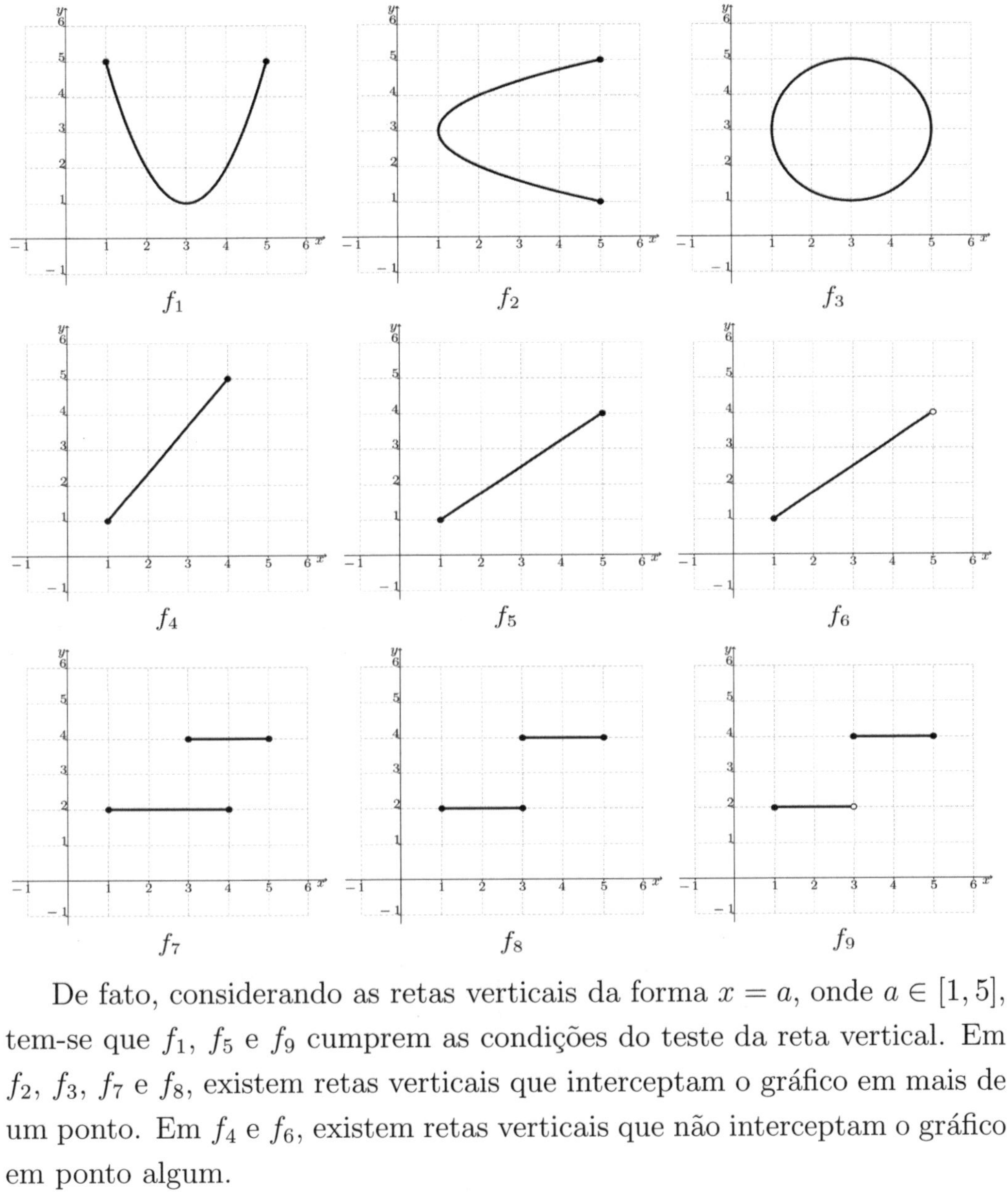

De fato, considerando as retas verticais da forma $x = a$, onde $a \in [1, 5]$, tem-se que f_1, f_5 e f_9 cumprem as condições do teste da reta vertical. Em f_2, f_3, f_7 e f_8, existem retas verticais que interceptam o gráfico em mais de um ponto. Em f_4 e f_6, existem retas verticais que não interceptam o gráfico em ponto algum.

4.5 Lei de formação e valor numérico

A notação $f : A \longrightarrow B$ é utilizada para indicar que a função f tem domínio A e contradomínio B.

Em geral, dada uma função f de A em B, existe uma sentença aberta, chamada de *lei de correspondência* ou *lei de formação* da função f, que expressa a regra mediante a qual, dado $x \in A$, determina-se o $y \in B$ tal que $(x, y) \in f$. A notação

$$\begin{array}{rcccc} f & : & A & \longrightarrow & B \\ & & x & \longmapsto & f(x) \end{array} \qquad (4.1)$$

é utilizada para denotar a função f de A em B, cuja lei de correspondência é dada por $y = f(x)$ – lê-se *y igual a f de x*.

A expressão $y = f(x)$ afirma que *y é dado em função de x*, ou seja, y é o correspondente de x pela função f. Existe, portanto, uma dependência de y em relação a x e, por isso, a variável y é chamada de *variável dependente*, enquanto a variável x é chamada de *variável independente*.

Note que (4.1) expressa várias informações sobre a função, tais como domínio, contradomínio e lei de formação, de uma maneira bastante simples.

Exemplo 4.12 A função f de $\mathbb{R}$ em $\mathbb{R}$ que associa a cada $x \in \mathbb{R}$ o elemento $f(x) = 2x$ pode ser denotada por

$$\begin{array}{rcccc} f & : & \mathbb{R} & \longrightarrow & \mathbb{R} \\ & & x & \longmapsto & 2x \end{array}$$

Isto é, $A = \mathbb{R}$ (domínio), $B = \mathbb{R}$ (contradomínio) e a lei de formação de f é dada por $y = 2x$, ou seja, $f(x) = 2x$.

Exemplo 4.13 A função f de $\mathbb{R}_+$ em $\mathbb{R}$ que associa a cada $x \in \mathbb{R}$ o elemento $f(x) = \sqrt{x}$ pode ser denotada por

$$\begin{array}{rcccc} f & : & \mathbb{R}_+ & \longrightarrow & \mathbb{R} \\ & & x & \longmapsto & \sqrt{x} \end{array}$$

Isto é, $A = \mathbb{R}_+$ (domínio), $B = \mathbb{R}$ (contradomínio) e a lei de formação de f é dada por $y = \sqrt{x}$, ou seja, $f(x) = \sqrt{x}$.

Se $(x, y) \in f$, o elemento y é chamado de *imagem de x pela função f*.

Exemplo 4.14 Seja $f : \mathbb{R} \longrightarrow \mathbb{R}$ a função dada por $f(x) = 2x + 1$, determine:

(a) a imagem de 0 pela função f; **(b)** a imagem de -2 pela função f;

(c) $f(\frac{1}{3})$, $f(\sqrt{3})$ e $f(0,2)$.

Solução:

(a) Como $f(0) = 2(0) + 1 = 1$, tem-se que a imagem de 0 pela função f é igual a 1.

(b) Como $f(-2) = 2(-2) + 1 = -3$, tem-se que a imagem de -2 pela função f é igual a -3.

(c) Da mesma forma, $f\left(\frac{1}{3}\right) = 2\left(\frac{1}{3}\right) + 1 = \dfrac{2}{3} + 1 = \dfrac{5}{3}$, $f(\sqrt{3}) = 2\sqrt{3} + 1$ e $f(0,2) = 2(0,2) + 1 = 0,4 + 1 = 1,4$.

Exemplo 4.15 Considere a função $f : \mathbb{R} \longrightarrow \mathbb{R}$ definida por $f(x) = 2|x| - x + 3$. Determine:

(a) $f(-1)$, $f(0)$, $f(1)$ e $f(2)$; **(b)** $\dfrac{2f(-2) + f(-\frac{1}{3})}{f(3)}$

Solução:

(a) Basta notar que $f(-1) = 2|-1| - (-1) + 3 = 2 + 1 + 3 = 6$, $f(0) = 2|0| - (0) + 3 = 0 - 0 + 3 = 3$, $f(1) = 2|1| - (1) + 3 = 2 - 1 + 3 = 4$ e $f(2) = 2|2| - (2) + 3 = 4 - 2 + 3 = 5$.

(b) Como $f(-2) = 2|-2| - (-2) + 3 = 4 + 2 + 3 = 9$, $f\left(-\frac{1}{3}\right) = 2\left|-\frac{1}{3}\right| - \left(-\frac{1}{3}\right) + 3 = \frac{2}{3} + \frac{1}{3} + 3 = 4$ e $f(3) = 2|3| - (3) + 3 = 6 - 3 + 3 = 6$, tem-se $\dfrac{2f(-2) + f(-\frac{1}{3})}{f(3)} = \dfrac{2(9) + 4}{6} = \dfrac{22}{6} = \dfrac{11}{3}$.

Exemplo 4.16 Sejam m e n constantes reais e $f : \mathbb{R} \longrightarrow \mathbb{R}$ definida por $f(x) = x^2 + 3x - 2$, determine $f(m)$, $f(2m)$, $f(m + 1)$ e $f(m + n)$.

Solução: Basta notar que

$$f(m) = m^2 + 3m - 2, \quad f(2m) = (2m)^2 + 3(2m) - 2 = 4m^2 + 6m - 2,$$

$$f(m+1) = (m+1)^2 + 3(m+1) - 2 = m^2 + 2m + 1 + 3m + 3 - 2 = m^2 + 5m + 2$$

e $f(m + n) = (m + n)^2 + 3(m + n) - 2 = m^2 + 2mn + n^2 + 3m + 3n - 2$.

Exemplo 4.17 Considerando a função f representada graficamente abaixo, determine:

(a) o domínio e a imagem de f;

(b) $f(-4)$, $f(-2)$, $f(-1)$, $f(0)$, $f(2)$ e $f(4)$;

(c) os valores de x para os quais (i) $f(x) = 1$ e (ii) $f(x) = 5$;

(d) os valores de x para os quais: (i) $1 \leq f(x) \leq 5$ e (ii) $1 < f(x) < 5$.

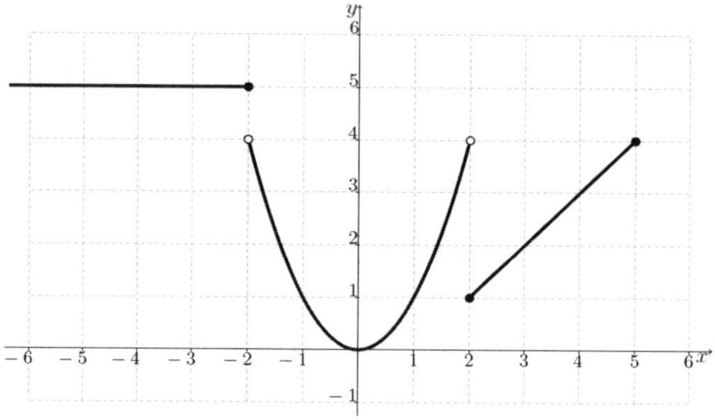

Solução:

(a) $D(f) = (-\infty, 5]$ e $Im(f) = [0, 4] \cup \{5\}$;

(b) $f(-4) = 5$, $f(-2) = 5$, $f(-1) = 1$, $f(0) = 0$, $f(2) = 1$ e $f(4) = 3$;

(c) (i) $-1, 1$ e 2; (ii) $(-\infty, -2]$;

(d) (i) $(-\infty, -1] \cup [1, 5]$; (ii) $(-2, -1) \cup (1, 2) \cup (2, 5]$.

Definição 4.18

Duas funções $f : A_1 \longrightarrow B_1$ e $g : A_2 \longrightarrow B_2$ são *iguais* se $A_1 = A_2$, $B_1 = B_2$ e $f(x) = g(x)$ para cada $x \in A_1$.

Exemplo 4.19 As funções $f : [0, +\infty) \to \mathbb{R}$, $f(x) = x^2$ e $g : [0, +\infty) \to \mathbb{R}$, $g(x) = x|x|$ são iguais, uma vez que $\forall x \in [0, +\infty)$, $x \geq 0$ e $|x| = x$, de onde segue que $g(x) = x|x| = x \cdot x = x^2 = f(x)\,, \forall x \in [0, +\infty)$.

Já as funções $f : \mathbb{R} \to \mathbb{R}$, $f(x) = x^2$ e $g : \mathbb{R} \to \mathbb{R}$, $g(x) = x|x|$ não são iguais, pois para $x < 0$, por exemplo, temos $|x| = -x$ e, a partir disso, $g(x) = x|x| = x(-x) = -x^2 \neq x^2 = f(x)$, ou seja, $f(x) \neq g(x)$ para $x < 0$.

Graficamente, se $f = g$, segue que os seus gráficos coincidem.

4.6 Zeros de uma função

Definição 4.20

Considerando que $f : A \longrightarrow B$ é uma função, um número $x_0 \in A$ é chamado de *zero de f* se $f(x_0) = 0$.

Exemplo 4.21 O número 2 é um zero da função $f(x) = x - 2$, pois $f(2) = 0$.

Exemplo 4.22 Os números -1 e 1 são zeros da função $f(x) = x^2 - 1$, pois

$$f(-1) = 0 \quad \text{e} \quad f(1) = 0$$

Exemplo 4.23 As funções $f(x) = 3$ e $g(x) = x^2 + 1$ não possuem zeros reais.

Exemplo 4.24 A função $f(x) = 0$ possui infinitos zeros.

Graficamente, um zero de uma função representa um intercepto da função com o eixo horizontal.

Exemplo 4.25 A função representada graficamente abaixo possui zeros em $-4, 1$ e 3.

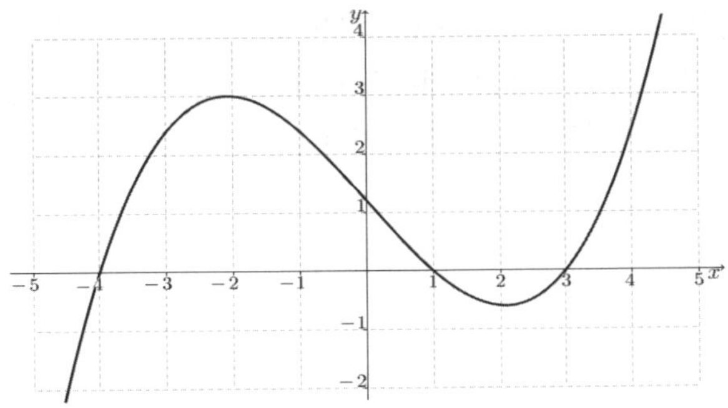

Exemplo 4.26 A função representada graficamente abaixo possui um zero em cada número par.

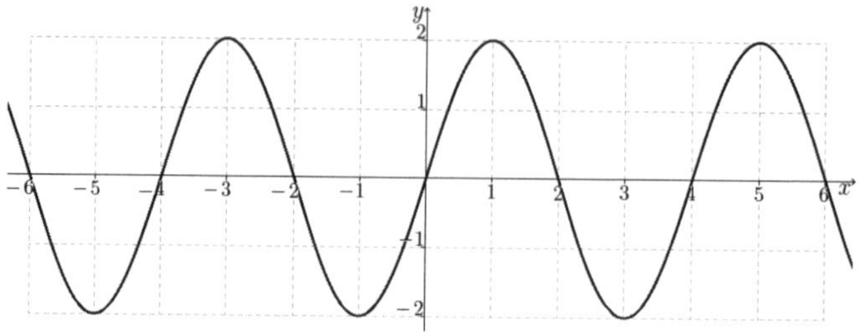

4.7 Sinal de uma função

Iniciaremos esta seção com o exemplo 4.27 como motivação para o estudo.

Exemplo 4.27 Em uma determinada cidade, as temperaturas foram monitoradas durante 24 horas. O gráfico da temperatura y (dada em graus centígrados) em função do tempo x (dado em horas) obtido foi o seguinte:

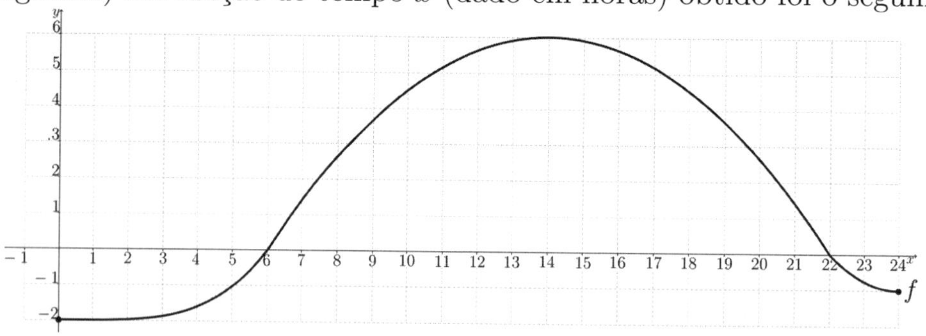

Com base no gráfico acima, responda:

(a) Em quais momentos a temperatura foi igual a $0°$C?

(b) Em quais intervalos a temperatura foi positiva?

(c) Em quais intervalos a temperatura foi negativa?

Solução:

(a) 6 e 22 horas. **(b)** $(6, 22)$. **(c)** $[0, 6) \cup (22, 24]$.

Definição 4.28

Sejam $f : A \longrightarrow B$ uma função e $x_0 \in A$, a função f é dita

(i) *positiva em* x_0 se $f(x_0) > 0$;

(ii) *negativa em* x_0 se $f(x_0) < 0$.

Analisar o sinal de uma função f significa determinar para quais conjuntos a função é positiva ou negativa.

Exemplo 4.29 A função representada graficamente abaixo é positiva em $(-4, 0) \cup (2, 5)$ e negativa em $(-\infty, -4) \cup (0, 2) \cup (5, +\infty)$.

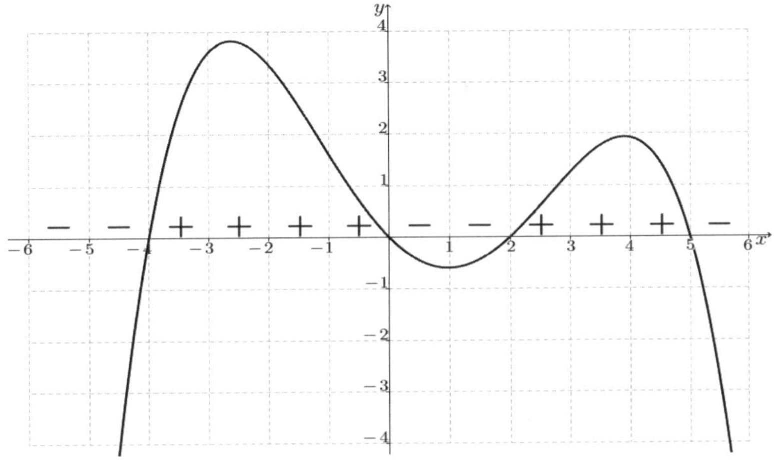

Exemplo 4.30 A função representada abaixo é positiva em $\mathbb{R} - \{-4, 2, 6\}$.

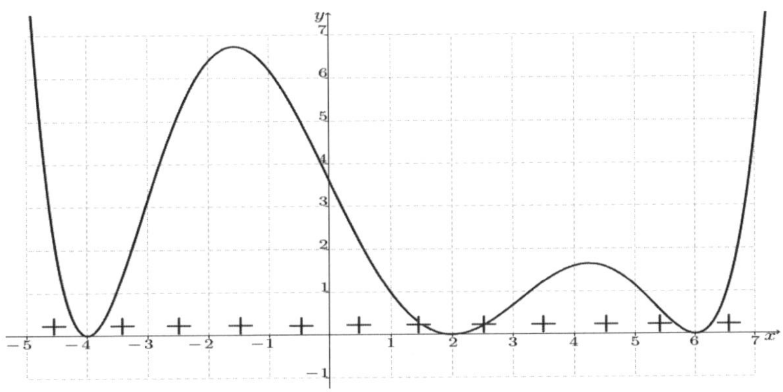

4.8 Funções crescentes e decrescentes

Definição 4.31

Sejam $f : A \longrightarrow B$ uma função e $I \subset A$, a função f é dita *crescente em I* se, para quaisquer $x_1, x_2 \in I$, tivermos

$$x_1 < x_2 \Longrightarrow f(x_1) < f(x_2).$$

Observe que, aumentando os valores das abscissas, os valores das ordenadas correspondentes também aumentam.

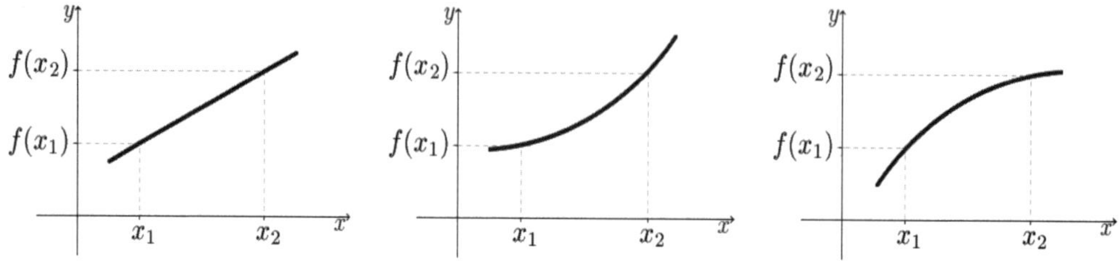

Definição 4.32

Sejam $f : A \longrightarrow B$ uma função e $I \subset A$, a função f é *decrescente em* I se, para quaisquer $x_1, x_2 \in I$, tivermos

$$x_1 < x_2 \Longrightarrow f(x_1) > f(x_2).$$

Observe que, aumentando os valores das abscissas, os valores das ordenadas correspondentes diminuem.

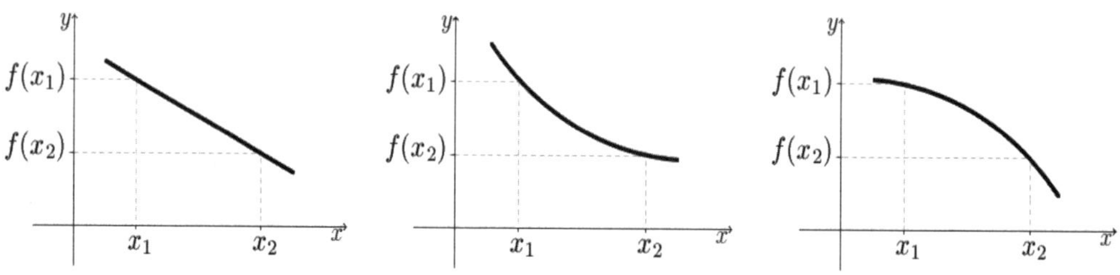

Definição 4.33

Sejam $f : A \longrightarrow B$ uma função e $I \subset A$, a função f é *constante em* I se, para quaisquer $x_1, x_2 \in I$, tivermos $f(x_1) = f(x_2)$.

Observe que, aumentando os valores das abscissas, os valores das ordenadas correspondentes permanecem constantes.

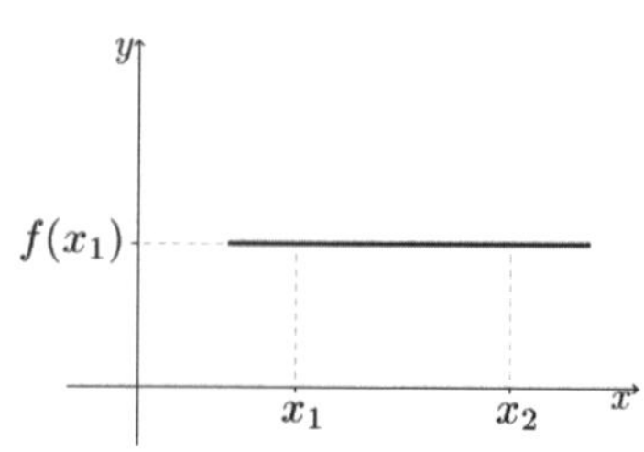

Exemplo 4.34 A função $f : \mathbb{R} \longrightarrow \mathbb{R}$ representada graficamente ao lado é crescente no intervalo $[1, 3]$ e decrescente no intervalo $[3, +\infty)$.

Note que, no intervalo $(-\infty, 1]$, a função não é crescente nem decrescente, mas constante.

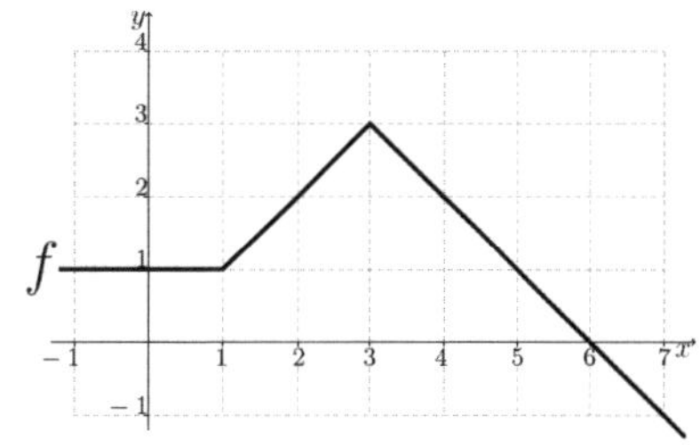

Exemplo 4.35 A função $f : \mathbb{R} \longrightarrow \mathbb{R}$ representada graficamente ao lado é decrescente no intervalo $(-\infty, 2]$ e crescente no intervalo $[2, +\infty)$.

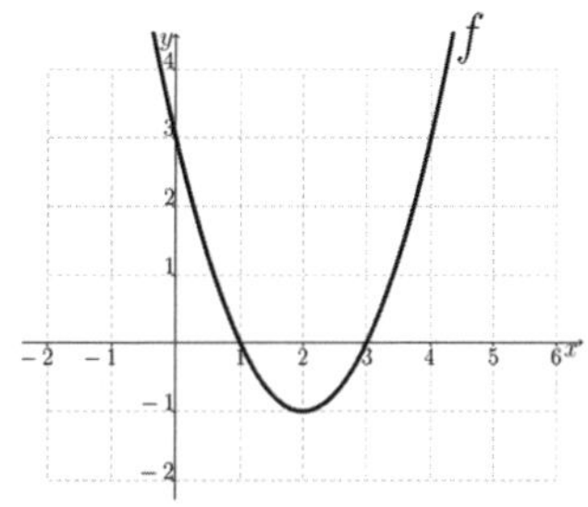

Exemplo 4.36 Das funções representadas graficamente na sequência, f_1, f_2 e f_3 são crescentes em $\mathbb{R}$, enquanto f_4, f_5 e f_6 são decrescentes em $\mathbb{R}$.

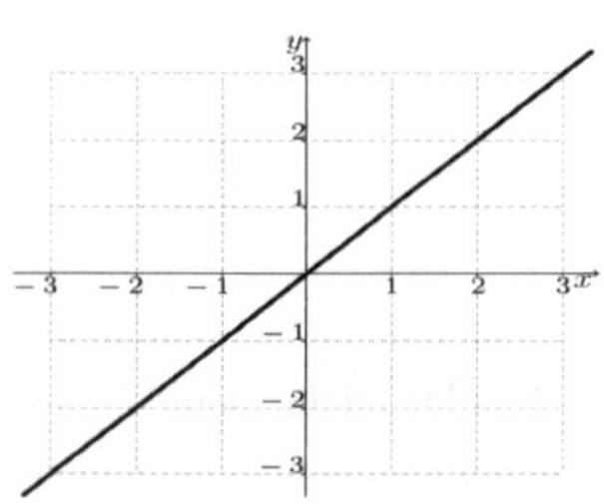

f_1

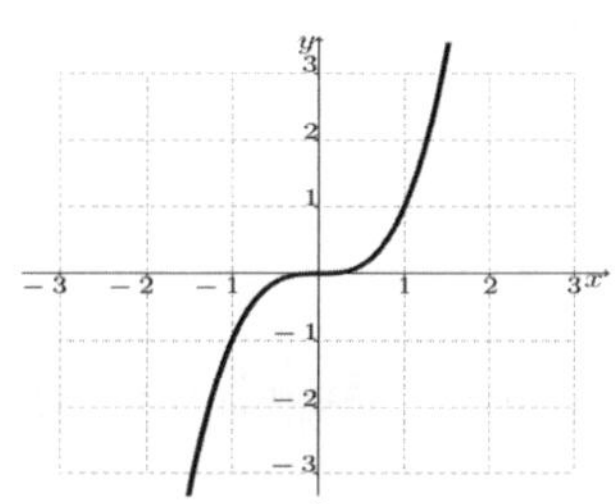

f_2

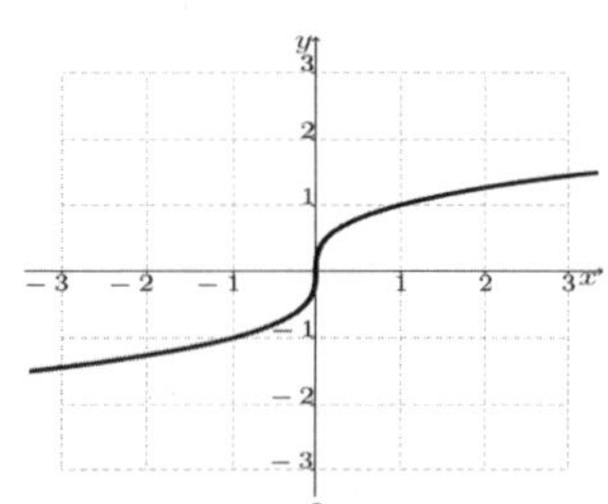

f_3

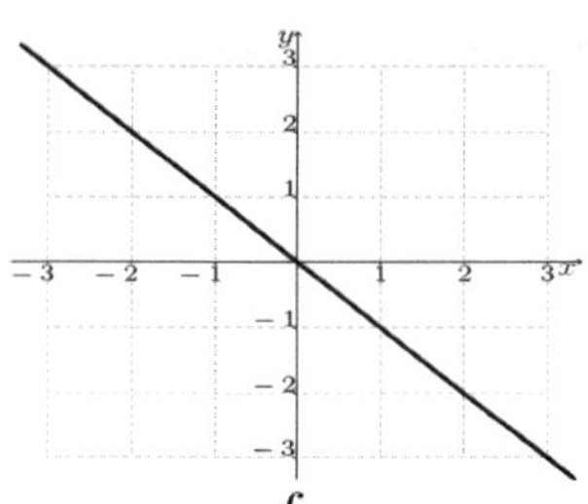

f_4

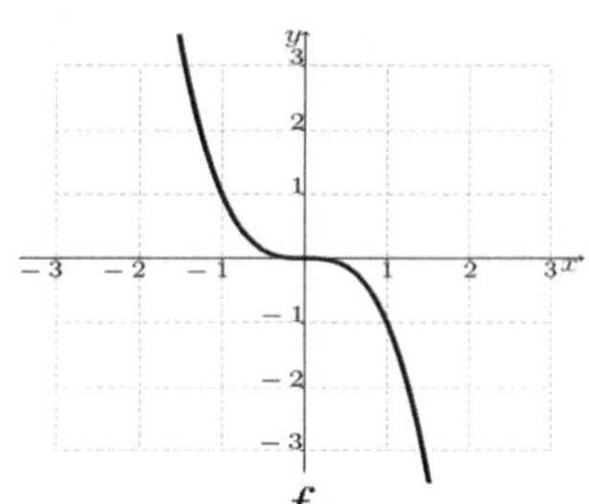

f_5

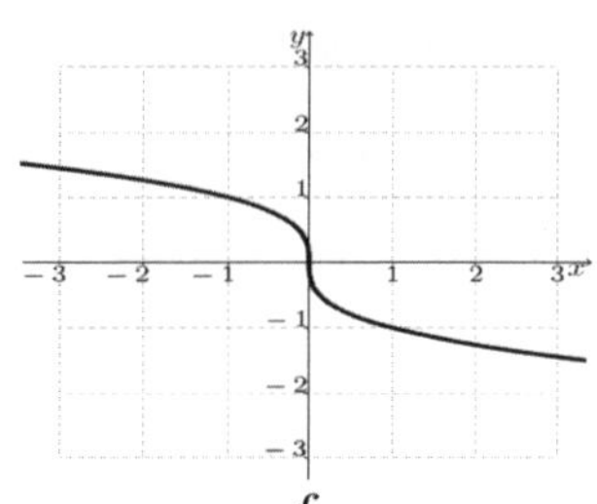

f_6

4.9 Valores extremos de uma função

Definição 4.37

Sejam $f : A \longrightarrow B$ uma função e $x_0 \in A$, dizemos que $f(x_0)$ é o *valor máximo absoluto* ou *valor máximo global* de f se $f(x) \leq f(x_0)$, $\forall\, x \in A$. Ou seja, $f(x_0)$ é o maior elemento de $Im(f)$.

Neste caso, x_0 é dito *ponto de máximo absoluto* ou *ponto de máximo global* de f.

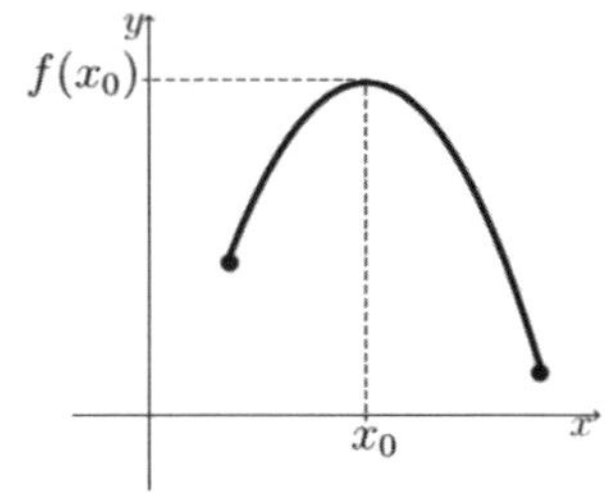

Definição 4.38

Sejam $f : A \longrightarrow B$ uma função e $x_0 \in A$, dizemos que $f(x_0)$ é o *valor mínimo absoluto* ou *valor mínimo global* de f se $f(x) \geq f(x_0)$, $\forall\, x \in A$. Ou seja, $f(x_0)$ é o menor elemento de $Im(f)$.

Neste caso, x_0 é dito *ponto de mínimo absoluto* ou *ponto de mínimo global* de f.

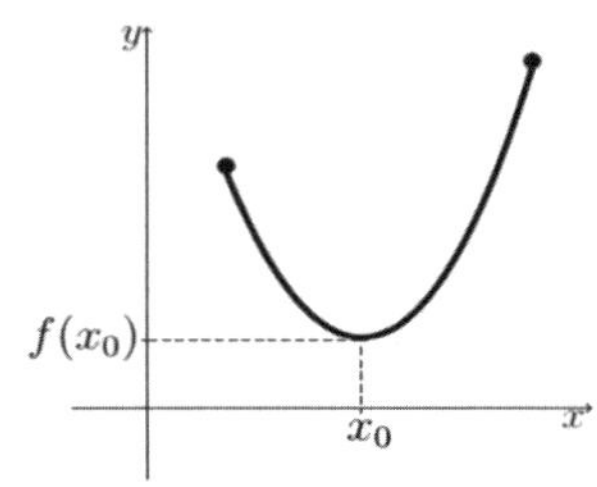

Máximos e mínimos absolutos são chamados de *extremos absolutos* ou *extremos globais* da função.

Exemplo 4.39 Considere as funções f_1, f_2 e f_3 representadas graficamente abaixo.

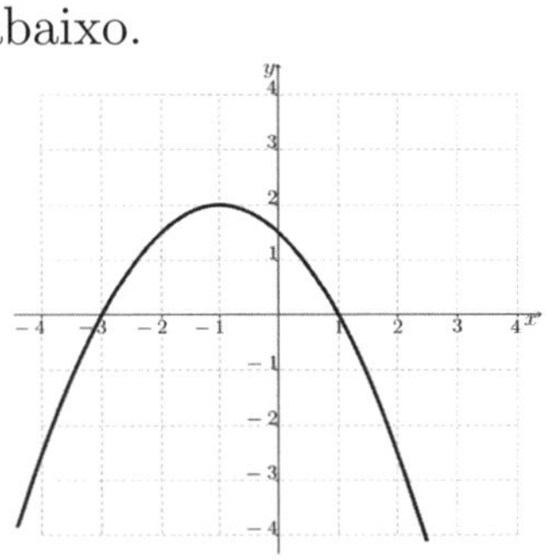

f_1

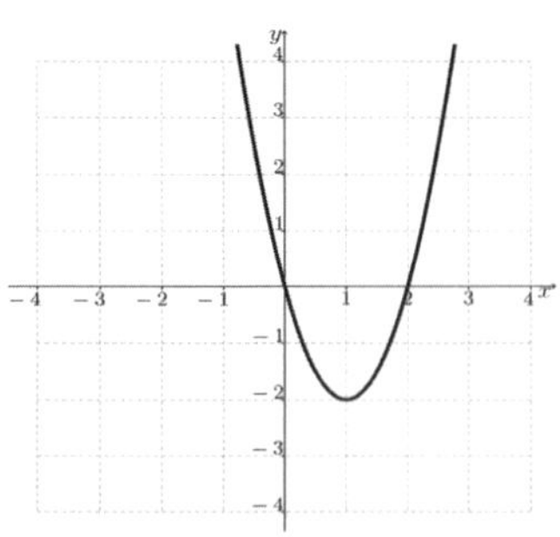

f_2

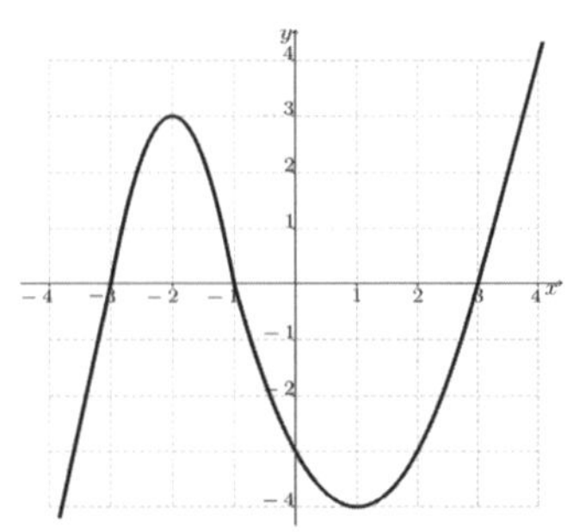

f_3

Com base nos gráficos, e considerando somente os extremos globais, podemos concluir que:

Função	Ponto extremo	Valor extremo	Classificação
f_1	-1	2	Máximo absoluto
f_2	1	-2	Mínimo absoluto
f_3	Não existe	Não existe	

Definição 4.40

Sejam $f : A \longrightarrow B$ uma função e $x_0 \in A$, dizemos que $f(x_0)$ é:

(i) um *valor máximo relativo* ou *valor máximo local* de f se existe um intervalo aberto I contendo x_0, tal que $f(x) \leq f(x_0)$, $\forall\, x \in I \cap A$. Neste caso, x_0 é dito *ponto de máximo relativo* ou *ponto de máximo local* de f.

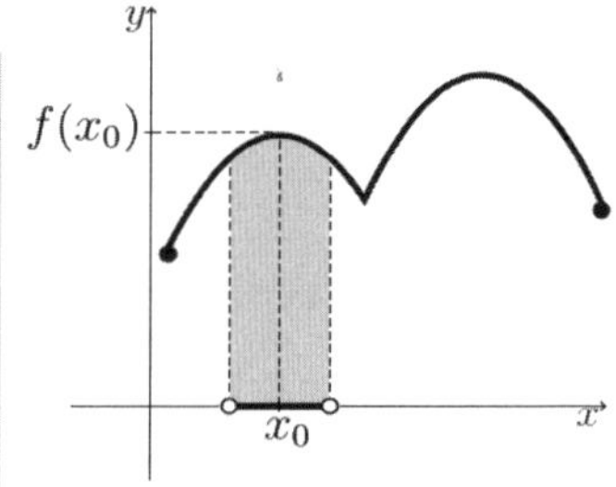

(ii) um *valor mínimo relativo* ou *valor mínimo local* de f se existe um intervalo aberto I contendo x_0, tal que $f(x) \geq f(x_0)$, $\forall\, x \in I \cap A$. Neste caso, x_0 é dito *ponto de mínimo relativo* ou *ponto de mínimo local* de f.

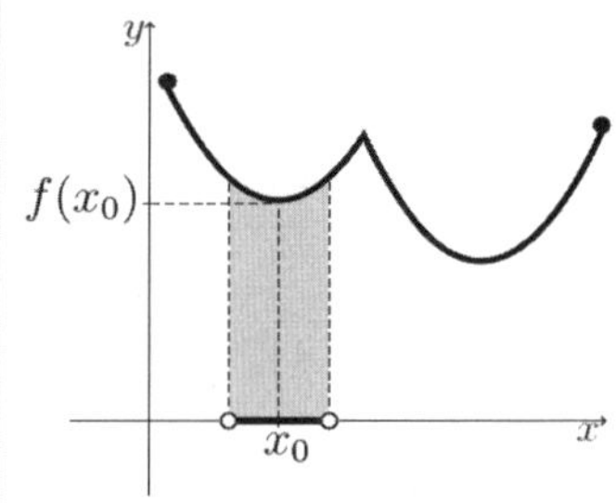

Observação: como definido acima, o máximo local $f(x_0)$ é o maior valor de f dentre os valores de x "próximos" a x_0, enquanto o mínimo local $f(x_0)$ é o menor valor de f dentre os valores de x "próximos" a x_0.

Máximos e mínimos relativos são chamados de *extremos relativos* ou *extremos locais* da função.

Observação: todo extremo absoluto é um extremo relativo, mas nem todo extremo relativo é um extremo absoluto. Em particular, o valor máximo absoluto é o maior dos valores máximos relativos e o valor mínimo absoluto é o menor dos valores mínimos relativos, se existirem.

Exemplo 4.41 Considere as funções f_1, f_2 e f_3 representadas abaixo.

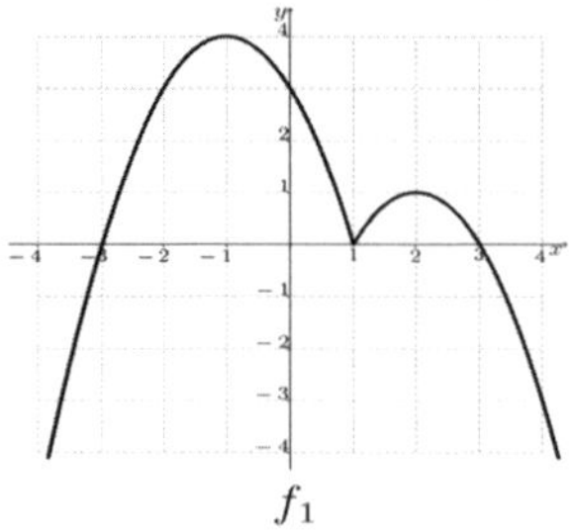

f_1

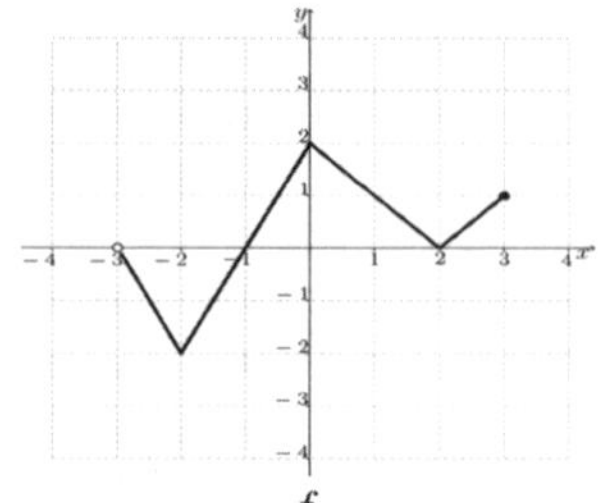

f_2

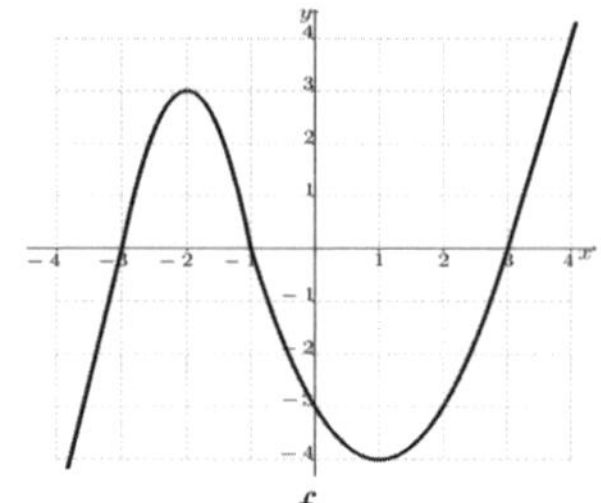

f_3

Com base nos gráficos do exemplo 4.41, podemos concluir que:

Função	**Ponto extremo**	**Valor extremo**	**Classificação**
f_1	-1	4	Máximo relativo e absoluto
f_1	1	0	Mínimo relativo
f_1	2	1	Máximo relativo
f_2	-2	-2	Mínimo relativo e absoluto
f_2	0	2	Máximo relativo e absoluto
f_2	2	0	Mínimo relativo
f_2	3	1	Máximo relativo
f_3	-2	3	Máximo relativo
f_3	1	-4	Mínimo relativo

4.10 Funções pares e ímpares

Definição 4.42

Uma função $f : A \longrightarrow B$ é uma *função par* se, e somente se,

$$f(-a) = f(a), \ \forall a \in A.$$

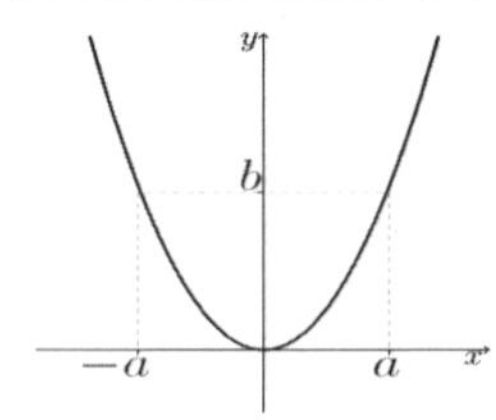

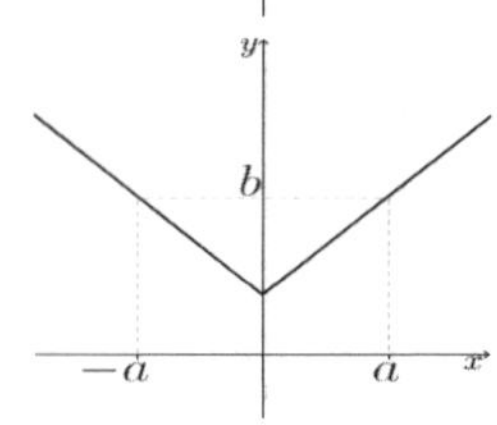

Neste caso, está subentendido que, se $a \in A$, então $-a \in A$.

Em outras palavras, uma função f é par se, para todo $(a, b) \in f$, tem-se $(-a, b) \in f$, ou seja, os números $-a$ e a possuem a mesma imagem pela função f.

Geometricamente, funções pares possuem gráficos que são simétricos em relação ao eixo vertical.

Exemplo 4.43 A função $f : \mathbb{R} \longrightarrow \mathbb{R}$ dada por $f(x) = x^2$ é par. De fato, para todo $a \in \mathbb{R}$, tem-se $f(-a) = (-a)^2 = a^2 = f(a)$.

Exemplo 4.44 Das funções abaixo, apenas f_1, f_2 e f_6 são pares.

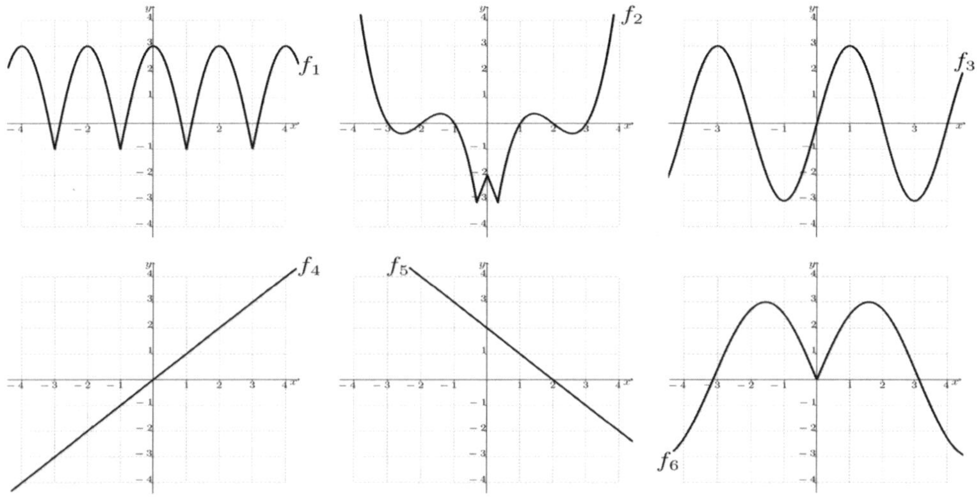

Definição 4.45

> Uma função $f : A \longrightarrow B$ é uma *função ímpar* se, e somente se,
> $$f(-a) = -f(a), \ \forall\, a \in A.$$

Neste caso, está subentendido que, se $a \in A$, então $-a \in A$. Em outras palavras, uma função f é ímpar se, para todo $(a, b) \in f$, tem-se $(-a, -b) \in f$, ou seja, os números $-a$ e a possuem imagens simétricas.

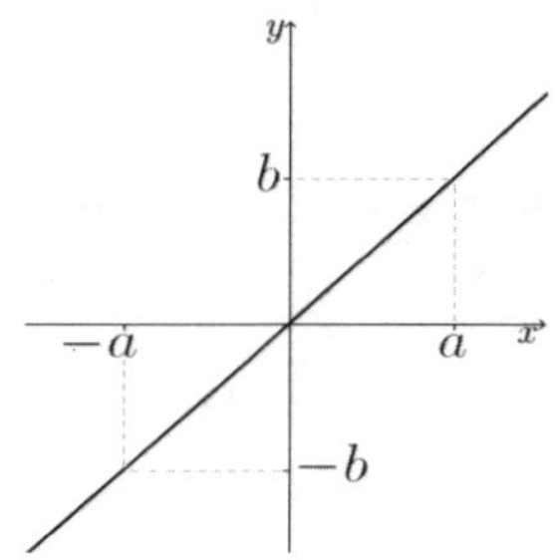

Exemplo 4.46 A função $f : \mathbb{R} \longrightarrow \mathbb{R}$ dada por $f(x) = x^3$ é ímpar. De fato, para todo $a \in \mathbb{R}$, tem-se $f(-a) = (-a)^3 = -a^3 = -f(a)$.

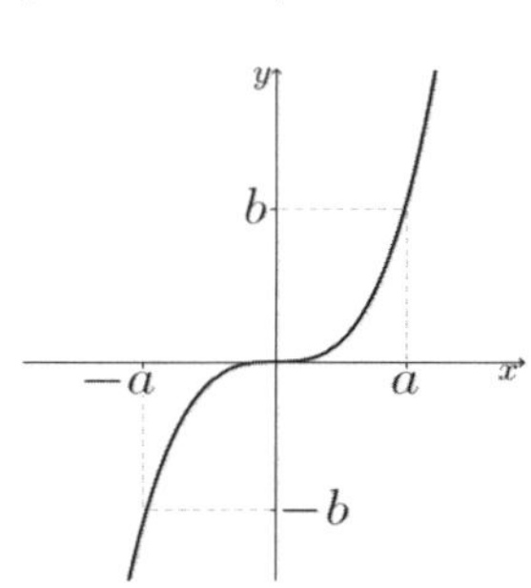

Geometricamente, funções ímpares possuem gráficos que são simétricos em relação à origem.

Exemplo 4.47 Das funções abaixo, apenas f_1, f_4 e f_5 são ímpares.

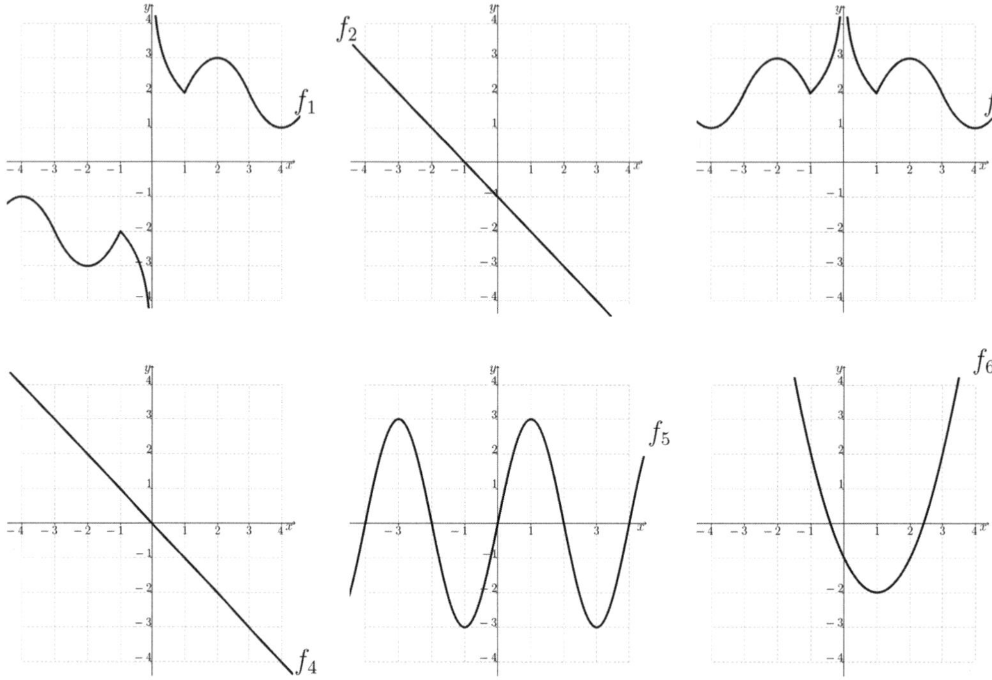

Observação: é importante observar que existem funções que não são nem pares e nem ímpares. Tomamos como exemplo a função $f : \mathbb{R} \to \mathbb{R}$ dada por $f(x) = x + x^2$, que não é par, pois, para todo $a \neq 0$, temos que: $f(-a) = -a + (-a)^2 = -a + a^2 \neq a + a^2 = f(a)$, ou seja, $f(-a) \neq f(a)$. Do mesmo modo, tal f também não é ímpar, pois, para todo $a \neq 0$, temos que, por um lado, $f(-a) = -a + a^2$, e, por outro, $-f(a) = -a - a^2$,. Portanto, $f(-a) \neq -f(a)$. O leitor sabe por que desconsideramos o caso $a = 0$ neste exemplo? Deixamos como uma reflexão a ser feita.

4.11 Combinações de funções

4.11.1 Deslocamentos verticais

A título de ilustração, considere o exemplo a seguir. Sejam os conjuntos $A = \{0, 1, 2, 3, 4\}$ e $B = \{0, 1, 2\}$ e a função $f : A \longrightarrow B$ representada no que segue.

Considere agora a função g dada por

$$g(x) = f(x) + 2, \quad \forall x \in A \tag{4.2}$$

Utilizando a igualdade (4.2), pode-se determinar o conjunto imagem da função g da seguinte forma:

$g(0) = f(0) + 2 = 0 + 2 = 2$

$g(1) = f(1) + 2 = 0 + 2 = 2$ $\qquad g(2) = f(2) + 2 = 1 + 2 = 3$

$g(3) = f(3) + 2 = 0 + 2 = 2$ $\qquad g(4) = f(4) + 2 = 2 + 2 = 4$

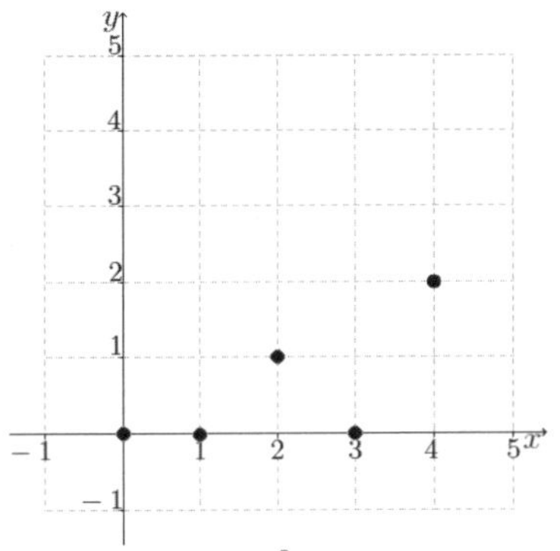

f

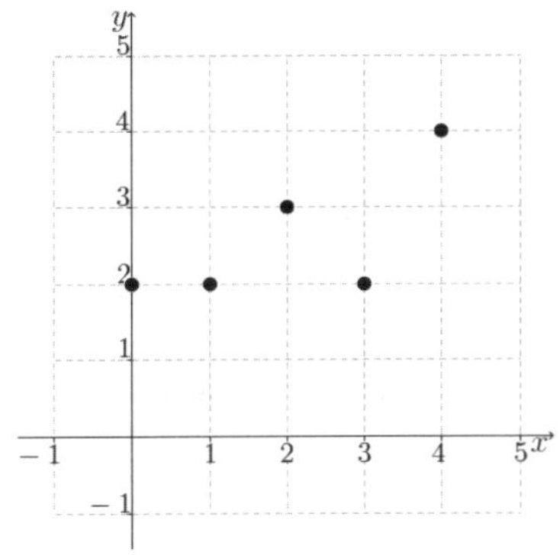

g

Tem-se então uma função $g : A \longrightarrow B'$, onde $B' = \{2, 3, 4\}$. Na representação cartesiana da função g, pode-se notar que as imagens da função g foram obtidas a partir das imagens da função f somando duas unidades. Ou seja, o gráfico da função g consiste em deslocar verticalmente o gráfico da função f em duas unidades para cima. Isto ocorre pois foi somada uma constante positiva k (neste exemplo, $k = 2$) em cada imagem de f. Ocorre então uma translação vertical do gráfico de f em k unidades para cima.

Se ao invés de somar 2 na equação (4.2) tivesse subtraído 2, isto é, se fosse $g(x) = f(x) - 2$, então ocorreria um deslocamento vertival de duas unidades para baixo.

De um modo geral, os deslocamento verticais ocorrem quando considera-se a função

$$g(x) = f(x) + k$$

O gráfico da função g consiste em deslocar verticalmente o gráfico de f em $|k|$ unidades para cima, se $k > 0$, e $|k|$ unidades para baixo, se $k < 0$.

Exemplo 4.48 Considere a função $f : \mathbb{R} \longrightarrow \mathbb{R}$ representada graficamente abaixo:

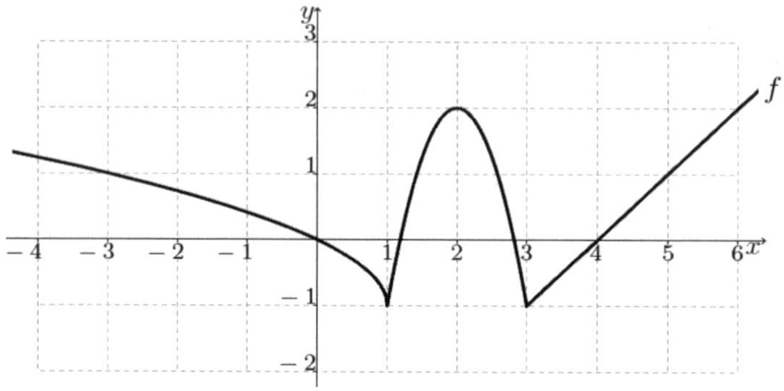

Esboce o gráfico das seguintes translações verticais de f:

(a) $g(x) = f(x) + 2$ **(b)** $h(x) = f(x) - 1$

Solução:

(a) Para obter o gráfico da função g, deslocamos verticalmente o gráfico de f em duas unidades para cima ($k = 2$).

(b) Para obter o gráfico da função h, deslocamos verticalmente o gráfico de f em uma unidade para baixo ($k = -1$).

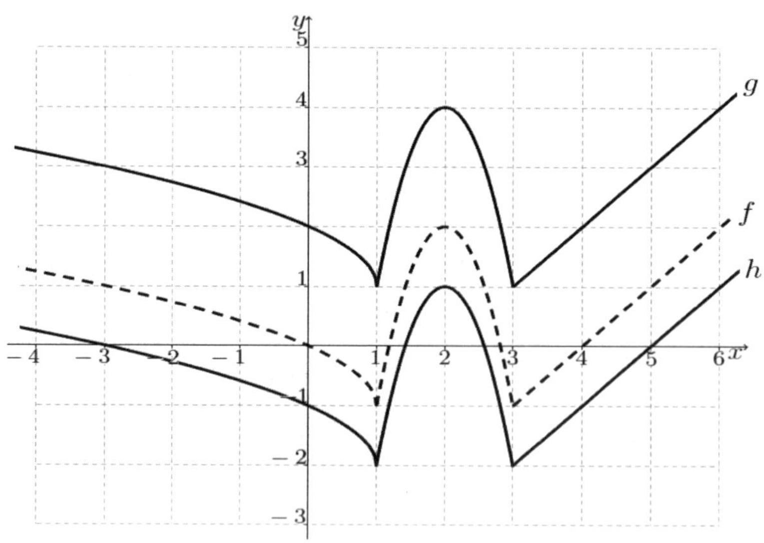

4.11.2 Deslocamentos horizontais

A título de ilustração, considere o exemplo a seguir:

Sejam $A = \{1,2,3,4,5\}$ e $B = \{0,1,2,3,4\}$ e a função $f : A \longrightarrow B$, cuja representação cartesiana é dada ao lado, considere a função g dada por

$$g(x) = f(x+2), \quad \forall x \in A \qquad (4.3)$$

Qual a a relação entre os gráficos das funções f e g?

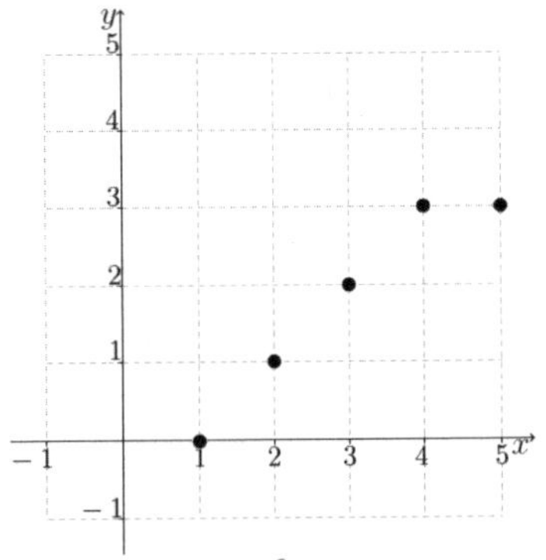

f

Para obter a resposta, note que a equação (4.3) afirma que o domínio da função g será composto pelos valores de x, para os quais é possível calcular $f(x+2)$, ou seja, deve-se ter $(x+2) \in A$.

Como $A = \{1,2,3,4,5\}$, tem-se $x+2 = 1$ (isto é, $x = -1$), $x+2 = 2$ (isto é, $x = 0$), $x+2 = 3$ (isto é, $x = 1$), $x+2 = 4$ (isto é, $x = 2$) ou $x+2 = 5$ (isto é, $x = 3$).

Portanto, o conjunto domínio da função g é dado por $A' = \{-1,0,1,2,3\}$.

Utilizando a igualdade (4.3), pode-se verificar facilmente que o conjunto imagem da função g é o mesmo conjunto imagem da função f, basta observar os cálculos abaixo:

$$g(-1) = f(-1+2) = f(1) = 0$$
$$g(0) = f(0+2) = f(2) = 1$$
$$g(1) = f(1+2) = f(3) = 2$$
$$g(2) = f(2+2) = f(4) = 3$$
$$g(3) = f(3+2) = f(5) = 3$$

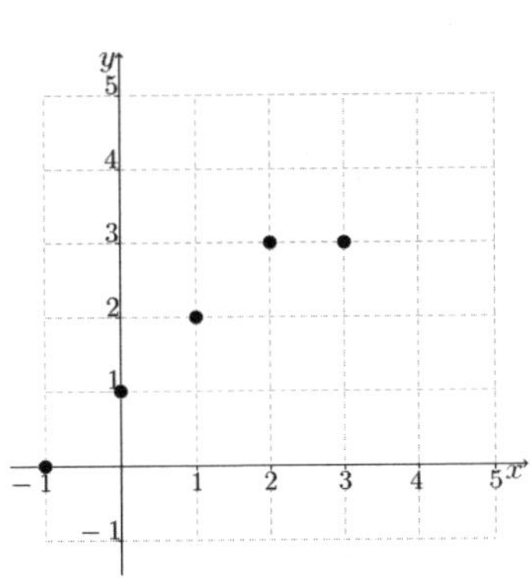

g

Das observações acima, é possível concluir que os conjuntos imagens das funções f e g são iguais a B, mas o conjunto A' (domínio da função g)

corresponde a um deslocamento do conjunto A (domínio da função f) de duas unidades para a esquerda. Consequentemente, o gráfico da função g consiste em deslocar horizontalmmente o gráfico da função f em duas unidades para a esqueda.

Se ao invés de somar 2 na equação (4.3) tivesse subtraído 2, isto é, se fosse $g(x) = f(x-2)$, então ocorreria um deslocamento horizontal de duas unidades para a direita.

De um modo geral, deslocamentos horizontais ocorrem quando considera-se a função

$$g(x) = f(x+k)$$

O gráfico da função g consiste em deslocar horizontalmente o gráfico de f em $|k|$ unidades para a esquerda, se $k > 0$, e $|k|$ unidades para a direita, se $k < 0$.

Exemplo 4.49 Considere a função $f : \mathbb{R} \longrightarrow \mathbb{R}$ representada graficamente abaixo:

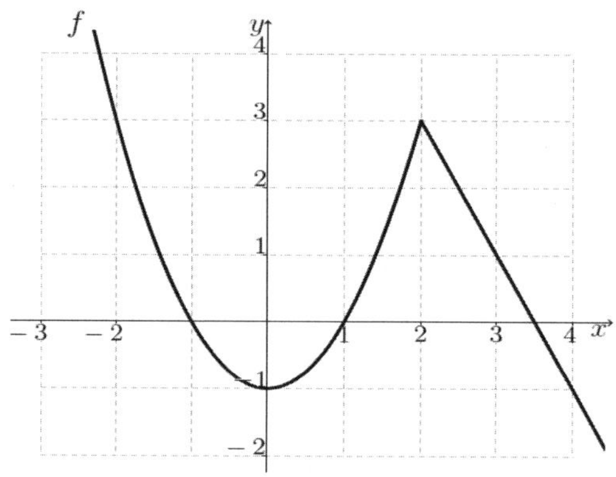

Esboce o gráfico dos seguintes deslocamentos horizontais de f:

(a) $g(x) = f(x-5)$ **(b)** $h(x) = f(x+1)$

Solução:

(a) Para obter o gráfico da função g, deslocamos horizontalmente o gráfico da função f em cinco unidades para a direita ($k = -5$).

(b) Para obter o gráfico da função h, deslocamos horizontalmente o gráfico da função f em uma unidade para a esquerda ($k = 1$).

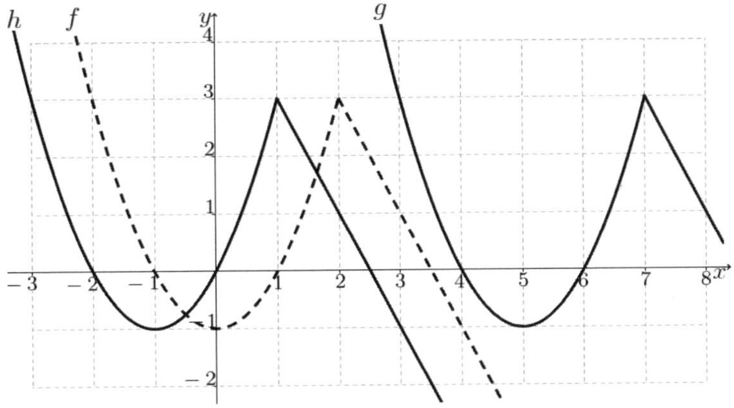

Exemplo 4.50 Considere a função $f : \mathbb{R} \longrightarrow \mathbb{R}$ representada graficamente abaixo:

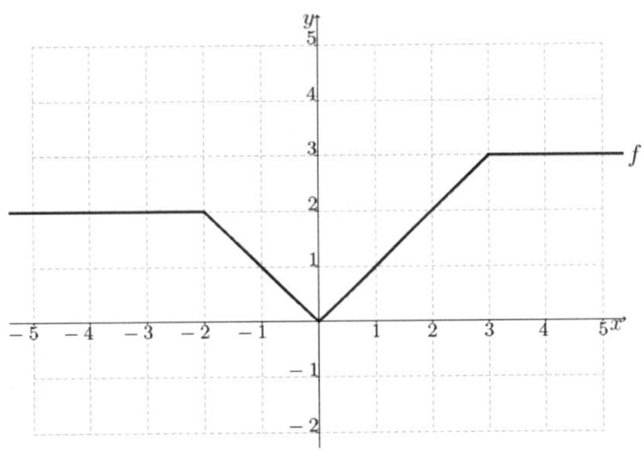

Esboce o gráfico das funções:

$f_1(x) = f(x) - 1$

$f_2(x) = f(x+2)$

$f_3(x) = f(x+2) - 1$

$f_4(x) = f(x-1) + 1$

Solução: Neste caso, cada função f_k, $k = 1, 2, 3, 4$ é da forma

$$f_k(x) = f(x+a) + b$$

onde a representa um deslocamento horizontal e b representa um deslocamento vertical, ou seja, f_1 é um deslocamentodo gráfico de f em uma unidade para baixo, f_2 é um deslocamento gráfico de f em duas unidades para a esquerda, f_3 é um deslocamento gráfico de f em duas unidades para a esquerda e uma para baixo e f_4 é um deslocamento gráfico de f em uma unidade para a direita e uma para cima.

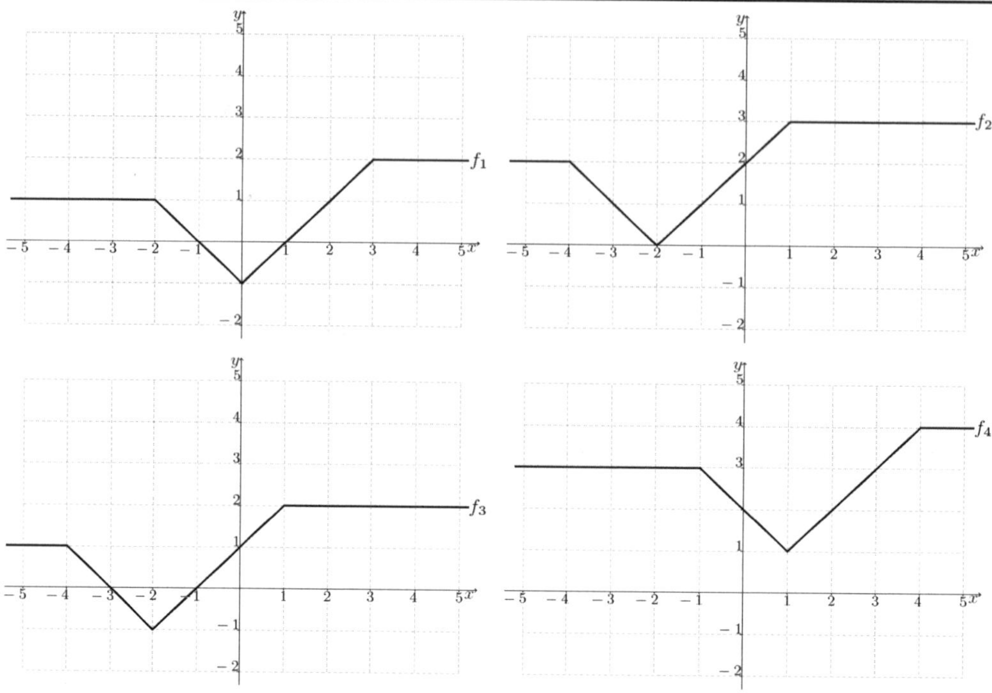

Exemplo 4.51 Utilizando translações do gráfico da função $f(x) = x^2$, representado abaixo, esboce o gráfico das funções:

$$f_1(x) = x^2 + 1$$
$$f_2(x) = x^2 - 1$$
$$f_3(x) = (x + 1)^2$$
$$f_4(x) = (x - 1)^2$$
$$f_5(x) = (x + 1)^2 + 1$$
$$f_6(x) = (x + 1)^2 - 1$$
$$f_7(x) = (x - 1)^2 + 1$$
$$f_8(x) = (x - 1)^2 - 1$$

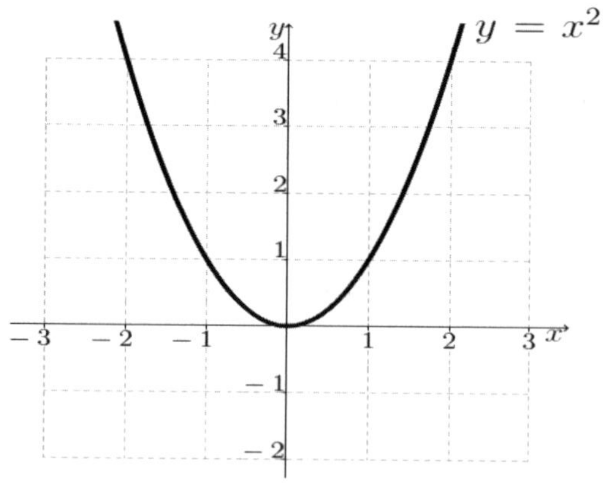

Solução: Neste caso, cada função f_k, $k = 1, 2, 3, \ldots, 8$ é da forma: $f_k(x) = (x + a)^2 + b$, onde a representa um deslocamento horizontal para a esquerda, se $a > 0$, ou para a direita, se $a < 0$, e b representa um deslocamento vertical para cima, se $b > 0$, ou para baixo, se $b < 0$.

Sendo assim, temos os gráficos abaixo:

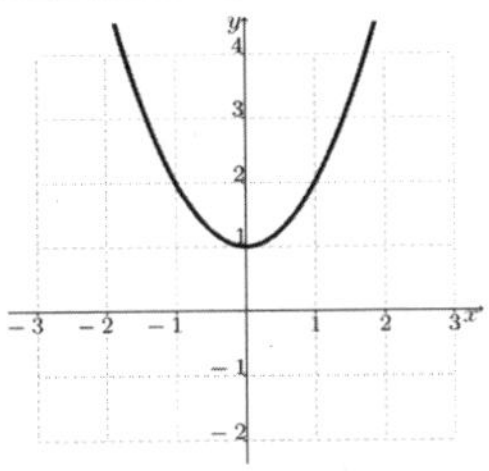

f_1

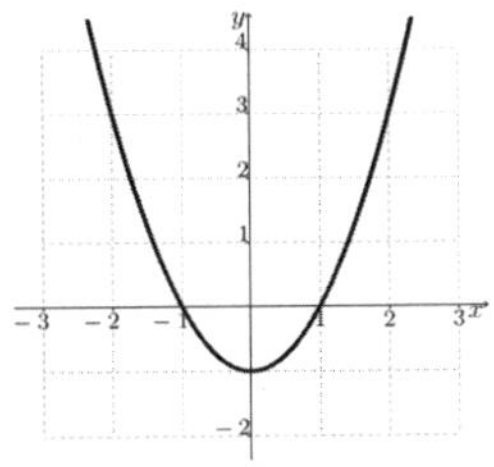

f_2

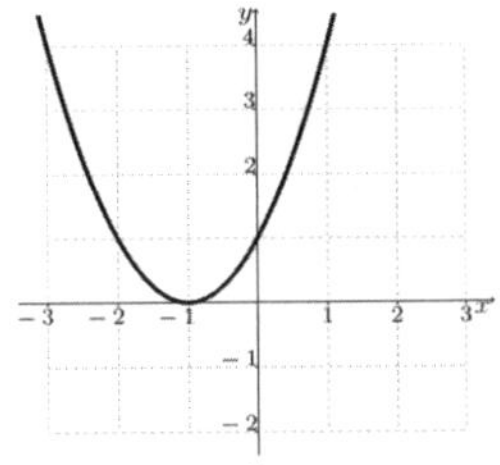

f_3

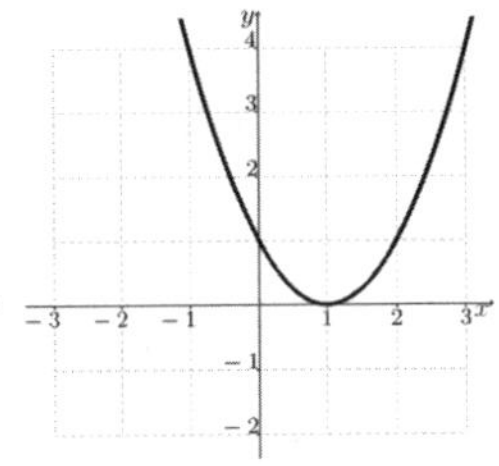

f_4

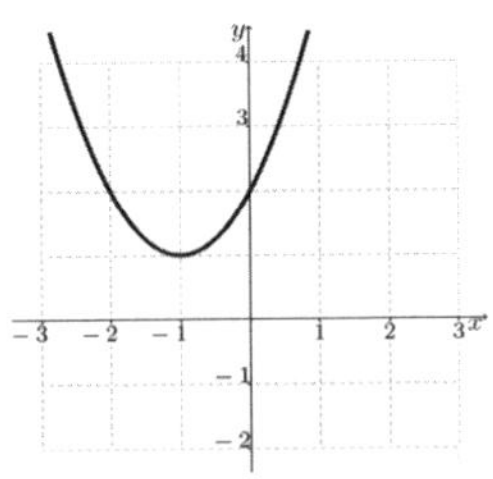

f_5

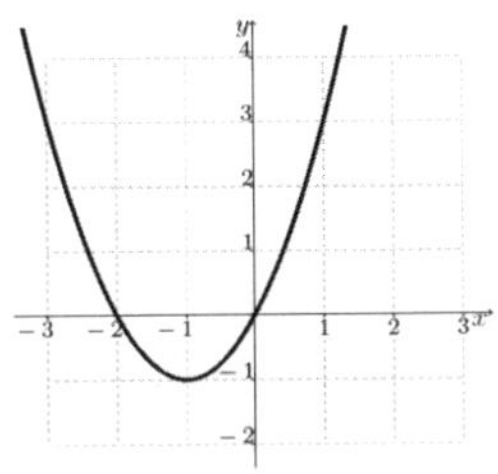

f_6

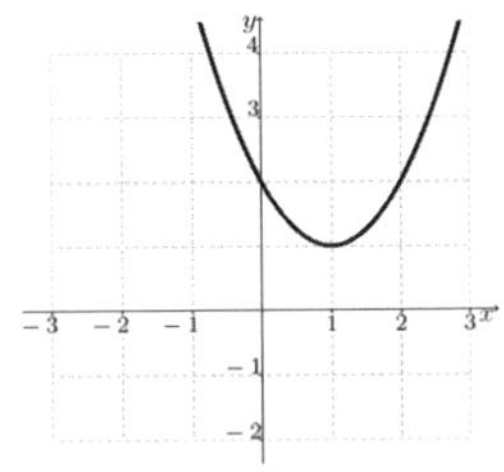

f_7

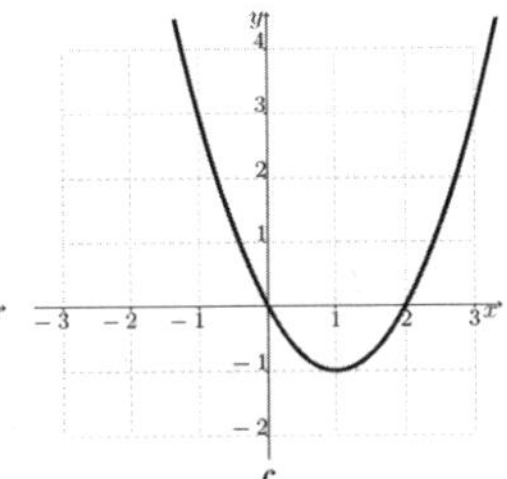

f_8

4.11.3 Alongamentos e compressões verticais

A título de ilustração, considere o exemplo a seguir:

Sejam $A = \{-4, -3, -2, -1, 0, 1, 2, 3, 4\}$ e $B = \{-1, 0, 1\}$ e a função $f : A \longrightarrow B$, cuja representação cartesiana é dada no que segue:

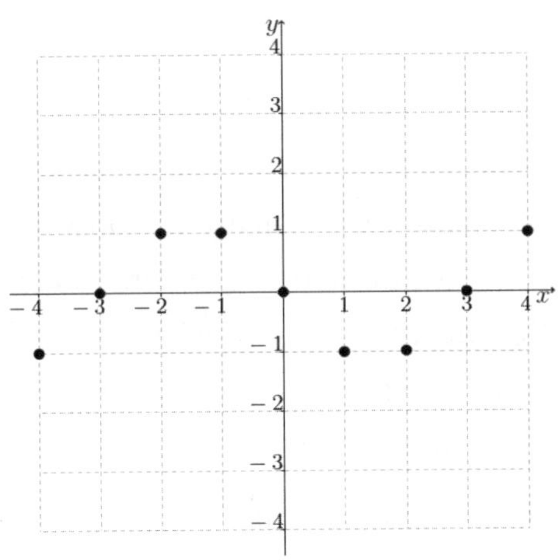

f

Considere agora a função g dada por

$$g(x) = 3f(x), \quad \forall\, x \in A \tag{4.4}$$

Utilizando a igualdade (4.4), pode-se determinar o conjunto imagem da função g, da seguinte forma:

$g(-4) = 2f(-4) = 3(-1) = -3$ $\quad$ $g(-3) = 2f(-3) = 3(0) = 0$

$g(-2) = 2f(-2) = 3(1) = 3$ $\quad$ $g(-1) = 2f(-1) = 3(1) = 3$

$g(0) = 2f(0) = 3(0) = 0$ $\quad$ $g(1) = 2f(1) = 3(-1) = -3$

$g(2) = 2f(2) = 3(-1) = -3$ $\quad$ $g(3) = 2f(3) = 3(0) = 0$

$g(4) = 2f(4) = 3(1) = 3$

Tem-se então uma função $g : A \to B'$, onde $B' = \{-3, 0, 3\}$.

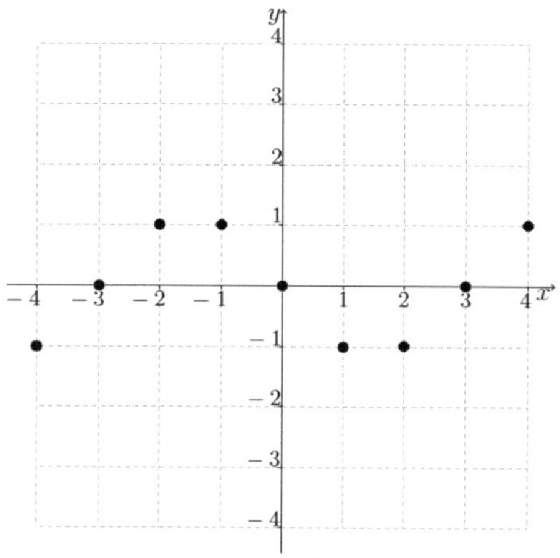

f

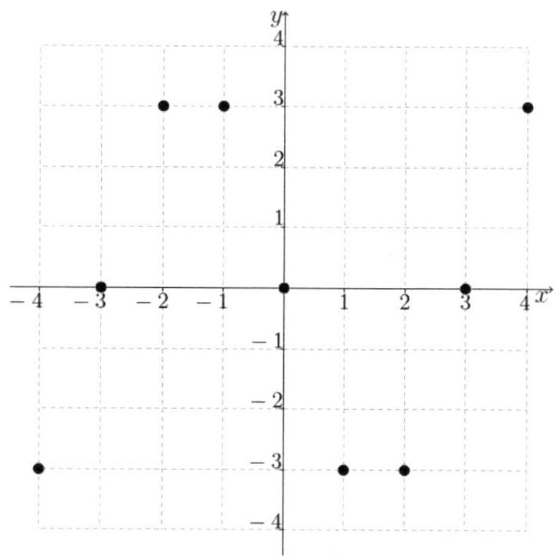

g

Na representação cartesiana da função g, pode-se notar que as imagens da função g foram obtidas a partir das imagens da função f multiplicadas por 3. Ou seja, o gráfico da função g consiste em alongar verticalmente o gráfico da função f em três vezes. Isto ocorre pois cada imagem de f foi multiplicada por uma constante positiva maior que 1.

Se, ao invés de multiplicar por 3 na equação (4.4) tivesse dividido por 3, isto é, se fosse $g(x) = \frac{1}{3}f(x)$, então ocorreria uma compressão vertical no gráfico de f por três vezes.

De um modo geral, os alongementos/compressões verticais ocorrem quando se considera a função

$$g(x) = kf(x)$$

O gráfico da função g consiste em alongar ou contrair verticalmente o gráfico da função f por um fator k. Se $k > 1$, então o gráfico de f é alongado pelo fator k. Se $0 < k < 1$, o gráfico de f é comprimido pelo fator k.

Exemplo 4.52 Considere a função $f : \mathbb{R} \longrightarrow \mathbb{R}$ representada graficamente no que segue. Esboce o gráfico dos seguintes alongamentos verticais de f:

(a) $g(x) = 2f(x)$ **(b)** $h(x) = \frac{1}{2}f(x)$.

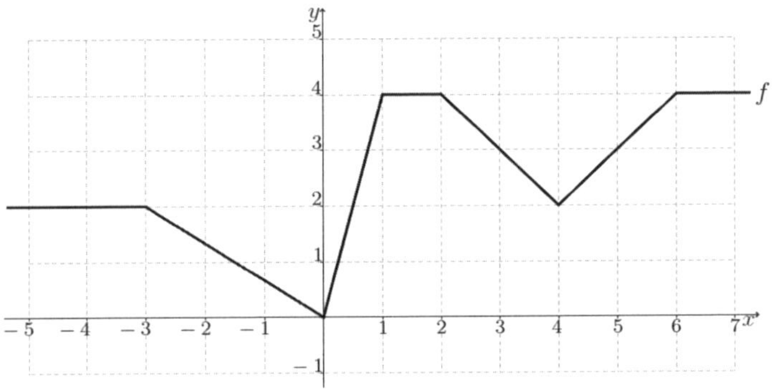

Solução:

(a) Para obter o gráfico da função g, alongamos verticalmente o gráfico de f pelo fator 2 ($k = 2$).

(b) Para obter o gráfico da função h, comprimimos verticalmente o gráfico de f pelo fator 2 ($k = \frac{1}{2}$).

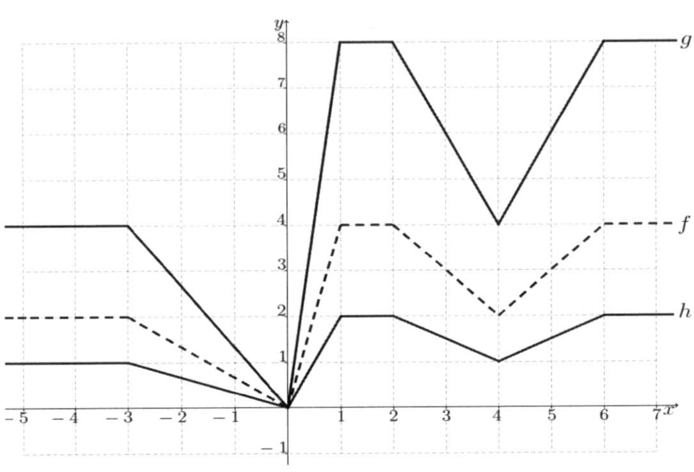

4.11.4 Alongamentos e compressões horizontais

A título de ilustração, considere o exemplo a seguir:

Sejam $A = \{-4, -3, -2, -1, 0, 1, 2, 3, 4\}$ e $B = \{-1, 0, 1\}$ e a função $f : A \longrightarrow B$, cuja representação cartesiana é dada na sequência, considere a função g dada por

$$g(x) = f(2x), \quad \forall x \in A \tag{4.5}$$

Qual a a relação entre os gráficos das funções f e g? Com o objetivo de responder a pergunda acima, note que a equação (4.5) afirma que o domínio da função g será composto pelos valores de x, para os quais é possível calcular $f(2x)$, ou seja, deve-se ter $2x \in A$.

Consequentemente,

$$x \in D(g) \Longleftrightarrow 2x \in A$$

Ou seja, os elementos pertencentes ao domínio da função g serão os elementos de A divididos por 2. Assim,

$$D(g) = \left\{-2, -\frac{3}{2}, -1, -\frac{1}{2}, 0, \frac{1}{2}, 1, \frac{3}{2}, 2\right\}$$

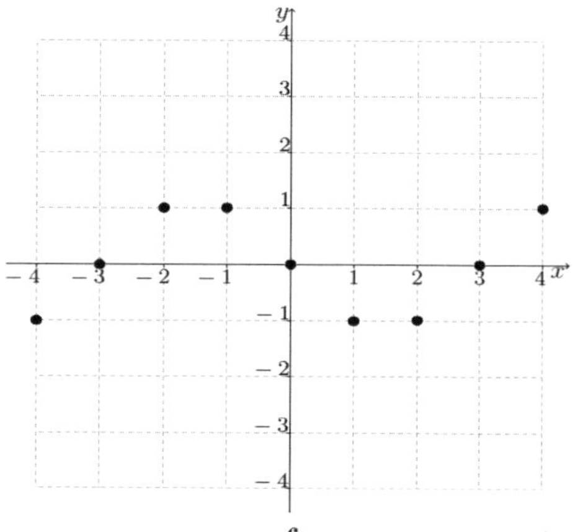

f

Utilizando $g(x) = f(2x)$, tem-se

$$g(-2) = f(2(-2)) = f(-4) = -1$$

e, da mesma forma,

$$g\left(-\frac{3}{2}\right) = 0; \; g(-1) = 1; \; g\left(-\frac{1}{2}\right) = 1;$$

$$g(0) = 0; \; g\left(\frac{1}{2}\right) = -1;$$

$$g(1) = -1; \; g\left(\frac{3}{2}\right) = 0; \; g(2) = 1$$

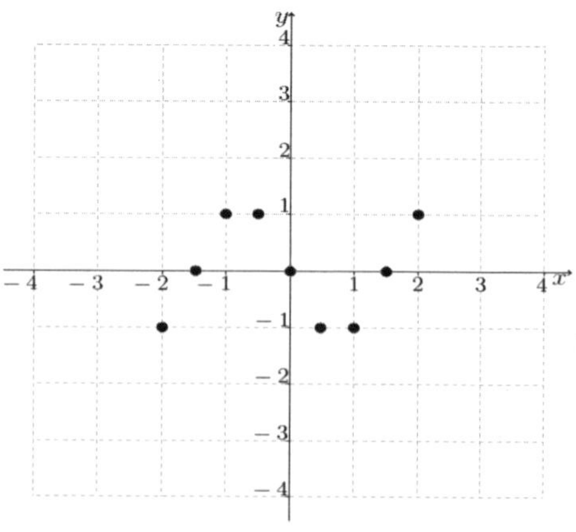

g

Consequentemente, o gráfico da função g consiste em comprimir horizontalmente o gráfico da função f pela metade. Se, ao invés de multiplicar por 2 na equação (4.5) tivesse dividido por 2, isto é, se fosse $g(x) = f(\frac{x}{2})$, então ocorreria um alongamento horizontal do gráfico de f pelo fator 2.

De um modo geral, alongamentos/compressões horizontais ocorrem quando considera-se a função

$$g(x) = f(kx) \qquad (k > 0)$$

O gráfico da função g consiste em alongar ou contrair horizontalmente o gráfico da função f por um fator k. Se $k > 1$, então o gráfico de f é comprimido pelo fator k. Se $0 < k < 1$, o gráfico de f é alongado por k.

Exemplo 4.53 Considere a função $f : \mathbb{R} \longrightarrow \mathbb{R}$ representada graficamente abaixo:

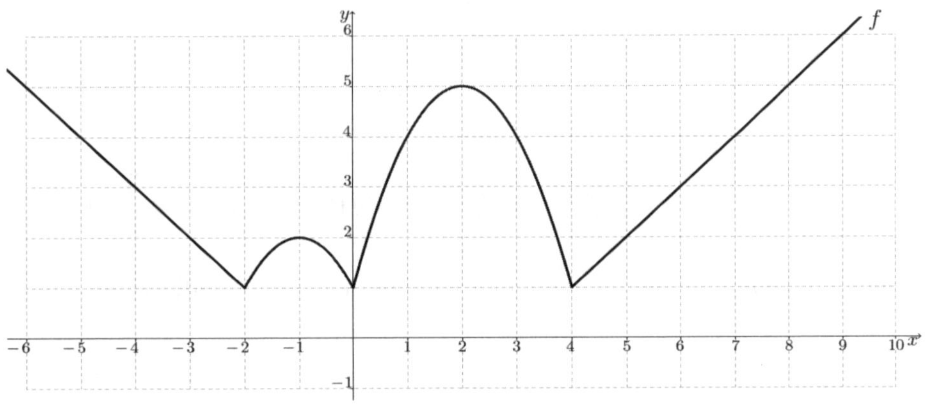

Esboce o gráfico dos seguintes alongamentos horizontais de f:

(a) $g(x) = f(2x)$ **(b)** $h(x) = f(\frac{1}{2}x)$.

Solução:

(a) Para obter o gráfico da função g, contraímos horizontalmente o gráfico da função f pela metade ($k = 2$).

(b) Para obter o gráfico da função h, alongamos horizontalmente o gráfico da função f pela dobro ($k = \frac{1}{2}$).

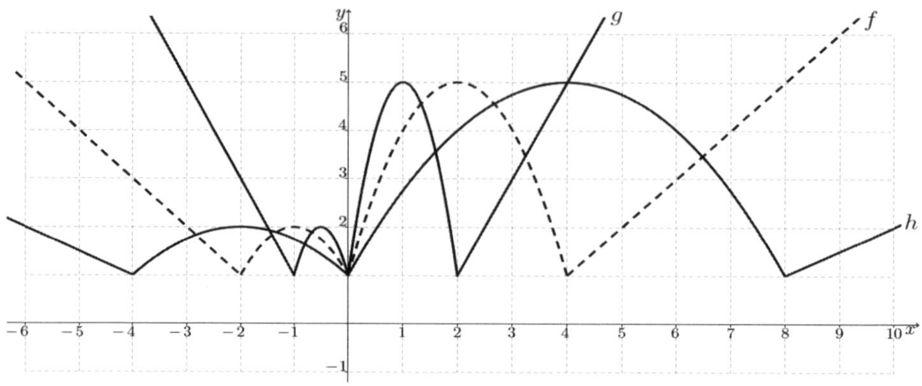

Exemplo 4.54 Considere a função $f : \mathbb{R} \longrightarrow \mathbb{R}$ representada graficamente abaixo.

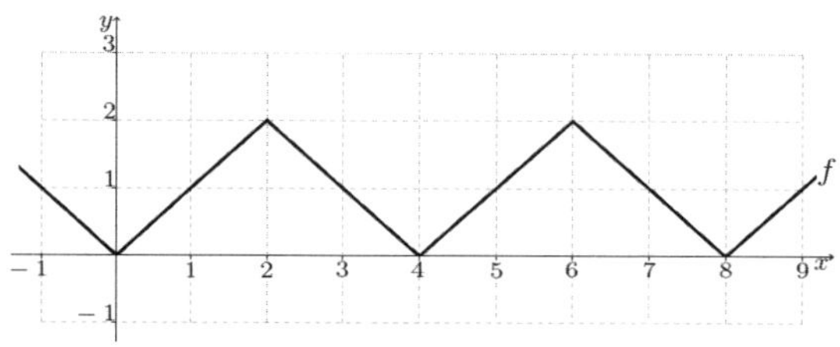

Esboce o gráfico das funções:

$$f_1(x) = 3f(x), \quad f_2(x) = f(2x), \quad f_3(x) = 3f(2x), \quad f_4(x) = \frac{5}{2}f\left(\frac{2}{3}x\right).$$

Solução: Abaixo apresentamos cada um dos esboços gráficos.

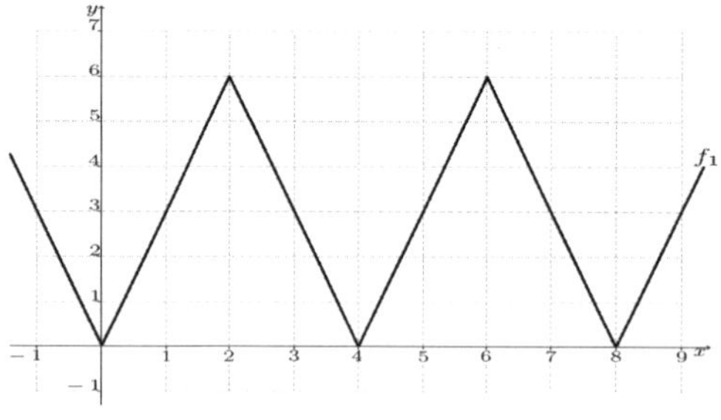

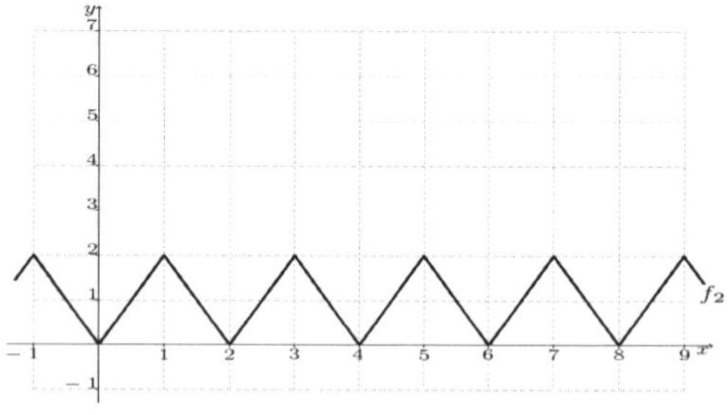

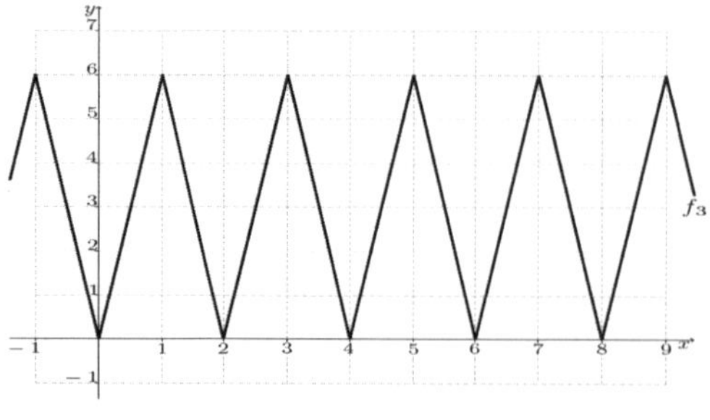

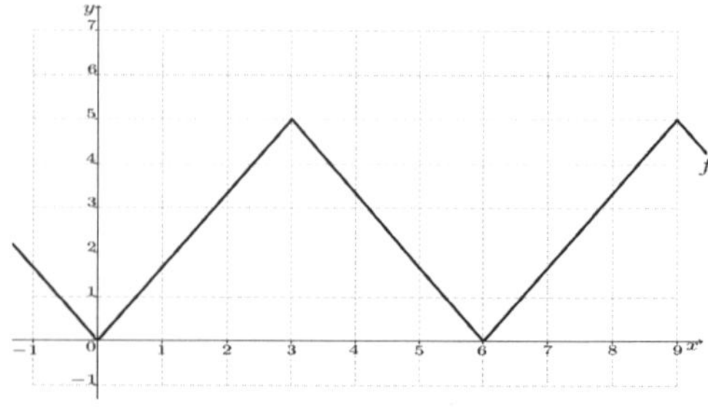

Exemplo 4.55 Considere a função $f(x) = \operatorname{sen} x$ representada graficamente abaixo[1]:

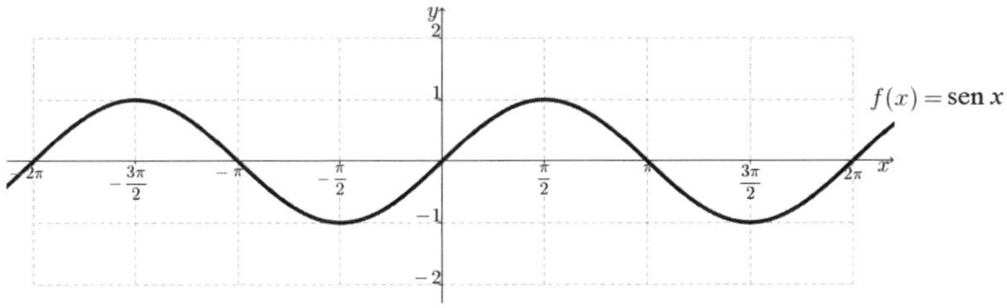

Esboce o gráfico das funções:

$f_1(x) = 2 \operatorname{sen} x$ $\qquad f_2(x) = \operatorname{sen} 2x$

$f_3(x) = 2 \operatorname{sen} 3x \qquad f_4(x) = \dfrac{1}{2} \operatorname{sen} 2x \qquad f_5(x) = \dfrac{3}{2} \operatorname{sen} \dfrac{x}{2}$

Solução: Abaixo apresentamos os respectivos esboços gráficos:

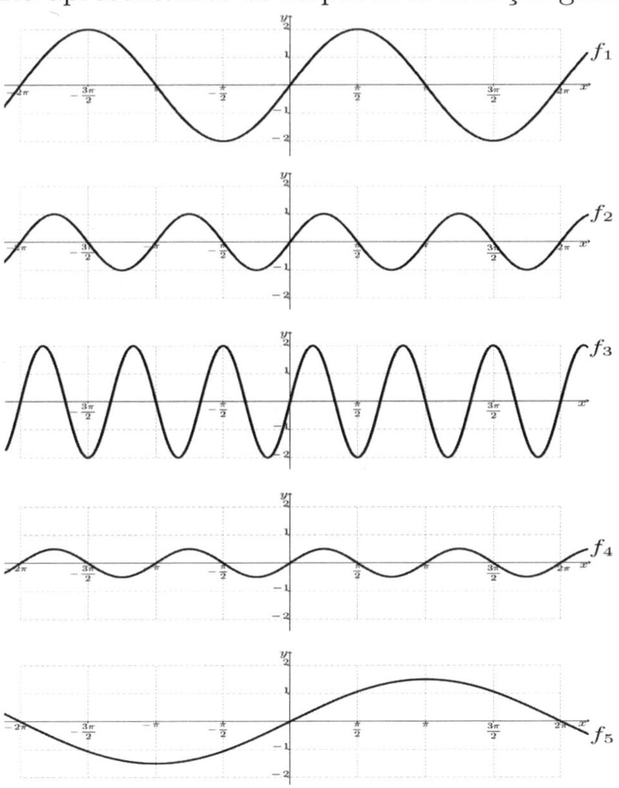

[1]Embora este exemplo aborde uma função trigonométrica, não são necessários conhecimentos prévios da mesma para tratar de combinações desta função. Para um estudo detalhado sobre funções trigonométricas, recomendamos o livro de Trigonometria e números complexos, dos mesmos autores da presente obra.

4.11.5 Reflexão em relação ao eixo das abscissas

Dada uma função $f(x)$, uma reflexão de $f(x)$ em relação ao eixo das abscissas, dada pela função $g(x)$, ocorre quando consideramos $g(x) = -f(x)$. O gráfico da função g consiste em refletir o gráfico da função f em relação ao eixo das abscissas.

Exemplo 4.56 Considere a função $f : \mathbb{R} \longrightarrow \mathbb{R}$ representada abaixo:

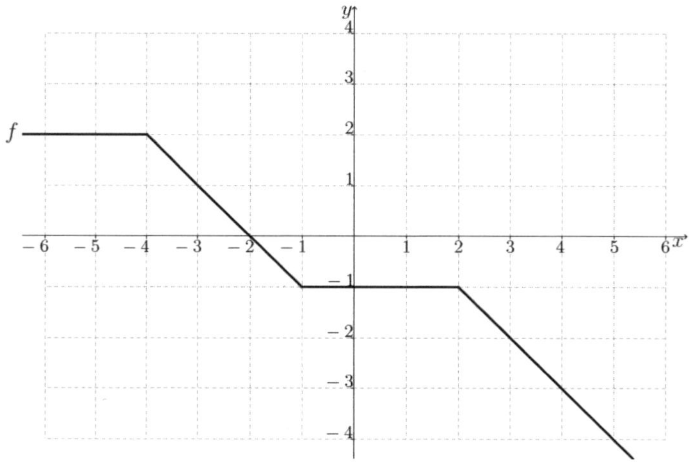

Esboce o gráfico da função $g : \mathbb{R} \longrightarrow \mathbb{R}$ dada por $g(x) = -f(x)$.

Solução: Para obter o gráfico da função g, refletimos o gráfico da função f em relação ao eixo das abscissas.

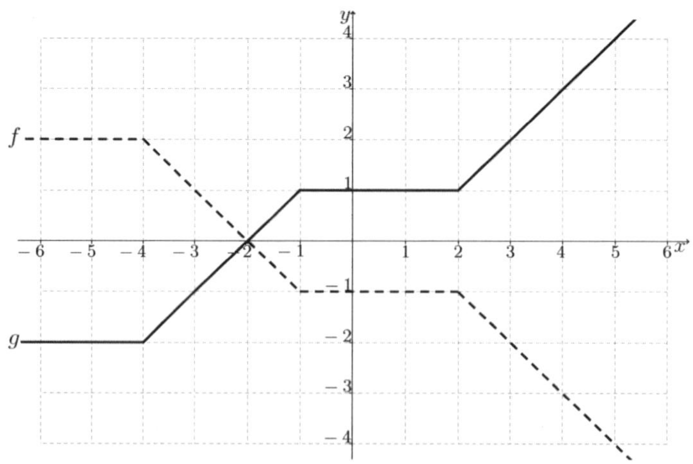

4.11.6 Reflexão em relação ao eixo das ordenadas

Dada uma função $f(x)$, uma reflexão de $f(x)$ em relação ao eixo das ordenadas, dada pela função $g(x)$, ocorre quando consideramos $g(x) = f(-x)$. O gráfico da função g consiste em refletir o gráfico da função f em relação ao eixo das ordenadas.

Exemplo 4.57 Considere a função $f : \mathbb{R} \longrightarrow \mathbb{R}$ representada abaixo:

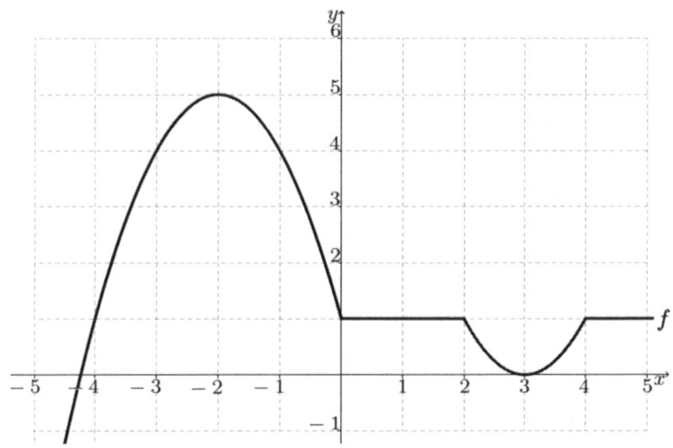

Esboce o gráfico da função $g : \mathbb{R} \longrightarrow \mathbb{R}$ dada por $g(x) = f(-x)$.

Solução: Para obter o gráfico da função g, refletimos o gráfico da função f em relação ao eixo das ordenadas.

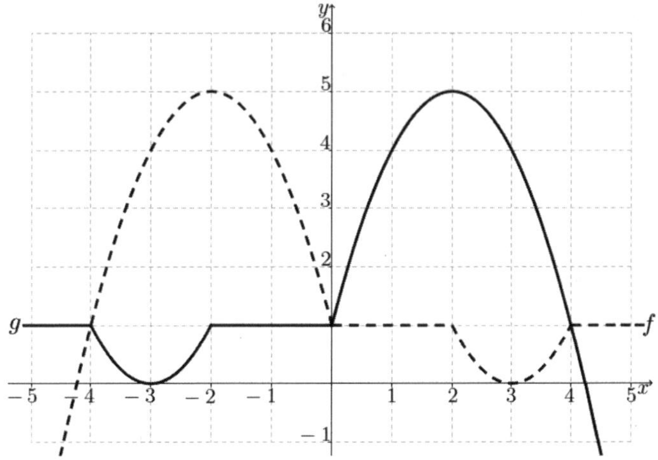

Exemplo 4.58 Considere a função $f : \mathbb{R} \longrightarrow \mathbb{R}$ representada abaixo:

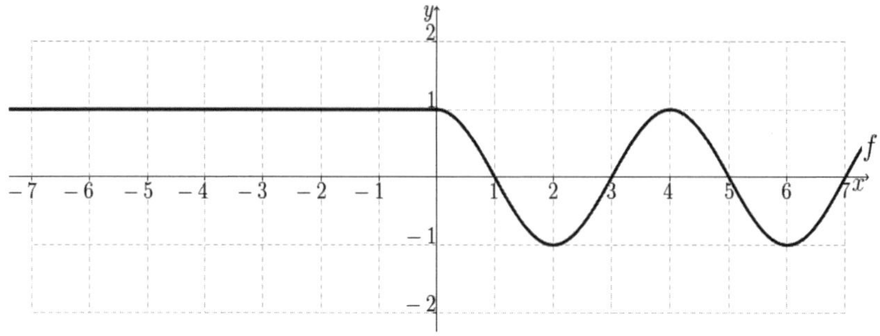

Esboce o gráfico das seguintes reflexões de f:

$f_1(x) = -f(x)$, $f_2(x) = f(-x)$ e $f_3(x) = -f(-x)$.

Solução.

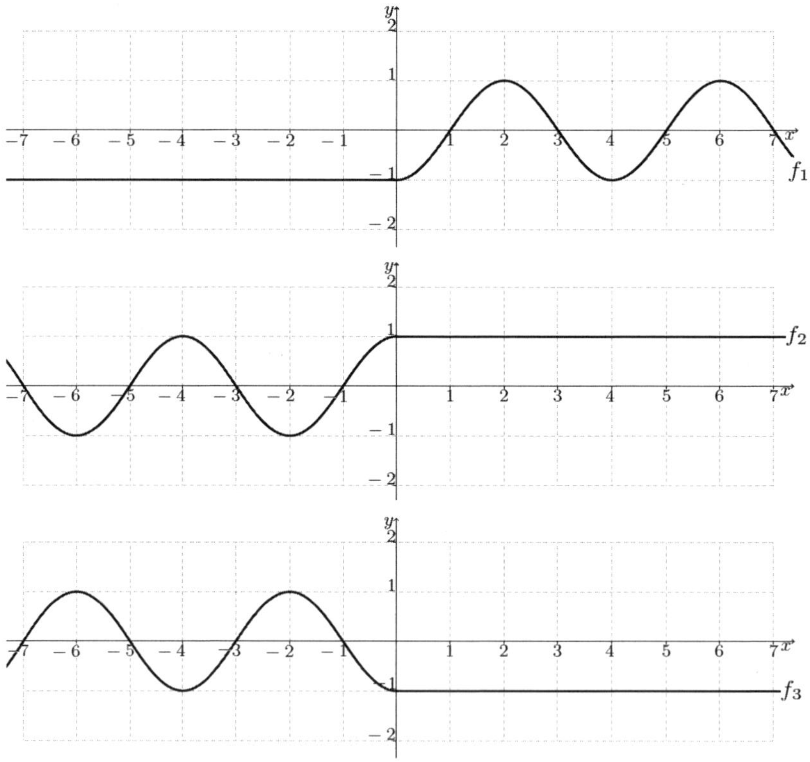

Exemplo 4.59 Dada a função $f(x) = \sqrt{x}$ representada graficamente ao lado, esboce o gráfico das funções:

$$f_1(x) = -\sqrt{x}$$

$$f_2(x) = \sqrt{-x}$$

$$f_3(x) = -\sqrt{-x}$$

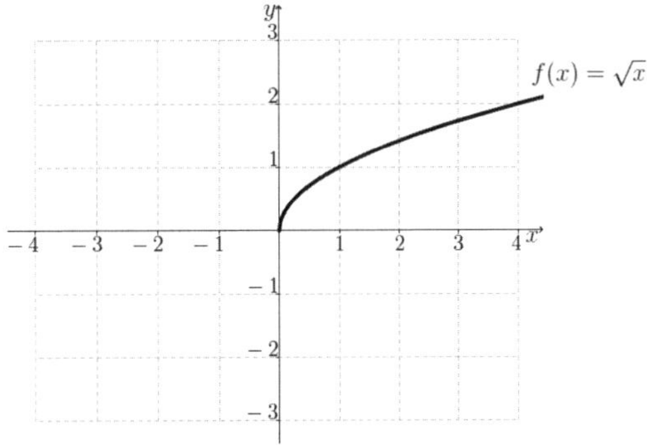

Solução:

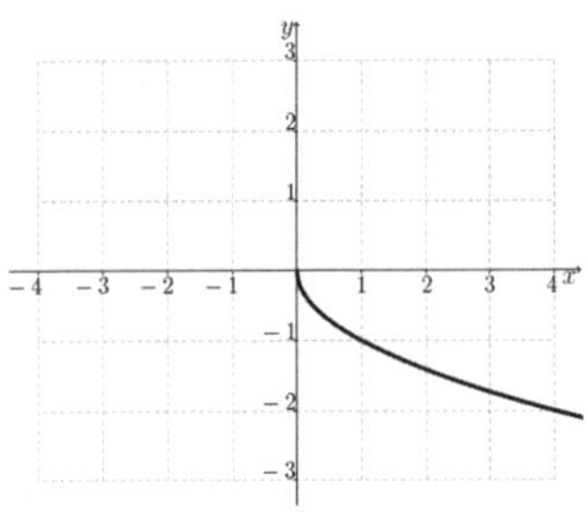

f_1

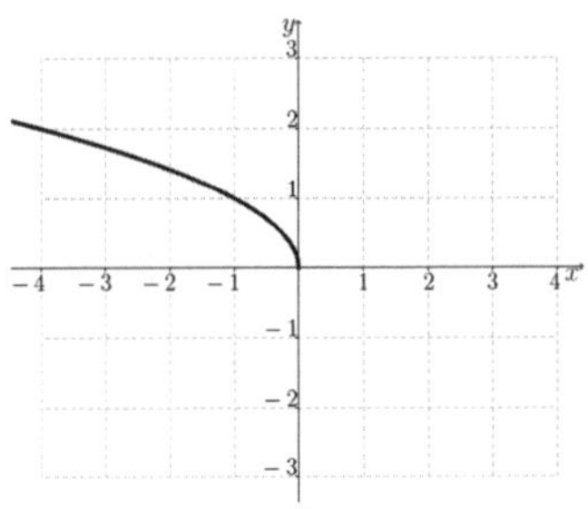

f_2

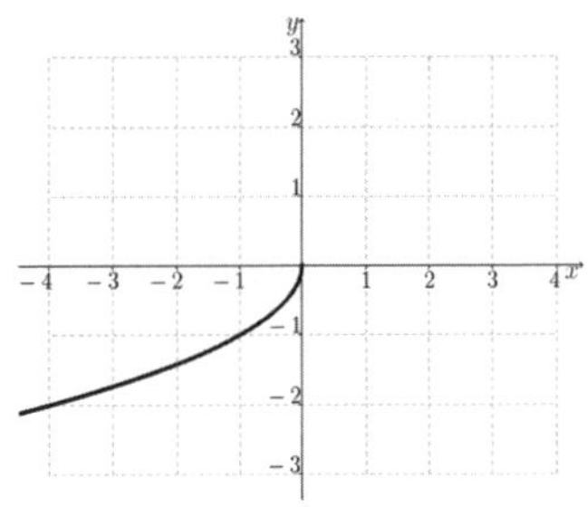

f_3

Exemplo 4.60 Considere a função $f(x) = 2^x$ representada graficamente ao lado[2]. Esboce o gráfico das funções:

$$f_1(x) = -2^x$$

$$f_2(x) = 2^{-x}$$

$$f_3(x) = -2^{-x}$$

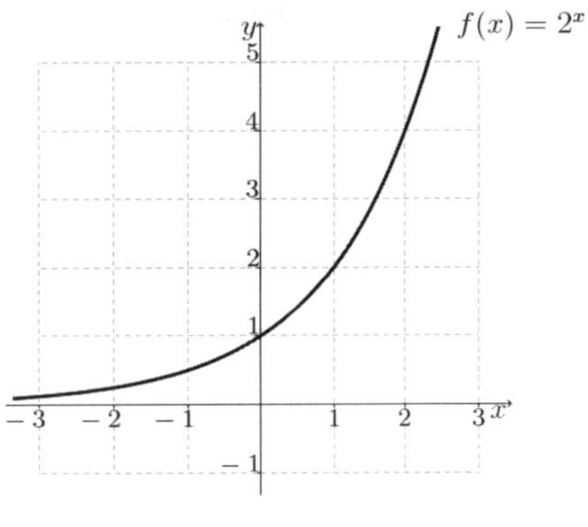

[2]Este exemplo aborda uma função exponencial, que aqui é utilizada somente para tratar de combinações desta função. Um estudo detalhado da função exponencial será feito em um capítulo específico mais adiante.

Solução:

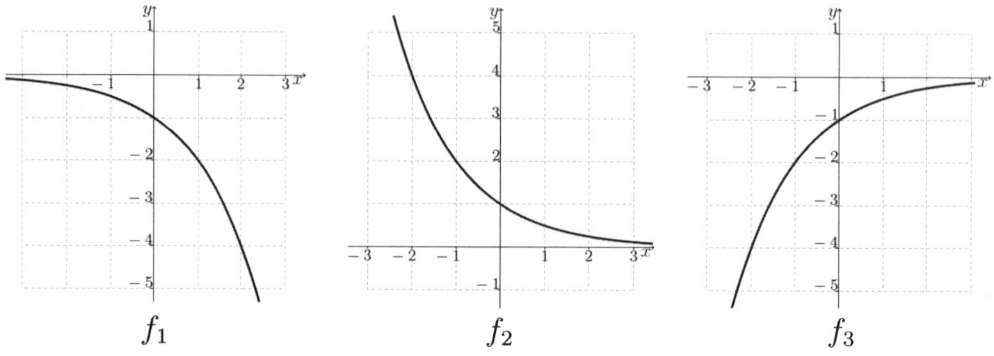

4.11.7 Rebatimento vertical ocasionado pelo módulo

Seja uma função $f(x)$, um rebatimento vertical de $f(x)$ ocasionado pelo módulo, dado pela função $g(x)$, é uma transformação em relação ao eixo das abscissas e ocorre quando consideramos a função $g(x) = |f(x)|$. O gráfico da função g consiste em considerar os pontos da forma $(a, |b|)$, onde $(a, b) \in f$.

Note que, na prática, isso consiste em refletir os pontos do gráfico de f cujas ordenadas (imagens) são negativas em relação ao eixo das abscissas e manter inalterados os pontos cujas ordenadas (imagens) são positivas.

Exemplo 4.61 Considere a função $f : \mathbb{R} \longrightarrow \mathbb{R}$ representada graficamente abaixo:

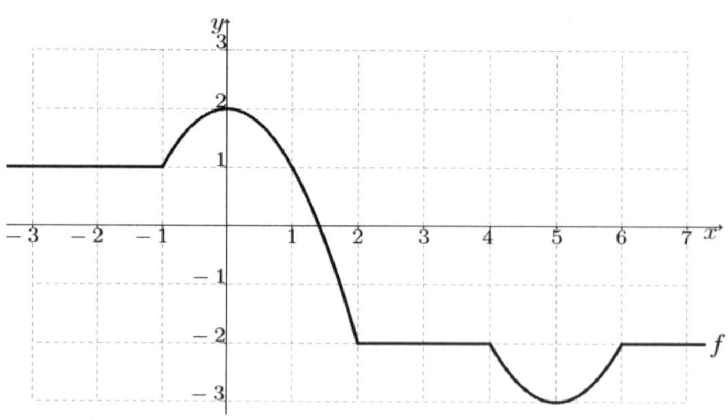

Esboce o gráfico da função $g : \mathbb{R} \longrightarrow \mathbb{R}$ dada por $g(x) = |f(x)|$.

Solução: Para obter o gráfico da função g, refletimos os pontos do gráfico de f que possuem ordenadas negativas em relação ao eixo das abscissas. Os pontos que possuem ordenadas positivas permanecem inalterados.

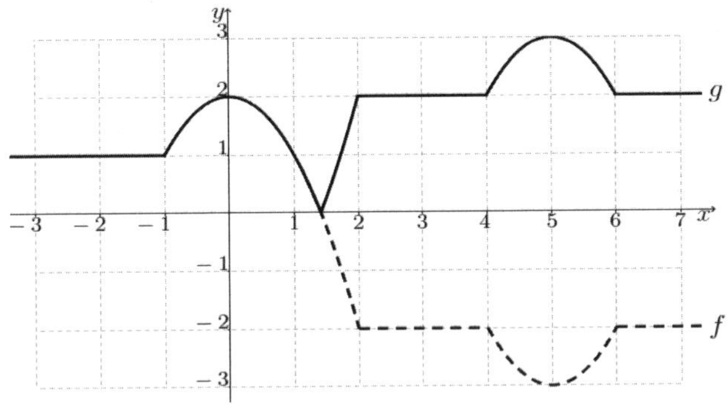

4.11.8 Rebatimento horizontal ocasionado pelo módulo

Seja uma função $f(x)$, um rebatimento horizontal de $f(x)$ ocasionado pelo módulo, dado pela função $g(x)$, é uma transformação em relação ao eixo das ordenadas e ocorre quando consideramos a função $g(x) = f(|x|)$. O gráfico da função g consiste em considerar os pontos da forma (a, b), onde $(|a|, b) \in f$. Note que, na prática, o gráfico da função g coincide com o gráfico da função f nos pontos do gráfico de f cujas abscissas são positivas. Nos demais pontos, o gráfico de g é uma reflexão do gráfico de f em relação ao eixo das ordenadas.

Exemplo 4.62 Considere a função $f : \mathbb{R} \longrightarrow \mathbb{R}$ representada abaixo:

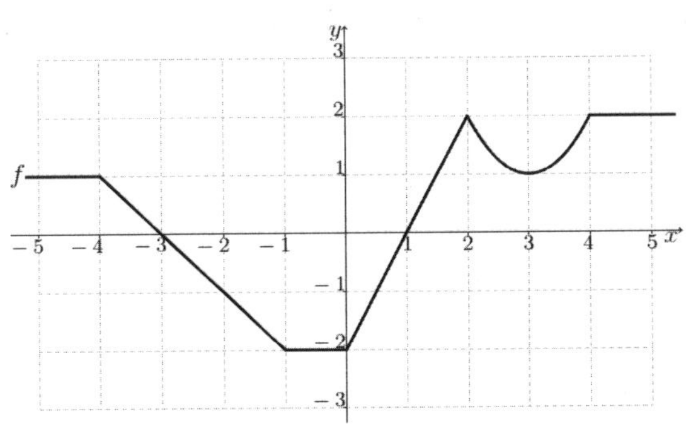

Esboce o gráfico da função $g : \mathbb{R} \longrightarrow \mathbb{R}$ dada por $g(x) = f(|x|)$.

Solução: Note que o lado direito do gráfico de g (abscissas positivas) coincide com o gráfico de f. O lado esquerdo (abscissas negativas) é um reflexo do lado direito do eixo das ordenadas.

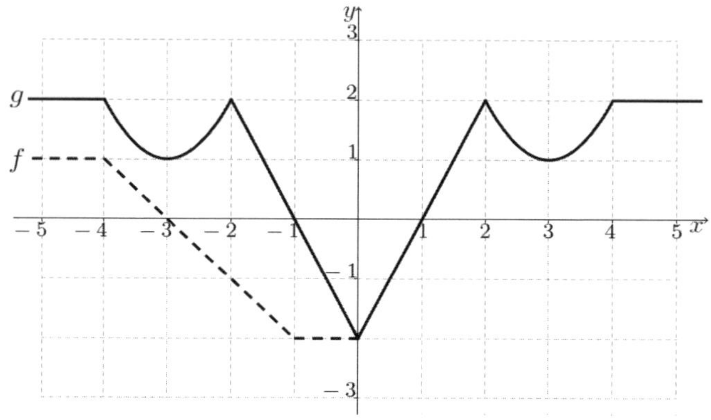

Exemplo 4.63 Considere a função $f : \mathbb{R} \longrightarrow \mathbb{R}$ representada graficamente abaixo:

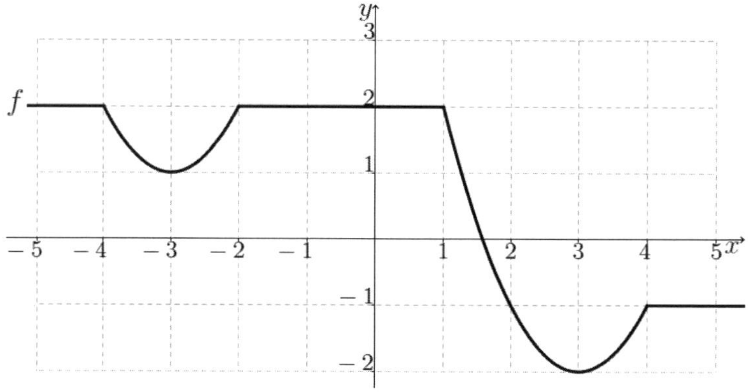

Esboce o gráfico das seguintes funções:

$$f_1(x) = |f(x)|, \quad f_2(x) = f(|x|) \quad \text{e} \quad f_3(x) = |f(|x|)|$$

Solução:

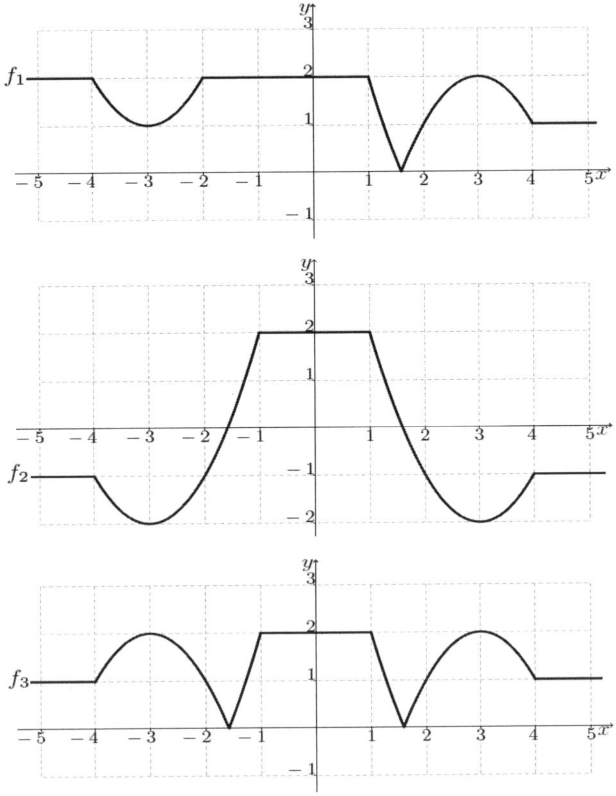

Exemplo 4.64 Considere a função $f(x) = \log_2 x$ representada graficamente ao lado[3]. Esboce o gráfico das funções:

$$f_1(x) = |\log_2 x|$$

$$f_2(x) = \log_2 |x|$$

$$f_3(x) = |\log_2 |x||$$

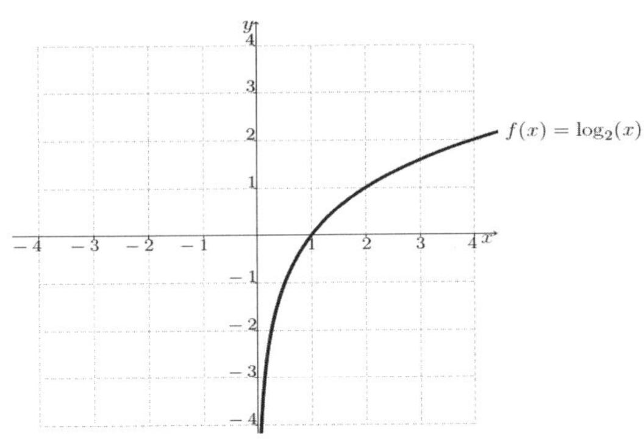

[3]Este exemplo aborda uma função logarítmica, que aqui é utilizada somente para tratar de combinações desta função. Um estudo detalhado da função logarítmica será feito em um capítulo específico mais adiante.

Solução:

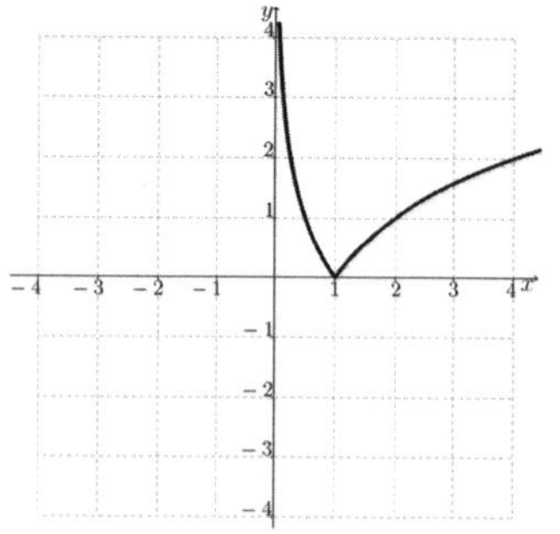

f_1

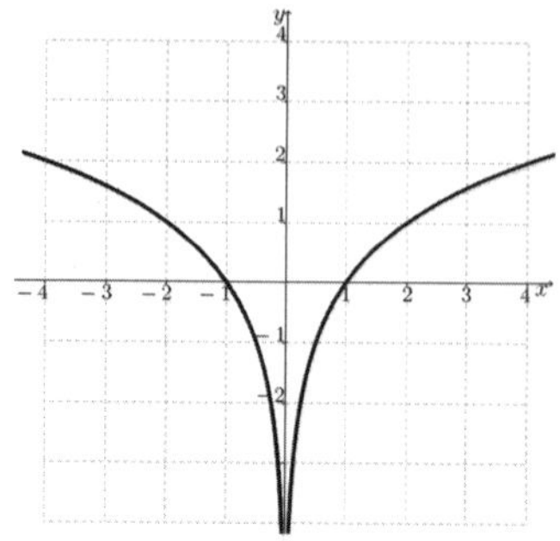

f_2

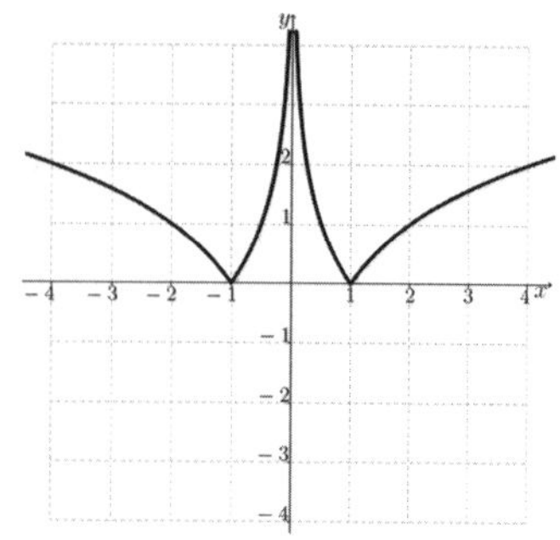

f_3

Exemplo 4.65 Considere a função $f(x) = 2^x$ representada graficamente ao lado. Esboce o gráfico das funções:

$$f_1(x) = |2^x|$$

$$f_2(x) = 2^{|x|}$$

$$f_3(x) = |2^{|x|}|$$

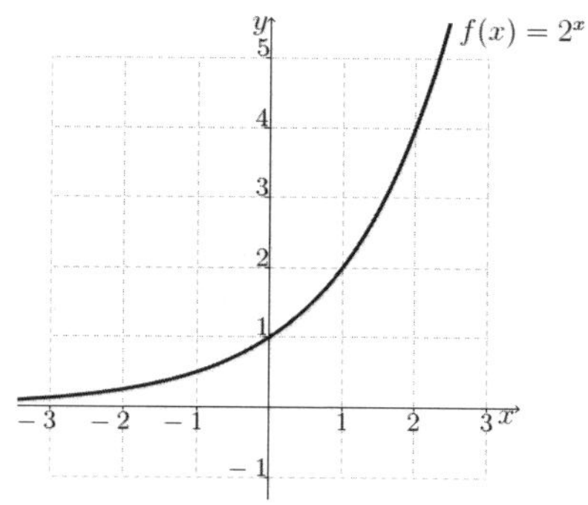

Solução:

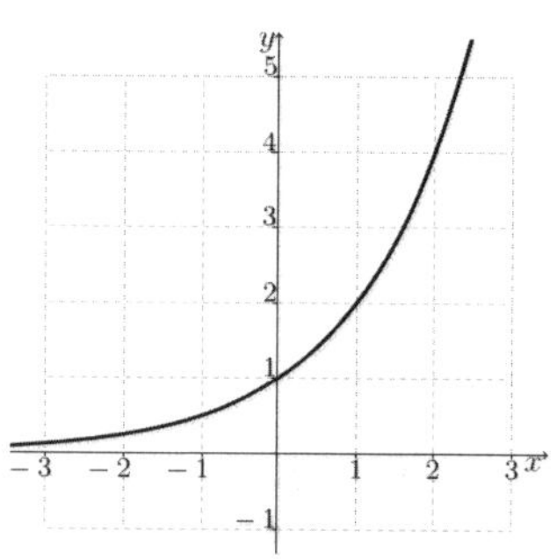

f_1

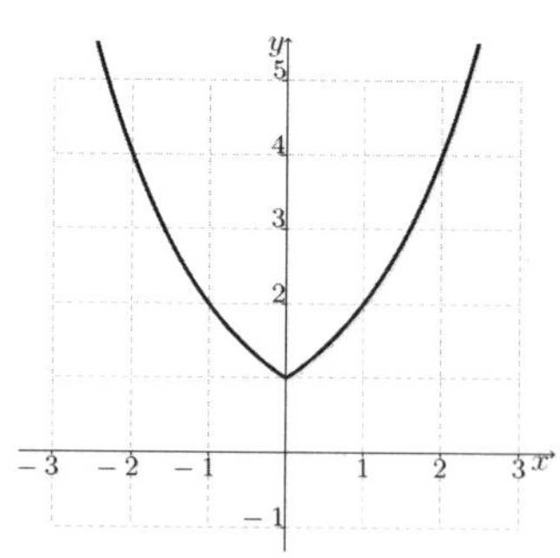

f_2

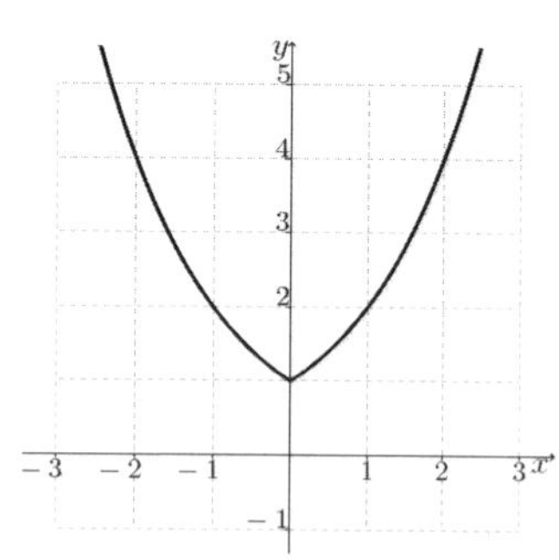

f_3

4.12 Exercícios e aplicações

1. Quais das relações abaixo representam funções de $A = \{a_1, a_2, a_3, a_4\}$ em $B = \{b_1, b_2, b_3, b_4\}$? Justifique.

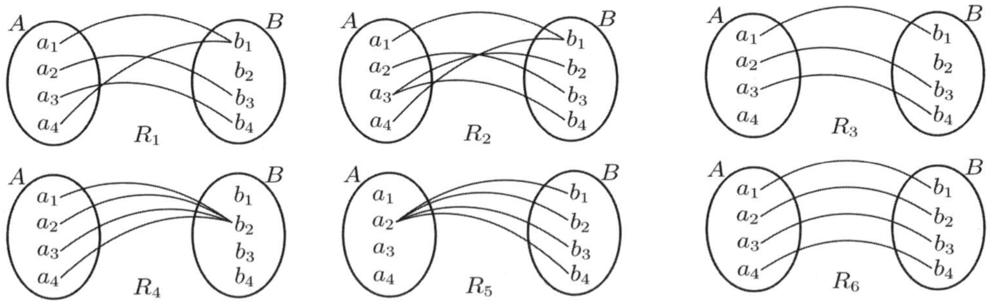

2. Quais relações binárias a seguir representam funções definidas em $[0, +\infty)$?

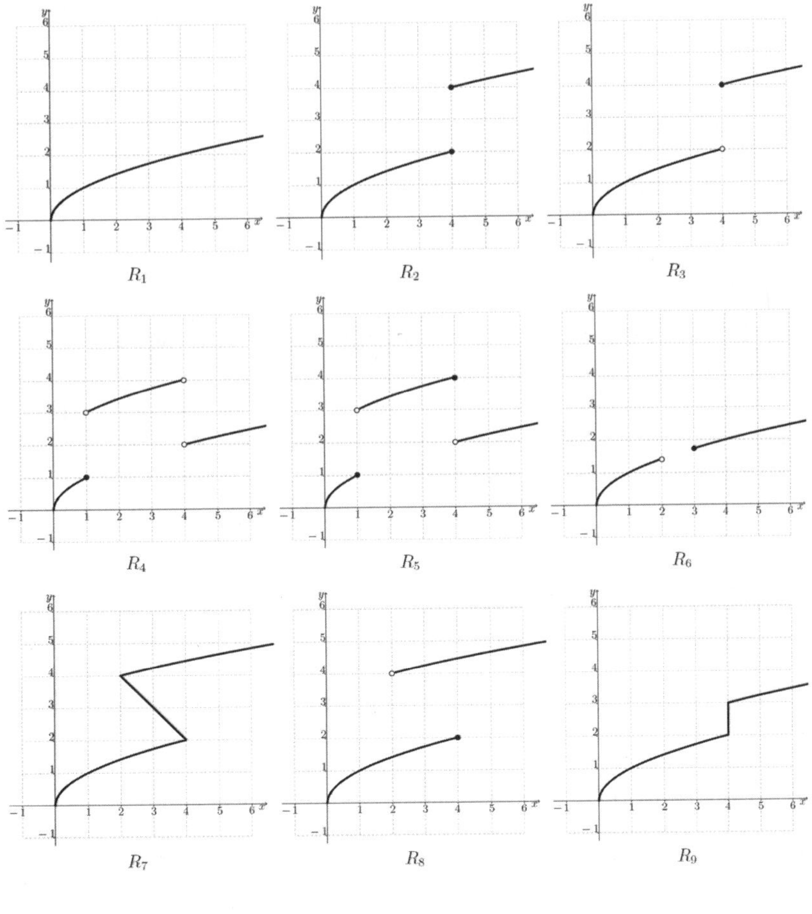

3. Considere as funções f, g e h dadas por

$$f(x) = x^2 + 2x - \sqrt{x}, \quad g(x) = 2^{x+1} \quad \text{e} \quad h(x) = \frac{x-1}{5}$$

Determine: (a) $f(1)$, $f(4)$ e $f(8)$ (b) $g(-2)$, $g(-1)$, $g(0)$ e $g(4)$ (c) $h(-4)$, $h(1)$, $h(6)$ e $h(7)$

4. Considere a função definida por $f(x) = \dfrac{x+5}{1-x} - 2$. Determine:

   (a) $f(-5)$, $f(-2)$, $f(0)$ e $f(\frac{1}{3})$

   (b) o elemento do domínio que tem zero como imagem.

5. Considerando a função $f(x) = -x^2 + 6x - 6$, determine, se existirem, números $x \in \mathbb{R}$ tais que:

   (a) $f(x) = 2$ (b) $f(x) = 3$ (c) $f(x) = 4$

6. Sejam m e n números reais distintos e $f : \mathbb{R} \longrightarrow \mathbb{R}$ definida por $f(x) = ax + b$. Determine $\dfrac{f(m) - f(n)}{m - n}$.

7. Sejam h um número real não nulo e $f : \mathbb{R}^* \longrightarrow \mathbb{R}^*$ a função dada por $f(x) = \dfrac{1}{x}$, determine a expressão simplificada de $\dfrac{f(1+h) - f(1)}{h}$.

8. Em cada caso, expresse a área da figura em função de x.

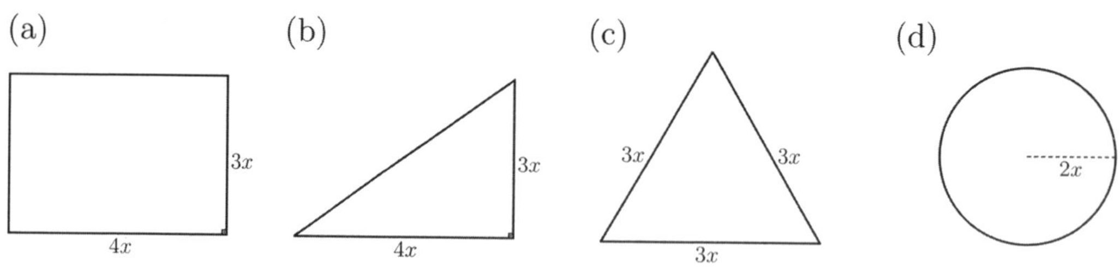

9. Considerando a função f representada graficamente abaixo, determine:

   (a) o domínio e a imagem de f;

   (b) $f(-4)$, $f(-3)$, $f(-2)$, $f(-1)$, $f(0)$, $f(2)$ e $f(4)$;

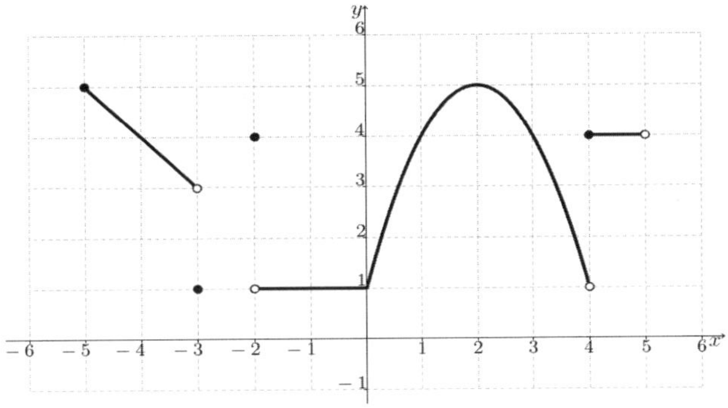

(c) os valores de x para os quais: (i) $f(x) = 1$; (ii)$f(x) = 4$;

(d) os valores de x para os quais: (i) $4 \leq f(x) \leq 5$; (ii) $4 < f(x) \leq 5$.

10. Em cada caso, determine:

(a) os zeros e o sinal da função;

(b) os intervalos de crescimento/decrescimento;

(c) os máximos/mínimos relativos e máximos/mínimos absolutos, se estes existirem.

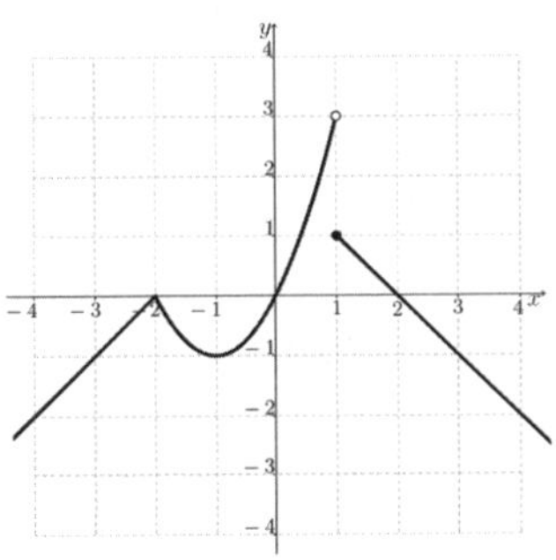

f_1

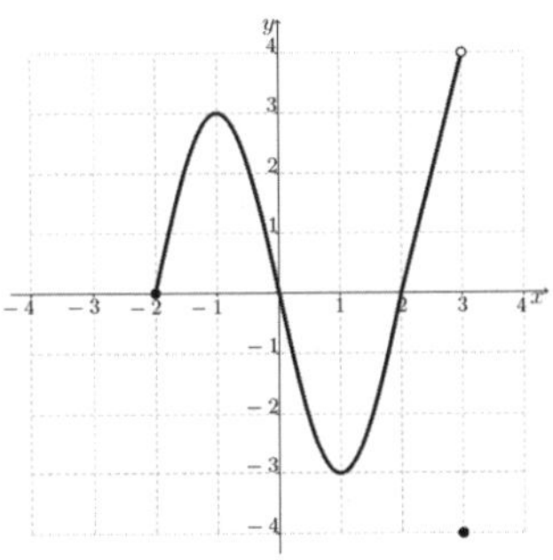

f_2

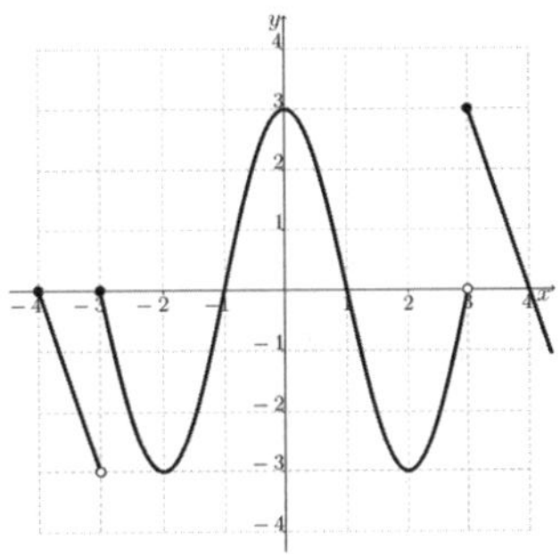

f_3

11. Para cada uma das funções definidas em $\mathbb{R}$, determine:

(a) o conjunto imagem;

(b) os intervalos onde a função é crescente;

(c) os intervalos onde a função é decrescente;

(d) os intervalos onde a função é constante.

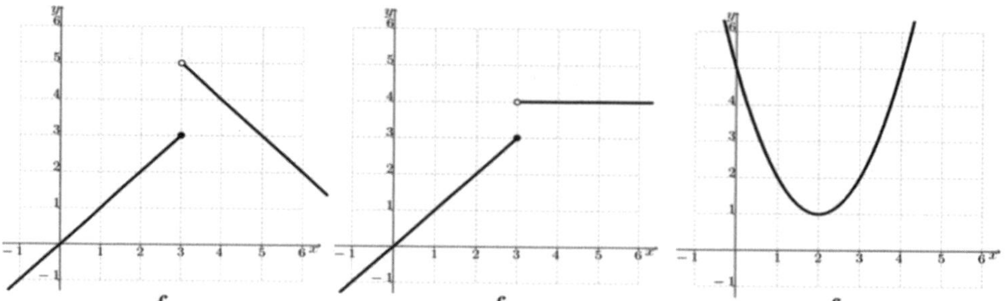

f_1 f_2 f_3

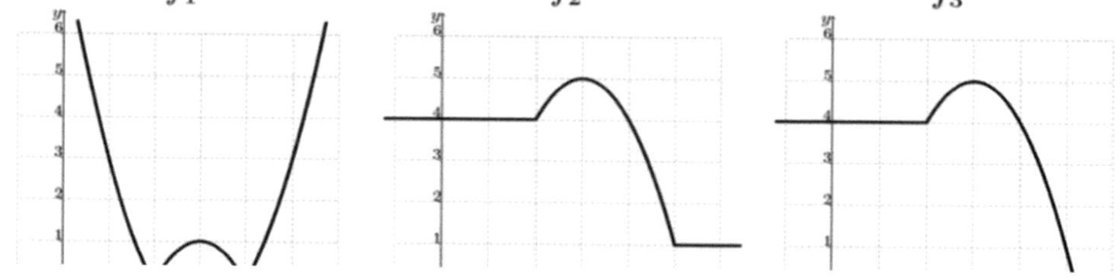

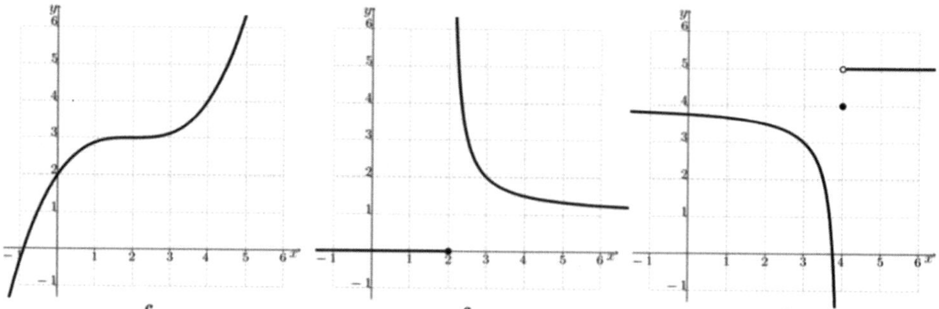

f_7 f_8 f_9

12. Determine quais das funções abaixo são pares e/ou ímpares:

(a) $f(x) = x^2 + 1$

(b) $f(x) = x^2 + x$

(c) $f(x) = x^3 + 1$

(d) $f(x) = x^3 + x$

(e) $f(x) = -\frac{2}{x^3}$

(f) $f(x) = \frac{|x|+2}{5}$

13. Considerando as funções do exercício 12, existe alguma função par e ímpar ao mesmo tempo? Justifique.

14. Prove que, para cada número natural n, a função $f(x) = x^n$ é par se n é par e ímpar se n é ímpar.

15. Classifique cada afirmação abaixo como *verdadeira* ou *falsa*. Justifique.

(a) A soma de duas funções pares é uma função par.

(b) A soma de duas funções ímpares é uma função ímpar.

(c) A soma de uma função par com uma função ímpar é uma função par.

(d) A soma de uma função par com uma função ímpar é uma função ímpar.

(e) O produto de duas funções pares é uma função par.

(f) O produto de duas funções pares é uma função ímpar.

(g) O produto de duas funções ímpares é uma função par.

(h) O produto de duas funções ímpares é uma função ímpar.

16. Considere as funções f, g e h representadas abaixo.

(a) Esboce o gráfico de três funções **pares**, f_1, g_1 e h_1, que estendam as funções f, g e h, respectivamente, ao conjunto $\mathbb{R}$.

(b) Esboce o gráfico de três funções **ímpares**, f_2, g_2 e h_2, que estendam as funções f, g e h, respectivamente, ao conjunto $\mathbb{R}$.

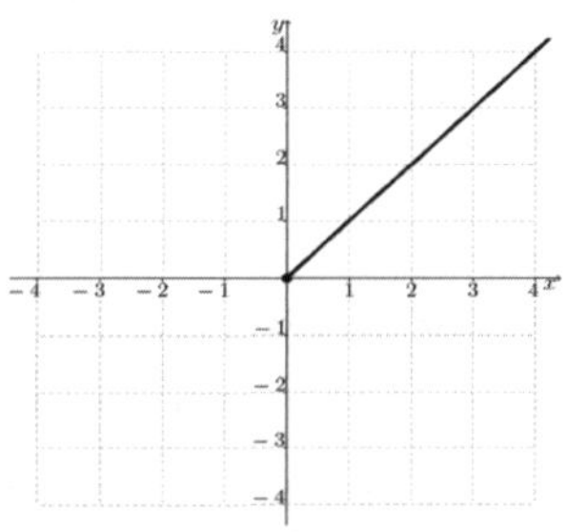

f

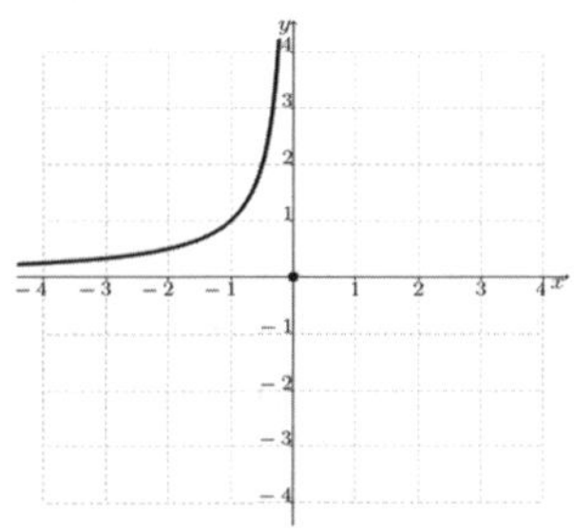

g

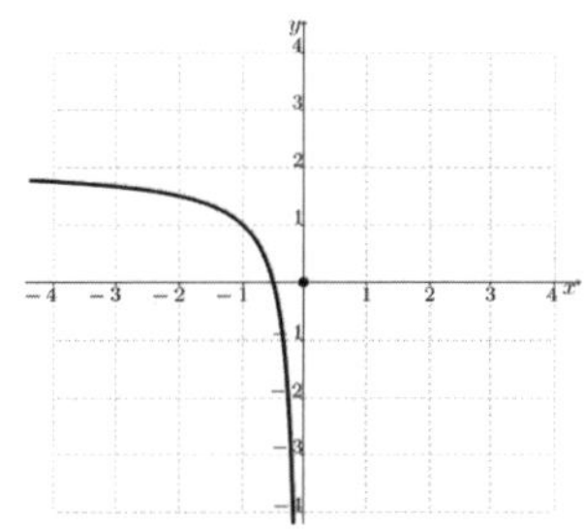

h

17. Considere a função representada graficamente abaixo:

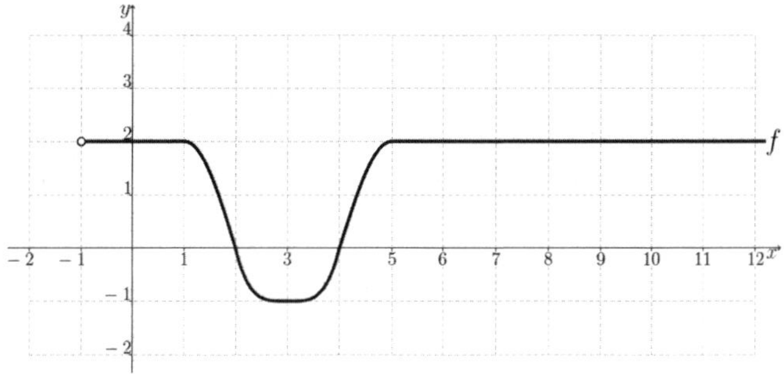

(a) Determine o domínio e a imagem de f;

(b) Determine domínio e imagem das funções abaixo, sem esboçar gráficos:

$f_1(x) = f(x) + 1$	$f_{11}(x) = \frac{1}{2}f(2x)$	$f_{21}(x) = -f(-x)$
$f_2(x) = f(x) - 1$	$f_{12}(x) = \frac{1}{2}f(\frac{x}{2})$	$f_{22}(x) = \|f(x)\|$
$f_3(x) = f(x-1)$	$f_{13}(x) = \frac{1}{2}f(x) + 1$	$f_{23}(x) = \|f(x)\| + 1$
$f_4(x) = f(x+1) - 1$	$f_{14}(x) = 2f(x+1)$	$f_{24}(x) = \|2f(x)\| - 1$
$f_5(x) = 2f(x)$	$f_{15}(x) = f(2x-4)$	$f_{25}(x) = \|2f(x) - 1\|$
$f_6(x) = \frac{1}{2}f(x)$	$f_{16}(x) = -f(x)$	$f_{26}(x) = f(\|x\|)$
$f_7(x) = f(2x)$	$f_{17}(x) = -f(x-1)$	$f_{27}(x) = f(\|2x\|)$
$f_8(x) = f(\frac{x}{2})$	$f_{18}(x) = f(-x)$	$f_{28}(x) = f(\|x-1\|)$
$f_9(x) = 2f(2x)$	$f_{19}(x) = f(1-x)$	$f_{29}(x) = \|f(\|x\|)\|$
$f_{10}(x) = 2f(\frac{x}{2})$	$f_{20}(x) = f(2-x) + 1$	$f_{30}(x) = \|f(\|x-2\|) - 1\|$

18. Na contratação de funcionários para uma rede de lojas de eletrodomésticos, a remuneração mensal (R) se dará da seguinte maneira: R\$1.045,00 (um salário mínimo) fixos somados a 2,5% do valor do que o funcionário venderá (V). Com base nestas informações, determine a função $R(V)$ que corresponde à remuneração mensal dos funcionários desta rede de lojas.

19. O preço do ingresso para assistir à uma partida de futebol é de R\$100,00. Para 10 mil expectadores, o faturamento (F) será de R\$1.000.000,00. No entanto, o clube percebeu que, dando um desconto de 20% no valor do ingresso, a quantidade de pagantes pode aumentar em 5 mil. Mesmo não sabendo ao certo se atingiria este número (n) de pagantes, o clube resolveu dar os 20% de desconto.

Com base nestas informações, determine a função $F(n)$ que corresponde ao faturamento com a partida de futebol e verifique quantos ingressos terão que ser vendidos para ultrapassar o faturamento de 10 mil expectadores sem o desconto.

20. Determine a função referente às situações abaixo:

    (a) Recebo 10% sobre o valor da venda de um mesmo produto.

    (b) O preço do litro de gasolina é de R$4,50.

    (c) Um certo produto custa R$20,00. Na compra acima de 10 produtos, o desconto é de 5%.

    (d) Transformar graus Fahrenheit em graus Celsius.

    (e) O valor do táxi é de R$1,10/Km e a bandeirada é de R$5,00.

    (f) Um estacionamento sempre cobra por hora cheia, sendo R$6,00 na primeira hora e R$3,00 a cada hora adicional.

    (g) 1 casal de coelhos tem 2 casais de filhotes, sendo que cada casal de filhotes têm novamente 2 casais de filhotes, e assim sucessivamente. Encontre a quantidade de coelhos ao longo do tempo ($t > 0$ e $t \in \mathbb{N}$).

Respostas

1. Somente R_1, R_4 e R_6. Justifique!

2. Somente R_1, R_3 e R_5. Justifique!

3. (a) $f(1) = 2$, $f(4) = 22$ e $f(8) = 2(40 - \sqrt{2})$

   (b) $g(-2) = \frac{1}{2}$, $g(-1) = 1$, $g(0) = 2$ e $g(4) = 32$

   (c) $h(-4) = -1$, $h(1) = 0$, $h(6) = 1$ e $h(7) = \frac{6}{5}$

4. (a) $f(-5) = -2$, $f(-2) = -1$, $f(0) = 3$ e $f(\frac{1}{3}) = 6$ (b) -1

5. (a) $x = 2$ ou $x = 4$ (b) $x = 3$ (c) Não existe.

6. a

7. $-\frac{1}{1+h}$

8. (a) $A(x) = 12x^2$ (b) $A(x) = 6x^2$ (c) $A(x) = \dfrac{9x^2\sqrt{3}}{4}$ (d) $A(x) = 4\pi x^2$

9. (a) $D(f) = [-5, -3] \cup [-2, 5)$ e $Im(f) = [1, 5]$

   (b) $f(-4) = 4$, $f(-3) = 1$, $f(-2) = 4$, $f(-1) = 1$, $f(0) = 1$, $f(2) = 5$ e $f(4) = 4$

   (c) (i) $\{-3\} \cup (-2, 0]$; (ii) $\{-4, -2, 1, 3\} \cup [4, 5)$

   (d) (i) $[-5, -4] \cup \{-2\} \cup [1, 3] \cup [4, 5)$; (ii) $[-5, -4) \cup (1, 3)$

10. (a) f_1: zeros em $\{-2, 0, 2\}$, negativa em $(-\infty, -2) \cup (-2, 0) \cup (2, +\infty)$, positiva em $(0, 2)$.

    f_2: zeros em $\{-2, 0, 2\}$, negativa em $(0, 2) \cup \{3\}$, positiva em $(-2, 0) \cup (2, 3)$.

    f_3: zeros em $\{-4, -3, -1, 1, 4\}$, negativa em $(-4, -3) \cup (-3, -1) \cup (1, 3) \cup (4, +\infty)$, positiva em $(-1, 1) \cup [3, 4)$.

    (b)

Função	**Crescente**	**Decrescente**
f_1	$(-\infty, -2] \cup [-1, 1)$	$[-2, -1] \cup [1, +\infty)$
f_2	$[-2, -1] \cup [1, 3)$	$[-1, 1]$
f_3	$[-2, 0] \cup [2, 3)$	$[-4, -3) \cup [-3, -2] \cup [0, 2] \cup [3, +\infty)$

    (c) Com base nos gráficos, podemos concluir que:

Função	**Ponto extremo**	**Valor extremo**	**Classificação**
f_1	-2	0	Máximo relativo
f_1	-1	-1	Mínimo relativo
f_2	-2	0	Mínimo relativo
f_2	-1	3	Máximo relativo
f_2	1	-3	Mínimo relativo
f_2	3	-4	Mínimo relativo e absoluto
f_3	-4	0	Máximo relativo
f_3	-3	0	Máximo relativo
f_3	-2	-3	Mínimo relativo
f_3	0	3	Máximo relativo e absoluto
f_3	2	-3	Mínimo relativo
f_3	3	3	Máximo relativo e absoluto

11. Com base nos gráficos, podemos concluir que:

	(a)	(b)	(c)	(d)
f_1	$(-\infty, 5)$	$(-\infty, 3]$	$(3, +\infty)$	$\nexists$
f_2	$(-\infty, 3] \cup \{4\}$	$(-\infty, 3]$	$\nexists$	$(3, +\infty)$
f_3	$[1, +\infty)$	$[2, +\infty)$	$(-\infty, 2]$	$\nexists$
f_4	$[0, +\infty)$	$[2, 3] \cup [4, +\infty)$	$(-\infty, 2] \cup [3, 4]$	$\nexists$
f_5	$[1, 5]$	$[2, 3]$	$[3, 5]$	$\mathbb{R} - (2, 5)$
f_6	$(-\infty, 5]$	$[2, 3]$	$[3, +\infty)$	$(-\infty, 2]$
f_7	$\mathbb{R}$	$\mathbb{R}$	$\nexists$	$\nexists$
f_8	$\{0\} \cup (1, +\infty)$	$\nexists$	$(2, +\infty)$	$(-\infty, 2]$
f_9	$(-\infty, 4] \cup \{5\}$	$\nexists$	$(-\infty, 4)$	$(4, +\infty)$

12. (a) par (b) nem par, nem ímpar (c) nem par, nem ímpar (d) ímpar (e) ímpar (f) par

13. Sim. A função $f(x) = 0$, definida em $\mathbb{R}$, é par e ímpar ao mesmo tempo. Justifique!

14. Dica: utilize a definição de função par/ímpar.

15. (a) V (b) V (c) F (d) F (e) V (f) F (g) V (h) F

16. Gráficos:

(a)

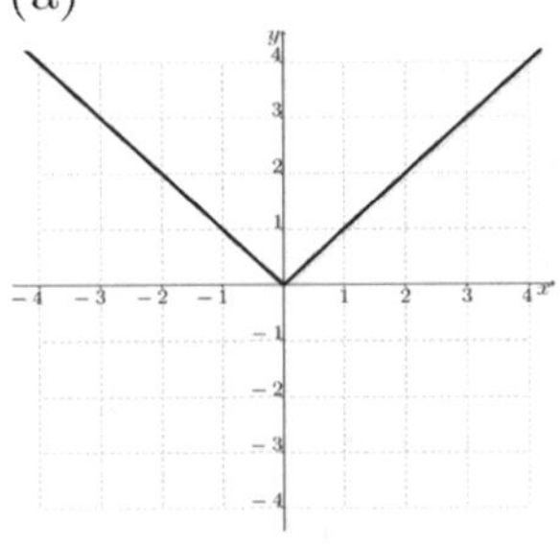

f_1

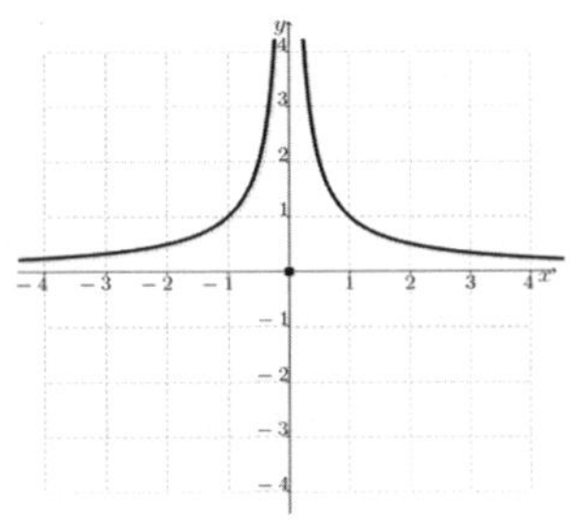

g_1

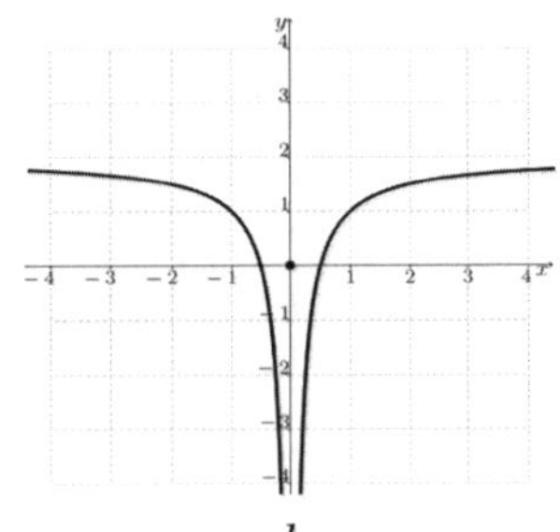

h_1

(b)

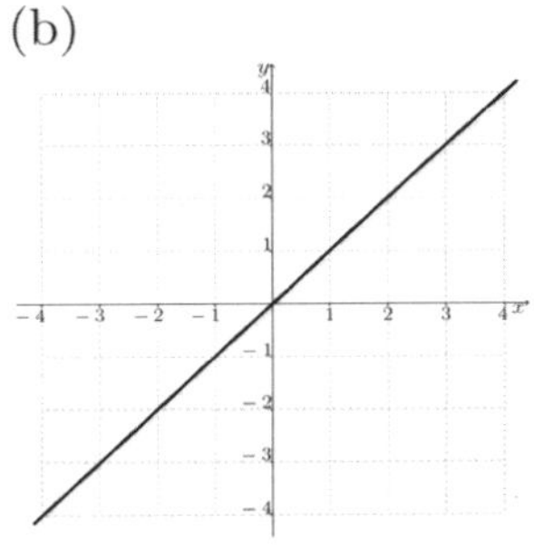

f_2

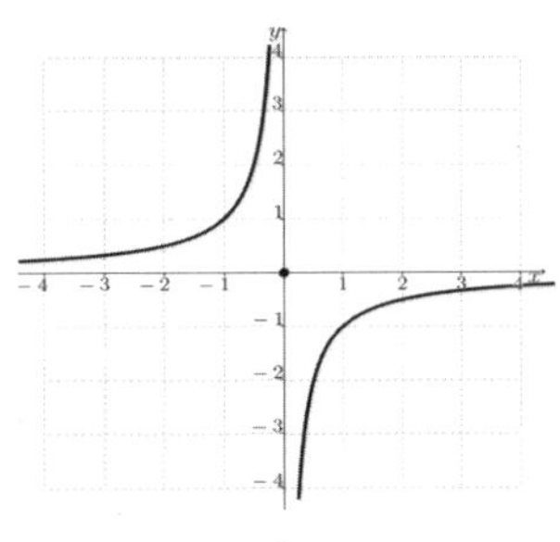

g_2

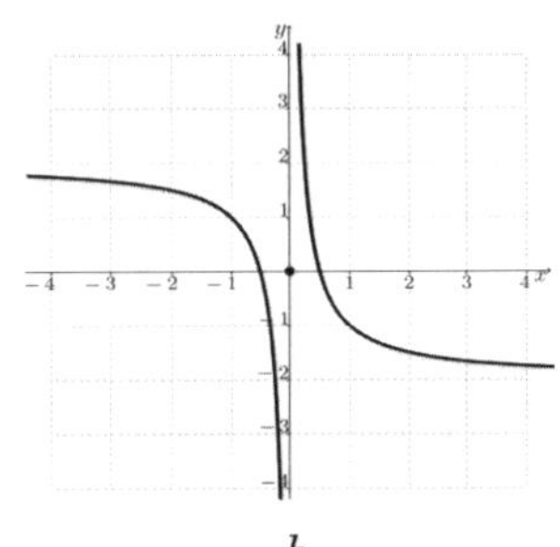

h_2

17. (a) $D(f) = (-1, +\infty)$ e $Im(f) = [-1, 2]$

(b)

f_k	f_1	f_2	f_3	f_4	f_5	f_6
$D(f_k)$	$D(f)$	$D(f)$	$\mathbb{R}_+^*$	$(-2,+\infty)$	$D(f)$	$D(f)$
$Im(f_k)$	$[0,3]$	$[-2,1]$	$Im(f)$	$[-2,1]$	$[-2,4]$	$[-\frac{1}{2},1]$

f_k	f_7	f_8	f_9	f_{10}	f_{11}
$D(f_k)$	$(-\frac{1}{2},+\infty)$	$(-2,+\infty)$	$(-\frac{1}{2},+\infty)$	$(-2,+\infty)$	$(-\frac{1}{2},+\infty)$
$Im(f_k)$	$Im(f)$	$Im(f)$	$[-2,4]$	$[-2,4]$	$[-\frac{1}{2},1]$

f_k	f_{12}	f_{13}	f_{14}	f_{15}	f_{16}	f_{17}
$D(f_k)$	$(-2,+\infty)$	$D(f)$	$(-2,+\infty)$	$(\frac{3}{2},+\infty)$	$D(f)$	$\mathbb{R}_+^*$
$Im(f_k)$	$[-\frac{1}{2},1]$	$[\frac{1}{2},2]$	$[-2,4]$	$Im(f)$	$[-2,1]$	$[-2,1]$

f_k	f_{18}	f_{19}	f_{20}	f_{21}	f_{22}	f_{23}
$D(f_k)$	$(-\infty,1)$	$(-\infty,2)$	$(-\infty,3)$	$(-\infty,1)$	$D(f)$	$D(f)$
$Im(f_k)$	$Im(f)$	$Im(f)$	$[0,3]$	$[-2,1]$	$[0,2]$	$[1,3]$

f_k	f_{24}	f_{25}	f_{26}	f_{27}	f_{28}	f_{29}	f_{30}
$D(f_k)$	$D(f)$	$D(f)$	$\mathbb{R}$	$\mathbb{R}$	$\mathbb{R}$	$\mathbb{R}$	$\mathbb{R}$
$Im(f_k)$	$[-1,3]$	$[0,3]$	$Im(f)$	$Im(f)$	$Im(f)$	$[0,2]$	$[0,2]$

18. $R(V) = 1045 + 0,025V$

19. $F(n) = 80n$, $n = 12500$

20. (a) R é o que recebo e n a quantidade de produtos que vendo, então $R(n) = 0,1n$.

(b) V é o valor pago pela quantidade de litros L, então $V(L) = 4,5L$.

(c) V é o valor pago e n a quantidade de produtos, então $V(n) = 20n$, se $n \leq 10$, e $V(n) = (20 - 0,05.20)n$, se $n > 10$.

(d) Sejam C graus Celsius e F graus Fahrenheit, então $C(F) = \dfrac{5(F-32)}{9}$.

(e) V é o valor a ser pago e k a quantidade de quilômetros rodados, então $V(k) = 5 + 1,1k$.

(f) V é o valor a ser pago e h a quantidade de horas ($h \in \mathbb{N}$), então $V(h) = 6 + 3(h-1)$.

(g) C é a quantidade de coelhos no tempo t ($t > 0$, e $t \in \mathbb{N}$), então $C(t) = 2^t$.

Capítulo 5

Funções polinomiais

As funções polinomiais são uma parte importante da matemática e permeiam a maioria das disciplinas nesta área.

Dedicamos este capítulo ao estudo das funções polinomiais de primeiro grau, de segundo grau e de terceiro grau. Além das funções em si, estudaremos equações e inequações polinomiais, que são requisito para análise do domínio das funções polinomiais.

5.1 Função polinomial do primeiro grau

Consideremos, como motivação, o exemplo 5.1 abaixo:

Exemplo 5.1 Uma empresa locadora de veículos cobra uma taxa fixa de R\$ $150,00$ pelo aluguel de um carro, mais R\$ $2,00$ por quilômetro rodado durante a locação.
(a) Determine a regra que expressa o valor a ser pago em função do número de quilômetros percorridos;
(b) Se um determinado cliente dessa locadora precisar percorrer 253 quilômetros, qual será o valor pago?
(c) Sabendo que a despesa de um cliente foi de R\$ $420,00$, determine a distância percorrida.

Solução:

(a) Denotando por x o número de quilômetros percorridos durante a locação do veículo e por $f(x)$ o valor a ser pago, a regra que melhor representa esta situação é a função $f(x) = 2x + 150, x \geq 0$.

(b) Sabendo que o cliente percorreu 253 quilômetros com o veículo, tem-se que o valor a ser pago será $f(253)$. Como $f(253) = 2 \cdot 253 + 150 = 656$, este cliente terá uma despesa de R\$ $656,00$.

(c) Sabendo que o cliente pagou R\$ $420,00$, devemos encontrar o valor de x tal que $f(x) = 420$, ou seja, devemos resolver a equação $2x + 150 = 420$. Resolvendo esta equação, obtemos $x = 135$, ou seja, este cliente percorreu 135 quilômetros.

A função que modela o problema que aparece no exemplo 5.1 é $f(x) = ax + b$, onde $a = 2$ e $b = 150$.

Esta é uma função polinomial de grau 1, e estudar as propriedades dessas funções é o objetivo desta seção.

Definição 5.2

A função $f : \mathbb{R} \longrightarrow \mathbb{R}$ dada por $f(x) = x$ é chamada de *função identidade.*

Note que a forma da função identidade é $f = \{(x, x) \mid x \in \mathbb{R}\}$.

Em particular, a abscissa e a ordenada de cada ponto do gráfico de f são iguais entre si; portanto, o gráfico da função identidade coincide com a bissetriz dos quadrantes ímpares.

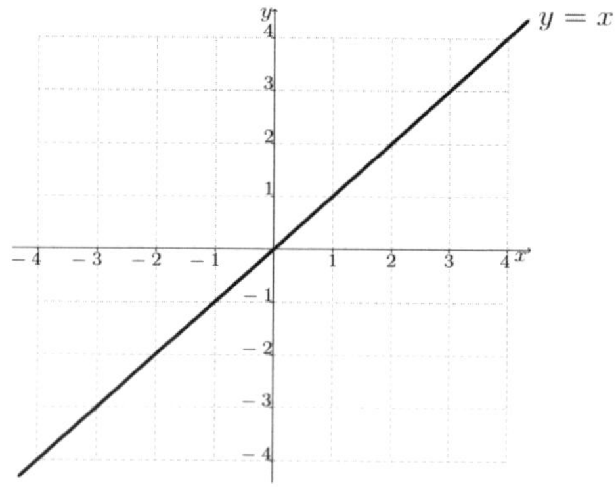

O sinal da função identidade obedece ao sinal de cada abscissa, ou seja, f é positiva em $\mathbb{R}^*_+$ e negativa em $\mathbb{R}^*_-$.

O único zero da função identidade ocorre em $x = 0$.

Note que a função identidade é crescente em todo o seu domínio.

Definição 5.3

Seja $a \in \mathbb{R}^*$, a função $f : \mathbb{R} \longrightarrow \mathbb{R}$ dada por $f(x) = ax$ é chamada de *função linear.*

Exemplo 5.4 São exemplos de funções lineares:

(a) $f(x) = x$, onde $a = 1$

(b) $f(x) = 2x$, onde $a = 2$

(c) $f(x) = -x$, onde $a = -1$

(d) $f(x) = \frac{1}{2}\,x$, onde $a = \frac{1}{2}$

(e) $f(x) = -\frac{3}{2}\,x$, onde $a = -\frac{3}{2}$

(f) $f(x) = \pi x$, onde $a = \pi$

Observe que a forma da função linear é $f = \{(x, ax) \mid x \in \mathbb{R}\}$.
A função identidade é, portanto, um caso particular de função linear.

Proposição 5.5

O gráfico da função linear $f(x) = ax$ é uma reta que contém os pontos $(0, 0)$ e $(1, a)$.

Demonstração. Seja $f(x) = ax$ uma função linear e como $f(0) = a \cdot 0 = 0$ e $f(1) = a \cdot 1 = a$, tem-se que os pontos $(0, 0)$ e $(1, a)$ pertencem ao gráfico de f.

Nosso objetivo daqui para frente será provar que o gráfico desta função é uma reta.

Para isso, consideremos os pontos $O(0, 0)$ e $A(1, a)$, que, pelo observado acima, sempre pertencem ao gráfico da função $f(x) = ax$, e $B(x_1, y_1)$, como outro ponto qualquer pertencente ao gráfico de f (figura (1)).

Vamos provar que o ponto B está alinhado com os pontos O e A, e isto nos permitirá concluir que o gráfico da função dada é uma reta.

Para facilitar o entendimento, suponhamos que a é positivo. O caso em que a é negativo é semelhante e fica como exercício.

Consideramos os pontos $A_1(1, 0)$, $B_1(x_1, 0)$ e os triângulos retângulos AOA_1 e BOB_1 (figuras (2) e (3)).

Note que os triângulos das figuras (2) e (3) possuem lados proporcionais. De fato, basta multiplicar os lados do triângulo da figura (2) por a para obter o triângulo da figura (3).

Portanto, estes triângulos são semelhantes e, por consequência, os pontos O, A e B estão alinhados (figura (4)).

Como o ponto B, que consideramos nesta demonstração, é um ponto arbitrário do gráfico de f (ou seja, é um ponto qualquer), concluímos que todos os pontos do gráfico de f estão alinhados com os pontos O e A. Portanto, o gráfico da função $f(x) = ax$ é uma reta. □

A construção do gráfico de uma função linear $f(x) = ax$ se torna bastante simples quando se utiliza o resultado fornecido pela proposição 5.5.

Basta lembrar que por dois pontos passa uma única reta. Trace uma reta que passa pelos pontos $(0, 0)$ e $(1, a)$ para obter o gráfico desta função.

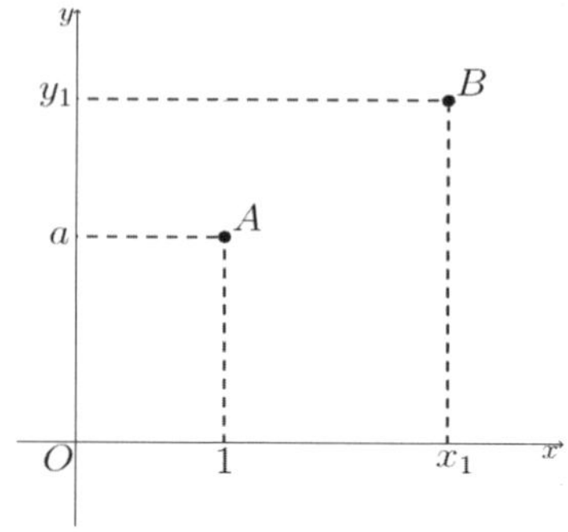

(1)

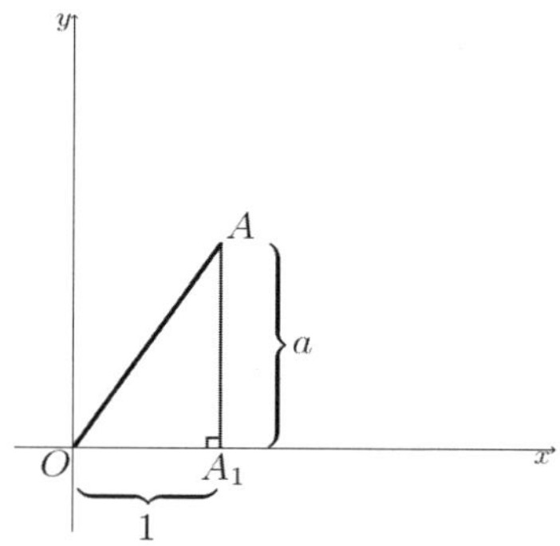

(2)

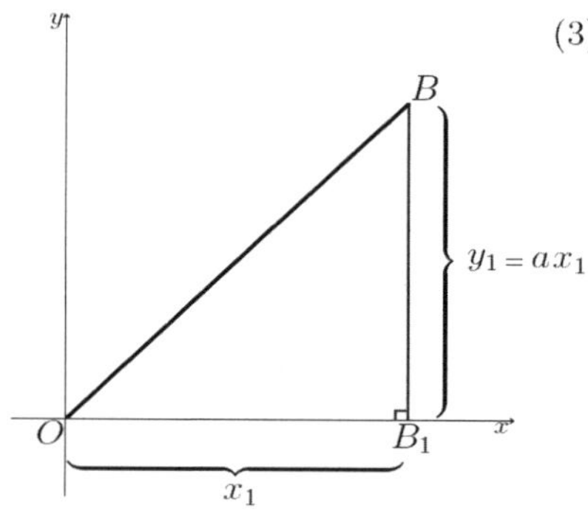

(3)

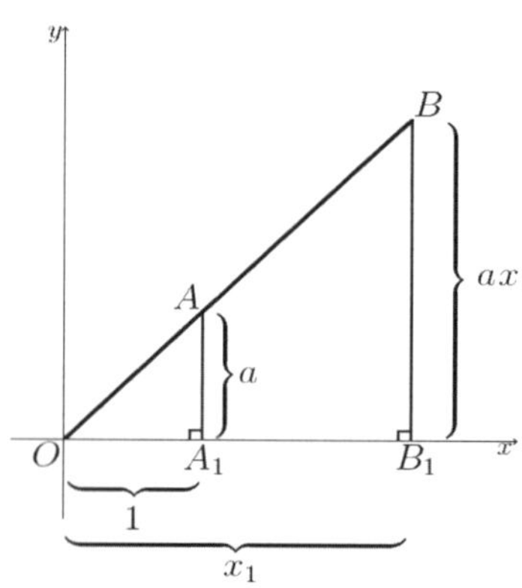

(4)

Exemplo 5.6 Esboce o gráfico das funções

(a) $f(x) = 2x$ **(b)** $f(x) = 3x$ **(c)** $f(x) = -x$ **(d)** $f(x) = -2x$

Solução:

A fim de tornar o desenvolvimento mais prático, vamos considerar a tabela ao lado para destacar os pontos que irão basear a contrução do gráfico de cada função.

x	$f(x)$	Ponto
0	0	$(0, 0)$
1	a	$(1, a)$

(a) Para a função $f(x) = 2x$, tem-se

x	$f(x)$	Ponto
0	0	$(0, 0)$
1	2	$(1, 2)$

Portanto, o gráfico de f é a reta que passa pelos pontos $(0, 0)$ e $(1, 2)$.

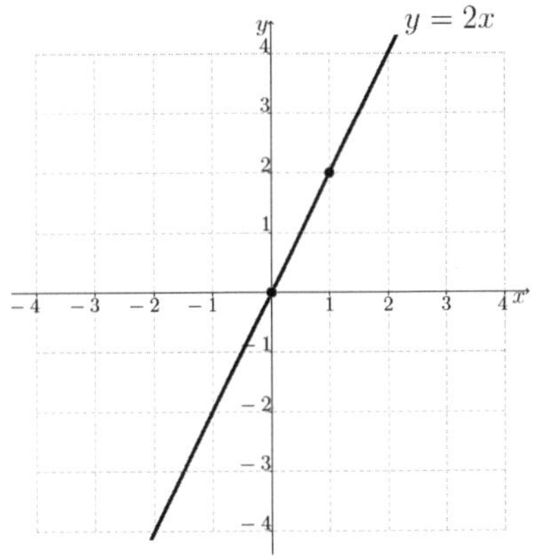

(b) Para a função $f(x) = 3x$, tem-se

x	$f(x)$	Ponto
0	0	$(0, 0)$
1	3	$(1, 3)$

Portanto, o gráfico de f é a reta que passa pelos pontos $(0, 0)$ e $(1, 3)$.

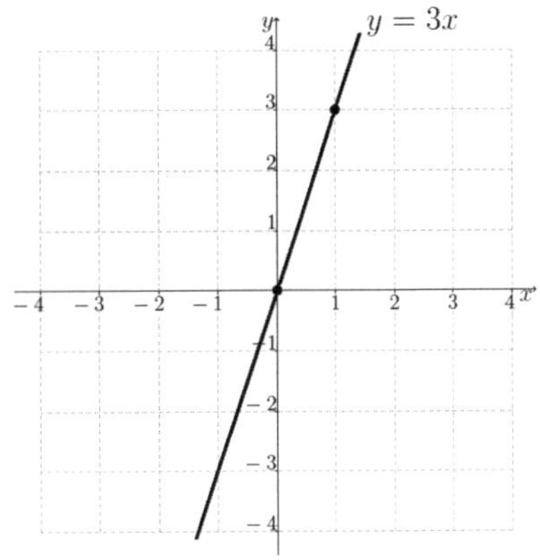

(c) Para a função $f(x) = -x$, tem-se

x	$f(x)$	Ponto
0	0	$(0,0)$
1	-1	$(1,-1)$

Portanto, o gráfico de f é a reta que passa pelos pontos $(0,0)$ e $(1,-1)$.

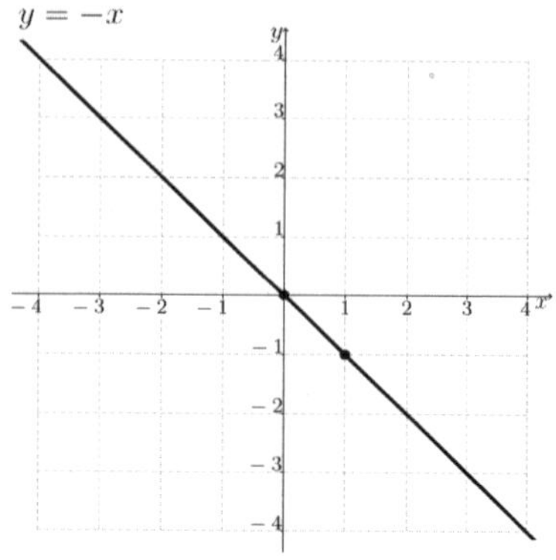

(d) Para a função $f(x) = -2x$, tem-se

x	$f(x)$	Ponto
0	0	$(0,0)$
1	-2	$(1,-2)$

Portanto, o gráfico de f é a reta que passa pelos pontos $(0,0)$ e $(1,-2)$.

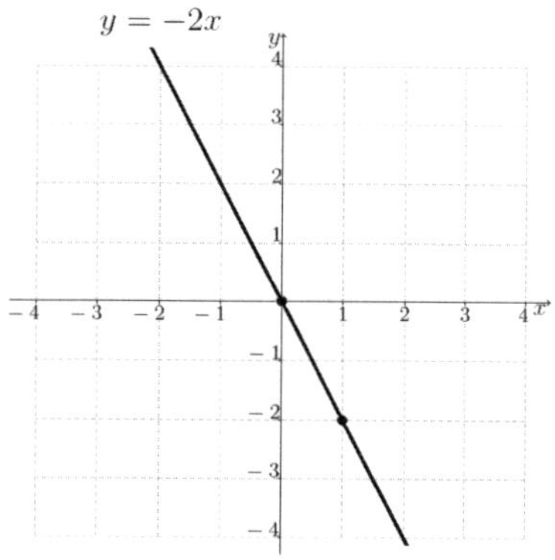

Proposição 5.7

Seja $f(x) = ax$ uma função linear,

(i) *Se $a > 0$, então f é crescente, positiva em $\mathbb{R}_+^*$ e negativa em $\mathbb{R}_-^*$.*

(ii) *Se $a < 0$, então f é decrescente, positiva em $\mathbb{R}_-^*$ e negativa em $\mathbb{R}_+^*$.*

Em ambos os casos, o único zero de f ocorre em $x = 0$.

Demonstração.

(i) Suponhamos que $a > 0$.

Sejam x_1 e x_2 números reais quaisquer tais que $x_1 < x_2$ e como $a > 0$ e $x_1 < x_2$, tem-se $ax_1 < ax_2$. Portanto

$$f(x_1) = ax_1 < ax_2 = f(x_2)$$

Ou seja, $x_1 < x_2$ implica $f(x_1) < f(x_2)$, de onde tem-se que f é crescente.

Além disso, se $x > 0$, então $f(x) = ax > 0$, ou seja, f é positiva em $\mathbb{R}_+^*$.

Se $x < 0$, então $f(x) = ax < 0$, ou seja, f é negativa em $\mathbb{R}_-^*$.

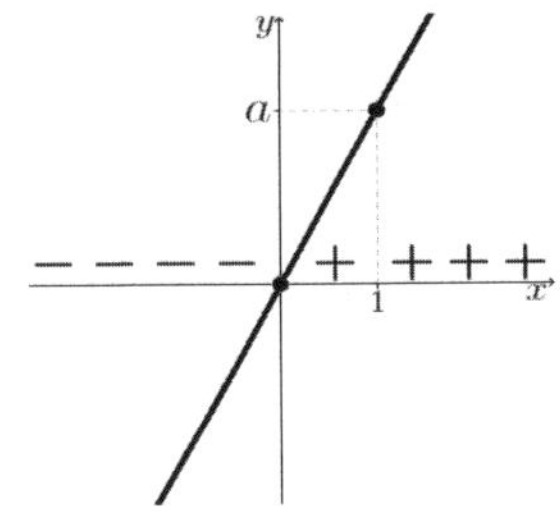

$a > 0$

(ii) Suponhamos agora que $a < 0$.

Sejam x_1 e x_2 números reais quaisquer tais que $x_1 < x_2$ e como $a < 0$ e $x_1 < x_2$, tem-se $ax_1 > ax_2$. Portanto

$$f(x_1) = ax_1 > ax_2 = f(x_2)$$

Ou seja, $x_1 < x_2$ implica $f(x_1) > f(x_2)$, de onde tem-se que f é decrescente.

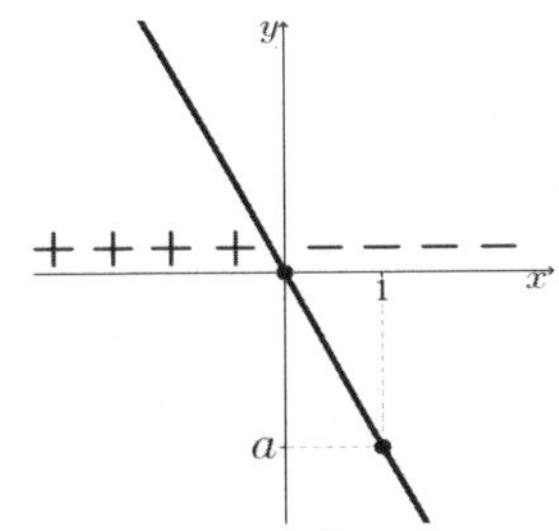

$a < 0$

Além disso, se $x > 0$, então $f(x) = ax < 0$, ou seja, f é negativa em $\mathbb{R}_+^*$. Se $x < 0$, então $f(x) = ax > 0$, ou seja, f é positiva em $\mathbb{R}_-^*$. Por fim, se $f(x) = 0$, tem-se que $ax = 0$ e, portanto, $x = 0$ (pois $a \neq 0$). Desta forma, o único zero de f ocorre em $x = 0$, confirmando a última afirmação da proposição. □

Definição 5.8

Sejam $a \in \mathbb{R}^*$ e $b \in \mathbb{R}$, a função $f : \mathbb{R} \longrightarrow \mathbb{R}$ dada por $f(x) = ax + b$ é dita *função polinomial de primeiro grau* ou *função de primeiro grau.*

Exemplo 5.9 São exemplos de funções de primeiro grau:

(a) $f(x) = x$, onde $a = 1$ e $b = 0$

(b) $f(x) = 2x$, onde $a = 2$ e $b = 0$

(c) $f(x) = -x + 1$, onde $a = -1$ e $b = 1$

(d) $f(x) = 2x + 3$, onde $a = 2$ e $b = 3$

(e) $f(x) = \pi x - \frac{1}{2}$, onde $a = \pi$ e $b = -\frac{1}{2}$

Observações: note que a função linear ($y = ax$) é um caso particular de função de primeiro grau ($y = ax + b$). Como o gráfico de uma função de primeiro grau $f(x) = ax + b$ consiste no deslocamento vertical do gráfico da função linear $g(x) = ax$ em b unidades para cima, se $b > 0$, e em b unidades para baixo, se $b < 0$, e no gráfico da função g sendo uma reta, pode-se concluir facilmente que o gráfico da função f também será uma reta. Por outro lado, note que $f(0) = a(0) + b = b$ e $f\left(-\frac{b}{a}\right) = a\left(-\frac{b}{a}\right) + b = b - b = 0$, portanto $(0, b) \in f$ e $(-\frac{b}{a}, 0) \in f$.

As informações contidas nas observaçẽs acima estão reunidas na proposição 5.10, que segue.

Proposição 5.10

O gráfico da função polinomial de primeiro grau $f(x) = ax + b$ é uma reta que contém os pontos $(0, b)$ e $(-\frac{b}{a}, 0)$. Em particular, o único zero de f ocorre em $x = -\frac{b}{a}$.

A construção do gráfico de uma função de primeiro grau $f(x) = ax + b$ se torna bastante simples quando utiliza-se o resultado fornecido pela proposição 5.10.

Basta lembrar que por dois pontos passa uma única reta. Trace a reta que passa pelos pontos $(0, b)$ e $(-\frac{b}{a}, 0)$ para obter o gráfico da função.

Na equação $y = ax + b$, o número a é chamado de *coeficiente angular* e o número b é chamado de *coeficiente linear* da reta que representa o gráfico desta função.

Como os deslocamentos verticais não modificam os intervalos de crescimento/decrescimento de uma função, pode-se concluir que a função de primeiro grau $f(x) = ax + b$ é crescente (ou decrescente) nos mesmos intervalos onde a função linear $g(x) = ax$ é crescente (ou decrescente).

Como $g(x) = ax$ é crescente se $a > 0$ e decrescente se $a < 0$, pode-se concluir o mesmo para a função $f(x) = ax + b$.

Além disso, como $f(x) = ax + b$ possui um único zero, pode-se concluir que o sinal desta função é dado pela figura abaixo:

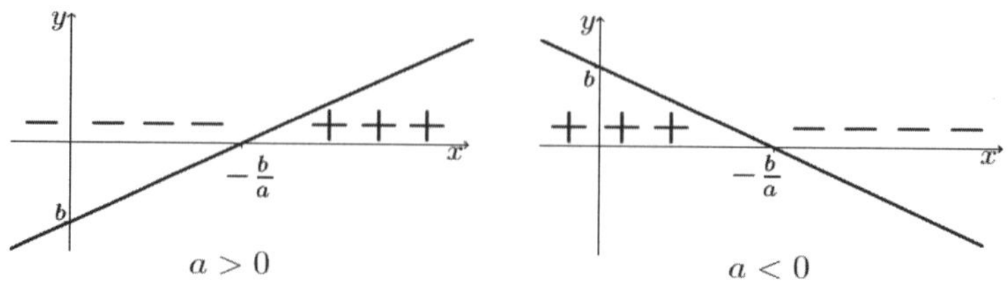

Exemplo 5.11 Esboce o gráfico das funções

(a) $f(x) = x - 1$ **(b)** $f(x) = 2x + 1$

(c) $f(x) = -x + 3$ **(d)** $f(x) = -2x + 2$

Solução:

A fim de tornar o desenvolvimento mais prático, vamos considerar a tabela ao lado para destacar os pontos que irão basear a contrução do gráfico de cada função.

x	$f(x)$	Ponto
0	b	$(0, b)$
$-\frac{b}{a}$	0	$(-\frac{b}{a}, 0)$

(a) Para a função $f(x) = x - 1$, tem-se $-\dfrac{b}{a} = -\dfrac{(-1)}{1} = 1$, portanto

x	$f(x)$	Ponto
0	-1	$(0, -1)$
1	0	$(1, 0)$

Sendo assim, o gráfico de f é a reta que passa pelos pontos $(0, -1)$ e $(1, 0)$.

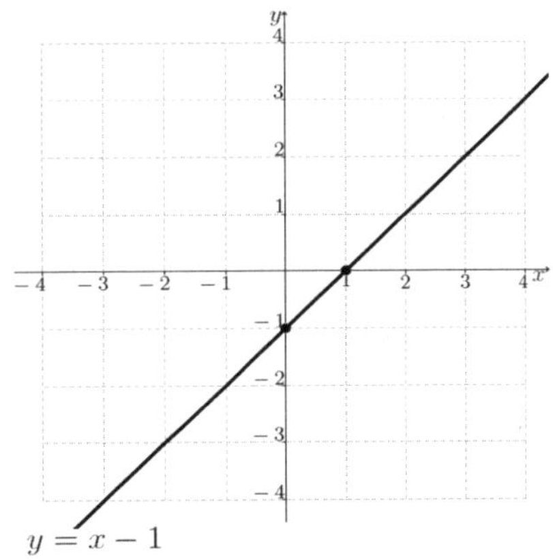

(b) Para a função $f(x) = 2x + 1$, tem-se $-\dfrac{b}{a} = -\dfrac{1}{2}$, portanto

x	$f(x)$	Ponto
0	1	$(0, 1)$
$-\frac{1}{2}$	0	$(-\frac{1}{2}, 0)$

Sendo assim, o gráfico de f é a reta que passa pelos pontos $(0, 1)$ e $(-\frac{1}{2}, 0)$.

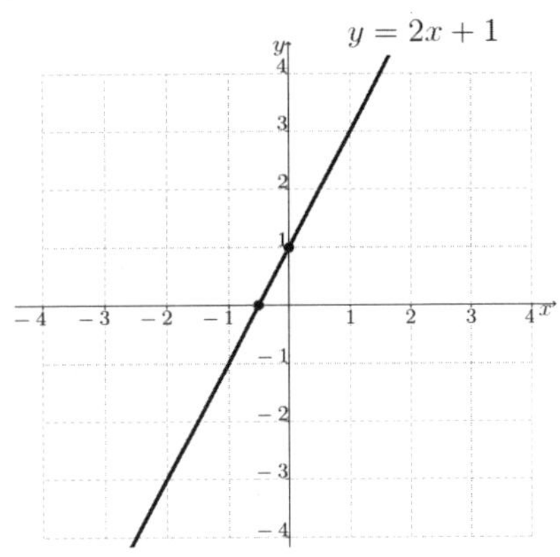

(c) Para a função $f(x) = -x + 3$, tem-se $-\dfrac{b}{a} = -\dfrac{3}{-1} = 3$, portanto

x	$f(x)$	Ponto
0	3	$(0,3)$
3	0	$(3,0)$

Sendo assim, o gráfico de f é a reta que passa pelos pontos $(0,3)$ e $(3,0)$.

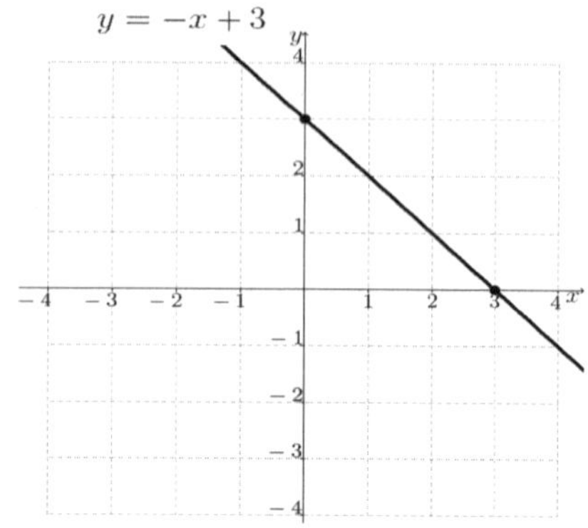

(d) Para a função $f(x) = -2x + 2$, tem-se $-\dfrac{b}{a} = -\dfrac{2}{-2} = 1$, portanto

x	$f(x)$	Ponto
0	2	$(0,2)$
1	0	$(1,0)$

Sendo assim, o gráfico de f é a reta que passa pelos pontos $(0,2)$ e $(1,0)$.

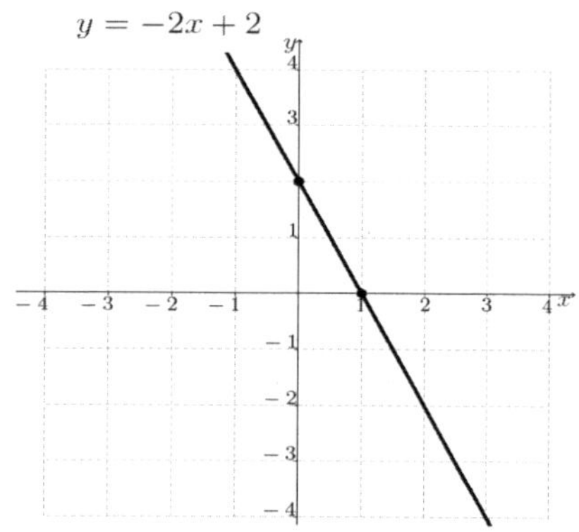

Levando em conta as informações anteriores e o exemplo acima, chegamos à proposição 5.12 abaixo.

Proposição 5.12

Seja $f(x) = ax + b$ uma função de primeiro grau,

(i) *Se $a > 0$, então f é crescente, positiva no intervalo* $\left(-\dfrac{b}{a}, +\infty\right)$ *e negativa no intervalo* $\left(-\infty, -\dfrac{b}{a}\right)$.

(ii) *Se $a < 0$, então f é decrescente, positiva no intervalo* $\left(-\infty, -\dfrac{b}{a}\right)$ *e negativa no intervalo* $\left(-\dfrac{b}{a}, +\infty\right)$.

Consideraremos agora algumas inequações de primeiro grau. Para introduzir este assunto, motivamos o leitor com o exemplo 5.13 que segue.

Exemplo 5.13 Uma gráfica A cobra uma taxa fixa de R\$ 10,00 pela impressão de uma apostila mais R\$ 0,40 por página impressa, enquanto a gráfica B cobra uma taxa de R\$ 30,00 pela impressão mais R\$ 0,20 por página.

(a) Encontre funções que expressem o valor a ser pago, em cada gráfico, em relação do número de páginas da apostila.

(b) Se a aspostila tem 50 páginas, qual das gráficas presta o serviço pelo menor valor? E se a apostila possui 150 páginas?

(c) A partir de quantas páginas é mais vantajoso contratar o serviço da gráfica B?

(d) Esboce os gráficos das funções obtidas no item (a) e interprete graficamente o resultado encontrado no item (c).

Solução:

(a) Denotando por f e g as funções que expressam o valor da impressão da apostila nas gráficas A e B, respectivamente, e por x o número de páginas da apostila ($x \geq 0$), tem-se

$$f(x) = 10 + (0,40) \cdot x = 10 + \frac{4x}{10} = 10 + \frac{2x}{5}$$

$$g(x) = 30 + (0,20) \cdot x = 30 + \frac{2x}{10} = 30 + \frac{x}{5}$$

(b) Como $f(50) = 10 + \frac{2 \cdot 50}{5} = 30$ e $g(50) = 30 + \frac{50}{5} = 40$, tem-se que, para uma apostila de 50 páginas, a gráfica A oferece o menor valor. Por outro lado, como $f(150) = 10 + \frac{4 \cdot 150}{10} = 70$ e $g(150) = 30 + \frac{2 \cdot 150}{10} = 60$, tem-se que, para uma apostila de 150 páginas, a gráfica B oferece o menor valor.

(c) Devemos determinar para quais valores de x tem-se $g(x) < f(x)$, ou seja, deve-se resolver a inequação

$$30 + \frac{x}{5} < 10 + \frac{2x}{5}$$

Resolvendo esta inequação, obtém-se:

$$30 + \frac{x}{5} < 10 + \frac{2x}{5} \Longrightarrow \frac{150 + x}{5} < \frac{50 + 2x}{5} \Longrightarrow 150 - 50 < 2x - x \Longrightarrow 100 < x$$

Sendo assim, conclui-se que a partir de 100 páginas, o preço da gráfica B é menor que o preço da gráfica A.

(d) Esboçando os gráficos das funções afins f e g, é possível que para valores de x maiores que 100, o gráfico da função g está abaixo do gráfico de f, confirmando o resultado encontrado no item (c).

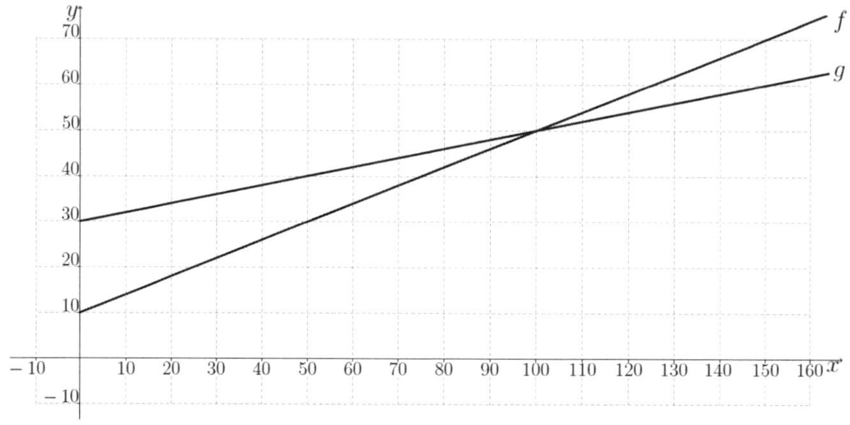

Exemplo 5.14 São exemplos de inequações de primeiro grau:

(a) $3x + 1 \leq x + 3$, onde $f(x) = 3x + 1$ e $g(x) = x + 3$

(b) $x + 2 < -x + 4$, onde $f(x) = x + 2$ e $g(x) = -x + 4$

(c) $2 - x \geq -2x$, onde $f(x) = 2 - x$ e $g(x) = -2x$

(d) $\dfrac{3 - x}{2} \geq -x$, onde $f(x) = \dfrac{3 - x}{2}$ e $g(x) = -x$

Como veremos nos exemplos a seguir, resolver uma inequação de primeiro grau consiste, basicamente, em "isolar o x" na expressão dada.

O conjunto solução da inequação $f(x) \leq g(x)$ é formado pelos valores de x, para os quais o gráfico de f está abaixo ou coincide com o gráfico de g.

O conjunto solução da inequação $f(x) < g(x)$ é formado pelos valores de x, para os quais o gráfico de f está estritamente abaixo do gráfico de g.

De maneira análoga, se interpreta graficamente o conjunto solução das inequações $f(x) \geq g(x)$ e $f(x) > g(x)$.

Exemplo 5.15

(a) Resolva a inequação $3x + 1 \leq x + 3$.

(b) Esboce, no mesmo sistema cartesiano, os gráficos das funções $f(x) = 3x + 1$ e $g(x) = x + 3$ e destaque o conjunto solução obtido em (a).

(c) Utilizando o item (b), descreva o significado do conjunto solução em termos dos gráficos das funções f e g.

Solução:

(a) Resolvendo a inequação, obtém-se:

$3x + 1 \leq x + 3 \iff 2x \leq 2 \iff x \leq 1$. Ou seja, $S = (-\infty, 1]$.

(b) Esboçando os gráficos de f e g no mesmo sistema e destacando o conjunto S, obtém-se os gráficos abaixo:

Tabela para o gráfico de f

x	$f(x)$	Ponto
0	1	$(0, 1)$
$-\frac{1}{3}$	0	$(-\frac{1}{3}, 0)$

Tabela para o gráfico de g

x	$g(x)$	Ponto
0	3	$(0, 3)$
-3	0	$(-3, 0)$

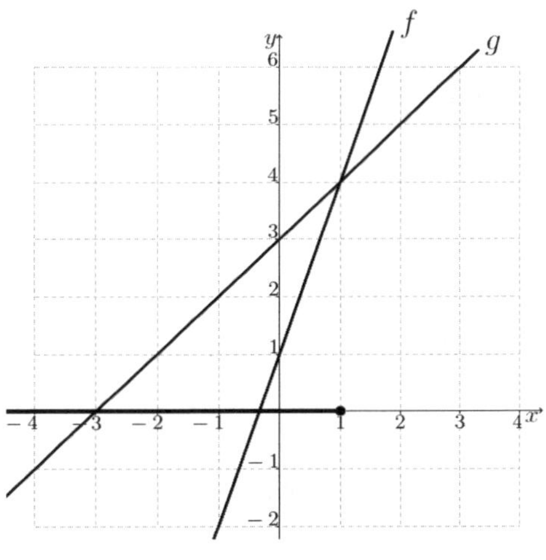

(c) Em termos das funções f e g, a inequação é dada por:

$$\underbrace{3x + 1}_{f(x)} \leq \underbrace{x + 3}_{g(x)} \iff f(x) \leq g(x)$$

O conjunto $S = (-\infty, 1]$ é formado pelos valores de x (abscissas) que cumprem a condição $f(x) \leq g(x)$, ou seja, para os valores de x o gráfico de f está abaixo ou é igual ao gráfico de g.

Exemplo 5.16 Considere a inequação dupla

$$-x + 4 < 2x + 1 \leq x + 4 \tag{5.1}$$

(a) Resolva a inequação $-x + 4 < 2x + 1$. Esboce, no mesmo sistema cartesiano, os gráficos das funções $f(x) = -x + 4$ e $g(x) = 2x + 1$ e destaque o conjunto solução obtido.

(b) Resolva a inequação $2x + 1 \leq x + 4$. Esboce, no mesmo sistema cartesiano, os gráficos das funções $g(x) = 2x + 1$ e $h(x) = x + 4$ e destaque o conjunto solução obtido.

(c) Utilizando os itens (a) e (b), resolva a inequação (5.1), esboce no mesmo sistema cartesiano os gráficos das funções f, g e h e destaque o conjunto solução obtido.

(d) Utilizando o item (c), descreva o significado gráfico do conjunto solução da inequação dupla em termos dos gráficos das funções f, g e h.

Solução:

(a) Resolvendo a inequação, obtém-se:

$-x + 4 < 2x + 1 \iff -3x < -3 \iff x > 1$, ou seja, $S_1 = (1, +\infty)$.

Esboçando os gráficos de f e g no mesmo sistema cartesiano e destacando o conjunto S_1, obtém-se os gráficos ao lado:

Tabela para o gráfico de f

x	$f(x)$	Ponto
0	4	$(0, 4)$
4	0	$(4, 0)$

Tabela para o gráfico de g

x	$g(x)$	Ponto
0	1	$(0, 1)$
$-\frac{1}{2}$	0	$(-\frac{1}{2}, 0)$

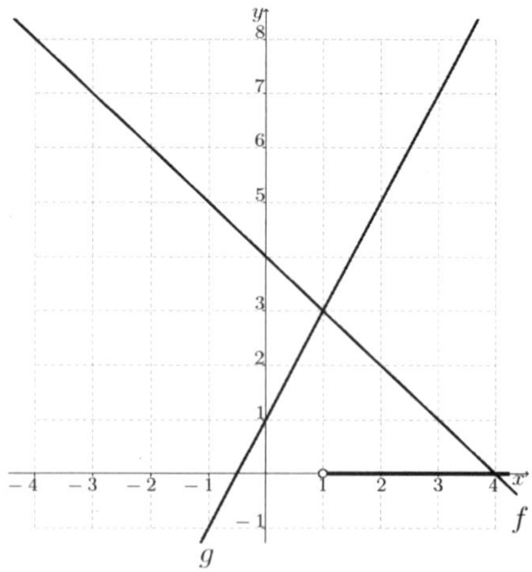

(b) Resolvendo a inequação, obtém-se:

$2x + 1 \leq x + 4 \iff x \leq 3$, ou seja, $S_2 = (-\infty, 3]$

Esboccando os gráficos de g e h no mesmo sistema e destacando o conjunto S_2, obtém-se os gráficos ao lado:

Tabela para o gráfico de g

x	$g(x)$	Ponto
0	1	$(0,1)$
$-\frac{1}{2}$	0	$(-\frac{1}{2},0)$

Tabela para o gráfico de h

x	$h(x)$	Ponto
0	4	$(0,4)$
-4	0	$(-4,0)$

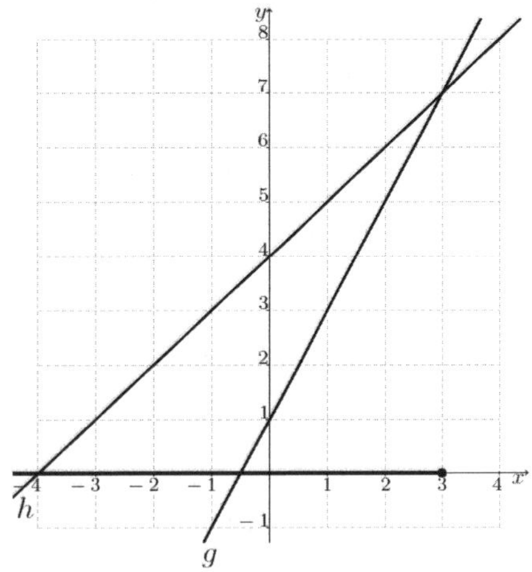

(c) Resolver a inequação dupla (5.1) significa resolver separadamente as inequações simples
$-x+4 < 2x+1$ e $2x+1 \leq x+4$
e considerar a interseção dos conjuntos soluções obtidos.

Sendo assim, o conjunto solução S da inequação (5.1) será dado por $S = S_1 \cap S_2$. Ou seja, $S = (1,3]$.

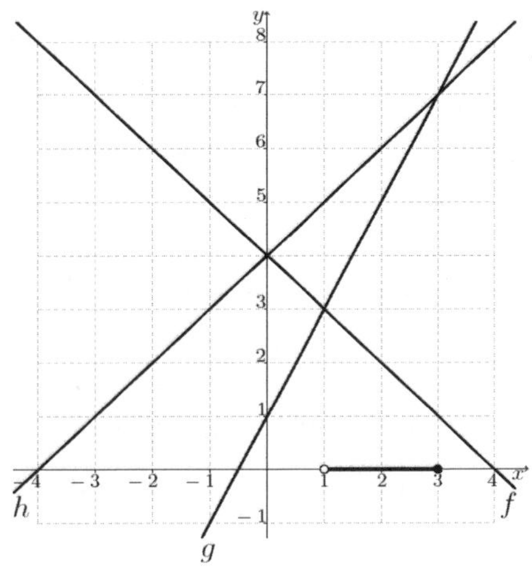

(d) Em termos das funções f, g e h, a inequação é dada por

$$\underbrace{-x+4}_{f(x)} < \underbrace{2x+1}_{g(x)} \leq \underbrace{x+4}_{h(x)} \Longleftrightarrow f(x) < g(x) \leq h(x)$$

O conjunto $S = (1,3]$ é formado pelos valores de x (abscissas) que cumprem a condição $f(x) < g(x) \leq h(x)$, ou seja, para os valores de x o gráfico de f está abaixo do gráfico de g e o gráfico de g está abaixo ou é igual ao gráfico de h.

A seguir traremos exemplos de inequações produto, quociente e potência. Nestes casos, não é necessário esboçar os gráficos das funções envolvidas. Resolve-se a inequação simplesmente analizando o sinal das funções dadas.

Exemplo 5.17 Resolva a inequação $(x-3)(x+5) \geq 0$.

Solução: Considerando cada fator do produto como uma função de primeiro grau e analisando o sinal destas funções, pode-se obter o sinal do produto

$$\underbrace{(x-3)}_{f_1(x)} \cdot \underbrace{(x+5)}_{f_2(x)} \geq 0$$

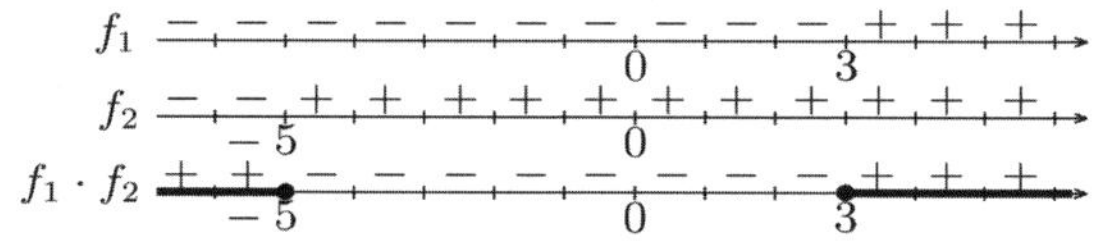

Como estamos interessados nos valores de x para os quais o produto é não negativo, tem-se $S = (-\infty, -5] \cup [3, +\infty)$.

Exemplo 5.18 Resolva a inequação $(4-x)(x-2)(-6-2x) < 0$.

Solução: Considerando cada fator do produto como uma função de primeiro grau e analisando o sinal destas funções, pode-se obter o sinal do produto

$$\underbrace{(4-x)}_{f_1(x)}\underbrace{(x-2)}_{f_2(x)} \cdot \underbrace{(-6-2x)}_{f_3(x)} < 0$$

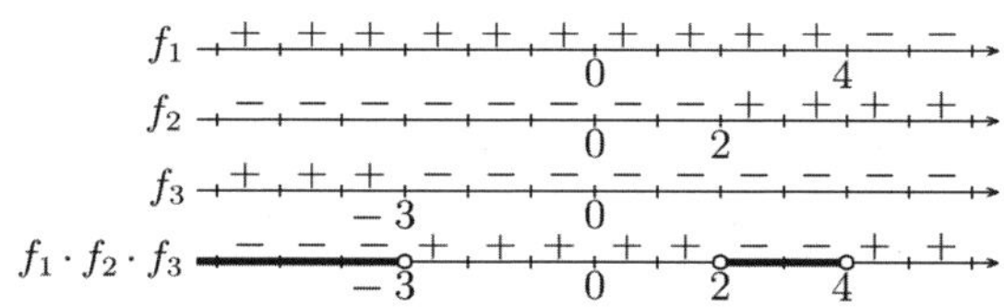

Como estamos interessados nos valores de x para os quais o produto é negativo, tem-se $S = (-\infty, -3) \cup (2, 4)$.

Exemplo 5.19 Resolva a inequação $\dfrac{x+2}{x-3} > 0$.

Solução: Considerando cada fator do quociente como uma função do primeiro grau e analisando o sinal destas funções, pode-se obter o sinal do quociente

$$\frac{\overbrace{x+2}^{f_1(x)}}{\underbrace{x-3}_{f_2(x)}} > 0$$

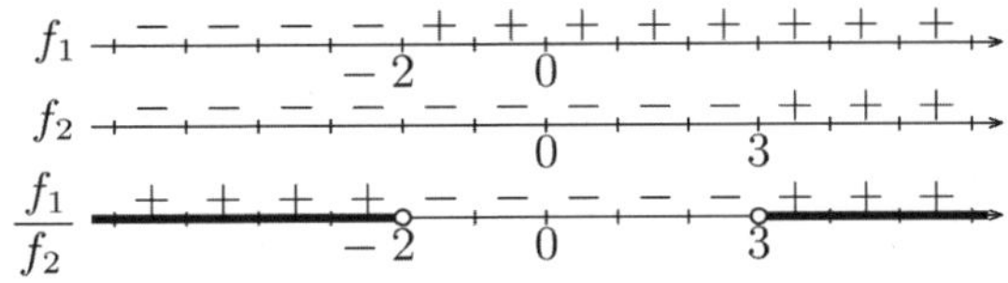

Como estamos interessados nos valores de x para os quais o quociente é positivo, tem-se $S = (-\infty, -2) \cup (3, +\infty)$.

Exemplo 5.20 Resolva a inequação $\dfrac{x+4}{x+1} \geq 2$.

Solução: Podemos reescrever a inequação dada como

$$\frac{x+4}{x+1} \geq 2 \iff \frac{x+4}{x+1} \geq \frac{2(x+1)}{x+1} \iff \frac{-x+2}{x+1} \geq 0$$

Considerando cada fator do quociente como uma função do primeiro grau e analisando o sinal destas funções, pode-se obter o sinal do quociente

$$\frac{\overbrace{-x+2}^{f_1(x)}}{\underbrace{x+1}_{f_2(x)}} \geq 0$$

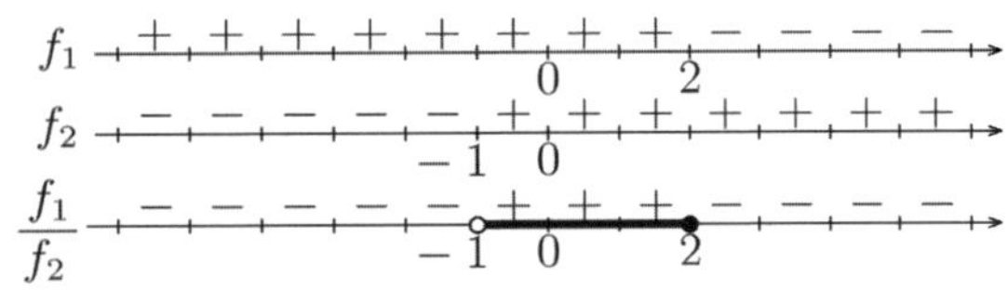

Como estamos interessados nos valores de x para os quais o quociente é não negativo, tem-se $S = (-1, 2]$.

Exemplo 5.21 Resolva a inequação $\dfrac{(x-3)(1-x)}{x+5} \leq 0$.

Solução: Considerando cada fator do quociente como uma função do primeiro grau e analisando o sinal destas funções, pode-se obter o sinal do quociente

$$\frac{\overbrace{(x-3)}^{f_1(x)}\overbrace{(1-x)}^{f_2(x)}}{\underbrace{x+5}_{f_3(x)}} \leq 0$$

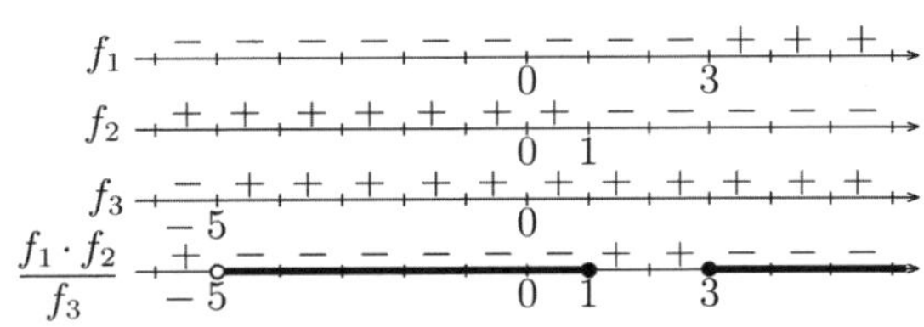

Como estamos interessados nos valores de x para os quais o quociente é não positivo, tem-se $S = (-5, 1] \cup [3, +\infty)$.

Exemplo 5.22 Resolva a inequação $(3-x)^2(x+2)^5 \leq 0$.

Solução: Considerando cada fator do produto como uma função do primeiro grau e analisando o sinal destas funções, pode-se obter o sinal do quociente

$$\overbrace{(3-x)^2}^{f_1(x)}\overbrace{(x+2)^5}^{f_2(x)} \leq 0$$

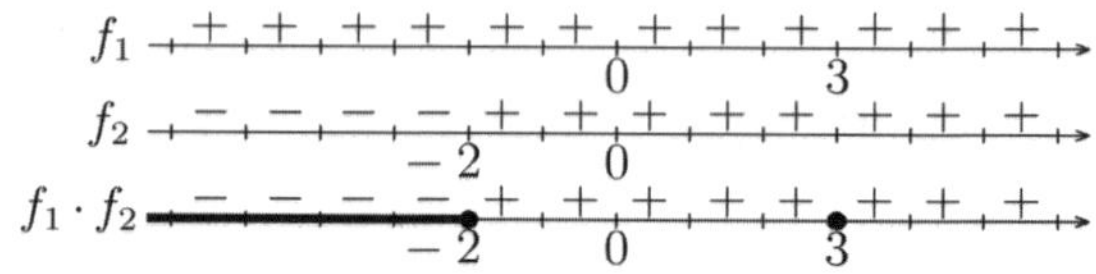

Como estamos interessados nos valores de x para os quais o produto é não positivo, tem-se $S = (-\infty, -2] \cup \{3\}$.

Exemplo 5.23 Resolva a inequação

$$(x-2)(x+4)^2(3-x)^3 < 0.$$

Solução: Considerando cada fator do produto como uma função do primeiro grau e analisando o sinal destas funções, pode-se obter o sinal do produto

$$\underbrace{(x-2)}_{f_1(x)}\underbrace{(x+4)^2}_{f_2(x)}\underbrace{(3-x)^3}_{f_3(x)} < 0$$

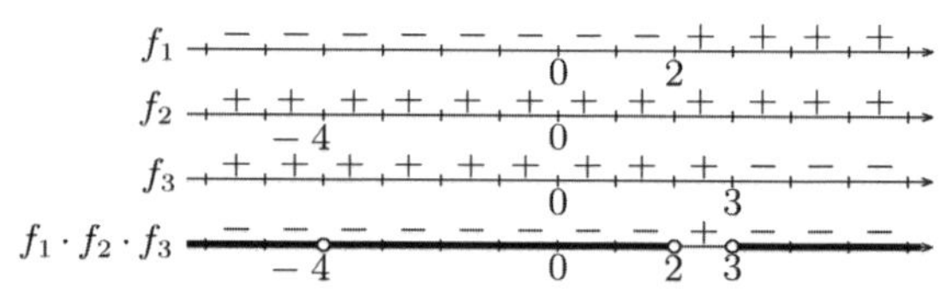

Como estamos interessados nos valores de x para os quais o produto é negativo, tem-se $S = (-\infty, -4) \cup (-4, 2) \cup (3, +\infty)$.

Exemplo 5.24 Resolva a inequação

$$\frac{(x-2)^4(x+1)^3}{x(-4-x)^5} \leq 0.$$

Solução: Considerando cada fator do quociente como uma função do primeiro grau e analisando o sinal destas funções, pode-se obter o sinal do quociente

$$\frac{\overbrace{(x-2)^4}^{f_1(x)}\overbrace{(x+1)^3}^{f_2(x)}}{\underbrace{x}_{f_3(x)}\underbrace{(-4-x)^5}_{f_4(x)}} \leq 0$$

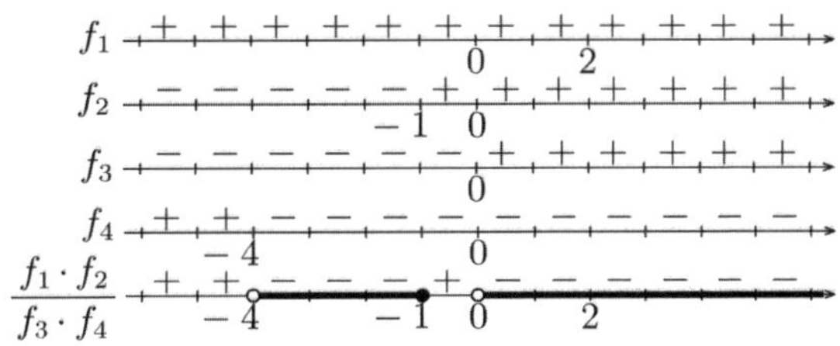

Como estamos interessados nos valores de x para os quais o produto é não positivo, tem-se $S = (-4, -1] \cup (0, +\infty)$.

Exemplo 5.25 Determine o domínio da função

$$f(x) = \sqrt{\frac{x+3}{x-2}}$$

Solução: Encontrar o domínio desta função é equivalente a resolver a inequação quociente: $\dfrac{x+3}{x-2} \geq 0$.

Considerando cada fator do quociente como uma função do primeiro grau e analisando o sinal destas funções, pode-se obter o sinal do quociente

$$\frac{\overbrace{x+3}^{f_1(x)}}{\underbrace{x-2}_{f_2(x)}} \geq 0$$

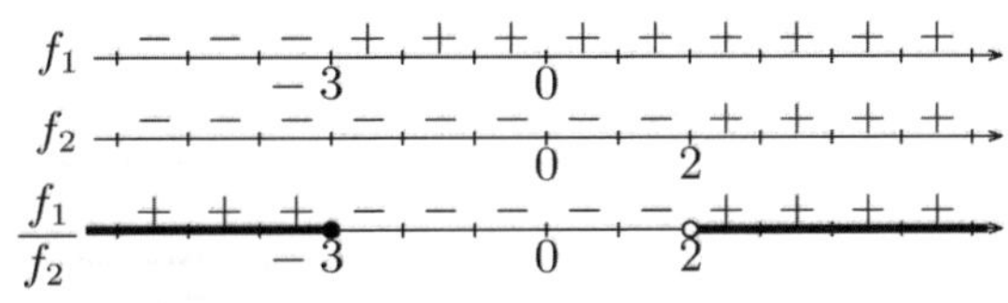

Como estamos interessados nos valores de x para os quais o quociente é não positivo, tem-se $D(f) = (-\infty, -3] \cup (2, +\infty)$.

Exemplo 5.26 Determine o domínio da função

$$f(x) = \frac{\sqrt{x+3}}{\sqrt{x-2}}$$

Solução: Encontrar o domínio desta função é equivalente a resolver, simultaneamente, as inequações

$$x + 3 \geq 0 \qquad \text{e} \qquad x - 2 > 0$$

Denotando os conjuntos soluções das inequações acima por S_1 e S_2, respectivamente, tem-se que o domínio da função dada será a interseção de S_1 e S_2.

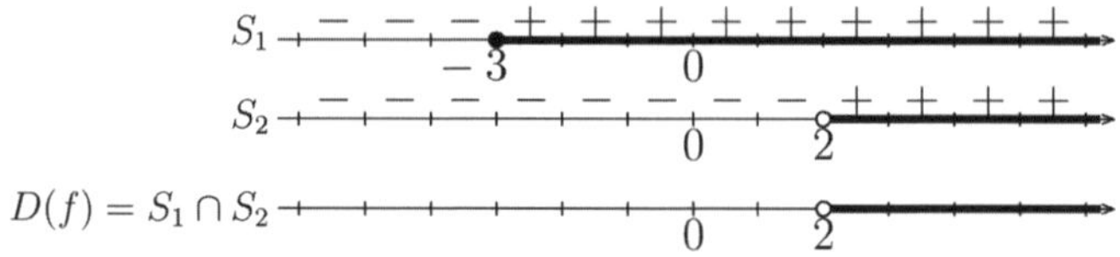

Desta forma, tem-se que $D(f) = (2, +\infty)$.

Exemplo 5.27 Determine o domínio da função

$$f(x) = \frac{\sqrt{x+3}}{x-2}$$

Solução: Encontrar o domínio desta função é equivalente a resolver, simultaneamente, as condições

$$x + 3 \geq 0 \qquad \text{e} \qquad x - 2 \neq 0$$

Denotando os conjuntos soluções das condições acima por S_1 e S_2, respectivamente, tem-se que o domínio da função dada será a interseção de S_1 e S_2.

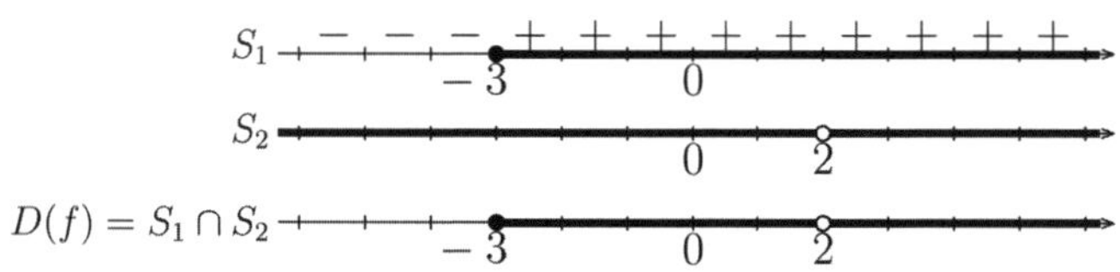

Desta forma, tem-se que $D(f) = [-3, 2) \cup (2, +\infty) = [-3, +\infty) - \{2\}$.

Exemplo 5.28 Determine o domínio da função

$$f(x) = \frac{2x+1}{\sqrt{x+3}} + \sqrt[4]{2-x} - \frac{1}{\sqrt[3]{x+1}} + \sqrt[5]{3x+2}$$

Solução: Encontrar o domínio desta função é equivalente a resolver, simultaneamente, as condições

$$x + 3 > 0 \qquad \text{e} \qquad 2 - x \geq 0 \qquad \text{e} \qquad x + 1 \neq 0$$

Denotando os conjuntos soluções das condições acima por S_1, S_2 e S_3, respectivamente, tem-se que o domínio da função dada será a interseção de S_1, S_2 e S_3.

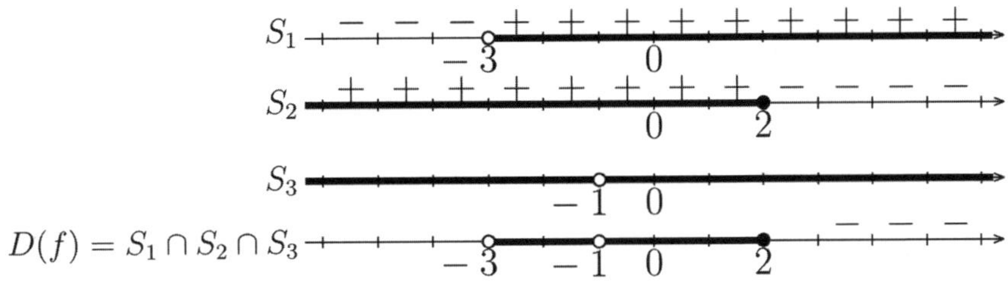

Desta forma, tem-se que $D(f) = (-3, -1) \cup (-1, 2] = (-3, 2] - \{-1\}$.

Exercícios

1. Esboce os gráficos das funções abaixo:

   (a) $f(x) = 3$

   (b) $f(x) = -1$

   (c) $f(x) = \frac{1}{2}$

   (d) $f(x) = -1,5$

   (e) $f(x) = \sqrt{2}$

   (f) $f(x) = -\sqrt{3}$

2. Esboce os gráficos das funções abaixo:

   (a) $f(x) = 4x$

   (b) $f(x) = -4x$

   (c) $f(x) = \frac{2}{3}x$

   (d) $f(x) = -(0,5)x$

   (e) $f(x) = -\pi x$

   (f) $f(x) = \sqrt{2}x$

3. Esboce os gráficos das funções abaixo:

   (a) $f(x) = x + 2$

   (b) $f(x) = -x + 1$

   (c) $f(x) = 3x + 1$

   (d) $f(x) = -2x + 3$

   (e) $f(x) = \frac{x}{2} + 1$

   (f) $f(x) = \frac{3-x}{3}$

4. Para cada função representada nos gráficos que seguem, identifique a lei de formação.

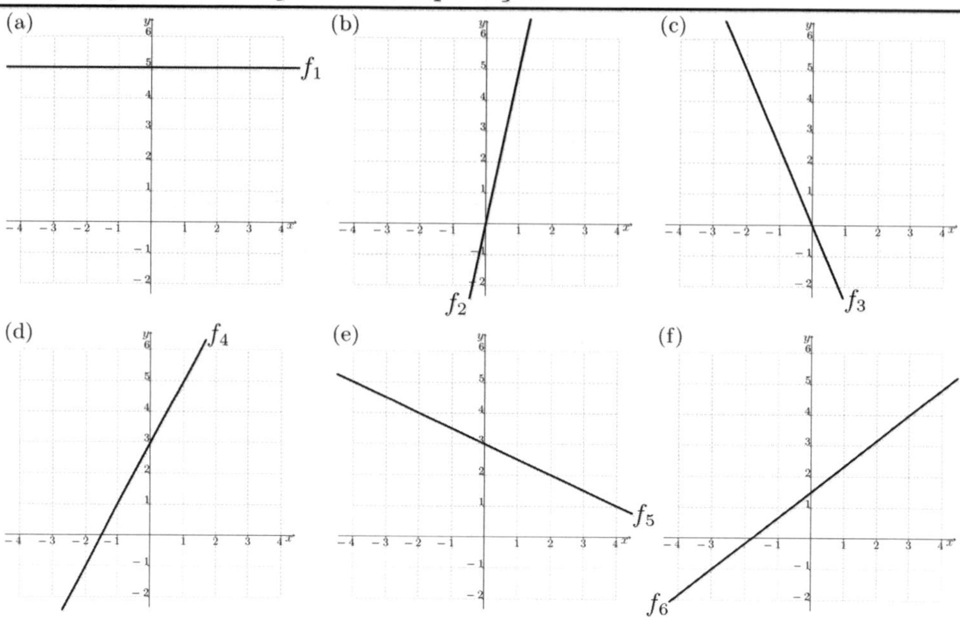

5. Em cada caso, determine se a função dada é crescente ou decrescente.

(a) $f(x) = 1 + 2x$ (c) $f(x) = -1 - x$ (e) $f(x) = 2x + 10$

(b) $f(x) = 1 - 3x$ (d) $f(x) = -5x$ (f) $f(x) = \pi x$

6. Determine para quais valores de k a função $f(x) = (k-1)x + 2$ é

(a) crescente (b) decrescente (c) constante

7. Determine para quais valores de k a função $f(x) = k(2-x) + 1 + 3x$ é

(a) crescente (b) decrescente (c) constante

8. Em cada caso, determine: (i) o(s) zero(s) de f; (ii) os valores de x para os quais f é positiva; (iii) os valores de x para os quais f é negativa.

(a) $f(x) = 2x - 5$ (c) $f(x) = 3 - 2x$ (e) $f(x) = 1 - 3x$

(b) $f(x) = 3x + \frac{2}{3}$ (d) $f(x) = \frac{5x}{2} + \frac{3}{4}$ (f) $f(x) = \frac{1}{2} - \frac{x}{3}$

9. Seja a função de $\mathbb{R}$ em $\mathbb{R}$ definida por $f(x) = 3 - 4x$, determine os valores do domínio da função que produzem imagens maiores que 7.

10. Seja a função de $\mathbb{R}$ em $\mathbb{R}$ definida por $f(x) = \frac{5}{6}x + \frac{5}{2}$, determine os valores do domínio da função que produzem imagens maiores ou iguais a 5.

11. (a) Resolva a inequação $x + 2 < -x + 4$.

    (b) Esboce, no mesmo sistema cartesiano, os gráficos das funções $f(x) = x + 2$ e $g(x) = -x + 4$ e destaque o conjunto solução obtido em (a).

    (c) Utilizando o item (b), descreva o significado do conjunto solução em termos dos gráficos das funções f e g.

12. (a) Resolva a inequação $2 - x > -2x$.

    (b) Esboce, no mesmo sistema cartesiano, os gráficos das funções $f(x) = 2 - x$ e $g(x) = -2x$ e destaque o conjunto solução obtido em (a).

    (c) Utilizando o item (b), descreva o significado do conjunto solução em termos dos gráficos das funções f e g.

13. (a) Resolva a inequação $1 + 2x \geq 2x - 3$.

    (b) Esboce, no mesmo sistema cartesiano, os gráficos das funções $f(x) = 1 + 2x$ e $g(x) = 2x - 3$ e destaque o conjunto solução obtido em (a).

    (c) Utilizando o item (b), descreva o significado do conjunto solução em termos dos gráficos das funções f e g.

14. Considere a inequação dupla

$$5 - 2x < \frac{1-x}{2} < 1 \tag{5.2}$$

    (a) Resolva a inequação

$$5 - 2x < \frac{1-x}{2}$$

    Esboce, no mesmo sistema cartesiano, os gráficos das funções $f(x) = 5 - 2x$ e $g(x) = \frac{1-x}{2}$ e destaque o conjunto solução obtido.

(b) Resolva a inequação $\dfrac{1-x}{2} < 1$.

Esboce, no mesmo sistema cartesiano, os gráficos das funções $g(x) = \dfrac{1-x}{2}$ e $h(x) = 1$ e destaque o conjunto solução obtido.

(c) Utilizando os ítens (a) e (b), resolva a inequação (5.2), esboce no mesmo sistema cartesiano os gráficos das funções f, g e h e destaque o conjunto solução obtido.

(d) Utilizando o item (c), descreva o significado gráfico do conjunto solução da inequação dupla em termos dos gráficos das funções f, g e h.

15. Resolva as seguintes inequações em $\mathbb{R}$:

(a) $3x - 2 \leq x + 2$

(b) $2(3-x) + 3(x-1) < x + 1$

(c) $\dfrac{x+1}{2} \geq 5 - x$

(d) $\dfrac{3x}{4} + \dfrac{1}{2} > \dfrac{3x}{2} - 7$

16. Resolva as inequações em $\mathbb{R}$:

(a) $-1 \leq 3x + 2 \leq 8$

(b) $x - 4 < 1 - 4x \leq 5$

(c) $2 < \dfrac{x+2}{4} < 2x + 4$

(d) $x \leq \dfrac{6+x}{4} < \dfrac{2x+7}{3}$

17. Resolva, em $\mathbb{R}$, as inequações:

(a) $(x+3)(x-1) \leq 0$

(b) $(2x+4)(5-x) < 0$

(c) $(x+1)(2x-1)(x+6) \geq 0$

(d) $x(x+1)(2-x)(x+3) > 0$

18. Resolva, em $\mathbb{R}$, as inequações:

(a) $\dfrac{x-1}{x+3} \leq 0$ (b) $\dfrac{4-x}{2x+4} < 0$ (c) $\dfrac{3x-2}{x-1} \geq 2$ (d) $\dfrac{5-2x}{x-3} > -1$

19. Resolva, em $\mathbb{R}$, as inequações:

(a) $\dfrac{(x-4)(2x+1)}{x-2} \leq 0$

(b) $\dfrac{(x-2)(x+3)}{x(x-4)(2x+2)} < 0$

(c) $\dfrac{1}{x+1} \geq \dfrac{1}{2-x}$

(d) $\dfrac{x}{x+4} > \dfrac{x}{x-3}$

20. Resolva, em $\mathbb{R}$, as inequações:

(a) $(x+1)^3 \leq 0$

(b) $(1-2x)^4 > 0$

(c) $(3x+2)^6 \geq 0$

(d) $(5x-1)^2 < 0$

(e) $(x+2)^4 \leq 0$

(f) $(1-x)^5 > 0$

(g) $(x-1)^0 \geq 0$

(h) $(3-x)^0 < 0$

(i) $(3x+1)^{-2} \geq 0$

(j) $(4x-2)^{-5} < 0$

(k) $(x+1)^{-4} \leq 0$

(l) $(2-x)^{-3} \geq 0$

21. Resolva, em $\mathbb{R}$, as inequações:

(a) $(x-3)^3(x+5)^4 \leq 0$

(b) $(x-3)^3(x-5)^4 \leq 0$

(c) $(2-x)^5(x-1)^6x^2 > 0$

(d) $\dfrac{x(1-x)^3}{(x-1)^2} < 0$

(e) $\dfrac{(5-x)^2(2-2x)^3}{(x-1)^2} \geq 0$

(f) $\dfrac{(x-2)^2(1+x)^3}{(x+3)^3x^5} < 0$

22. Determine o domínio das seguintes funções:

(a) $f(x) = x+1$

(b) $f(x) = \sqrt{x-5}$

(c) $f(x) = \sqrt{-x}$

(d) $f(x) = \sqrt[4]{3x-2}$

(e) $f(x) = \sqrt[3]{x-3}$

(f) $f(x) = \sqrt{(x+1)(x-3)}$

(g) $f(x) = \sqrt[4]{x(x+1)(1-x)}$

(h) $f(x) = \dfrac{1}{2x-2}$

(i) $f(x) = \dfrac{2x}{x+1}$

(j) $f(x) = \dfrac{x}{(x-2)(x+4)}$

(k) $f(x) = \dfrac{2x}{\sqrt[4]{x-3}}$

(l) $f(x) = \sqrt[3]{\dfrac{x-2}{x+1}}$

(m) $f(x) = \sqrt[6]{\dfrac{x-5}{4-x}}$

(n) $f(x) = \dfrac{x}{\sqrt{(x-2)(x+4)}}$

(o) $f(x) = \dfrac{\sqrt{x}}{(x-2)(x+4)}$

(p) $f(x) = \sqrt{\dfrac{x}{(x-2)(x+4)}}$

Respostas

1. Gráficos:

(a)

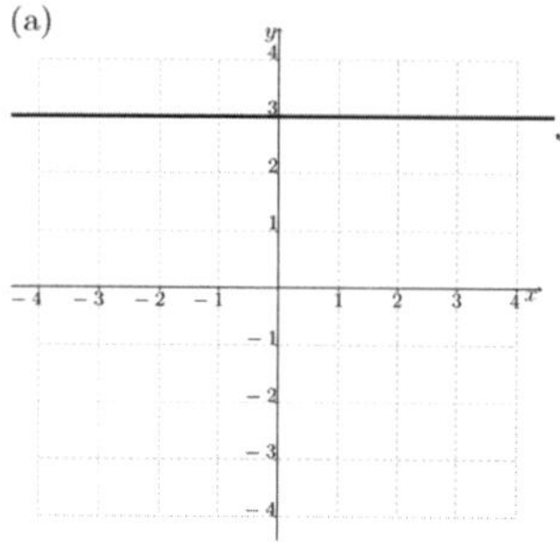

(b)

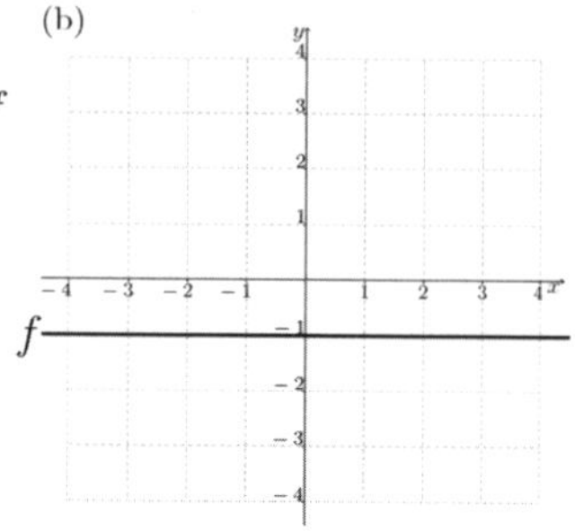

(c)

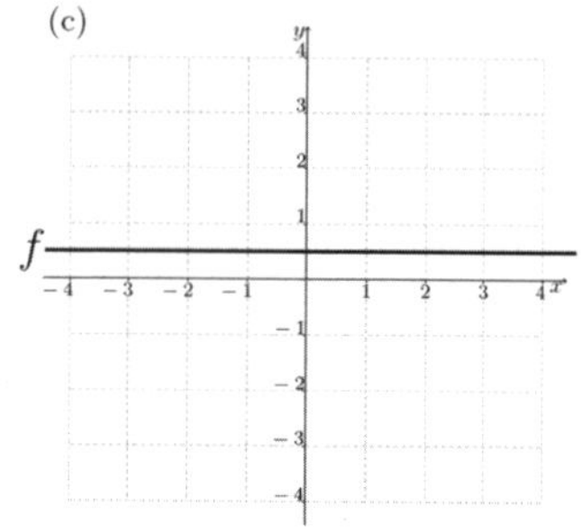

(d)

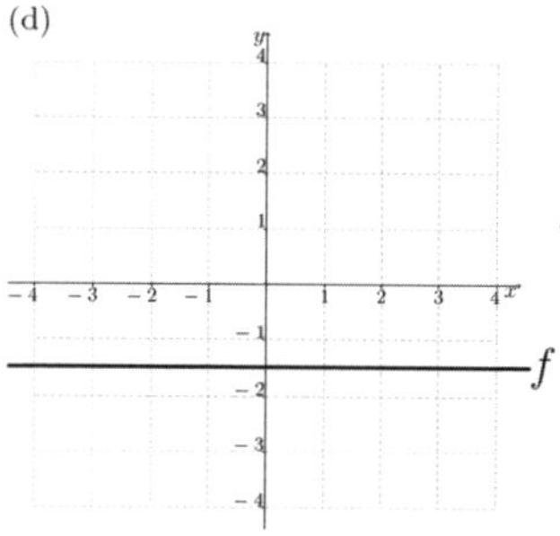

(e)

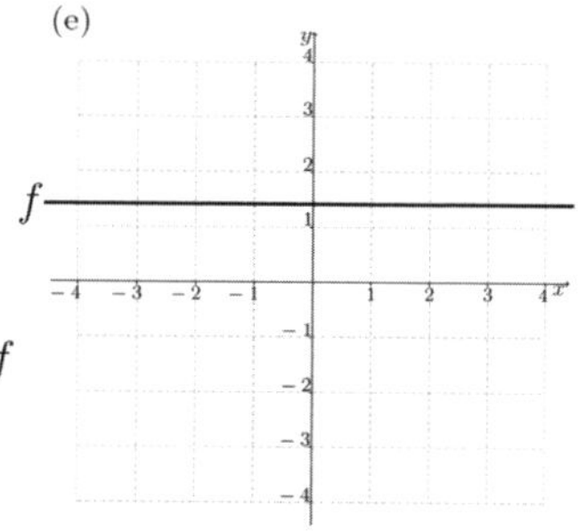

(f)

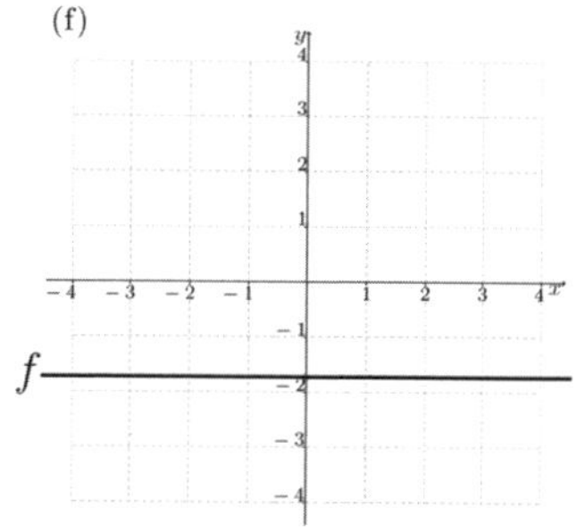

2. Gráficos:

(a)

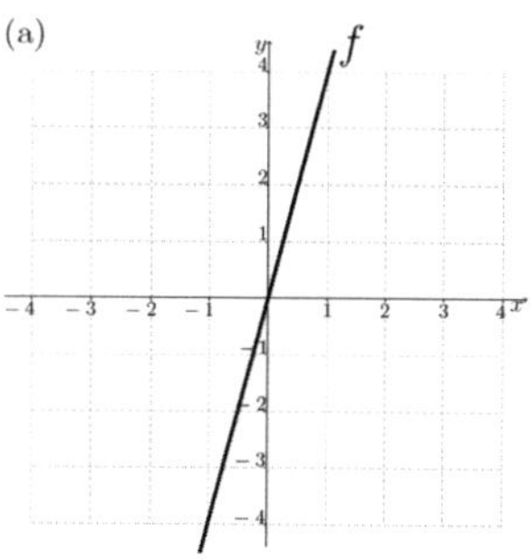

(b)

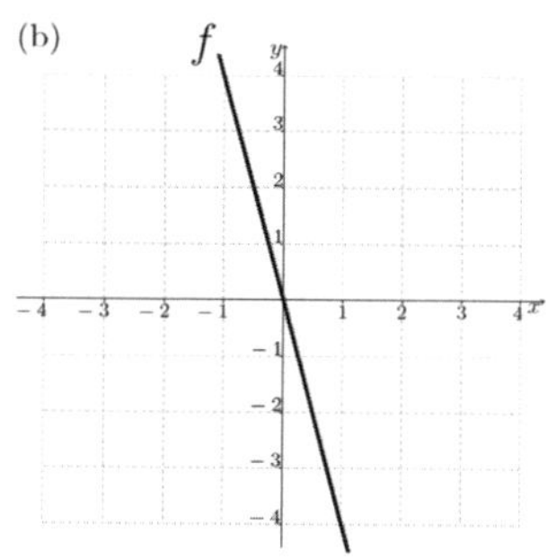

(c)

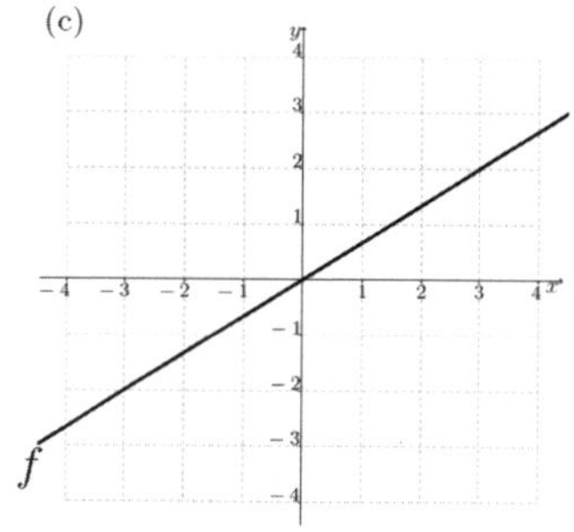

(d)

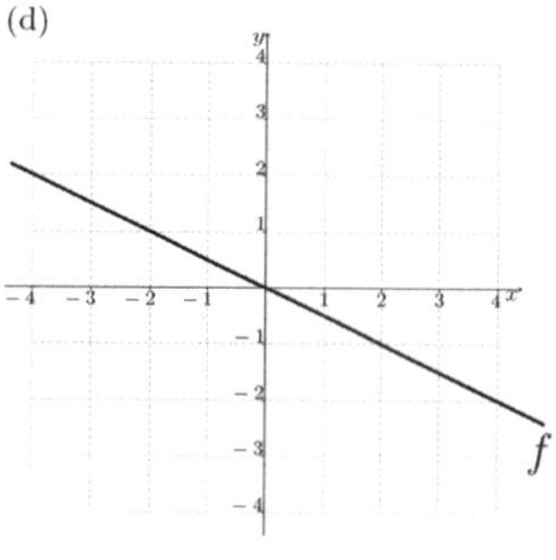

(e)

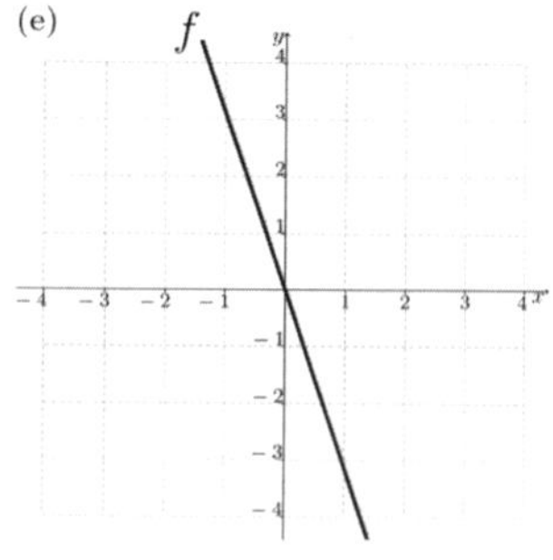

(f)

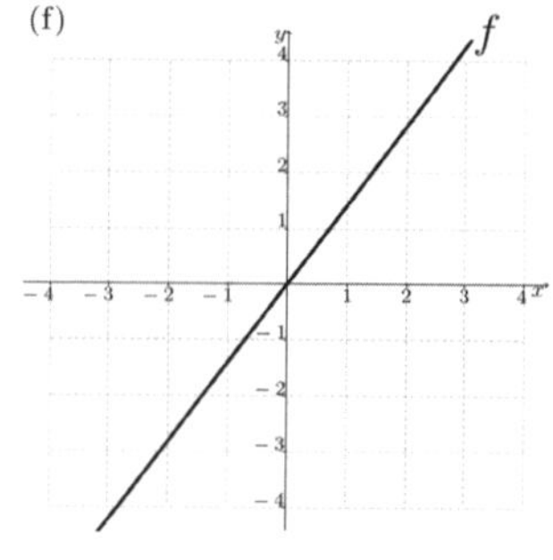

3. Gráficos:

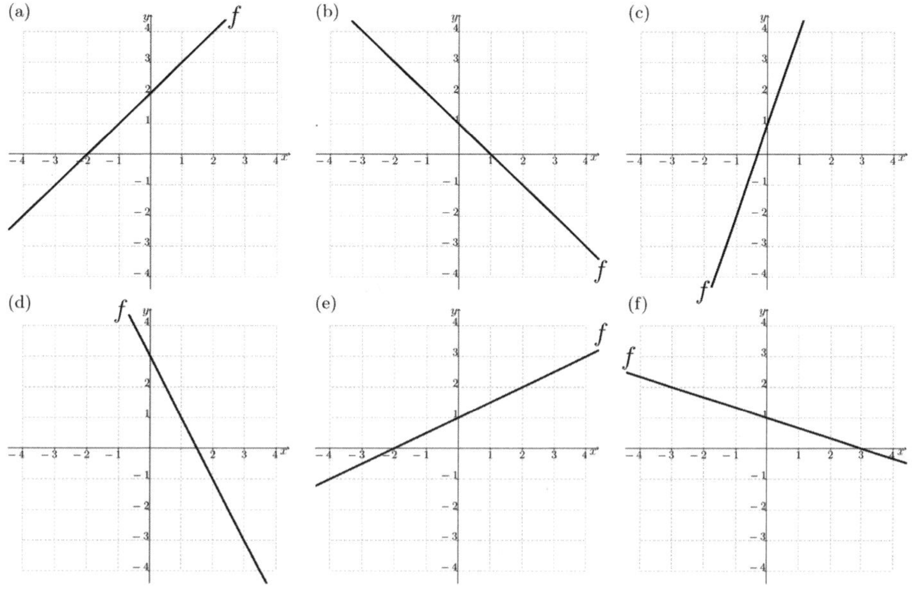

4. (a) $y = 5$ (c) $y = -\frac{5}{2}x$ (e) $y = -\frac{x}{2} + 3$

   (b) $y = 5x$ (d) $y = 2x + 3$ (f) $y = \frac{5x+9}{6}$

5. (a) Crescente (c) Decrescente (e) Crescente

   (b) Decrescente (d) Decrescente (f) Crescente

6. (a) $k > 1$ (b) $k < 1$ (c) $k = 1$

7. (a) $k < 3$ (b) $k > 3$ (c) $k = 3$

8. (a) (i) $\frac{5}{2}$ (ii) $(\frac{5}{2}, +\infty)$ (iii) $(-\infty, \frac{5}{2})$

   (b) (i) $-\frac{2}{9}$ (ii) $(-\frac{2}{9}, +\infty)$ (iii) $(-\infty, -\frac{2}{9})$

   (c) (i) $\frac{3}{2}$ (ii) $(-\infty, \frac{3}{2})$ (iii) $(\frac{3}{2}, +\infty)$

   (d) (i) $-\frac{3}{10}$ (ii) $(-\frac{3}{10}, +\infty)$ (iii) $(-\infty, -\frac{3}{10})$

(e) (i) $\frac{1}{3}$ (ii) $(-\infty, \frac{1}{3})$ (iii) $(\frac{1}{3}, +\infty)$

(f) (i) $\frac{3}{2}$ (ii) $(-\infty, \frac{3}{2})$ (iii) $(\frac{3}{2}, +\infty)$

9. $S = (-\infty, -1)$

10. $S = [3, +\infty)$

11. (a) $S = (-\infty, 1)$

(b)

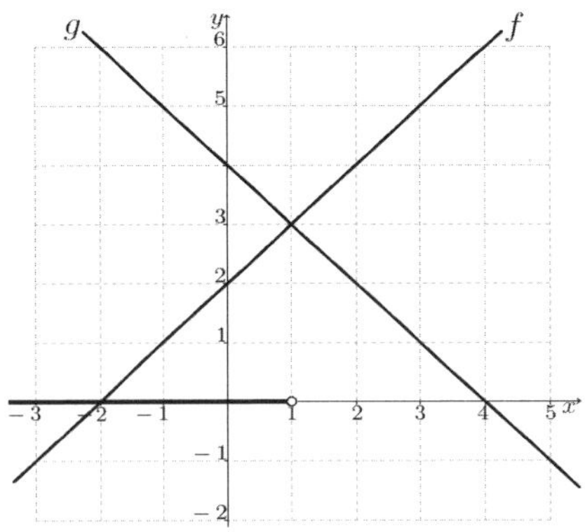

(c) Em termos das funções f e g, a inequação é dada por

$$\underbrace{x+2}_{f(x)} < \underbrace{-x+4}_{g(x)} \iff f(x) < g(x)$$

O conjunto $S = (-\infty, 1)$ é formado pelos valores de x (abscissas) que cumprem a condição $f(x) < g(x)$, ou seja, para os valores de x o gráfico de f está abaixo do gráfico de g.

12. (a) $S = (-2, +\infty)$

(b)

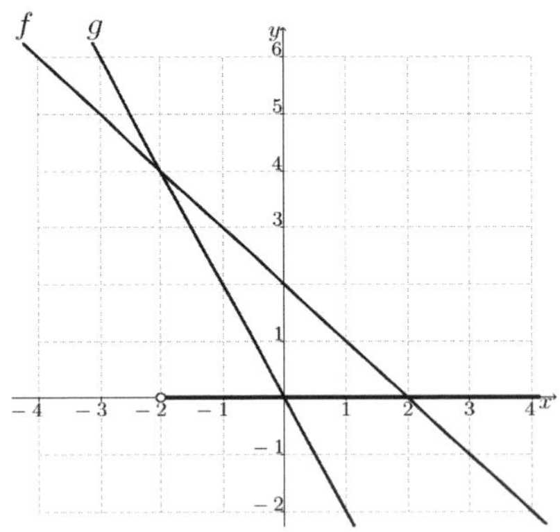

(c) Em termos das funções f e g, a inequação é dada por

$$\underbrace{2-x}_{f(x)} > \underbrace{-2x}_{g(x)} \iff f(x) > g(x)$$

O conjunto $S = (-2, +\infty)$ é formado pelos valores de x (abscissas) que cumprem a condição $f(x) > g(x)$, ou seja, para os valores de x o gráfico de f está acima do gráfico de g.

13. (a) $S = \mathbb{R}$

(b)

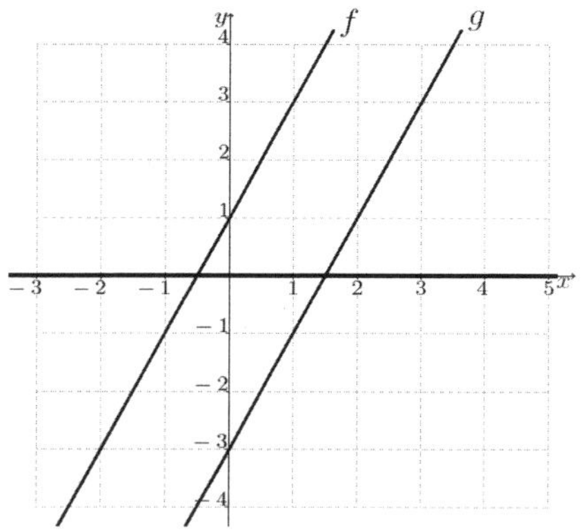

(c) Em termos das funções f e g, a inequação é dada por

$$\underbrace{1 + 2x}_{f(x)} \geq \underbrace{2x - 3}_{g(x)} \iff f(x) \geq g(x)$$

O conjunto $S = \mathbb{R}$ é formado pelos valores de x (abscissas) que cumprem a condição $f(x) \geq g(x)$, ou seja, para os valores de x o gráfico de f está acima ou é igual ao gráfico de g.

14. (a) $S_1 = (3, +\infty)$

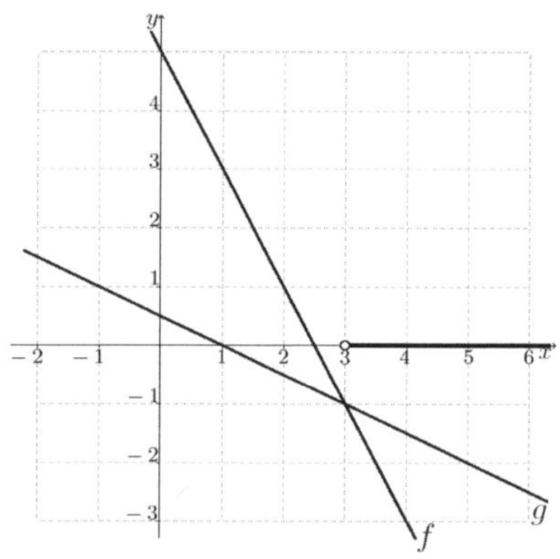

(b) $S_2 = (1, +\infty)$

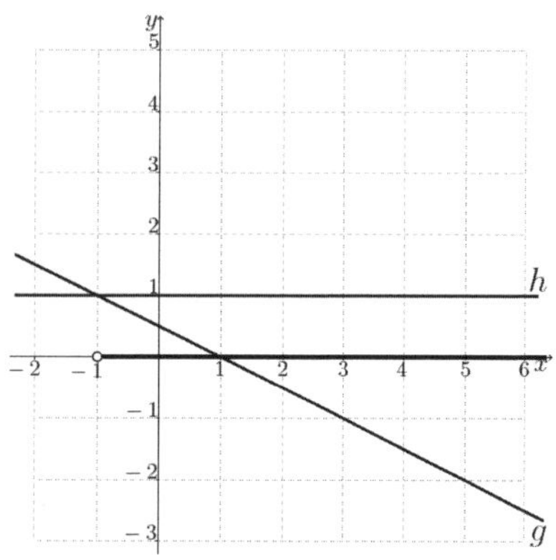

(c) Resolver a inequação dupla (5.2) siginifica resolver separadamente as inequações simples

$$5 - 2x < \frac{1 - x}{2} \quad \text{e} \quad \frac{1 - x}{2} < 1$$

e considerar a interseção dos conjuntos soluções obtidos.

Sendo assim, o conjunto solução S da inequação (5.2) será dado por $S = S_1 \cap S_2$.

Ou seja, $S = (3, +\infty)$.

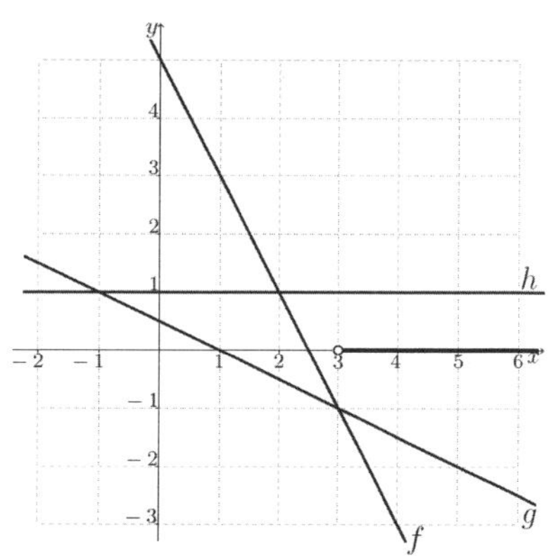

(d) Em termos das funções f, g e h, a inequação é dada por

$$\underbrace{5-2x}_{f(x)} < \underbrace{\frac{1-x}{2}}_{g(x)} < \underbrace{1}_{h(x)} \iff f(x) < g(x) < h(x)$$

O conjunto $S = (3, +\infty)$ é formado pelos valores de x (abscissas) que cumprem a condição $f(x) < g(x) < h(x)$, ou seja, para os valores de x o gráfico de f está abaixo do gráfico de g e o gráfico de g está abaixo do gráfico de h.

15. (a) $S = (-\infty, 2]$ (b) $S = \emptyset$ (c) $S = [3, +\infty)$ (d) $S = (-\infty, 10)$

16. (a) $S = [-1, 2]$ (b) $S = [-1, 1)$ (c) $S = (6, +\infty)$ (d) $S = (-2, 2]$

17. (a) $S = [-3, 1]$
(b) $S = (-\infty, -2) \cup (5, +\infty)$
(c) $S = [-6, -1] \cup [\frac{1}{2}, +\infty)$
(d) $S = (-3, -1) \cup (0, 2)$

18. (a) $S = (-3, 1]$
(b) $S = \mathbb{R} - [-2, 4]$
(c) $S = \mathbb{R} - (0, 1]$
(d) $S = (2, 3)$

19. (a) $S = (-\infty, -\frac{1}{2}] \cup (2, 4]$
(b) $S = (-\infty, -3) \cup (-1, 0) \cup (2, 4)$
(c) $S = (-1, \frac{1}{2}] \cup (2, +\infty)$
(d) $S = (-\infty, -4) \cup (0, 3)$

20. (a) $S = (-\infty, -1]$
(b) $S = \mathbb{R} - \{\frac{1}{2}\}$
(c) $S = \mathbb{R}$
(d) $S = \emptyset$
(e) $S = \{-2\}$
(f) $S = (-\infty, 1)$
(g) $S = \mathbb{R}$
(h) $S = \emptyset$
(i) $S = \mathbb{R} - \{-\frac{1}{3}\}$
(j) $S = (-\infty, \frac{1}{2})$
(k) $S = \emptyset$
(l) $S = (-\infty, 2)$

21. (a) $S = (-\infty, 3]$
(b) $S = (-\infty, 3] \cup \{5\}$
(c) $S = (-\infty, 2) - \{0, 1\}$
(d) $S = \mathbb{R} - [0, 1]$
(e) $S = (-\infty, 1) \cup \{5\}$
(f) $S = (-\infty, -3) \cup (-1, 0)$

22. (a) $S = \mathbb{R}$
(b) $S = [5, +\infty)$
(c) $S = (-\infty, 0]$
(d) $S = [\frac{2}{3}, +\infty)$
(e) $S = \mathbb{R}$
(f) $S = \mathbb{R} - (-1, 3)$
(g) $S = (-\infty, -1] \cup [0, 1]$
(h) $S = \mathbb{R} - \{1\}$
(i) $S = \mathbb{R} - \{-1\}$
(j) $S = \mathbb{R} - \{-4, 2\}$
(k) $S = (3, +\infty)$
(l) $S = \mathbb{R} - \{-1\}$
(m) $S = (4, 5]$
(n) $S = \mathbb{R} - [-4, 2]$
(o) $S = [0, +\infty) - \{2\}$
(p) $S = (-4, 0] \cup (2, +\infty)$

5.2 Função polinomial do segundo grau

Imagine a trajetória percorrida por uma bola de futebol após a cobrança de um "tiro de meta". Esta trajetória descreve uma curva que denominaremos de função quadrática e, para este caso específico, pode ser representada pela lei de formação $f(x) = -2x^2 + 90x$, onde x é dado em metros e $f(x)$ é a altura que a bola alcança. Obseve que por esta lei de formação a bola sai do chão e, depois de voar 45 m, estará de volta ao chão. Assim, o domínio de $f(x)$ está restrito a este intervalo no eixo x, ou seja, $0 \leq x \leq 45$. No estudo do deslocamento de um objeto, é comun que a lei de formação seja representada em função do tempo (t), dado em segundos.

Definição 5.29

Sejam $a \in \mathbb{R}^*$, $b, c \in \mathbb{R}$, a função $f : \mathbb{R} \longrightarrow \mathbb{R}$ dada por

$$f(x) = ax^2 + bx + c$$

é dita *função polinomial de segundo grau*, *função de segundo grau* ou ainda *função quadrática*.

Exemplo 5.30 São exemplos de funções quadráticas:

(a) $f(x) = 3x^2 - 2x + 1$, onde $a = 3$, $b = -2$ e $c = 1$

(b) $f(x) = -x^2 + 100x$, onde $a = -1$, $b = 100$ e $c = 0$

(c) $f(x) = x^2 - 4$, onde $a = 1$, $b = 0$ e $c = -4$

(d) $f(x) = 20x^2$, onde $a = 20$, $b = 0$ e $c = 0$

O gráfico cartesiano de uma função quadrática é um subconjunto do plano cartesiano chamado de *parábola*.

O caso mais simples de função quadrática é a função $f(x) = x^2$, cujo gráfico está representado a seguir.

A título de ilustração, foram destacados alguns pontos do gráfico desta função na tabela abaixo:

x	$y = x^2$	Ponto
-3	9	$A(-3, 9)$
-2	4	$B(-2, 4)$
-1	1	$C(-1, 1)$
0	0	$D(0, 0)$
1	1	$E(1, 1)$
2	4	$F(2, 4)$
3	9	$G(3, 9)$

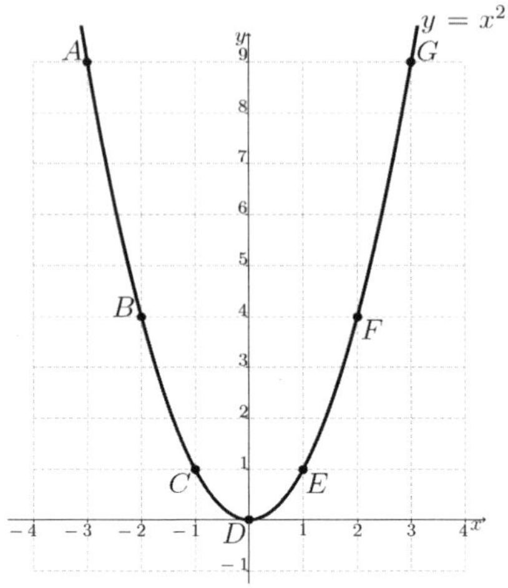

Analogamente, o gráfico da função $f(x) = -x^2$ está representado ao lado.

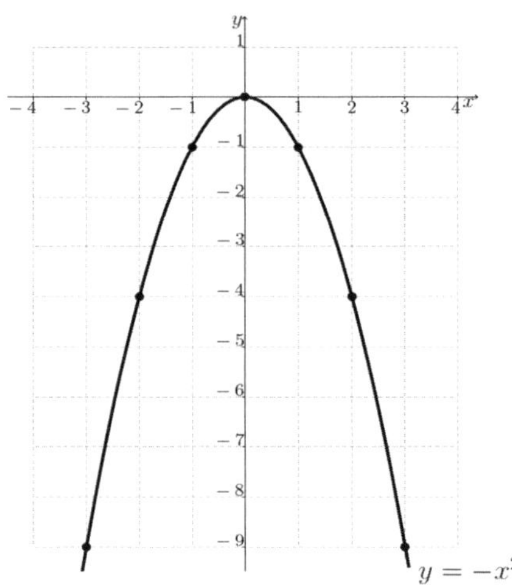

Diz-se que a função $y = x^2$ possui *concavidade voltada para cima* e que a função $y = -x^2$ possui *concavidade voltada para baixo.*

Embora os gráficos acima tenham utilizado tabelas, este não é o método mais adequado para esboçar o gráfico de uma função quadrática.

A proposição 5.31 a seguir afirma que toda função $f(x) = ax^2 + bx + c$ pode ser escrita na forma

$$f(x) = a(x + m)^2 + n \tag{5.3}$$

Utilizando (5.3), torna-se bastante simples esboçar o gráfico de qualquer função quadrática por meio de translações, reflexões, alongamentos ou compressões do gráfico da função $y = x^2$.

Em particular, se $a > 0$, a parábola possui concavidade voltada para cima e, se $a < 0$, a parábola possui concavidade voltada para baixo.

Proposição 5.31

Toda função quadrática $f(x) = ax^2 + bx + c$ pode ser escrita na forma

$$f(x) = a\,(x+m)^2 + n \tag{5.4}$$

onde

$$m = \frac{b}{2a} \quad \text{e} \quad n = -\frac{b^2-4ac}{4a} \tag{5.5}$$

Demonstração. Basta notar que

$$f(x) = ax^2 + bx + c = a\left[x^2 + \frac{b}{a}x + \frac{c}{a}\right] = a\left[x^2 + \frac{b}{a}x + \frac{b^2}{4a^2} - \frac{b^2}{4a^2} + \frac{c}{a}\right]$$

$$= a\left[\left(x^2 + \frac{b}{a}x + \frac{b^2}{4a^2}\right) - \left(\frac{b^2}{4a^2} - \frac{c}{a}\right)\right] = a\left[\left(x + \frac{b}{2a}\right)^2 - \frac{b^2-4ac}{4a^2}\right]$$

$$= a\left(x + \frac{b}{2a}\right)^2 - \frac{b^2-4ac}{4a} = a\,(x+m)^2 + n$$

□

A expressão dada em (5.4) é chamada de *forma canônica* da função quadrática.

É bastante comum representar-se a forma canônica de $f(x) = ax^2+bx+c$ como

$$f(x) = a\left(x + \frac{b}{2a}\right)^2 - \frac{\Delta}{4a}$$

onde o número $\Delta = b^2 - 4ac$ é chamado de *discriminante.*

Exemplo 5.32 Em cada caso, represente a função na forma canônica.

(a) $f(x) = x^2 - 4x - 12$ **(b)** $f(x) = -x^2 + 4x$ **(c)** $f(x) = -2x^2 + 6$

Solução:

(a) Como $a = 1$, $b = -4$ e $c = -12$, tem-se $\Delta = (-4)^2 - 4(1)(-12) = 16 + 48 = 64$ e, portanto, a forma canônica de f é dada por:

$$f(x) = a\left(x + \frac{b}{2a}\right)^2 - \frac{\Delta}{4a} = \left(x + \frac{-4}{2}\right)^2 - \frac{64}{4} = (x-2)^2 - 16.$$

(b) Como $a = -1$, $b = 4$ e $c = 0$ tem-se $\Delta = (4)^2 - 4(-1)(0) = 16$ e, portanto, a forma canônica de f é dada por:

$$f(x) = a\left(x + \frac{b}{2a}\right)^2 - \frac{\Delta}{4a} = -\left(x + \frac{4}{-2}\right)^2 - \frac{16}{-4} = -(x-2)^2 + 4$$

(c) Como $a = -2$, $b = 0$ e $c = 6$, tem-se $\Delta = (0)^2 - 4(-2)(6) = 48$ e, portanto, a forma canônica de f é dada por:

$$f(x) = a\left(x + \frac{b}{2a}\right)^2 - \frac{\Delta}{4a} = -2\left(x + \frac{0}{-4}\right)^2 - \frac{48}{-8} = -2x^2 + 6$$

Exemplo 5.33 Em cada caso, utilize a forma canônica para esboçar o gráfico e encontrar os zeros da função dada.

(a) $f(x) = x^2+2x-3$ **(b)** $f(x) = -x^2+2x-1$ **(c)** $f(x) = x^2+2x+2$

Solução: Os gráficos são apresentados a seguir, na mesma ordem das soluções das letras (a), (b) e (c):

(a) Como $a = 1$, $b = 2$ e $c = -3$, tem-se $\Delta = 16$ e, portanto, a forma canônica de f é dada por

$$f(x) = (x+1)^2 - 4$$

O gráfico de f consiste em deslocar o gráfico de $y = x^2$ em uma unidade para a esquerda e quatro unidades para baixo.

Note que os zeros de f podem ser determinados utilizando a forma canônica de f.

$$(x+1)^2 - 4 = 0 \Longrightarrow x + 1 = \pm 2$$

$$\Longrightarrow x = -1 \pm 2 \Longrightarrow x = -3 \text{ ou } x = 1$$

(b) Como $a = -1$, $b = 2$ e $c = -1$, tem-se $\Delta = 0$ e, portanto, a forma canônica de f é dada por

$$f(x) = -(x-1)^2.$$

O gráfico de f consiste em deslocar o gráfico de $y = x^2$ em uma unidade para a direita e refletir o gráfico em relação ao eixo horizontal.

Note que f possui um único zero, pois

$$-(x-1)^2 = 0 \Longrightarrow x - 1 = 0 \Longrightarrow x = 1$$

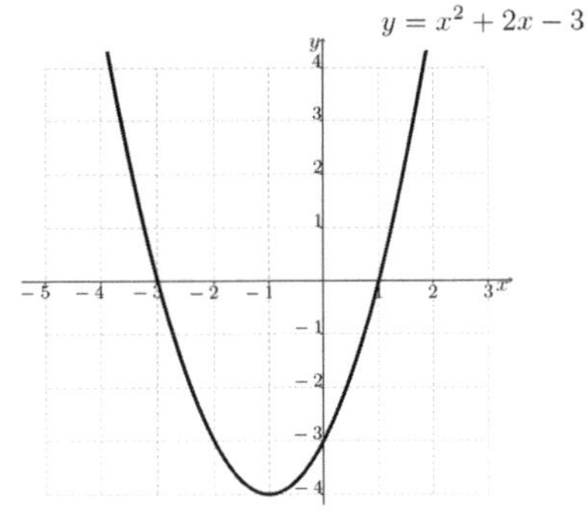

(c) Como $a = 1$, $b = 2$ e $c = 2$, tem-se $\Delta = -4$ e, portanto, a forma canônica de f é dada por

$$f(x) = (x + 1)^2 + 1$$

O gráfico de f consiste em deslocar o gráfico de $y = x^2$ em uma unidade para a esquerda e uma unidade para cima.

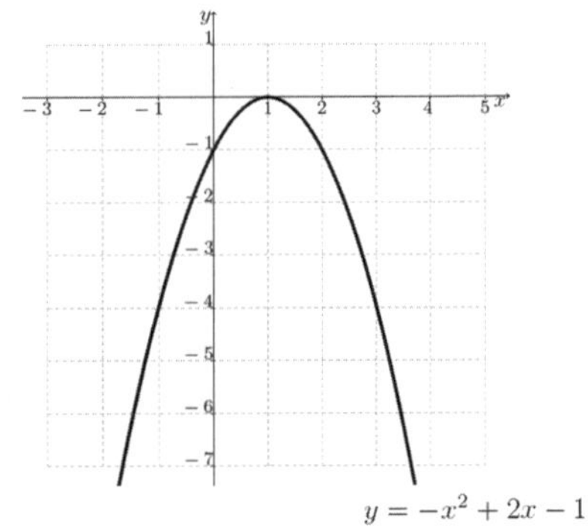

Note que f não possui zeros reais, pois

$$(x + 1)^2 + 1 = 0 \Longrightarrow (x + 1)^2 = -1$$

Uma forma alternativa para expressar uma função quadrática na forma canônica é o método conhecido como *completamento de quadrado.*

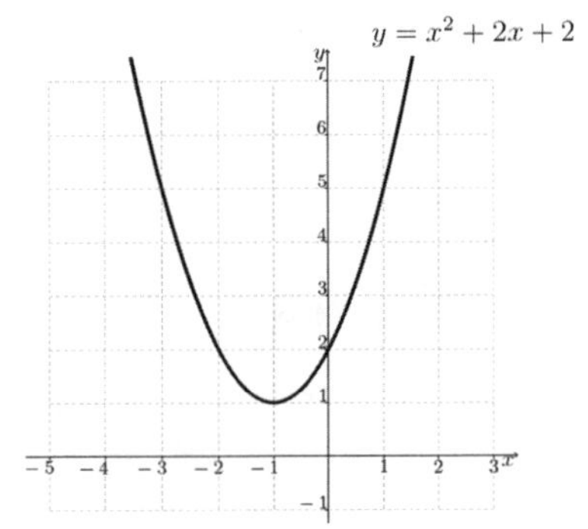

Este método consiste em expressar a função quadrática $f(x) = ax^2 + bx + c$ na forma $f(x) = a(x+m)^2+n$, sem utilizar diretamente a proposição 5.31, simplesmente considerando a igualdade

$$ax^2 + bx + c = a(x + m)^2 + n \qquad (5.6)$$

com o objetivo de encontrar os coeficientes m e n.

Exemplo 5.34 Utilize o método do completamento de quadrados para expressar as seguintes funções quadráticas na forma canônica:

(a) $f(x) = x^2-4x-12$ **(b)** $f(x) = -x^2+4x$ **(c)** $f(x) = -2x^2+6$

Compare os resultados obtidos com o exemplo 5.32.

Solução: Em cada item, será utilizada a expressão (5.6) com o objetivo de encontrar os coeficientes m e n.

(a) Igualando os termos semelhantes na equação

$$x^2 - 4x - 12 = a(x+m)^2 + n = ax^2 + 2amx + am^2 + n$$

tem-se $a = 1$, $2am = -4$ e $am^2 + n = -12$. Portanto, $m = -2$, $n = -16$ e, consequentemente, $f(x) = (x-2)^2 - 16$.

(b) Igualando os termos semelhantes na equação

$$-x^2 + 4x = a(x+m)^2 + n = ax^2 + 2amx + am^2 + n$$

tem-se $a = -1$, $2am = 4$ e $am^2 + n = 0$. Portanto, $m = -2$, $n = 4$ e, consequentemente, $f(x) = -(x-2)^2 + 4$.

(c) Igualando os termos semelhantes na equação

$$-2x^2 + 6 = a(x+m)^2 + n = ax^2 + 2amx + am^2 + n$$

tem-se $a = -2$, $2am = 0$ e $am^2 + n = 6$. Portanto, $m = 0$, $n = 6$ e, consequentemente, $f(x) = -2x^2 + 6$.

Note que são os mesmos resultados obtidos no exemplo 5.32.

A proposição 5.35 estabelece uma prova da conhecida *Fórmula de Bhaskara.*

Proposição 5.35

Um número real x_0 é um zero da função quadrática

$$f(x) = ax^2 + bx + c$$

se, e somente se,

$$x_0 = \frac{-b-\sqrt{\Delta}}{2a} \quad ou \quad x_0 = \frac{-b+\sqrt{\Delta}}{2a}$$

Demonstração. Seja $x_0 \in \mathbb{R}$ um zero de f, ou seja, $f(x_0) = 0$ e utilizando a forma canônica de f, temos

$$ax_0^2 + bx_0 + c = 0 \Longrightarrow a\left(x_0 + \frac{b}{2a}\right)^2 - \frac{\Delta}{4a} = 0 \Longrightarrow \left(x_0 + \frac{b}{2a}\right)^2 = \frac{\Delta}{4a^2}$$

$$\Longrightarrow x_0 + \frac{b}{2a} = \pm\sqrt{\frac{\Delta}{4a^2}} \Longrightarrow x_0 + \frac{b}{2a} = \pm\frac{\sqrt{\Delta}}{2a} \Longrightarrow x_0 = -\frac{b}{2a} \pm \frac{\sqrt{\Delta}}{2a}$$

$$\Longrightarrow x_0 = \frac{-b \pm \sqrt{\Delta}}{2a}$$

□

Exemplo 5.36 Encontre os zeros das funções:
(a) $f(x) = x^2-5x+6$ **(b)** $f(x) = x^2-6x+9$ **(c)** $f(x) = x^2-2x+3$

Solução:
(a) Neste caso, $\Delta = (-5)^2 - 4(1)(6) = 25 - 24 = 1$. Portanto, f possui dois zeros dados por

$$x_1 = \frac{-(-5) - \sqrt{1}}{2(1)} = \frac{4}{2} = 2 \quad \text{ou} \quad x_2 = \frac{-(-5) + \sqrt{1}}{2(1)} = \frac{6}{2} = 3$$

(b) Neste caso, $\Delta = (-6)^2 - 4(1)(9) = 36 - 36 = 0$. Portanto, f possui um único zero dado por $x_1 = \frac{-(-6)}{2(1)} = \frac{6}{2} = 3$.
(c) Neste caso, $\Delta = (-2)^2 - 4(1)(3) = 4 - 12 = -8$ e, portanto, f não possui zeros reais.

Observação: o sinal de Δ indica a quantidade de zeros da função quadrática. Analisando separadamente os casos $\Delta > 0$, $\Delta = 0$ e $\Delta < 0$, tem-se:

(i) Se $\Delta > 0$, então f possui dois zeros distintos, x_1 e x_2, dados por

$$x_1 = \frac{-b - \sqrt{\Delta}}{2a} \quad \text{e} \quad x_2 = \frac{-b + \sqrt{\Delta}}{2a}$$

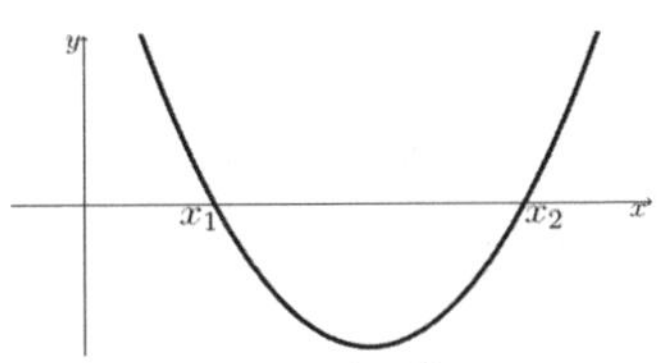

$a > 0$

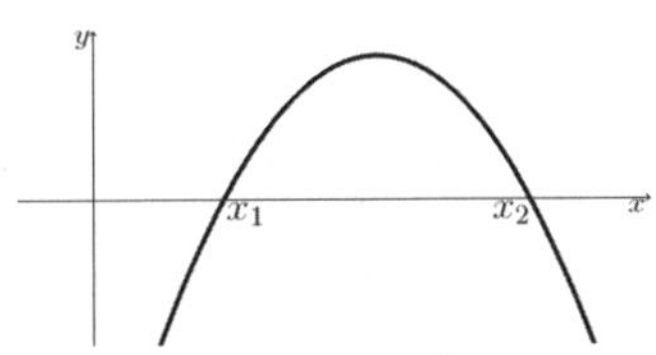

$a < 0$

(ii) Se $\Delta = 0$, então f possui um único zero dado por $x_1 = -\dfrac{b}{2a}$.

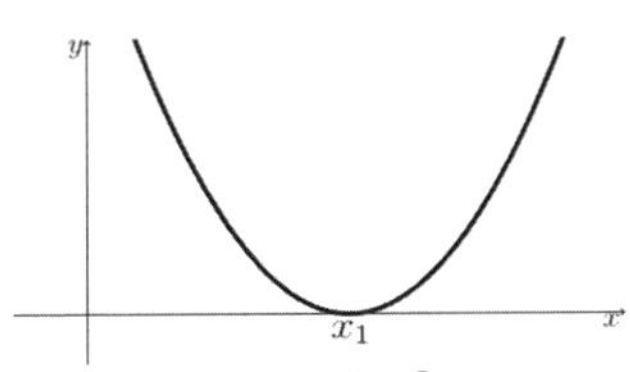

$a > 0$

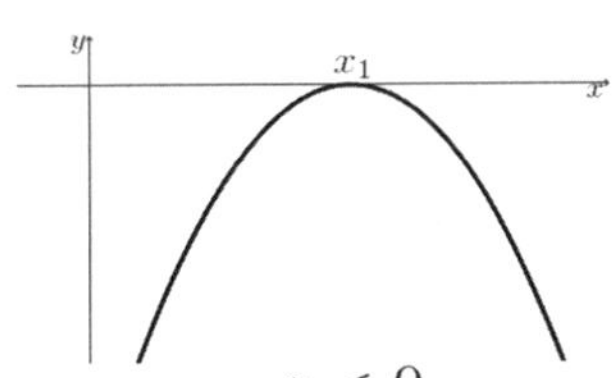

$a < 0$

(iii) Se $\Delta < 0$, então f não possui zeros.

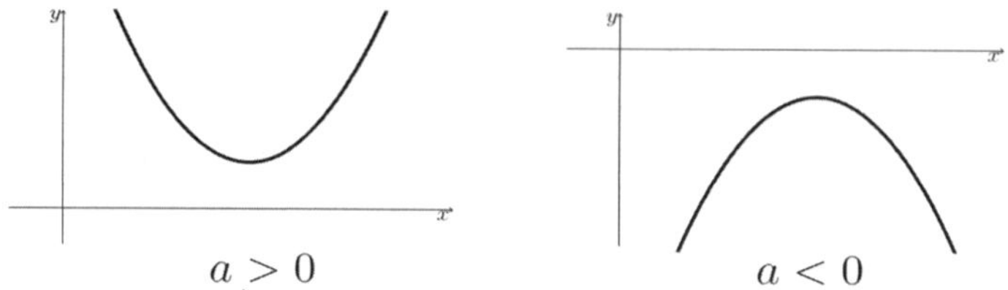

$a > 0$ $a < 0$

Exemplo 5.37 Considere a função $f(x) = x^2 + 2x + m$, onde $m \in \mathbb{R}$. Estabelaça condições sobre o parâmetro m para que a função f:

(a) tenha dois zeros; **(b)** tenha um único zero; **(c)** não tenha zeros.

Solução: Como o número de zeros desta função está relacionado ao sinal de Δ, e $\Delta = b^2 - 4ac = 2^2 - 4(1)(m) = 4(1 - m)$, tem-se:

(a) se $m < 1$, então $\Delta > 0$ e, portanto, f possui dois zeros;

(b) se $m = 1$, então $\Delta = 0$ e, portanto, f possui um único zero;

(c) se $m > 1$, então $\Delta < 0$ e, portanto, f não possui zeros.

Proposição 5.38

Se x_1 e x_2 são zeros da função quadrática $f(x) = ax^2 + bx + c$, então a função f pode ser escrita como

$$f(x) = a(x - x_1)(x - x_2) \tag{5.7}$$

A representação dada em (5.7) é chamada de *forma fatorada* da função f.

Demonstração. Como estudado anteriormente, se x_1 e x_2 são zeros de f tem-se

$$x_1 = \frac{-b - \sqrt{\Delta}}{2a} \qquad \text{e} \qquad x_2 = \frac{-b + \sqrt{\Delta}}{2a}$$

Portanto,

$$x_1 + x_2 = \frac{-b - \sqrt{\Delta}}{2a} + \frac{-b + \sqrt{\Delta}}{2a} = -\frac{2b}{2a} = -\frac{b}{a} \tag{5.8}$$

e

$$x_1 \cdot x_2 = \frac{-b - \sqrt{\Delta}}{2a} \cdot \frac{-b + \sqrt{\Delta}}{2a} = \frac{b^2 - \Delta}{(2a)^2} = \frac{b^2 - (b^2 - 4ac)}{4a^2} = \frac{4ac}{4a^2} = \frac{c}{a} \tag{5.9}$$

Utilizando (5.8) e (5.9), tem-se

$$f(x) = ax^2 + bx + c = a\left[x^2 + \frac{b}{a}x + \frac{c}{a}\right] = a[x^2 - (x_1 + x_2)x + x_1x_2] =$$

$$a[x^2 - x_1x - x_2x + x_1x_2] = a[x(x - x_1) - x_2(x - x_1)] = a(x - x_1)(x - x_2) \quad \square$$

As expressões (5.8) e (5.9) são chamadas de *fórmulas da soma e do produto*.

Exemplo 5.39 Em cada caso, escreva a função dada na forma fatorada.

(a) $f(x) = x^2 - 4x - 12$ **(b)** $f(x) = -x^2 + 2x$ **(c)** $f(x) = x^2 - 4$

Solução:

(a) Como os zeros de f são dados por $x_1 = -2$ e $x_2 = 6$, tem-se

$$f(x) = (x + 2)(x - 6)$$

(b) Como os zeros de f são dados por $x_1 = 0$ e $x_2 = 2$, tem-se

$$f(x) = -x(x - 2)$$

(c) Como os zeros de f são dados por $x_1 = -2$ e $x_2 = 2$, tem-se

$$f(x) = (x + 2)(x - 2)$$

Exemplo 5.40 Em cada caso, utilize a forma fatorada para obter uma função quadrática com os zeros dados.

(a) 2 e 5 **(b)** 0 e -3 **(c)** -5 e 5 **(d)** $1+\sqrt{2}$ e $1-\sqrt{2}$

Solução:

(a) $f(x) = (x - 2)(x - 5) = x^2 - 7x + 10$.
(b) $f(x) = (x - 0)(x - (-3)) = x(x + 3) = x^2 + 3x$.
(c) $f(x) = (x - (-5))(x - 5) = (x + 5)(x - 5) = x^2 - 25$.
(d) $f(x) = [x - (1 - \sqrt{2})][x - (1 + \sqrt{2})] = x^2 - 2x - 1$.

Proposição 5.41

A função quadrática $f(x) = ax^2 + bx + c, (a > 0)$, admite um mínimo absoluto e um valor mínimo absoluto dados respectivamente por

$$x_m = -\frac{b}{2a} \quad e \quad y_m = -\frac{\Delta}{4a}$$

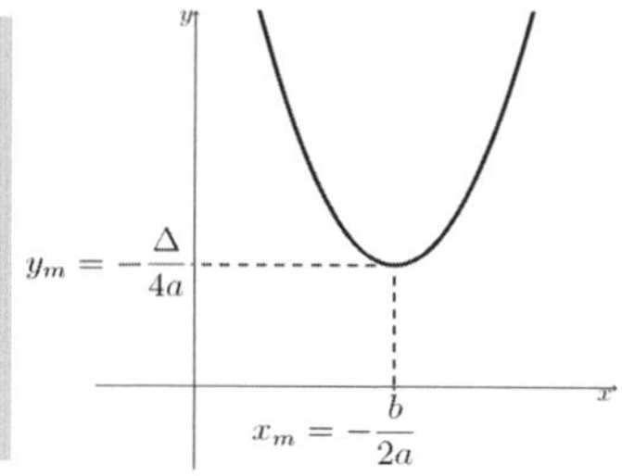

Demonstração. Escrevendo f na forma canônica, tem-se

$$f(x) = a\left(x + \frac{b}{2a}\right)^2 - \frac{\Delta}{4a}$$

Como $a > 0$ e $\left(x + \frac{b}{2a}\right)^2 \geq 0$, o valor de $f(x)$ será mínimo quando $\left(x + \frac{b}{2a}\right)^2 = 0$, ou seja, f admite um mínimo absoluto em $x_m = -\frac{b}{2a}$.

Consequentemente, o valor mínimo absoluto de f é dado por

$$y_m = f(x_m) = a\left(-\frac{b}{2a} + \frac{b}{2a}\right)^2 - \frac{\Delta}{4a} = -\frac{\Delta}{4a}$$ □

Exemplo 5.42 Determine o valor mínimo absoluto da função

$$f(x) = 2x^2 - 12x + 16$$

Solução: Como $a = 2$, $b = -12$ e $c = 16$, temos $\Delta = 16$. Portanto, f possui ponto mínimo e valor mínimo dados respectivamente por

$$x_m = -\frac{(-12)}{4} = 3 \quad e \quad y_m = -\frac{16}{8} = -2$$

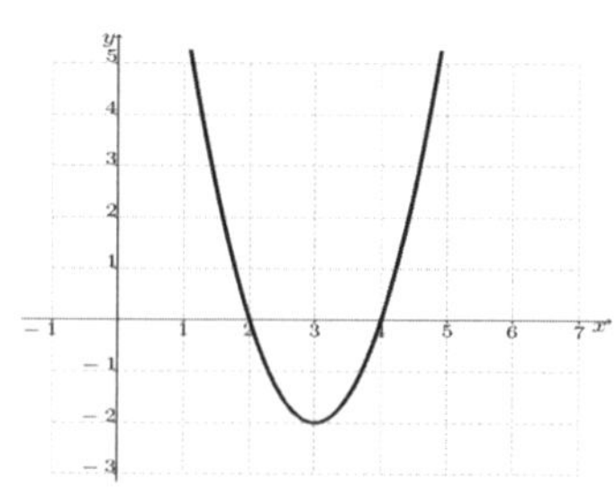

Note que a forma canônica de f, dada por $f(x) = 2(x-3)^2 - 2$, permite determinar o ponto mínimo e o valor de mínimo via transformações da função $y = x^2$.

Proposição 5.43

A função quadrática $f(x) = ax^2 + bx + c, (a < 0)$, admite um ponto de máximo e um valor máximo dados respectivamente por

$$x_M = -\frac{b}{2a} \quad \text{e} \quad y_M = -\frac{\Delta}{4a}$$

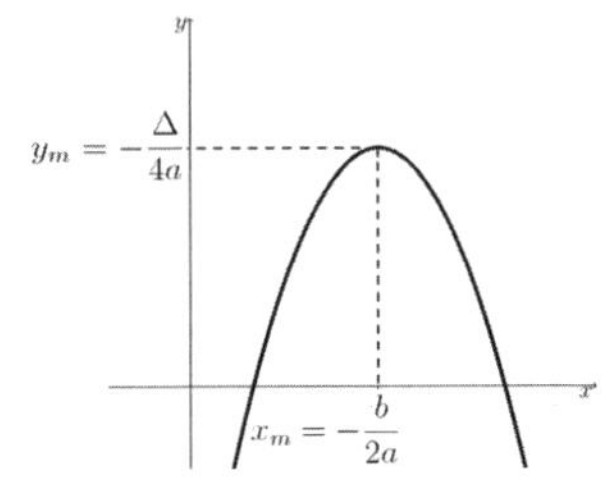

Demonstração. Deixamos como exercício para o leitor.

Exemplo 5.44 Determine o ponto e o valor máximo da função

$$f(x) = -\frac{x^2}{2} + 3x - \frac{5}{2}$$

Solução: Como $a = -\frac{1}{2}$, $b = 3$ e $c = -\frac{5}{2}$, temos $\Delta = 4$. Portanto, f possui ponto máximo e valor máximo dados respectivamente por

$$x_M = -\frac{3}{2(-\frac{1}{2})} = 3 \quad \text{e} \quad y_M = -\frac{4}{4(-\frac{1}{2})} = 2$$

Note que a forma canônica de f, dada por $f(x) = -\frac{1}{2}(x-3)^2 + 2$, permite determinar o ponto máximo e o valor máximo via transformações da função $y = x^2$.

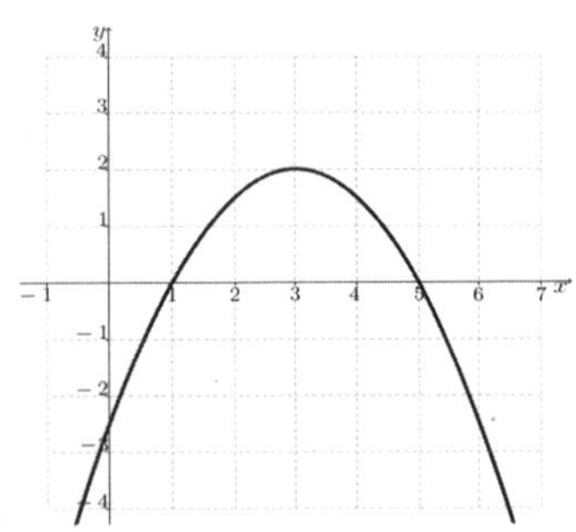

Observação: toda função quadrática

$$f(x) = ax^2 + bx + c$$

admite um ponto extremo absoluto que pode ser um máximo, se $a < 0$, ou um mínimo, se $a > 0$. Em ambos os casos, as coordenadas deste ponto extremo e do valor extremo são dadas respectivamente por

$$x = -\frac{b}{2a} \text{ e } y = -\frac{\Delta}{4a}$$

Definição 5.45

O *vértice* da parábola que representa o gráfico da função $f(x) = ax^2 + bx + c$ é o ponto

$$V\left(-\frac{b}{2a}, -\frac{\Delta}{4a}\right)$$

As *coordenadas do vértice* são denotadas por x_v e y_v, como $x_v = -\dfrac{b}{2a}$ e $y_v = -\dfrac{\Delta}{4a}$.

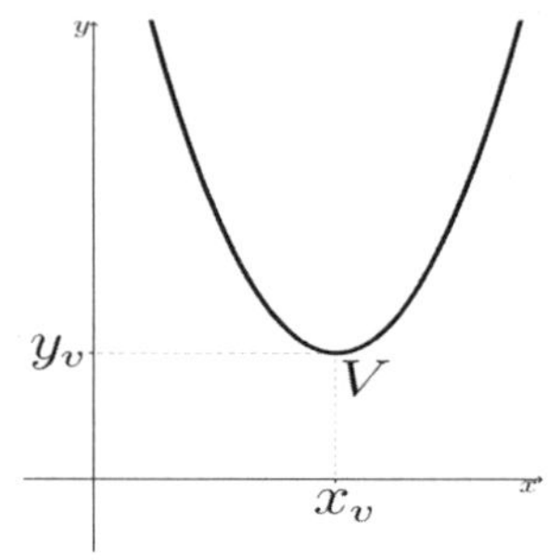

Utilizando as coordenadas do vértice da parábola, a forma canônica de f pode ser representada como $f(x) = a(x + x_v)^2 - y_v$.

Além disso, o conjunto imagem de uma função quadrática fica determinado quando se calcula a coordenada y_v, conforme a figura ao lado:

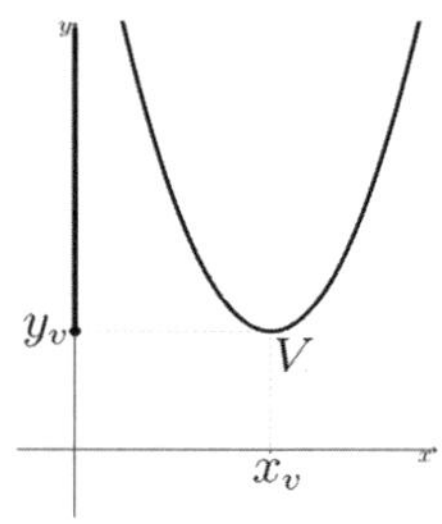

$a > 0$

$Im(f) = [y_v, +\infty)$

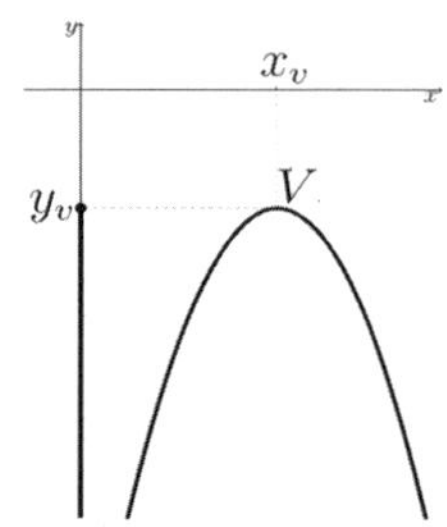

$a < 0$

$Im(f) = (-\infty, y_v]$

Exemplo 5.46 Em cada caso, determine as coordenadas do vértice e o conjunto imagem da função.

(a) $f(x) = x^2 + 3x - 4$ **(b)** $f(x) = -x^2 + 4x$ **(c)** $f(x) = -3(x - 1)^2 + 5$

Solução:

(a) Como $a = 1$, $b = 3$ e $c = -4$, temos $\Delta = 25$ e, portanto, $x_v = -\dfrac{3}{2}$ e $y_v = -\dfrac{25}{4}$. Consequentemente, $Im(f) = [-\frac{25}{4}, +\infty)$.

(b) Como $a = -1$, $b = 4$ e $c = 0$, temos $\Delta = 16$ e, portanto, $x_v = -\dfrac{4}{2(-1)} = 2$ e $y_v = -\dfrac{16}{4(-1)} = 4$. Consequentemente, $Im(f) = (-\infty, 4]$.

(c) Neste caso, a função está representada na forma canônica; portanto, as coordenadas do vértice são dadas por $x_v = 1$ e $y_v = 5$. Consequentemente, $Im(f) = (-\infty, 5]$.

Note que a análise do sinal da função $f(x) = ax^2 + bx + c$ pode ser resumido da seguinte forma:

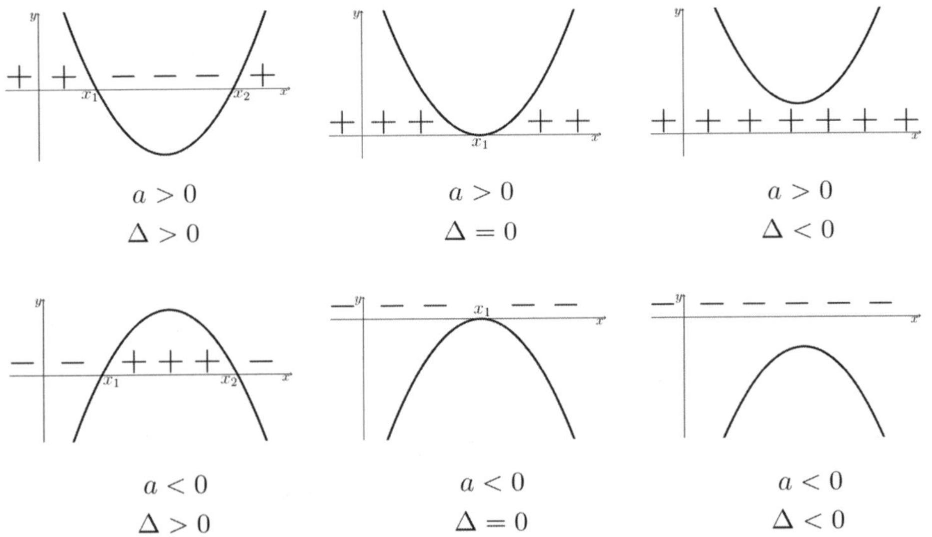

A análise de sinal da função quadrática apresentada acima permite resolver vários tipos de inequações, como será visto nos exemplos a seguir.

Exemplo 5.47 Resolva a inequação $x^2 - x - 6 \geq 0$.

Solução: Neste caso, deve-se analisar o sinal da função $f(x) = x^2 - x - 6 \geq 0$.

Como $a = 1$, $b = -1$ e $c = -6$, tem-se $\Delta = 25$. Utilizando-se a fórmula de Bhaskara, conclui-se que a função f possui zeros em $x_1 = -2$ e $x_2 = 3$.

Como $a > 0$, a parábola que representa o gráfico da função f possui concavidade voltada para cima e, consequentemente, o sinal da função é dado por

$$\underbrace{x^2 - x - 6}_{f(x)} \geq 0$$

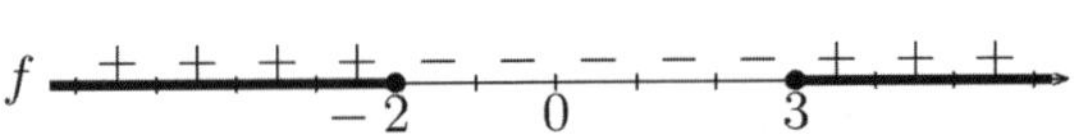

Por consequência, $S = (-\infty, -2] \cup [3, +\infty)$.

Exemplo 5.48 Resolva a inequação $-x^2 - 2x + 15 > 0$.

Solução: Neste caso, deve-se analisar o sinal da função $f(x) = -x^2 - 2x + 15$.

Como $a = -1$, $b = -2$ e $c = 15$, tem-se $\Delta = 64$. Utilizando-se a fórmula de Bhaskara, conclui-se que a função f possui zeros em $x_1 = -5$ e $x_2 = 3$.

Como $a < 0$, a parábola que representa o gráfico da função f possui concavidade voltada para baixo e, consequentemente, o sinal da função é dado por

$$\underbrace{-x^2 - 2x + 15}_{f(x)} > 0$$

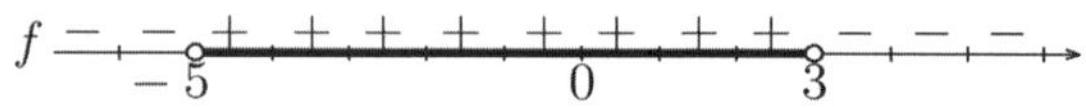

Por consequência, $S = (-5, 3)$.

Exemplo 5.49 Resolva a inequação

$$x^2 - 4x + 4 > 0.$$

Solução: Neste caso, deve-se analisar o sinal da função $f(x) = x^2 - 4x + 4$.

Como $a = 1$, $b = -4$ e $c = 4$, tem-se $\Delta = 0$. Utilizando-se a fórmula de Bhaskara, conclui-se que a função f possui um único zero em $x_1 = 2$.

Como $a > 0$, a parábola que representa o gráfico da função f possui concavidade voltada para cima e, consequentemente, o sinal da função é dado por

$$\underbrace{x^2 - 4x + 4}_{f(x)} > 0$$

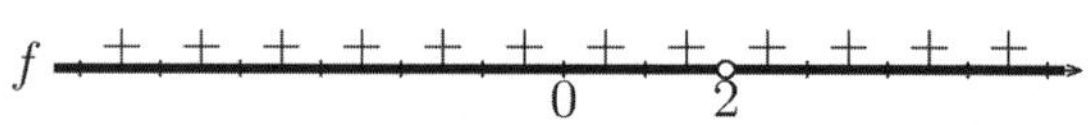

Por consequência, $S = \mathbb{R} - \{2\}$.

Exemplo 5.50 Resolva a inequação

$$-x^2 + 2x - 3 < 0.$$

Solução. Neste caso, deve-se analisar o sinal da função $f(x) = -x^2 + 2x - 3$.

Como $a = -1$, $b = 2$ e $c = -3$, tem-se $\Delta = -9$. Portanto, a função f não possui zeros.

Como $a < 0$, a parábola que representa o gráfico da função f possui concavidade voltada para baixo e, consequentemente, o sinal da função é dado por

$$\underbrace{-x^2+2x-3}_{f(x)} < 0$$

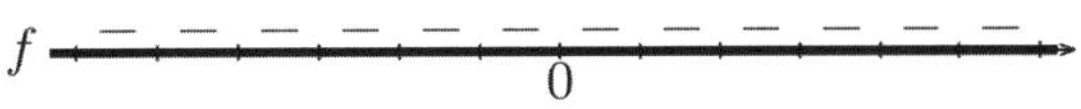

Consequentemente, $S = \mathbb{R}$.

Exemplo 5.51 Resolva a inequação

$$(x^2-9)(x+1) \geq 0.$$

Solução. Considerando cada fator do produto como uma função e analisando o sinal destas funções, pode-se obter o sinal do produto

$$\underbrace{(x^2-9)}_{f_1(x)} \cdot \underbrace{(x+1)}_{f_2(x)} \geq 0$$

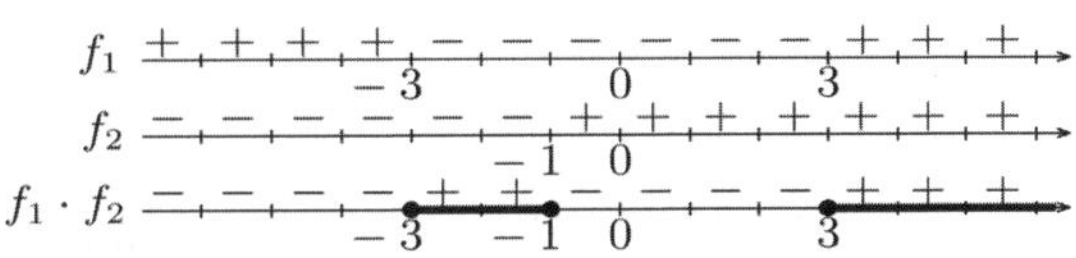

Portanto, os valores de x para os quais o produto é não negativo são dados por

$$S = [-3,-1] \cup [3,+\infty)$$

Exemplo 5.52 Resolva a inequação

$$\frac{-x^2+x+6}{x^2+4x} \leq 0.$$

Solução: Analisando o sinal das funções dadas no numerador e no denominador pode-se obter o sinal do quociente

$$\frac{\overbrace{-x^2+x+6}^{f_1(x)}}{\underbrace{x^2+4x}_{f_2(x)}} \leq 0$$

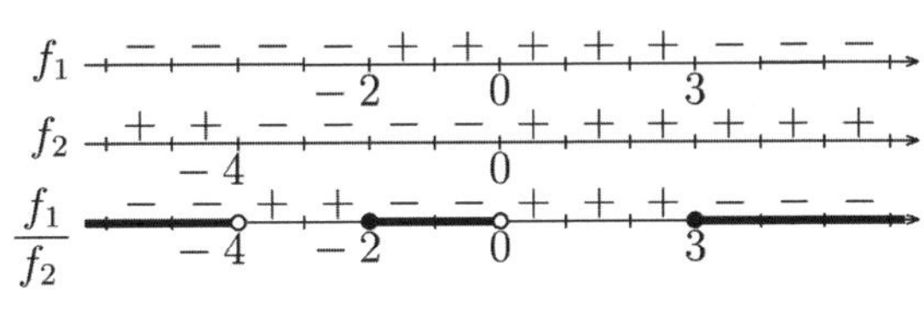

Portanto, os valores de x para os quais o produto é não negativo são dados por

$$S = (-\infty,-4) \cup [-2,0) \cup [3,+\infty)$$

Exemplo 5.53 Determine o domínio das funções

(a) $f(x) = \sqrt{x^2 - 4}$ **(b)** $f(x) = \dfrac{x+5}{\sqrt{x^2 - 5x + 6}}$

Solução:

(a) Encontrar o domínio desta função é equivalente a resolver a inequação $x^2 - 4 \geq 0$. Analisando o sinal da função $f_1(x) = x^2 - 4$, tem-se

$$\underbrace{x^2 - 4}_{f_1(x)} \geq 0$$

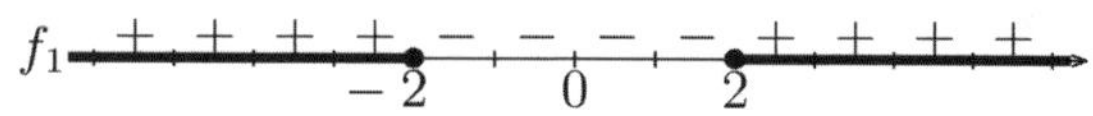

Consequentemente, $D(f) = \mathbb{R} - (-2, 2)$.

(b) Encontrar o domínio desta função é equivalente a resolver a inequação $x^2 - 5x + 6 > 0$. Analisando o sinal da função $f_1(x) = x^2 - 5x + 6$, tem-se

$$\underbrace{x^2 - 5x + 6}_{f_1(x)} \geq 0$$

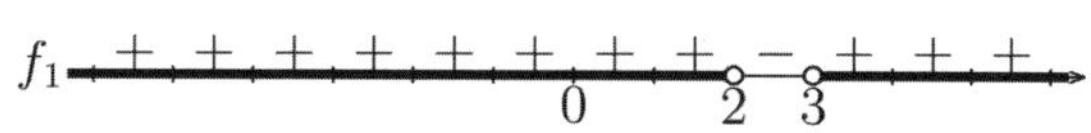

Consequentemente, $D(f) = \mathbb{R} - [2, 3]$.

Exemplo 5.54 Determine o domínio das funções

(a) $f(x) = \sqrt{\dfrac{x-2}{x^2 - 6x + 5}}$ **(b)** $f(x) = \dfrac{\sqrt{x-2}}{\sqrt{x^2 - 6x + 5}}$

Solução:

(a) Encontrar o domínio desta função é equivalente a resolver a inequação $\dfrac{x-2}{x^2 - 6x + 5} \geq 0$. Analisando o sinal das funções dadas no numerador e no denominador, pode-se obter o sinal do quociente

$$\frac{\overbrace{x-2}^{f_1(x)}}{\underbrace{x^2 - 6x + 5}_{f_2(x)}} \geq 0$$

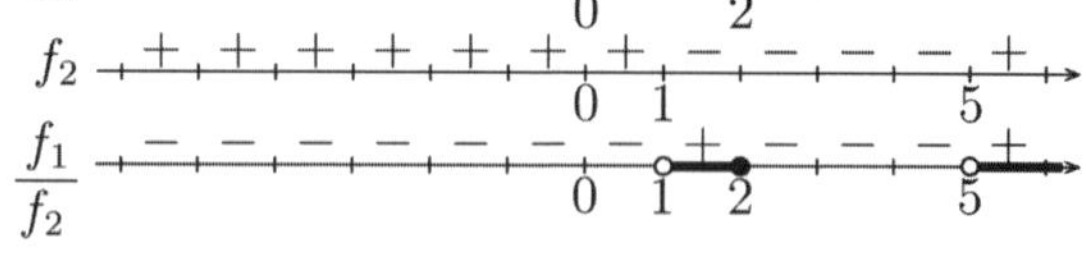

Consequentemente, $D(f) = (1, 2] \cup (5, +\infty)$.

(b) Encontrar o domínio desta função é equivalente a resolver, simultaneamente, as inequações $x - 2 \geq 0$ e $x^2 - 6x + 5 > 0$.

Denotando os conjuntos soluções das inequações acima por S_1 e S_2, respectivamente, tem-se que o domínio da função dada será a interseção de S_1 e S_2.

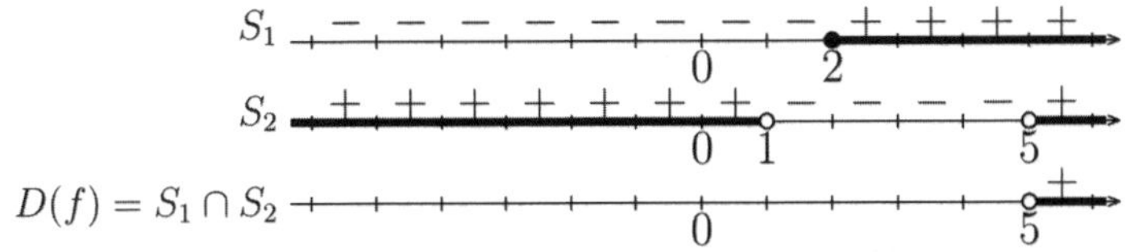

Desta forma, tem-se $D(f) = (5, +\infty)$.

Exemplo 5.55 Determine o domínio da função $f(x) = \dfrac{\sqrt{8 + 2x - x^2}}{\sqrt[3]{2x + 6}}$.

Solução: Encontrar o domínio desta função é equivalente a resolver, simultaneamente, as condições $8 + 2x - x^2 \geq 0$ e $2x + 6 \neq 0$.

Denotando os conjuntos soluções das inequações acima por S_1 e S_2, respectivamente, tem-se que o domínio da função dada será a interseção de S_1 e S_2.

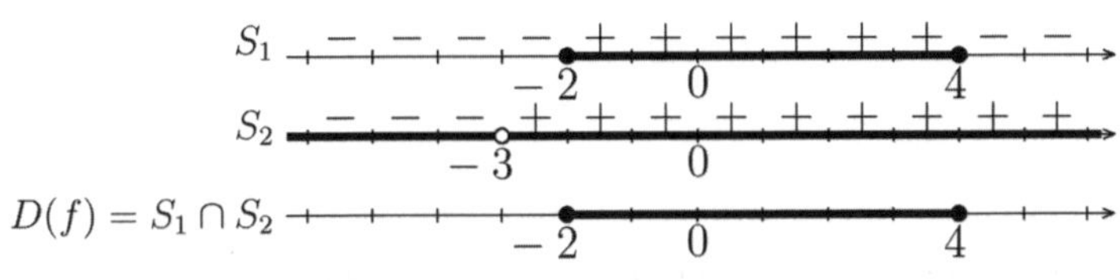

Desta forma, tem-se $D(f) = [-2, 4]$.

Exemplo 5.56

(a) Resolva a inequação $x^2 - 3 \geq x - 1$.

(b) Esboce, no mesmo sistema cartesiano, os gráficos das funções $f(x) = x^2 - 3$ e $g(x) = x - 1$ e destaque o conjunto solução obtido em (a).

(c) Utilizando o item (b), descreva o significado do conjunto solução em termos dos gráficos das funções f e g.

Solução:

(a) Como $x^2 - 3 \geq x - 1 \iff x^2 - x - 2 \geq 0$, resolver a inequação dada é equivalente a descobrir para quais valores de x a função $h(x) = x^2 - x - 2$ é maior ou igual a zero.

Analisando o sinal da função h, tem-se

$$\underbrace{x^2 - x - 2}_{h(x)} \geq 0$$

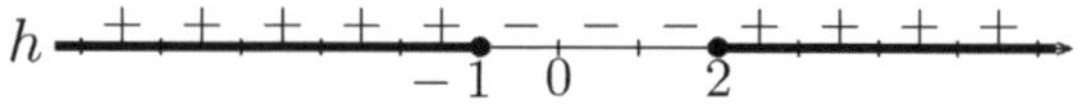

Portanto, $S = \mathbb{R} - (-1, 2)$.

(b) Esboçando os gráficos de f e g no mesmo sistema e destacando o conjunto S, obtém-se os gráficos que seguem.

(c) Em termos das funções f e g, a inequação é dada por

$$\underbrace{x^2 - 3}_{f(x)} \geq \underbrace{x - 1}_{g(x)} \iff f(x) \geq g(x)$$

O conjunto $S = \mathbb{R} - (-1, 2)$ é formado pelos valores de x (abscissas) que cumprem a condição $f(x) \geq g(x)$, ou seja, para os valores de x o gráfico de f está acima ou é igual ao gráfico de g.

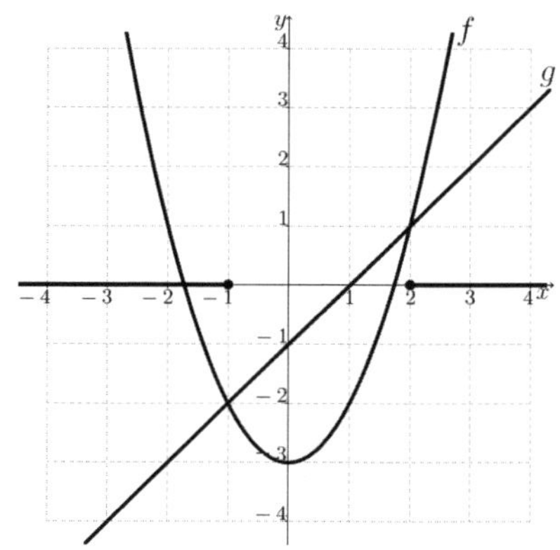

Exemplo 5.57

(a) Resolva a inequação $x^2 - 6x + 8 < -x^2 + 4x$.

(b) Esboce, no mesmo sistema cartesiano, os gráficos das funções $f(x) = x^2 - 6x + 8$ e $g(x) = -x^2 + 4x$ e destaque o conjunto solução obtido em (a).

(c) Utilizando o item (b), descreva o significado do conjunto solução em termos dos gráficos das funções f e g.

Solução:

(a) Como $x^2 - 6x + 8 < -x^2 + 4x \iff x^2 - 5x + 4 < 0$, resolver a inequação dada é equivalente a descobrir para quais valores de x a função $h(x) = x^2 - 5x + 4$ é menor que zero.

Analisando o sinal da função h, tem-se

$\underbrace{x^2 - 5x + 4}_{h(x)} < 0$

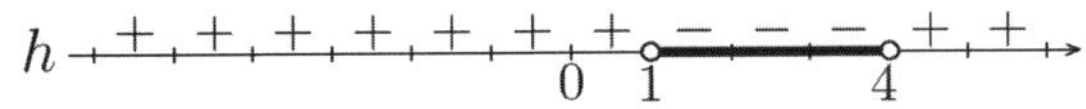

Portanto, $S = (1, 4)$.

(b) Esboçando os gráficos de f e g no mesmo sistema e destacando o conjunto S, obtém-se os gráficos que seguem.

(c) Em termos das funções f e g, a inequação é dada por

$$\underbrace{x^2 - 6x + 8}_{f(x)} < \underbrace{-x^2 + 4x}_{g(x)} \iff f(x) < g(x)$$

O conjunto $S = \mathbb{R} - (-1, 2)$ é formado pelos valores de x (abscissas) que cumprem a condição $f(x) \geq g(x)$, ou seja, para os valores de x o gráfico de f está acima ou é igual ao gráfico de g.

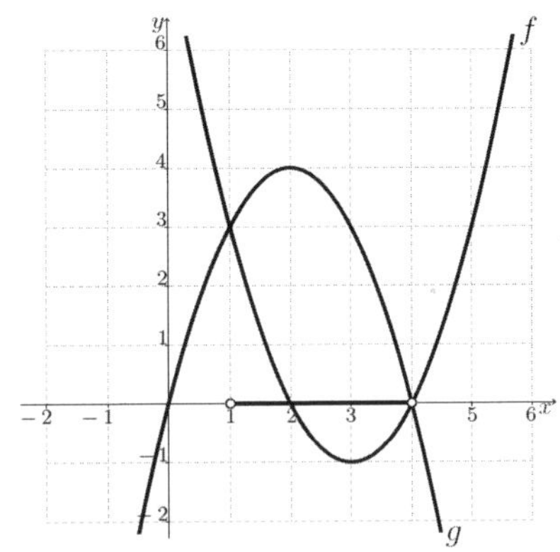

Exercícios

1. Em cada caso, obtenha a forma canônica e esboce o gráfico da função dada utilizando como referência o gráfico da função $y = x^2$.

   (a) $f(x) = x^2 - 2x - 1$

   (b) $f(x) = x^2 + 2x - 2$

   (c) $f(x) = x^2 + 4x + 4$

   (d) $f(x) = x^2 + 1$

   (e) $f(x) = -x^2 + 4x$

   (f) $f(x) = 2x^2 - 4x - 1$

2. Determine, se existirem, os zeros das funções utilizando a forma canônica.

   (a) $f(x) = (x - 3)^2 - 4$

   (b) $f(x) = (x + 1)^2 - 2$

   (c) $f(x) = (x + 1)^2 + 2$

   (d) $f(x) = x^2 - 6x + 8$

   (e) $f(x) = x^2 - 25$

   (f) $f(x) = x^2 + 4x + 4$

3. Determine, se existirem, os zeros das funções utilizando a fórmula de Bhaskara.

(a) $f(x) = x^2 - 3x$

(b) $f(x) = x^2 - 3$

(c) $f(x) = x^2 - 4x + 5$

(d) $f(x) = x^2 - 6x + 9$

4. Considere a função $f(x) = x^2 + 6x - m + 4$, onde $m \in \mathbb{R}$.

Estabelaça as condições sobre o parâmetro m para que a função f:

(a) tenha dois zeros (b) tenha um único zero (c) não tenha zeros

5. Em cada caso, obtenha a forma fatorada da função dada:

(a) $f(x) = x^2 - 2x$

(b) $f(x) = x^2 + 2x + 1$

(c) $f(x) = (x - 1)^2 - 4$

(d) $f(x) = x^2 - 4$

(e) $f(x) = 5x^2 + \pi x$

(f) $f(x) = 2x^2 - 6$

6. Em cada caso, utilize a forma fatorada para obter uma função quadrática com o(s) zero(s) dado(s):

(a) 1 e 3

(b) -1 e 1

(c) -4 e -2

(d) 3

(e) $-\sqrt{3}$ e $\sqrt{3}$

(f) $2 - \sqrt{2}$ e $2 + \sqrt{2}$

7. Em cada caso, encontre as coordenadas do vértice e o conjunto imagem da função dada:

(a) $f(x) = x^2 - 6x + 7$

(b) $f(x) = x^2 - 1$

(c) $f(x) = x^2 - 6x + 10$

(d) $f(x) = -x^2 + 2x - 2$

(e) $f(x) = (x - 2)^2 + 1$

(f) $f(x) = -(x + 1)^2 + 3$

8. Determine o valor de $k \in \mathbb{R}$ para que a função $f(x) = x^2 - kx + k$ tenha valor mínimo igual a 1.

9. Determine o valor de $k \in \mathbb{R}$ para que a função $f(x) = -x^2 + kx + k + 1$ tenha valor máximo igual a 4.

10. Em cada caso, esboce o gráfico da função dada, indicando o(s) zero(s) e as coordenadas do vértice.

    (a) $f(x) = x^2 - 4x + 3$

    (b) $f(x) = -x^2 - 2x + 3$

    (c) $f(x) = \frac{x^2}{2} - x + \frac{1}{2}$

    (d) $f(x) = -2x^2 + 8x - 8$

    (e) $f(x) = x^2 + 2x + 2$

    (f) $f(x) = -2x^2 - 1$

11. Resolva as inequações dadas:

    (a) $x^2 - 10x + 21 \leq 0$

    (b) $x^2 - 3x \geq 0$

    (c) $-x^2 + 8x - 12 > 0$

    (d) $x^2 + 6x + 8 < 0$

    (e) $-x^2 + 6x - 10 < 0$

    (f) $x^2 + 4x + 5 \leq 0$

    (g) $x^2 - 4x + 3 < 8$

    (h) $x^2 - 1 \geq 2x + 2$

    (i) $x^2 + 6x + 10 \leq -x^2 - 4x + 2$

    (j) $x^2 - 6x + 9 > -x^2 - 4x - 1$

    (k) $(x^2 - 9)^5(x + 2)^4 \geq 0$

    (l) $\frac{x^2 - 5x + 6}{x - 1} > 0$

    (m) $\frac{(x-4)^3}{x^2 + 5x + 6} \leq 0$

    (n) $\frac{(x^2 - x - 2)^2}{(x^2 + 2x)^3} < 0$

12. Considere a função $f(x) = x^2 + mx + 1$, onde $m \in \mathbb{R}$.

    Estabelaça as condições sobre o parâmetro m para que a função f:

    (a) tenha dois zeros (b) tenha um único zero (c) não tenha zeros

13. Em cada caso, considere que o gráfico dado é da função

$$f(x) = x^2 + mx + n,$$

onde $m, n \in \mathbb{R}$. Determine os valores de m e n.

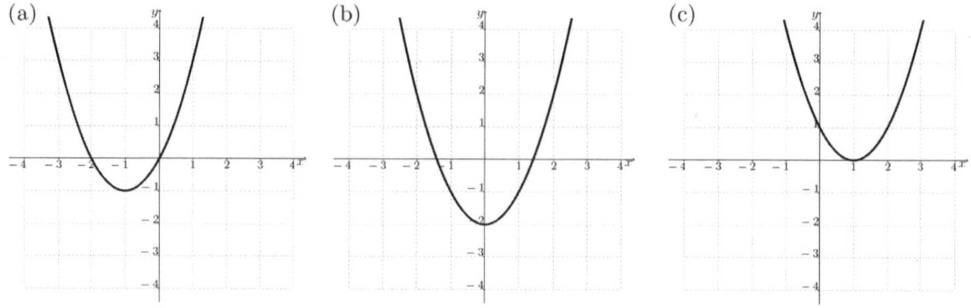

14. Em cada caso, considere que o gráfico dado é da função

$$f(x) = (x + m)^2 + n,$$

onde $m, n \in \mathbb{R}$. Determine os valores de m e n.

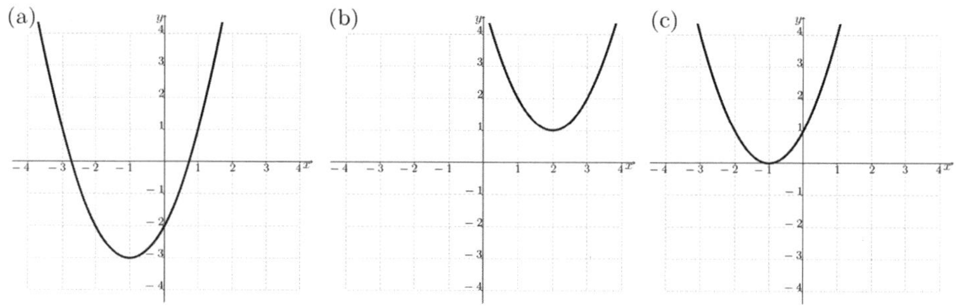

15. Para a função $f : \mathbb{R} \longrightarrow \mathbb{R}$ dada por $f(x) = x^2 - 2x - 3$, determine:
    (a) o(s) zero(s);
    (b) o estudo do sinal;
    (c) os valores de x para os quais $-3 < f(x) \leq 0$;
    (d) as coordenadas do vértice;
    (e) o conjunto imagem;
    (f) os intervalos de crescimento/decrescimento;
    (g) um esboço do gráfico.

16. Para a função $f : \mathbb{R} \longrightarrow \mathbb{R}$ dada por $f(x) = x^2 - 4x + 4$, determine:
    (a) o(s) zero(s);
    (b) o estudo do sinal;
    (c) os valores de x para os quais $1 \leq f(x) < 4$;

(d) as coordenadas do vértice;

(e) o conjunto imagem;

(f) os intervalos de crescimento/decrescimento;

(g) um esboço do gráfico.

17. Esboce o gráfico da função $f : \mathbb{R} \longrightarrow \mathbb{R}$ em cada caso:

(a) $f(x) = x^2 - 2x - 3$

(b) $f(x) = |x^2 - 2x - 3|$

(c) $f(x) = x^2 - 2|x| - 3$

(d) $f(x) = |x^2 - 2|x| - 3|$

18. Considere a função $f : \mathbb{R} \longrightarrow \mathbb{R}$ dada por

$$f(x) = -(x-2)^2.$$

Esboce os gráficos de:

(a) f (b) $g(x) = |f(x)|$ (c) $h(x) = f(|x|)$ (d) $p(x) = |f(|x|)|$

19. (a) Resolva a inequação

$$x^2 + 2x - 1 \leq -x - 1$$

(b) Esboce os gráficos das funções $f(x) = x^2 + 2x - 1$ e $g(x) = -x - 1$ e destaque o conjunto solução obtido em (a).

20. (a) Resolva a inequação

$$x^2 + 2x - 2 > -x^2 + 2$$

(b) Esboce os gráficos das funções

$$f(x) = x^2 + 2x - 2 \ \text{ e } \ g(x) = -x^2 + 2$$

e destaque o conjunto solução obtido em (a).

21. Determine o domínio das seguintes funções:

(a) $f(x) = x^2 + 3x + 1$

(b) $f(x) = \sqrt{x^2 - 1}$

(c) $f(x) = \sqrt{x^2 + 1}$

(d) $f(x) = \sqrt[4]{x^2 - 5x + 6}$

(e) $f(x) = \sqrt[3]{x^2 - 4x + 6}$

(f) $f(x) = \sqrt{x(x^2 - x + 12)}$

(g) $f(x) = \sqrt[4]{10 - 3x - x^2}$

(h) $f(x) = \frac{1}{x^2-x+12}$

(i) $f(x) = \frac{x^2-3x}{x^2-5x+6}$

(j) $f(x) = \frac{2x}{\sqrt[4]{x^2-2x+1}}$

(k) $f(x) = \sqrt[3]{\frac{x-2}{x^2-5x+4}}$

(l) $f(x) = \sqrt[6]{\frac{x^2-5x+4}{x^2-4x+6}}$

(m) $f(x) = \sqrt{\frac{10-3x-x^2}{x^2-4}}$

(n) $f(x) = \frac{\sqrt{x^2-6x+8}}{-x^2+8x-12}$

(o) $f(x) = \frac{x^2-6x+8}{\sqrt{-x^2+8x-12}}$

(p) $f(x) = \sqrt{\frac{x^2-6x+8}{-x^2+8x-12}}$

22. (ENADE 2011) Suponha que um instituto de pesquisa de opinião pública realizou um trabalho de modelagem matemática para mostrar a evolução das intenções de voto nas campanhas dos candidatos Paulo e Márcia a governador de um estado, durante 36 quinzenas.

Os polinômios que representam, em porcentagem, a intenção dos votos dos eleitores de Paulo e Márcia na quinzena x são, respectivamente,

$$p(x) = -0,006x^2 + 0,8x + 14 \qquad \text{e} \qquad m(x) = 0,004x^2 + 0,9x + 8$$

em que $0 \leq x \leq 36$ representa a quinzena e $p(x)$ e $m(x)$ sao dados em porcentagens.

De acordo com as pesquisas realizadas, a ordem de preferência nas intenções de voto em Paulo e Márcia sofreram alterações na quinzena

(a) 6 (b) 12 (c) 20 (d) 22 (e) 30

Respostas

1. (a) $f(x) = (x-1)^2 - 2$
   (b) $f(x) = (x+1)^2 - 3$
   (c) $f(x) = (x+2)^2$
   (d) $f(x) = x^2 + 1$
   (e) $f(x) = -(x-2)^2 + 4$
   (f) $f(x) = 2(x-1)^2 - 3$

2. (a) $S = \{1, 5\}$
   (b) $S = \{-1 \pm \sqrt{2}\}$
   (c) $S = \emptyset$
   (d) $S = \{2, 4\}$
   (e) $S = \{-5, 5\}$
   (f) $S = \{-2\}$

3. (a) $S = \{0, 3\}$ (b) $S = \{\pm\sqrt{3}\}$ (c) $S = \emptyset$ (d) $S = \{3\}$

4. (a) $m > -5$ (b) $m = -5$ (c) $m < -5$

5. (a) $f(x) = x(x-2)$
   (b) $f(x) = (x+1)(x+1)$
   (c) $f(x) = (x-3)(x+1)$
   (d) $f(x) = (x-2)(x+2)$
   (e) $f(x) = 5x(x + \frac{\pi}{5})$
   (f) $f(x) = 2(x-\sqrt{3})(x+\sqrt{3})$

6. (a) $f(x) = x^2 - 4x + 3$
   (b) $f(x) = x^2 - 1$
   (c) $f(x) = x^2 + 6x + 8$
   (d) $f(x) = x^2 - 6x + 9$
   (e) $f(x) = x^2 - 3$
   (f) $f(x) = x^2 - 4x + 2$

7. (a) $V(3,-2)$ e $Im(f) = [-2, +\infty)$
   (b) $V(0,-1)$ e $Im(f) = [-1, +\infty)$
   (c) $V(3,1)$ e $Im(f) = [1, +\infty)$
   (d) $V(1,-1)$ e $Im(f) = (-\infty, 1]$
   (e) $V(2,1)$ e $Im(f) = [1, +\infty)$
   (f) $V(-1,3)$ e $Im(f) = (-\infty, 3]$

8. $k = 2$

9. $k = -6$ ou $k = 2$

10.

	(a)	(b)	(c)	(d)	(e)	(f)
Zeros	$\{1,3\}$	$\{-3,1\}$	$\{1\}$	$\{2\}$	$\nexists$	$\nexists$
Vértice	$V(2,-1)$	$V(-1,4)$	$V(1,0)$	$V(2,0)$	$V(-1,1)$	$V(0,-1)$

Gráficos

(a)

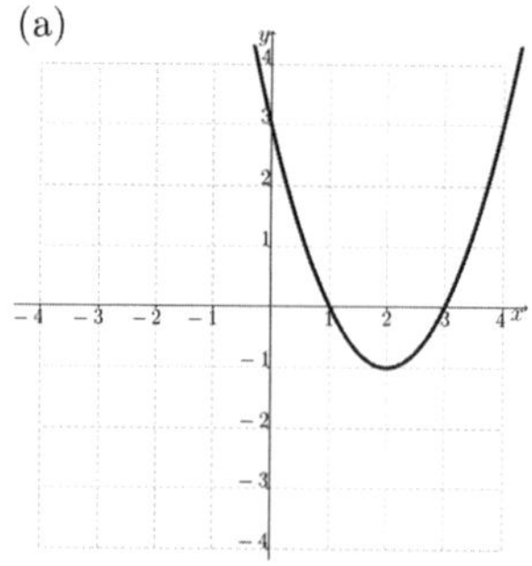

(b)

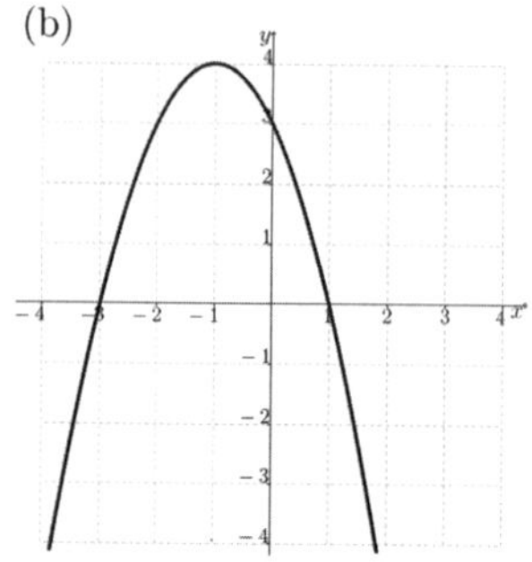

(c)

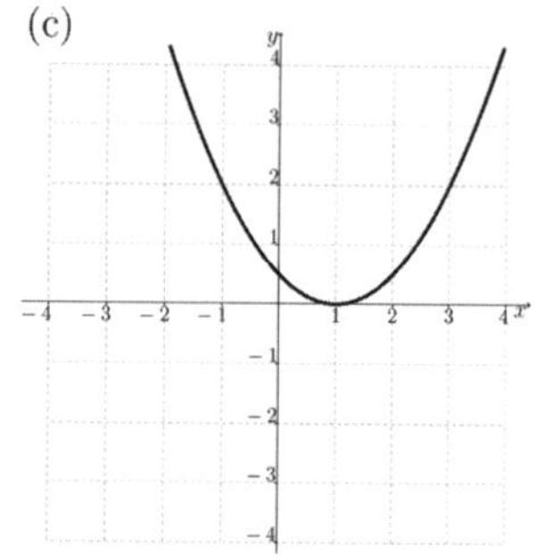

(d)

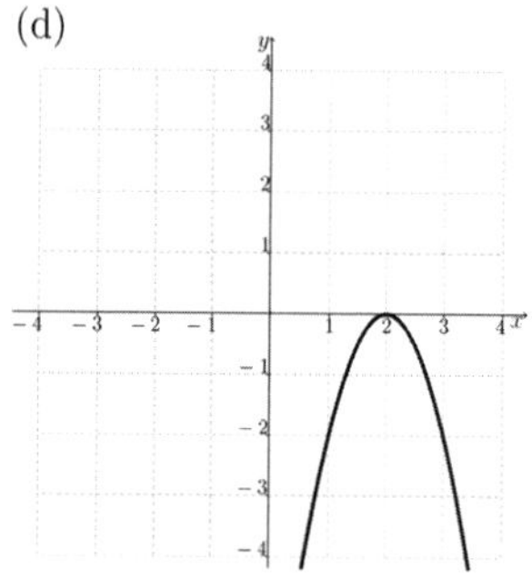

(e)

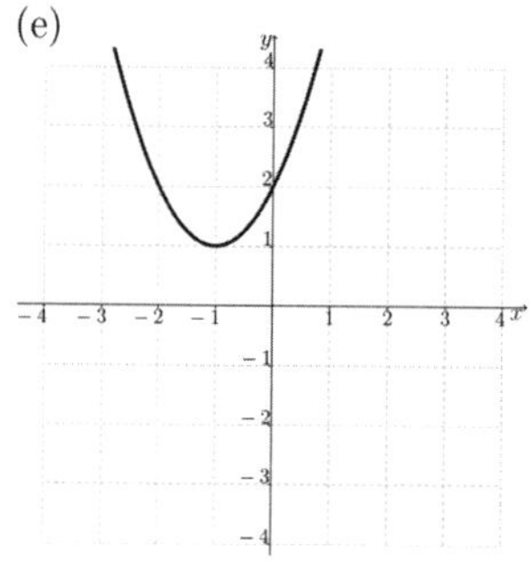

(f)

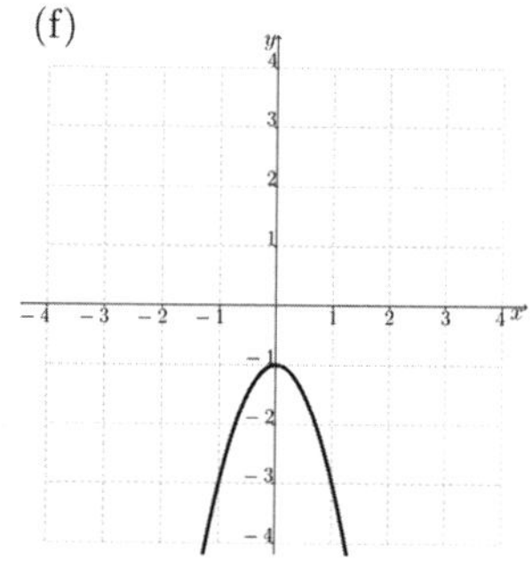

11. (a) $S = [3, 7]$

    (b) $S = (-\infty, 0] \cup [3, +\infty)$

    (c) $S = (2, 6)$

    (d) $S = (-4, -2)$

    (e) $S = \mathbb{R}$

    (f) $S = \emptyset$

    (g) $S = (-1, 5)$

    (h) $S = \mathbb{R} - (-1, 3)$

    (i) $S = [-4, -1]$

    (j) $S = \mathbb{R}$

    (k) $S = (-\infty, -3] \cup \{-2\} \cup [3, +\infty)$

    (l) $S = (1, 2) \cup (3, +\infty)$

    (m) $S = (-\infty, -3) \cup (-2, 4]$

    (n) $S = (-2, 0) - \{-1\}$

12. (a) $m \in \mathbb{R} - (-2, 2)$ (b) $m = -2$ ou $m = 2$ (c) $m \in [-2, 2]$

13. (a) $m = 2$ e $n = 0$ (b) $m = 0$ e $n = -2$ (c) $m = -2$ e $n = 1$

14. (a) $m = 1$ e $n = -3$ (b) $m = -2$ e $n = 1$ (c) $m = 1$ e $n = 0$

15. (a) $Z(f) = \{-1, 3\}$

    (b) Positiva no intervalo $(-\infty, -1) \cup (3, +\infty)$ e negativa no intervalo $(-1, 3)$.

(c) $S = [-1, 0) \cup (2, 3]$
(d) $V(1, -4)$
(e) $Im(f) = [-4, +\infty)$
(f) Decrescente no intervalo $(-\infty, 1]$ e crescente no intervalo $[1, +\infty)$.
(g) Figura ao lado.

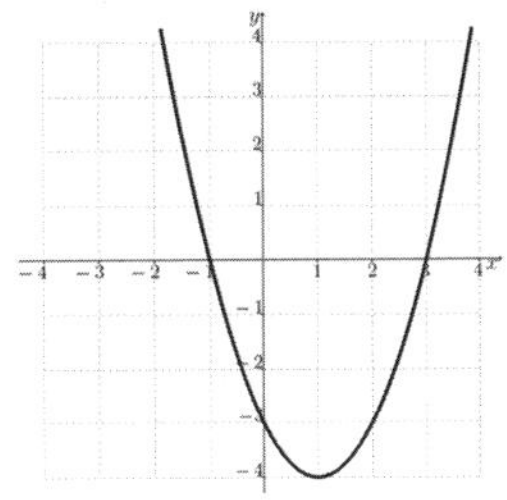

16. (a) $Z(f) = \{2\}$

(b) Positiva no intervalo $(-\infty, 2) \cup (2, +\infty)$.
(c) $S = (0, 1] \cup [3, 4)$ (d) $V(2, 0)$ (e) $Im(f) = [0, +\infty)$
(f) Decrescente no intervalo $(-\infty, 2]$ e crescente no intervalo $[2, +\infty)$.
(g) Figura ao lado.

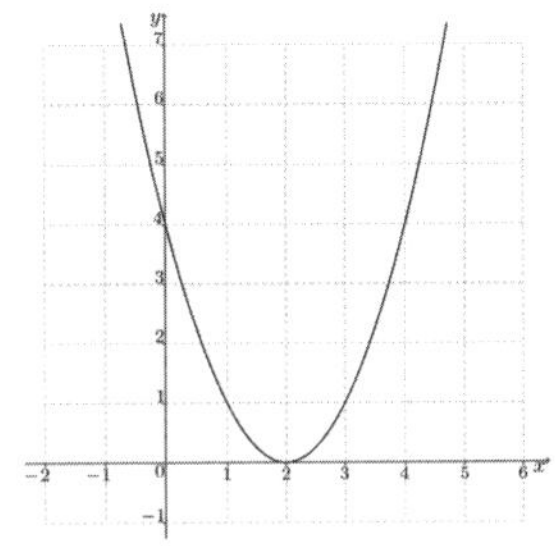

17. Gráficos:

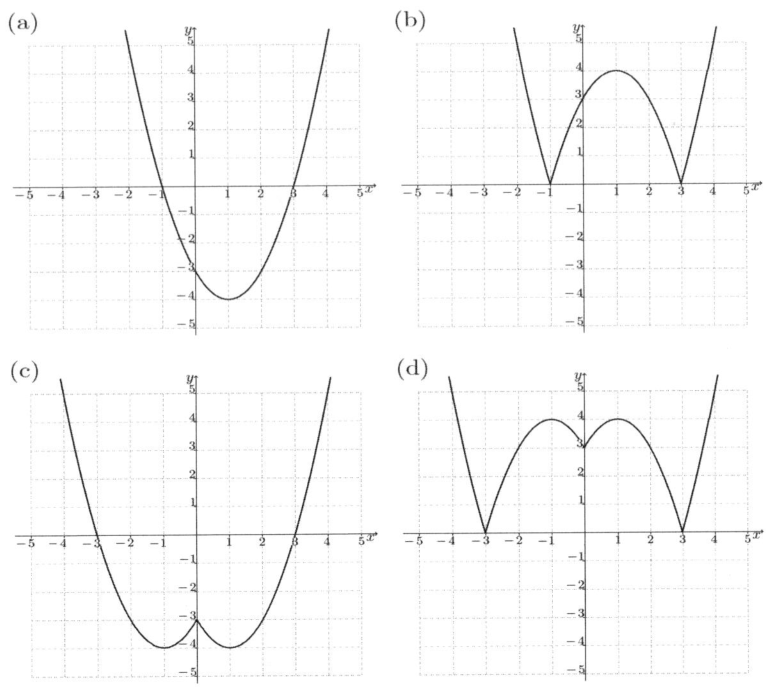

18. Gráficos:

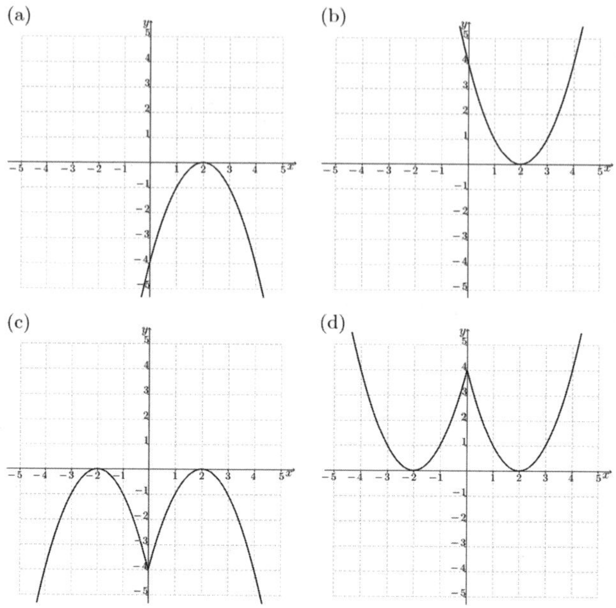

19. (a) $S = [-3, 0]$

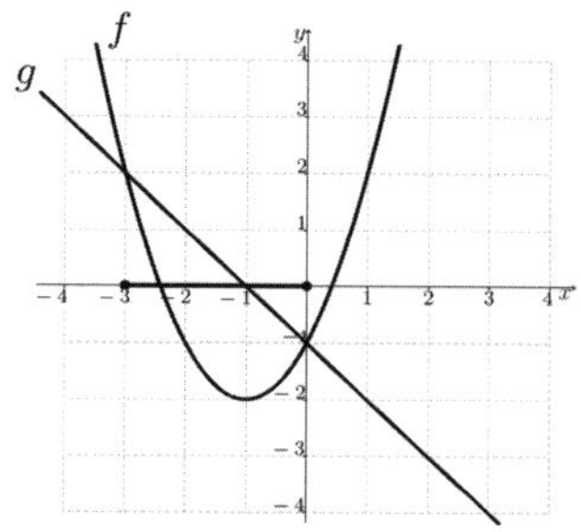

20. (a) $S = \mathbb{R} - [-2, 1]$

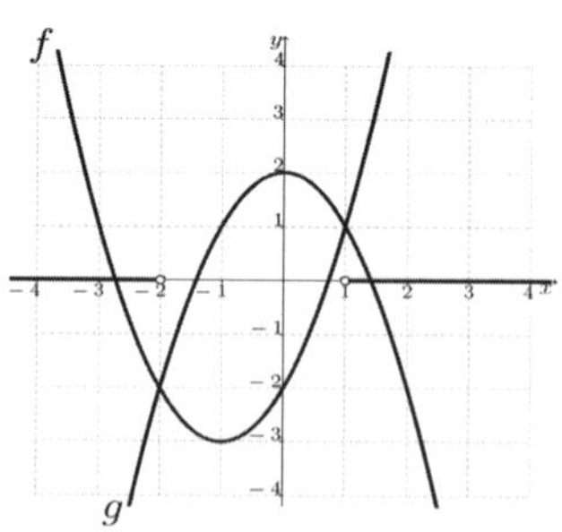

21. (a) $D(f) = \mathbb{R}$
(b) $D(f) = \mathbb{R} - (-1, 1)$
(c) $D(f) = \mathbb{R}$
(d) $D(f) = \mathbb{R} - (2, 3)$
(e) $D(f) = \mathbb{R}$
(f) $D(f) = \mathbb{R}_+$
(g) $D(f) = [-5, 2]$
(h) $D(f) = \mathbb{R}$
(i) $D(f) = \mathbb{R} - \{2, 3\}$
(j) $D(f) = \mathbb{R} - \{1\}$
(k) $D(f) = \mathbb{R} - \{1, 4\}$
(l) $D(f) = \mathbb{R} - (1, 4)$
(m) $D(f) = [-5, -2)$
(n) $D(f) = (-\infty, 2) \cup [4, +\infty) - \{6\}$
(o) $D(f) = (2, 6)$
(p) $D(f) = [4, 6)$

22. (c)

5.3 Função polinomial de terceiro grau

Definição 5.58

Sejam $a \in \mathbb{R}^*$, $b, c, d \in \mathbb{R}$, a função $f : \mathbb{R} \longrightarrow \mathbb{R}$ dada por

$$f(x) = ax^3 + bx^2 + cx + d$$

é dita *função polinomial de terceiro grau*, *função de terceiro grau* ou ainda *função cúbica*.

Exemplo 5.59 São exemplos de funções cúbicas:

(a) $f(x) = 2x^3 - 3x^2 + x + 1$, onde $a = 2$, $b = -3$, $c = 1$ e $d = 1$

(b) $f(x) = -x^3 + 50x$, onde $a = -1$, $b = 0$, $c = 50$ e $d = 0$

(c) $f(x) = x^3 - 1$, onde $a = 1$, $b = 0$, $c = 0$ e $d = -1$

(d) $f(x) = 3x^3$, onde $a = 3$, $b = 0$, $c = 0$ e $d = 0$

Observação: ao se tratar de funções cúbicas, pode ser relativamente complicado determinar as raízes da função, ou seja, as soluções da equação polinomial $f(x) = 0$. Estas funções podem ter até três raízes reais. Uma forma de determiná-las é usando a *fórmula de Cardano* ou ainda alguma aproximação numérica, como o *método da bissecção*. No entanto, nesta seção, faremos somente uma breve apresentação de alguns aspectos das funções cúbicas, não nos detendo ao cálculo de raízes, nem ao traçado de gráficos, exceto para alguns casos bem específicos.

Exemplo 5.60

Considere o gráfico ao lado, da função $f(x) = x^3 - 7x + 1$. Note que as raízes estão localizadas no eixo x, entre -3 e -2, entre 0 e 1 e entre 2 e 3. Além disto, esta $f(x)$ tem um máximo local e um mínimo local.

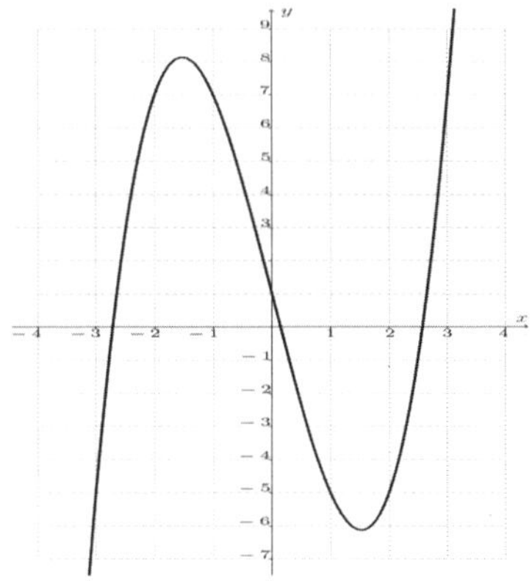

Apenas com o que foi estudado até o momento não será possível determinar estas raízes e os extremos. Portanto, sem auxílio de ferramentas computacionais, ficaria mais difícil de esboçar o gráfico. Informações apuradas sobre os extremos de funções são estudadas nas disciplinas de Cálculo, onde são abordados esboços de funções polinomiais do terceiro grau e com graus superiores.

Por outro lado, se as raízes da equação polinomial de terceiro grau forem reais e se conhecermos uma delas, podemos determinar as outras duas. Isto pode ser bastante útil na determinação destas raízes. Os dois exemplos que seguem se usufruem do conhecimento de uma das raízes para a solução do exercício proposto.

Exemplo 5.61 Sabendo que uma das raízes da equação $x^3+2x^2-7x+4 = 0$ é 1, resolva a inequação $x^3 + 2x^2 - 7x + 4 > 0$.

Solução: Como sabemos que 1 é raiz da equação, utilizamos a divisão de polinômios para reescrever $x^3 + 2x^2 - 7x + 4 = (x - 1)(x^2 + 3x - 4)$. A partir daí faz-se o estudo do sinal visto anteriormente e chega-se ao conjunto solução dado por $S = (-4, +\infty) - \{1\}$.

Exemplo 5.62 Sabendo que uma das raízes da equação $x^3 - 7x + 6 = 0$ é 1, resolva a inequação $x^3 + 6 \leq 7x$.

Solução: Como sabemos que 1 é raiz da equação, utilizamos a divisão de polinômios para reescrever $x^3 - 7x + 6 = (x-1)(x^2 + x - 6)$. A partir daí, faz-se o estudo do sinal visto anteriormente da inequação $x^3 - 7x + 6 \leq 0$, e chega-se ao conjunto solução dado por $S = (-\infty, -3] \cup [1, 2]$.

Com o que foi estudado neste livro até o momento, podemos esboçar gráficos de funções polinomiais do terceiro grau para alguns casos específicos, como apresentado no exemplo abaixo.

Exemplo 5.63

O esboço do gráfico da função $f(x) = x^3$ é relativamente simples de se fazer, como podemos ver na figura ao lado. Chamamos a atenção para os valores de y quando $-1 < x < 1$. Note que o formato da curvatura neste intervalo tem uma variação muito grande.

x	$y = x^3$	Ponto
-2	-8	$A(-2,-8)$
-1	-1	$B(-1,-1)$
$-\frac{1}{2}$	$-\frac{1}{8}$	$C(-\frac{1}{2},-\frac{1}{8})$
0	0	$D(0,0)$
$\frac{1}{2}$	$\frac{1}{8}$	$E(\frac{1}{2},\frac{1}{8})$
1	1	$F(1,1)$
2	8	$G(2,8)$

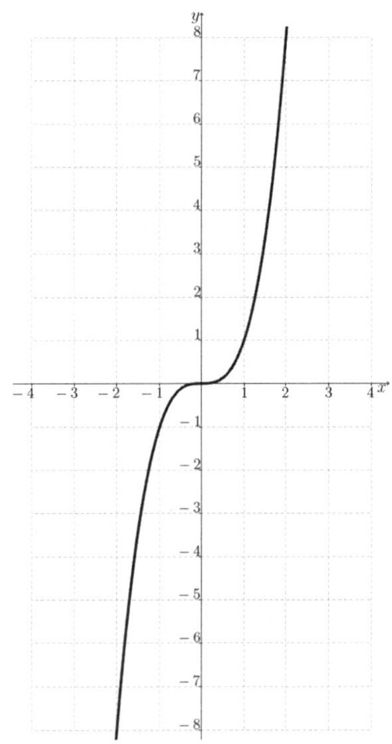

Exercícios

1. Sabendo que $x^3 - 3x + 2 = 0$ tem duas raízes inteiras distintas, resolva a inequação $x^3 - 3x + 2 \geq 0$.

2. Sabendo que uma das raízes da equação $2x^3 - 20x^2 + 62x - 60 = 0$ é 2, resolva a inequação $2x^3 - 20x^2 + 62x - 60 > 0$.

3. Sabendo que uma das raízes da equação $2x^3 - 8x^2 + 2x + 12 = 0$ é 3, resolva a inequação $2x^3 - 8x^2 + 2x + 12 \leq 0$.

4. Esboce o gráfico da função $f(x) = -x^3$.

5. Descreva o gráfico da função $f(x) = x^3 + 1$.

6. Descreva o gráfico da função $f(x) = (x - 1)^3$.

Respostas

1. $S = [-2, +\infty)$
2. $S = (2, 3) \cup (5, \infty)$
3. $S = (-\infty, -1] \cup [2, 3]$
4. Este gráfico é uma reflexão em torno do eixo y do gráfico do exemplo 5.63.
5. Este gráfico é uma translação, em uma unidade para cima, no eixo y, do gráfico do exemplo 5.63.
6. Este gráfico é uma translação, em uma unidade para a direita, no eixo x, do gráfico do exemplo 5.63.

5.4 Atividades práticas: qual é a função?

No presente capítulo foram vistas diversas aplicações para as funções apresentadas. Já nesta seção, sugeriremos algumas atividades práticas para que o leitor possa ampliar sua percepção de como as funções estão presentes nas nossas atividades diárias.

1. Pegue uma mola (pode ser inclusive uma espiral de caderno um pouco mais resistente), coloque na vertical e a prenda na parte superior. Utilize objetos que você tenha em casa com pesos conhecidos, como 0,1kg, 0,2kg, 0,3kg, 0,4kg, 0,5kg e 1kg. Pendure os objetos no lado livre da mola e vá registrando o quanto cada objeto flexionou a mola. Depois de tabelar suas anotações, estabeleça uma relação entre os objetos pendurados na mola e a deflexão que cada um causou. Assim,

você obterá a função que relaciona os objetos pendurados na mola e a deflexão dela.

2. Vá a um lugar aberto sem público, de posse de um cronômetro, uma fita métrica e um bola pequena (que pode ser uma bola de tênis). Atire a bola para cima horizontalmente, com bastante força. No mesmo instante que atirar a bola, ligue o cronômetro. No instante que a bola atingir o chão, desligue o cronômetro. Meça a distância em linha reta do local onde você se encontra até onde a bola atingiu o chão. De posse destas duas informações (tempo e distância), formule a função que relaciona a altura atingida (H) em função da distância no solo (x) percorrida pela bola. Sua altura poderá ser desprezada, pois é pequena em relação à altura que a bola atingirá. Sendo assim, a função que você obterá para esta situação será aproximadamente $H(x) = -ax^2 + bx$, sendo $a > 0$ e $b > 0$ determinados a partir dos dados que você coletou. Você também poderá formular a função que relaciona o deslocamento percorrido pela bola ($S(t)$) com o tempo gasto (t) para atingir o chão.

3. Pegue duas hastes de madeira ou de metal, desde que sejam retas e leves. Coloque-as em uma antena parabólica, na posição ilustrada na figura que segue. As duas hastes devem passar pelo centro da antena e ser posicionadas paralelamente.

   Depois, meça a distância entre as hastes, indicada como h na figura, e a distância do centro da antena até a sua extremidade, indicada como d na figura. De posse dessas medidas, identifique a função que descreve a parábola que a antena forma no plano xOy.

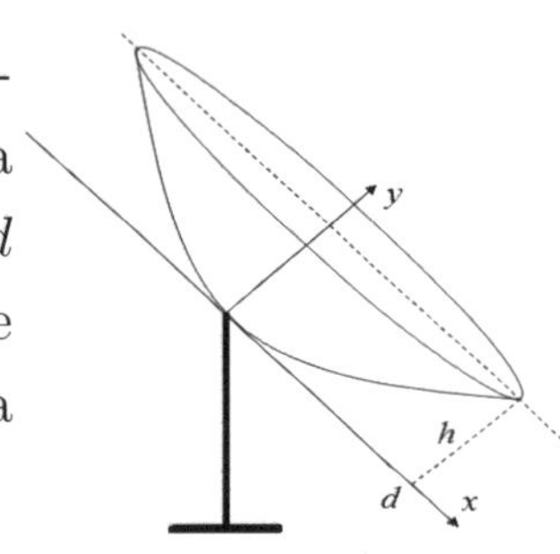

4. Disponha bolinhas de gude (ou outras) no formato mostrado na figura abaixo. Possivelmente você precisará colocar um apoio nas laterais para as bolinhas não saírem rolando.

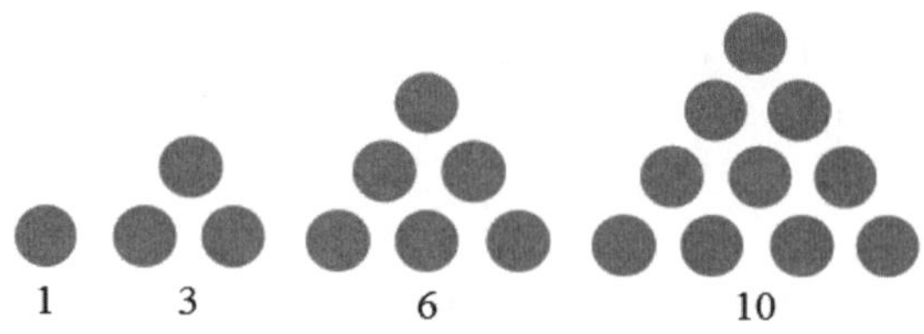

Estabeleça a função que descreve a quantidade de bolinhas em cada triângulo, à medida que vai se dando sequência a esta formação.

Depois, repita esta atividade empilhando estas bolinhas em forma de pirâmide. Aqui, você também necessitará de um apoio ou uma moldura para evitar que as bolinhas saiam rolando. Novamente, estabeleça a função, mas agora a que descreve a quantidade total de bolinhas que formam a pirâmide à medida que aumenta o número de camadas.

Observe que a disposição das bolindas não é única, você pode utilizar uma base quadrangular para a pirâmide, ao invés da triangular, e alterar sua função.

Capítulo 6

Outros tipos de funções

Neste capítulo, estudaremos outras classes de funções, que também têm grande importância nos estudos sobre funções. São elas: função potência, função raiz, função recíproca e função racional, função maior inteiro e função heaviside.

6.1 Função potência

Definição 6.1

Dado $n \in \mathbb{N}$, a função $f : \mathbb{R} \longrightarrow \mathbb{R}$ dada por $f(x) = x^n$ é dita *função potência.*

Exemplo 6.2 São exemplos de funções potência:

$$y = x,\ y = x^2,\ y = x^3,\ y = x^4,\ y = x^5,\ y = x^6, \ldots,\ y = x^{100},\ \ldots$$

Note que a função potência $f(x) = x^n$ é, em particular, uma função polinomial de grau n.

A seguir estão representados os gráficos das funções potências para n igual a $2, 4$ e 6, respectivamente.

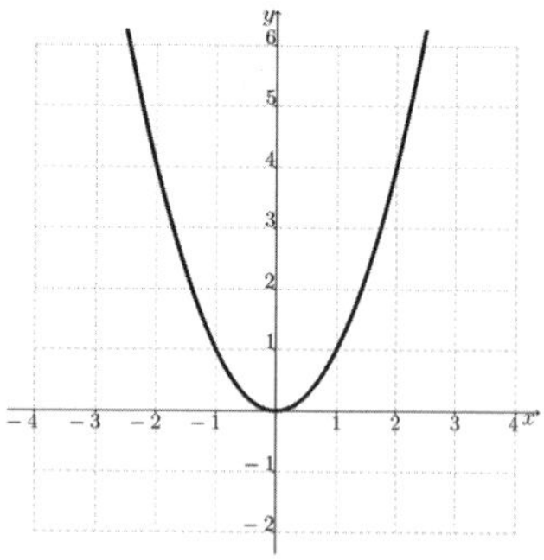

$y = x^2$

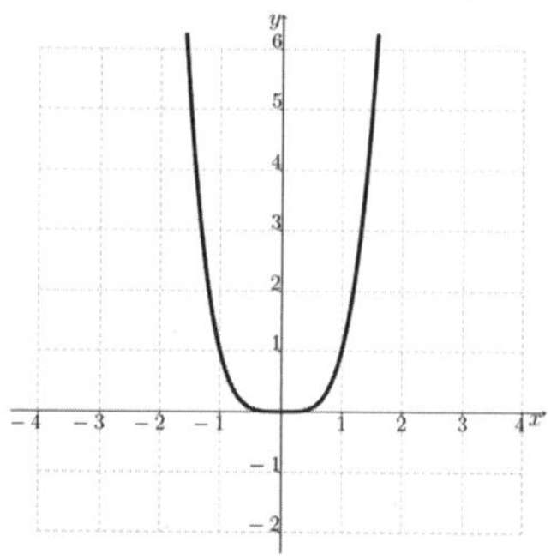

$y = x^4$

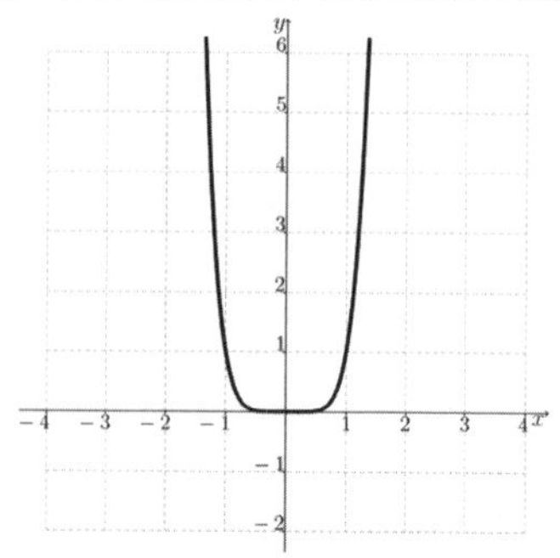

$y = x^6$

Observação: os gráficos das funções potência $y = x^n$ (n par), embora não sejam parábolas, são semelhantes ao gráfico da função quadrática $y = x^2$.

Algumas propriedades das funções potência de expoente par são dadas pela proposição 6.3 a seguir.

Proposição 6.3

Seja $f(x) = x^n$ (n par), então,

(i) $D(f) = \mathbb{R}$ *e* $Im(f) = [0, +\infty)$.

(ii) *f é uma função par.*

(iii) *f possui um único zero em $x = 0$.*

(iv) *f é não-negativa.*

(v) *f é decrescente em $(-\infty, 0]$ e crescente em $[0, +\infty)$.*

(vi) *Os pontos $(-1, 1)$, $(0, 0)$ e $(1, 1)$ pertencem ao gráfico de f.*

Demonstração.

(i) De fato, não há restrição para a condição x^n, portanto $D(f) = \mathbb{R}$.

Além disso, como n é par, podemos escrever $n = 2k$, com $k = \{1, 2, 3, ...\}$. Portanto

$$f(x) = x^{2k} = (x^k)^2 \geq 0$$

para todo $x \in \mathbb{R}$. Ou seja, $Im(f) = [0, +\infty)$.

(ii) De fato, sendo n par, então

$$f(-x) = (-x)^n = x^n = f(x)$$

Logo, f é par.

(iii) $f(x) = 0$ se, e somente se, $x^n = 0$, se e somente se, $x = 0$.

(iv) Basta observar pelo item (i) que $Im(f) = [0, +\infty)$.

(v) De fato, em $(-\infty, 0]$, se tomarmos $a < b \leq 0$ nesse intervalo, então

$$|a| > |b| \tag{6.1}$$

Assim, como n é par, podemos escrever $n = 2k$, onde $k \in \{1, 2, 3, ...\}$, e, dessa forma, devido a (6.1), temos

$$f(a) = a^n = a^{2k} = (a^2)^k = (|a|^2)^k > (|b|^2)^k = (b^2)^k = b^{2k} = b^n = f(b)$$

Ou seja, mostramos que, para $a < b \leq 0$, tem-se $f(a) > f(b)$. Assim, f é decrescente em $(-\infty, 0]$.

E, em $[0, +\infty)$, sendo $0 \leq a < b$, segue que

$$f(a) = a^n < b^n = f(b)$$

Ou seja, f é crescente em $[0, +\infty)$.

(vi) De $f(x) = x^n$, com n ímpar, basta observar que, para $x = -1$, $x = 0$ e $x = 1$, temos respectivamente

$$f(-1) = (-1)^n = 1 \quad \text{lembre que} \quad n \text{ é par},$$

$$f(0) = 0^n = 0$$

$$f(1) = 1^n = 1$$

A partir daqui, é possível perceber que $(-1, 1)$, $(0, 0)$ e $(1, 1)$ pertencem ao gráfico de f, concluindo a demonstração. □

Exemplo 6.4

(a) Resolva a inequação $x^4 \leq x^2$.

(b) Esboce, no mesmo sistema cartesiano, os gráficos de $f(x) = x^4$ e $g(x) = x^2$.

(c) Em termos dos gráficos das funções f e g, descreva o significado do conjunto solução obtido em (a).

Solução:

(a) Resolvendo a inequação, obtém-se $x^4 \leq x^2 \iff x^4 - x^2 \leq 0 \iff x^2(x^2-1) \leq 0$. Ou seja, a inequação dada pode ser transformada em uma inequação produto. Resolvendo esta inequação, obtém-se $S = [-1, 1]$.

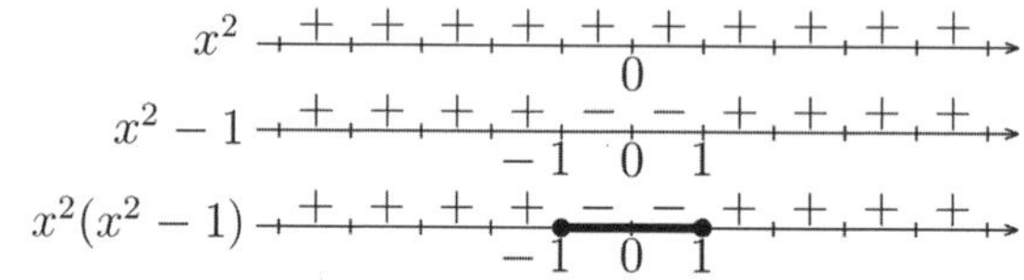

(b) Esboçando os gráficos de f e g no mesmo sistema e destacando o conjunto S, obtém-se os gráficos abaixo:

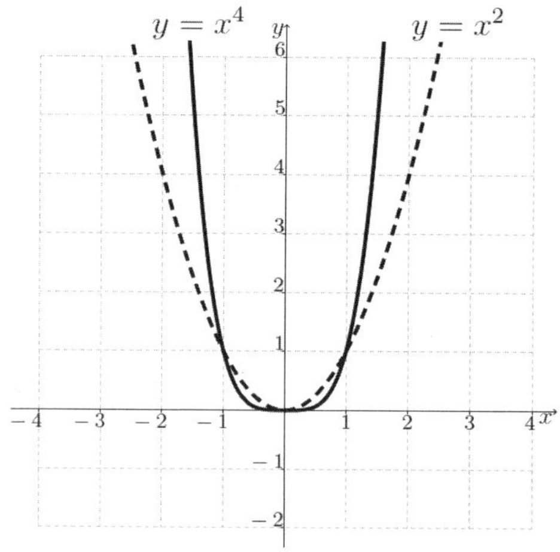

(c) Em termos das funções f e g, a inequação é dada por

$$\underbrace{x^4}_{f(x)} \leq \underbrace{x^2}_{g(x)} \iff f(x) \leq g(x)$$

O conjunto $S = [-1, 1]$ é formado pelos valores de x (abscissas) que cumprem a condição $f(x) \leq g(x)$, ou seja, para os valores de x o gráfico de f está abaixo ou é igual ao gráfico de g.

Observação: note que a função identidade ($y = x$) é um exemplo de função potência, cujo gráfico é uma reta (bissetriz dos quadrantes ímpares).

A seguir, estão representados os gráficos das funções potências para n igual a $3, 5$ e 7, respectivamente.

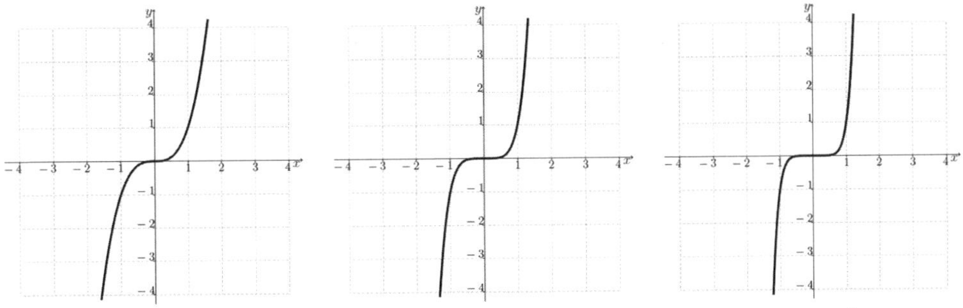

$y = x^3$ $y = x^5$ $y = x^7$

Os gráficos das funções potência $y = x^n$ (n ímpar e $n > 1$) são semelhantes ao gráfico da função quadrática $y = x^3$.

Algumas propriedades das funções potência de expoente ímpar são dadas pela proposição 6.5 a seguir:

Proposição 6.5

Seja $f(x) = x^n$ (n ímpar), então,

(i) *$D(f) = \mathbb{R}$ e $Im(f) = \mathbb{R}$.*

(ii) *f é uma função ímpar.*

(iii) *f possui um único zero em $x = 0$.*

(iv) *f é negativa em $(-\infty, 0)$ e positiva em $(0, +\infty)$.*

(v) *f crescente em $\mathbb{R}$.*

(vi) *Os pontos $(-1, -1)$, $(0, 0)$ e $(1, 1)$ pertencem ao gráfico de f.*

Demonstração. Sugerimos ao leitor realizar a demonstração.

Exemplo 6.6

(a) Resolva a inequação $x^5 < x^3$.

(b) Esboce, no mesmo sistema cartesiano, os gráficos de $f(x) = x^5$ e $g(x) = x^3$.

(c) Em termos dos gráficos das funções f e g, descreva o significado do conjunto solução obtido em (a).

Solução.

(a) Resolvendo a inequação, obtém-se

$$x^5 < x^3 \iff x^5 - x^3 < 0 \iff x^3(x^2-1) < 0$$

Ou seja, a inequação dada pode ser transformada em uma inequação produto. Resolvendo esta inequação, obtém-se $S = (-\infty, -1) \cup (0, 1)$.

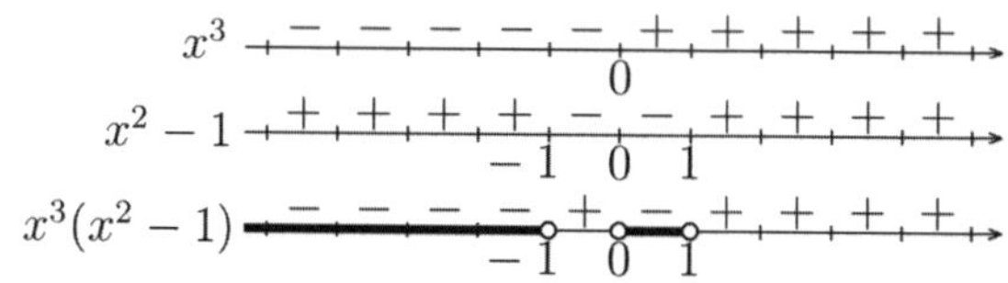

(b) Esboçando os gráficos de f e g no mesmo sistema e destacando o conjunto S, obtém-se os gráficos abaixo:

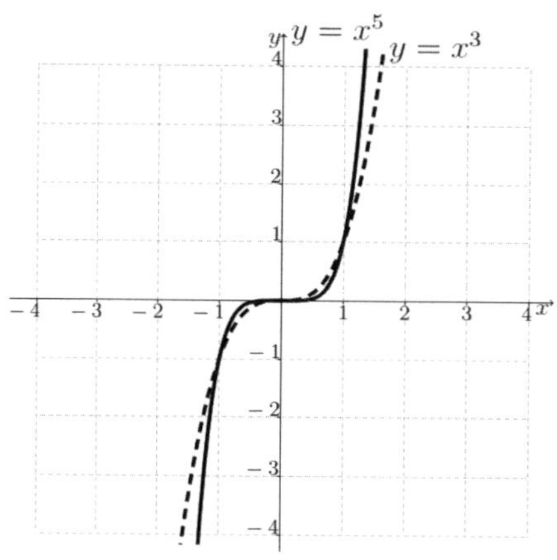

(c) Em termos das funções f e g, a inequação é dada por

$$\underbrace{x^5}_{f(x)} < \underbrace{x^3}_{g(x)} \iff f(x) < g(x)$$

O conjunto $S = (-\infty, -1) \cup (0, 1)$ é formado pelos valores de x (abscissas) que cumprem a condição $f(x) < g(x)$, ou seja, os valores de x para os quais o gráfico de f está abaixo do gráfico de g.

Como vimos nos capítulos anteriores, o gráfico de uma função de primeiro grau é uma reta, enquanto o gráfico de uma função de segundo grau é uma parábola.

Para esboçar o gráfico de uma função polinomial de grau maior ou igual a dois, em geral, utiliza-se a teoria de limites e derivadas – conteúdos abordados geralmente em disciplinas de Cálculo.

As funções polinomiais de grau maior ou igual a três não possuem um comportamento padrão. Veja, por exemplo, as funções de grau três e quatro $f(x) = x^3 - x^2$, $g(x) = (x-1)^3$ e $h(x) = (x+1)^3(x-1)$, cujos gráficos estão abaixo:

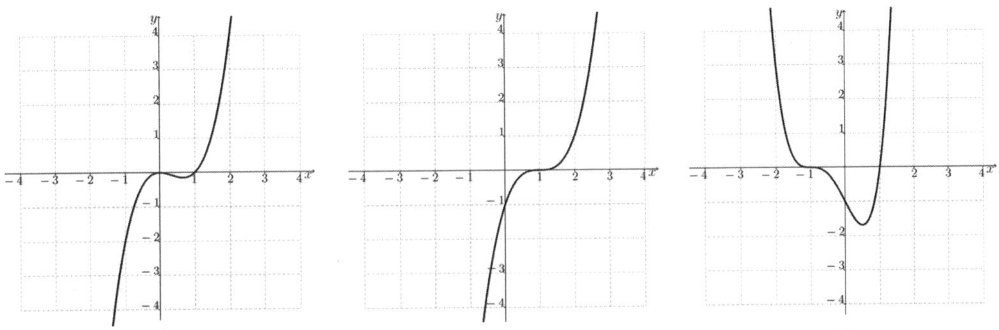

f $\qquad$ g $\qquad$ h

6.2 Função raiz

Definição 6.7

Dado $n \in \mathbb{N}$, $n \geq 2$, a função dada por

$$f(x) = \sqrt[n]{x}$$

é dita *função raiz de índice n*.

Exemplo 6.8 São exemplos de funções raízes:

$$y = \sqrt[2]{x}\,,\ y = \sqrt[3]{x}\,,\ y = \sqrt[4]{x}\,,\ y = \sqrt[5]{x}\,,\ y = \sqrt[6]{x}\,, \ldots,\ y = \sqrt[100]{x}\,,\ \ldots$$

Os gráficos das funções raízes $y = \sqrt[n]{x}$, para n par, são semelhantes ao gráfico da função $y = \sqrt[2]{x}$.

Os gráficos a seguir representam as funções raízes para n igual a $2, 4$ e 6, respectivamente.

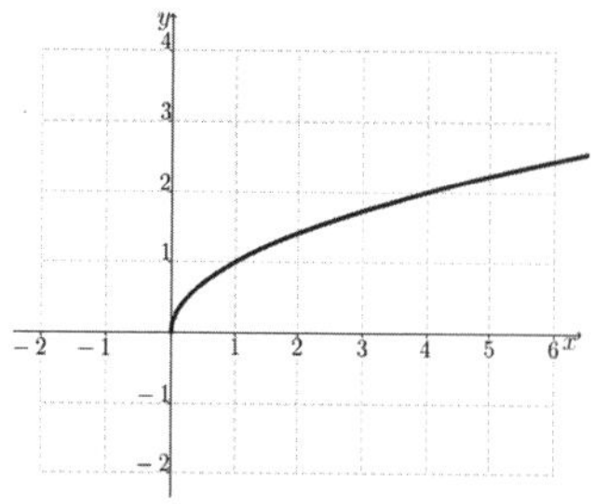

$y = \sqrt[2]{x}$

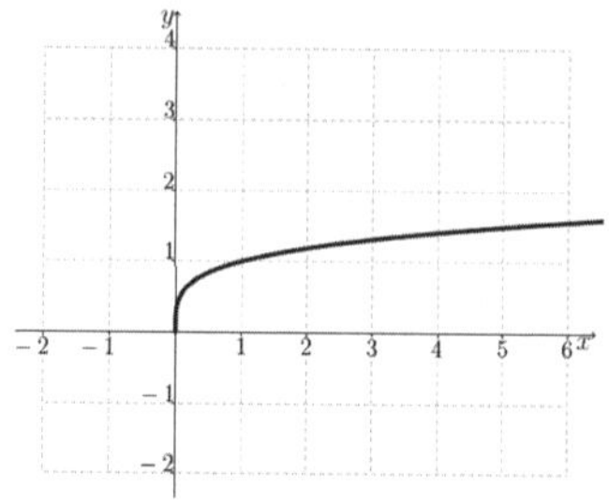

$y = \sqrt[4]{x}$

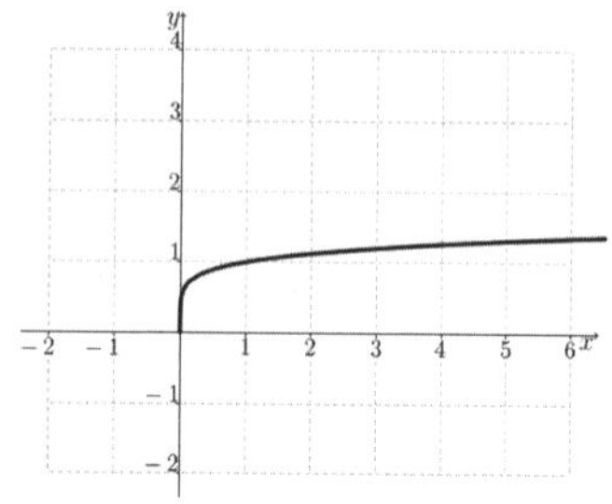

$y = \sqrt[6]{x}$

Algumas propriedades das funções raízes de índice par são dadas pela proposição 6.9 a seguir.

Proposição 6.9

Seja $f(x) = \sqrt[n]{x}$ (n par), então,

(i) $D(f) = [0, +\infty)$ *e* $Im(f) = [0, +\infty)$.

(ii) *f possui um único zero em $x = 0$.*

(iii) *f é não-negativa.*

(iv) *f é crescente em $[0, +\infty)$.*

(v) *os pontos $(0, 0)$ e $(1, 1)$ pertencem ao gráfico de f.*

Demonstração. Sugerimos ao leitor realizar a demonstração.

Os gráficos das funções raízes $y = \sqrt[n]{x}$, para n ímpar, são semelhantes ao gráfico da função $y = \sqrt[3]{x}$.

Os gráficos a seguir representam as funções raízes para n igual a $3, 5$ e 7, respectivamente.

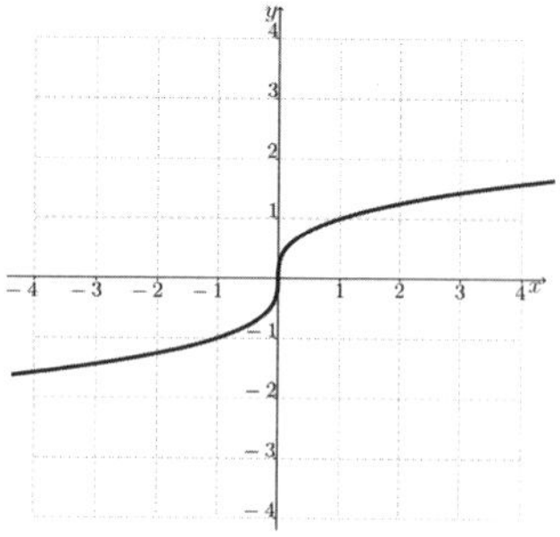

$y = \sqrt[3]{x}$,

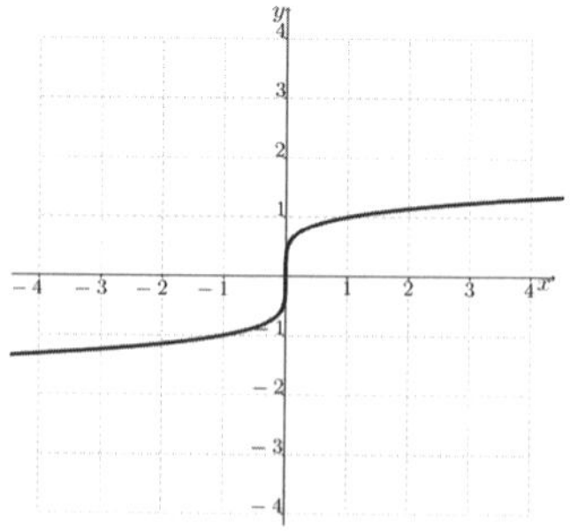

$y = \sqrt[5]{x}$,

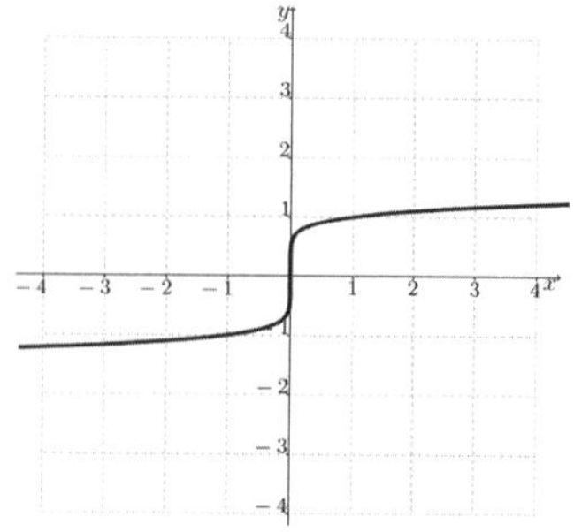

$y = \sqrt[7]{x}$

Algumas propriedades das funções raízes de índice ímpar são dadas pela proposição 6.10 a seguir.

Proposição 6.10

Seja $f(x) = \sqrt[n]{x}$ (n ímpar), então,

(i) $D(f) = \mathbb{R}$ *e* $Im(f) = \mathbb{R}$.

(ii) *f possui um único zero em $x = 0$.*

(iii) *f é negativa em $(-\infty, 0)$ e positiva em $(0, +\infty)$.*

(iv) *f é crescente em $\mathbb{R}$.*

(v) *os pontos $(-1, -1)$, $(0, 0)$, e $(1, 1)$ pertencem ao gráfico de f.*

(vi) *f é uma função ímpar.*

Demonstração. Sugerimos ao leitor realizar a demonstração.

6.3 Função recíproca e funções racionais

Definição 6.11

A função $f : \mathbb{R}^* \longrightarrow \mathbb{R}^*$ dada por $f(x) = \dfrac{1}{x}$ é dita *função recíproca.*

O gráfico cartesiano de uma função recíproca é um subconjunto do plano chamado de *hipérbole.*

As hipérboles por sua vez, fazem parte das curvas denominadas de seções cônicas, geralmente estudadas em Geometria Analítica. Mas esse assunto em particular não será abordado neste livro.

Com o objetivo de esboçar o gráfico da função recíproca $f(x) = \dfrac{1}{x}$, destacamos alguns pontos do gráfico desta função na tabela que segue:

x	$y = \frac{1}{x}$	Ponto
-4	$-\frac{1}{4}$	$A(-4, -\frac{1}{4})$
-3	$-\frac{1}{3}$	$B(-3, -\frac{1}{3})$
-2	$-\frac{1}{2}$	$C(-2, -\frac{1}{2})$
-1	-1	$D(-1, -1)$
$-\frac{1}{2}$	-2	$E(-\frac{1}{2}, -2)$
$-\frac{1}{3}$	-3	$F(-\frac{1}{3}, -3)$
$-\frac{1}{4}$	-4	$G(-\frac{1}{4}, -4)$
$\frac{1}{4}$	4	$H(\frac{1}{4}, 4)$
$\frac{1}{3}$	3	$I(\frac{1}{3}, 3)$
$\frac{1}{2}$	2	$J(\frac{1}{2}, 2)$
1	1	$K(1, 1)$
2	$\frac{1}{2}$	$L(2, \frac{1}{2})$
3	$\frac{1}{3}$	$M(3, \frac{1}{3})$
4	$\frac{1}{4}$	$N(4, \frac{1}{4})$

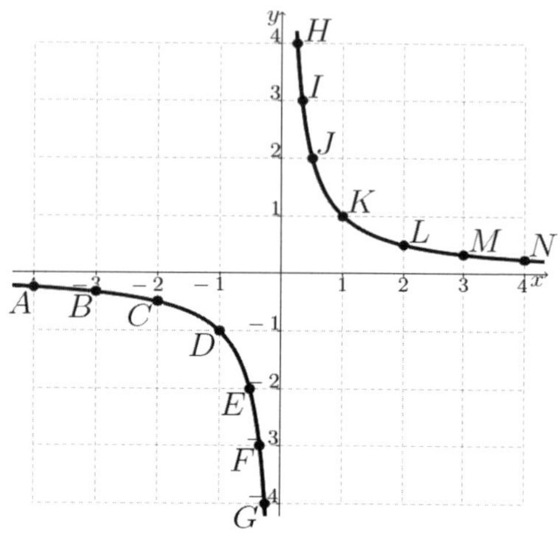

Observações:

(a) O domínio e a imagem da função $f(x) = \dfrac{1}{x}$ são dados por $D(f) = \mathbb{R}^*$ e $Im(f) = \mathbb{R}^*$.

(b) Quando os valores de x aumentam indefinidamente, os valores de $f(x)$ se aproximam de zero por valores positivos. Neste caso, diz-se que $f(x)$ *tende a zero por valores positivos* quando x *tende a mais infinito.*

x	$y = \frac{1}{x}$
1	1
100	$0,01$
10000	$0,0001$
1000000	$0,000001$

Da mesma forma, quando os valores de x diminuem indefinidamente, os valores de $f(x)$ se aproximam de zero por valores negativos. Neste caso, diz-se que $f(x)$ *tende a zero por valores negativos* quando x *tende a menos infinito.*

x	$y = \frac{1}{x}$
-1	-1
-100	$-0,01$
-10000	$-0,0001$
-1000000	$-0,000001$

Por este motivo, a reta $y = 0$ (eixo x) é chamada de *assíntota horizontal* do gráfico de f.

(c) Quando os valores de x se aproximam de zero pela direita, isto é, por valores positivos, os valores de $f(x)$ aumentam indefinidamente. Neste caso, diz-se que $f(x)$ *tende a mais infinito* quando x *tende a zero por valores positivos.*

x	$y = \frac{1}{x}$
1	1
0,01	100
0,0001	10000
0,000001	1000000

Da mesma forma, quando os valores de x se aproximam de zero pela esquerda, isto é, por valores negativos, os valores de $f(x)$ diminuem indefinidamente. Neste caso, diz-se que $f(x)$ *tende a menos infinito* quando x *tende a zero por valores negativos.*

x	$y = \frac{1}{x}$
-1	-1
$-0,01$	-100
$-0,0001$	-10000
$-0,000001$	-1000000

Por este motivo, a reta $x = 0$ (eixo y) é chamada de *assíntota vertical* do gráfico de f.

Exemplo 6.12 Determine o domínio, a imagem, as assíntotas (horizontal e vertical) e esboce o gráfico da função $f(x) = 2 + \dfrac{1}{x-1}$.

Solução: A função dada corresponde a translações da função recíproca $y = \frac{1}{x}$. Neste caso, a função $y = \frac{1}{x}$ foi transladada horizontalmente em uma unidade para a direita e verticalmente em duas unidades para cima. Em particular, tem-se que $D(f) = \mathbb{R} - \{1\}$ e $Im(f) = \mathbb{R} - \{2\}$.

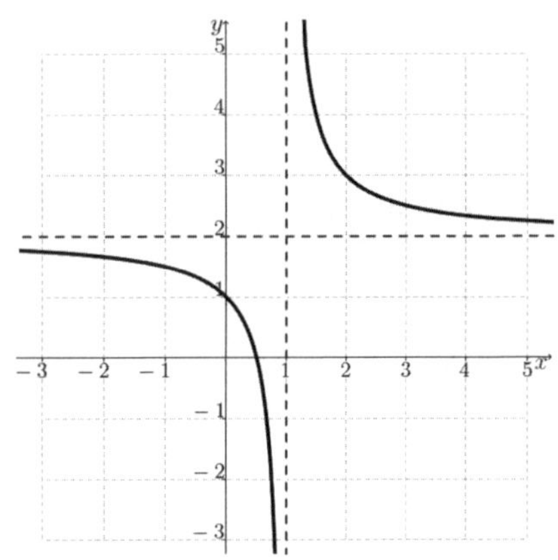

Portanto, a reta $y = 2$ é uma assíntota horizonal e a reta $x = 1$ é uma assíntota vertical do gráfico da função f.

Exemplo 6.13 Determine o domínio, a imagem, as assíntotas (horizontal e vertical) e esboce o gráfico da função $f(x) = \dfrac{x+2}{x+1}$.

Solução: Note que $f(x) = \dfrac{x+2}{x+1} = \dfrac{x+1}{x+1} + \dfrac{1}{x+1} = 1 + \dfrac{1}{x+1}$.

A função dada corresponde a translações da função recíproca $y = \frac{1}{x}$. Neste caso, a função $y = \frac{1}{x}$ foi transladada horizontalmente em uma unidade para a esquerda e verticalmente em uma unidade para cima. Em particular, tem-se que $D(f) = \mathbb{R} - \{-1\}$ e $Im(f) = \mathbb{R} - \{1\}$.

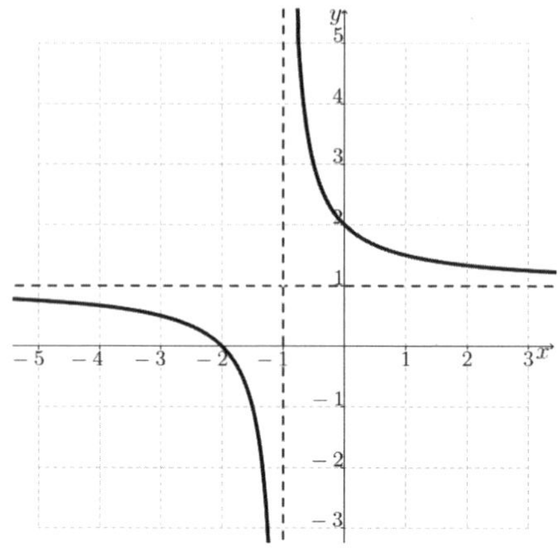

Sendo assim, a reta $y = 1$ é uma assíntota horizonal e a reta $x = -1$ é uma assíntota vertical do gráfico da função f.

Definição 6.14

Sejam f e g funções polinomiais dadas por

$$g(x) = a_n x^n + a_{n-1}x^{n-1} + \ldots a_1 x + a_0, \ \forall x \in \mathbb{R} \quad \text{e}$$

$$h(x) = b_m x^m + b_{m-1}x^{m-1} + \ldots b_1 x + b_0, \ \forall x \in \mathbb{R}$$

A função $f : X \longrightarrow \mathbb{R}$ dada por

$$f(x) = \frac{g(x)}{h(x)} = \frac{a_n x^n + a_{n-1}x^{n-1} + \ldots a_1 x + a_0}{b_m x^m + b_{m-1}x^{m-1} + \ldots b_1 x + b_0},$$

onde $X = \{x \in \mathbb{R} : h(x) \neq 0\}$, é chamada de *função racional.*

Uma função racional é, portanto, o quociente de duas funções polinomias. Obviamente, a função polinomial do denominador não pode ser identicamente nula.

Exemplo 6.15 São exemplos de funções racionais:

(a) $f(x) = \dfrac{x^2 + 3x}{x - 1}$, onde $g(x) = x^2 + 3x$ e $h(x) = x - 1$;

(b) $f(x) = \dfrac{x^3 - x^2 - 1}{x^7 + 2}$, onde $g(x) = x^3 - x^2 - 1$ e $h(x) = x^7 + 2$;

(c) $f(x) = x^5 + x^4 - 2x^3$, onde $g(x) = x^5 + x^4 - 2x^3$ e $h(x) = 1$.

Exemplo 6.16 Toda função polinomial é, em particular, uma função racional, onde $h(x) = 1$ para todo $x \in \mathbb{R}$.

Exemplo 6.17 A função recíproca $f(x) = \dfrac{1}{x}$, $x \in \mathbb{R}^*$, estudada acima, é um exemplo de função racional, onde $g(x) = 1$ e $h(x) = x$.

Observação: de uma forma geral, estudar funções racionais não é o objetivo deste livro. Para tal, seriam necessárias técnicas mais avançadas, como as técnicas estudadas em um curso de Cálculo Diferencial.

A proposição 6.18 a seguir permitirá estudar alguns casos particulares de funções racionais, onde as funções polinomiais do numerador e denominador possuem um zero em comum.

Proposição 6.18

Considere a função racional $f(x) = \dfrac{g(x)}{h(x)}$ *e suponha que exista um número* $x_0 \in \mathbb{R}$, *tal que* $g(x_0) = h(x_0) = 0$. *A função* f *pode ser reescrita como*

$$f(x) = \frac{g_0(x)(x - x_0)}{h_0(x)(x - x_0)} = \frac{g_0(x)}{h_0(x)}, \ \forall x \in D(f)$$

onde h_0 *e* g_0 *são funções polinomiais.*

Demonstração. Sugerimos ao leitor realizar a demonstração.

Observação: a proposição 6.18 permite "simplificar" o fator $(x - x_0)$ do numerador e do denominador da função f. Na versão "simplificada" da função f, dada por $f(x) = \frac{g_0(x)}{h_0(x)}$, deve-se ter especial atenção para que o domínio da função simplificada seja o mesmo domínio da função original (antes da simplificação). Simplificar o fator $(x - x_0)$ não "coloca" o elemento x_0 no domínio da função original.

Exemplo 6.19 Esboce o gráfico da função $f(x) = \dfrac{x^2 + 3x + 2}{x + 1}$.

Solução: Note que $D(f) = \mathbb{R} - \{-1\}$ e que $x = -1$ é um zero comum das funções $y = x^2 + 3x + 2$ e $y = x + 1$. Escrevendo o numerador da função dada na forma fatorada, obtém-se, para $x \neq -1$,

$$f(x) = \frac{x^2 + 3x + 2}{x + 1} = \frac{(x + 1)(x + 2)}{x + 1} = x + 2$$

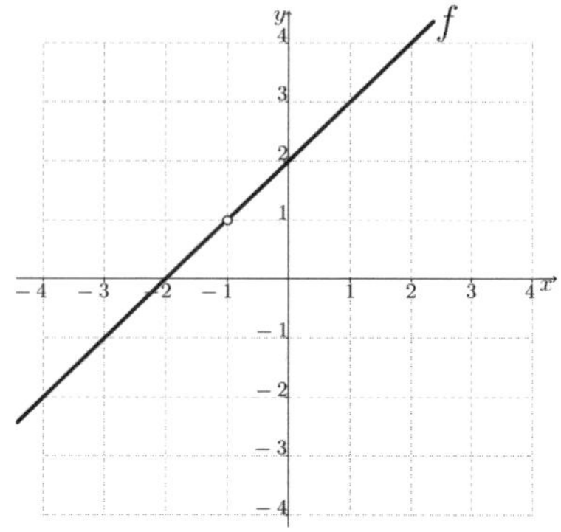

O gráfico da função f coincide com o gráfico da função $y = x + 2$, exceto em $x = -1$, onde a função f não está definida. Então, o domínio de $f(x) = x + 2$ seria $\mathbb{R}$, mas, devido à simplicação feita, $D(f) = \mathbb{R} - \{-1\}$, que frequentemente é denominado de *domínio natural da função.*

Exemplo 6.20 Esboce o gráfico da função $f(x) = \dfrac{x^3 - 4x^2 + 3x}{x - 1}$.

Solução. Note que $D(f) = \mathbb{R} - \{1\}$ e que $x = 1$ é um zero comum das funções $y = x^3 - 4x^2 + 3x$ e $y = x - 1$. Escrevendo o numerador da função dada na forma fatorada, obtém-se, para $x \neq 1$,

$$f(x) = \frac{x^3 - 4x^2 + 3x}{x - 1} = \frac{x(x^2 - 4x + 3)}{x - 1}$$

$$= \frac{x(x - 1)(x - 3)}{x - 1} = x(x - 3) = x^2 - 3x$$

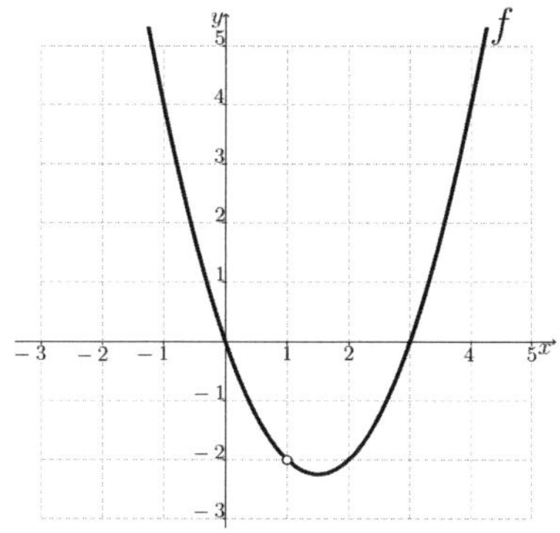

Portanto, o gráfico da função f coincide com o gráfico da função $y = x^2 - 3x$, exceto em $x = 1$, onde a função f não está definida. Assim, o *domínio natural* da função é $D(f) = \mathbb{R} - \{1\}$.

Exemplo 6.21 Esboce o gráfico da função

$$f(x) = \frac{x - 2}{x^2 - 3x + 2}.$$

Solução. Utilizando a forma fatorada do denominador da função dada, obtemos

$$f(x) = \frac{x-2}{(x-1)(x-2)} = \frac{1}{x-1}, \ \forall x \neq 2$$

Ou seja,

$$f(x) = \frac{1}{x-1}, \ \forall x \neq 2$$

O gráfico de f está representado ao lado.

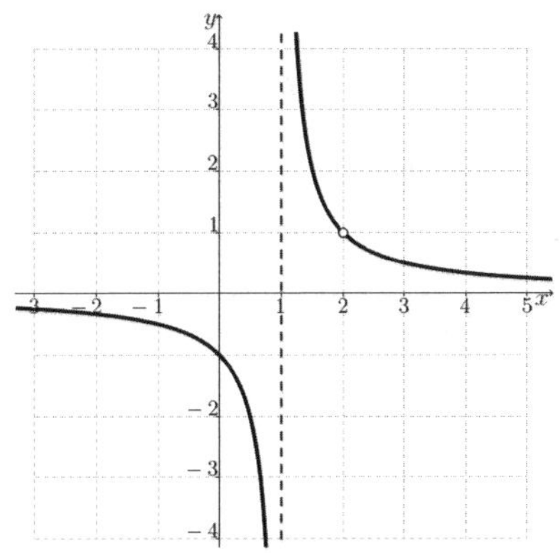

Exemplo 6.22 Esboce o gráfico da função

$$f(x) = \frac{x^2+x-2}{x^3+2x^2-x-2}.$$

Solução. Observando que $x = 1$ e $x = -2$ são zeros comuns das funções $y = x^2 + x - 2$ e $y = x^3 + 2x^2 - x - 2$ e escrevendo o numerador e o denominador da função dada na forma fatorada, obtém-se, para $x \neq -2$ e $x \neq 1$,

$$f(x) = \frac{x^2+x-2}{x^3+2x^2-x-2}$$
$$= \frac{(x+2)(x-1)}{(x-1)(x+1)(x+2)} = \frac{1}{x+1}$$

Portanto, o gráfico da função f coincide com o gráfico da função $y = \frac{1}{x+1}$, exceto em $x = -2$ e $x = 1$, onde a função f não está definida.

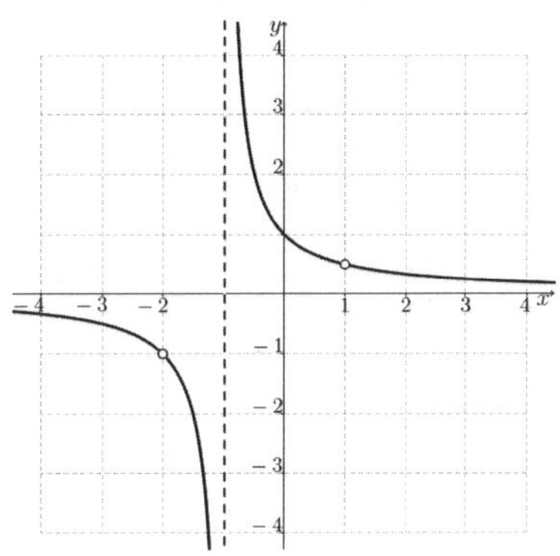

Exemplo 6.23 Esboce o gráfico da função

$$f(x) = \frac{x^2}{x^2-4} - \frac{x+1}{x+2}.$$

Solução. Reescrevendo a expressão que define a função f, temos

$$f(x) = \frac{x^2}{x^2-4} - \frac{x+1}{x+2} = \frac{x^2-(x+1)(x-2)}{x^2-4}$$

$$= \frac{x+2}{(x+2)(x-2)} = \frac{1}{x-2}$$

Portanto, o gráfico da função f coincide com o gráfico da função $y = \frac{1}{x-2}$, exceto em $x = -2$, onde a função f não está definida.

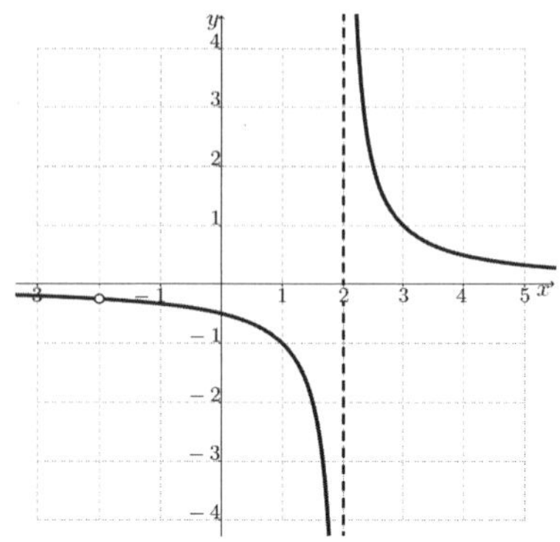

6.4 Função maior inteiro

Definição 6.24

A função $f : \mathbb{R} \to \mathbb{Z}$ dada por

$$f(x) = [x] = n\,,$$

sendo $n \leq x < n+1$ e n um número inteiro, é chamada de *função maior inteiro.*

Dado o número real x, o símbolo $[x]$ significa o maior inteiro menor ou igual ao número real x.

Exemplo 6.25 Os maiores inteiros menores dos números a seguir são: $[-2,5] = -3$, pois $-3 < -2,5 < -2$; e $[3,89] = 3$, pois $3 < 3,89 < 4$.

Abaixo segue o gráfico da função maior inteiro $f(x) = [x]$:

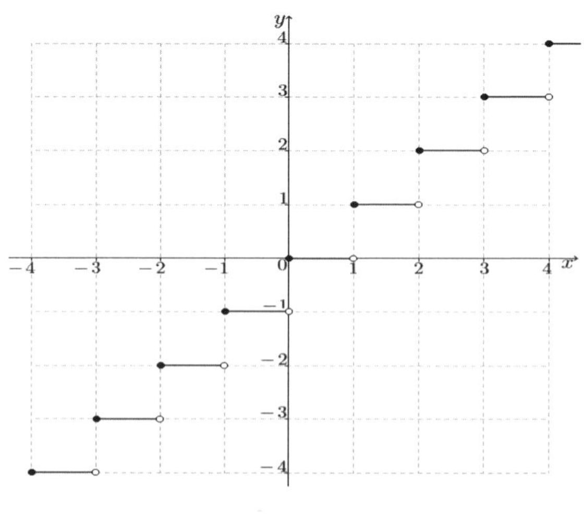

Observação: embora tenhamos definido de uma única maneira a função maior inteiro, na literatura encontramos duas definições para ela. Uma, definida acima e cujo gráfico apresentamos, é a maior inteiro menor ou igual ao número real x, $f(x) = \lfloor x \rfloor$, também conhecida como função chão. A outra é a maior inteiro maior ou igual ao número real x, $f(x) = \lceil x \rceil$, também conhecida como função teto.

6.5 Função heaviside

A função heaviside é uma função definida por partes. Um estudo detalhado dessa função será feito em um capítulo posterior. Aqui somente utilizaremos este tipo para um caso específico.

Definição 6.26

A função $f : \mathbb{R} \to \left\{0, \dfrac{1}{2}, 1\right\}$ dada por

$$f(x) = \begin{cases} 0, \text{ se } x < 0, \\ \dfrac{1}{2}, \text{ se } x = 0, \\ 1, \text{ se } x > 0. \end{cases} \quad \text{ou} \quad f(x-a) = \begin{cases} 0, \text{ se } x < a, \\ \dfrac{1}{2}, \text{ se } x = a, \\ 1, \text{ se } x > a. \end{cases} \quad \forall\, a \in \mathbb{R},$$

é chamada de *função heaviside.*

Note que os valores função heaviside são 0 ou 1, exceto em $x = 0$ ou $x = a$, quando o valor da função, por definição, é $\frac{1}{2}$.

Abaixo segue o gráfico da função heaviside, costumeiramente denotada como $H(x)$, com o salto de descontinuidade em $x = 0$.

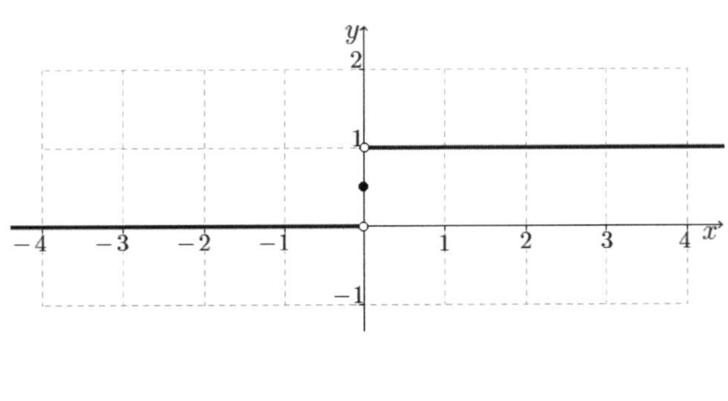

Observação: a função heaviside é bastante utilizada no estudo de sinais elétricos, pois com ela podemos produzir pulsos ou ainda ondas, como a bem conhecida onda quadrada. Ela também pode ser utilizada para ligar e desligar um sinal.

6.6 Exercícios e aplicações

1. Demonstre as proposições deste capítulo, cujas demonstrações foram sugeridas como exercício.

2. Esboce o gráfico das seguintes funções:

   (a) $f(x) = x^4 + 1$ (c) $f(x) = 2(x-2)^8 + 1$ (e) $f(x) = (2-x)^3$

   (b) $f(x) = (x+2)^6$ (d) $f(x) = x^5 - 1$ (f) $f(x) = |x^7| - 1$

3. Esboce o gráfico das seguintes funções:

   (a) $f(x) = \sqrt{-x}$ (e) $f(x) = \sqrt{2x-3}$ (i) $f(x) = -\sqrt[3]{-x}$

   (b) $f(x) = -2\sqrt{x}$ (f) $f(x) = |\sqrt{x} - 2|$ (j) $f(x) = \sqrt[3]{|x-1|}$

   (c) $f(x) = \sqrt{|x|}$ (g) $f(x) = \sqrt[3]{-x}$ (k) $f(x) = \sqrt[3]{-x+2} - 1$

   (d) $f(x) = \sqrt{x+2} - 1$ (h) $f(x) = \sqrt[3]{|x|}$ (l) $f(x) = |\sqrt[3]{|x-1|} + 2|$

4. Esboce os gráficos das seguintes funções, destacando as assíntotas:

   (a) $f(x) = \dfrac{1}{x} + 1$ (e) $f(x) = \dfrac{1}{x-2} + 1$ (i) $f(x) = \dfrac{1}{|x|}$

   (b) $f(x) = \dfrac{2}{x} - 1$ (f) $f(x) = \dfrac{1}{x+1} - 1$ (j) $f(x) = \dfrac{3}{|x+1|}$

   (c) $f(x) = \dfrac{3}{x+1}$ (g) $f(x) = -\dfrac{3}{x}$ (k) $f(x) = \dfrac{x+2}{x+1}$

(d) $f(x) = \dfrac{1}{x-2}$ (h) $f(x) = \dfrac{1}{2-x}$ (l) $f(x) = \dfrac{x-1}{x+1}$

5. Esboce os gráficos das seguintes funções, destacando as assíntotas:

(a) $f(x) = \dfrac{1}{x^2}$ (c) $f(x) = \dfrac{1}{(x-1)^2} + 2$ (e) $f(x) = -\dfrac{1}{x^3} + 1$

(b) $f(x) = -\dfrac{1}{(x+1)^2}$ (d) $f(x) = \dfrac{1}{x^3}$ (f) $f(x) = \dfrac{1}{x^3} - 1$

6. Esboce os gráficos das funções racionais dadas:

(a) $f(x) = \dfrac{x^2 + 4x + 4}{x+2}$ (d) $f(x) = \dfrac{x^3 + x^2 - x - 1}{x+1}$

(b) $f(x) = \dfrac{x^2 + 2x}{x}$ (e) $f(x) = \dfrac{x-3}{x^2 - x - 6}$

(c) $f(x) = \dfrac{x^2 + x - 2}{x+2}$ (f) $f(x) = \dfrac{2x}{x^2 - 2x}$

7. A função maior inteiro trunca os valores decimais. Isto pode ser utilizado em algumas aplicações reais, como mostramos nos itens (a) e (b) a seguir:

(a) Considere uma forma de investimento que utiliza o pagamento de juros anuais, onde alguém deposita R\$20.000,00, a juros de 6% ao ano. Os juros são compostos mensalmente. Assim, se 6% é a taxa anual, a taxa mensal será de $\frac{0{,}06}{12} = 0,005$, o que equivale à 0,05% ao mês. Observe que os valores resultantes desta função dão um salto na mudança dos meses e permanecem constantes a cada mês. Levando em conta o tempo, $t \in \mathbb{R}$, esboce o gráfico da evolução do montante (M), inicialmente de R\$20.000,00, durante o primeiro ano de aplicação.

(b) Uma gráfica tem capacidade de produzir 200 livros em um turno de trabalho de 4 horas. O gasto médio por turno de operação, que compreende despesas com mão de obra e manutenção de equipamentos, é um valor fixo de R\$500,00 (como a bandeirada no caso dos táxis). O custo unitário da impressão de cada livro é de R$2,00. A função maior inteiro que respresenta o custo da produção de x livros, $C(x)$, pode ser dada por

$$C(x) = 500\left(1 + \left[\frac{x}{200}\right]\right) + 2x$$

Observe que os valores resultantes desta função dão um salto de 500 em cada mudança de turno de operação. Esboce seu gráfico.

8. Se $H(x)$ é função heaviside, como se dá o gráfico de $-H(x)$?

9. A partir da função heaviside, formule as funções que geram os seguintes sinais (se possível, também faça o gráfico).

   (a) Um pulso unitário que vai de $x = 1$ a $x = 2$.

   (b) Uma rampa que vai de $x = 0$ a $x = 1$.

   (c) Uma onda quadrada que vai de $x = 0$ a $x = 4$ e "liga e desliga" em um passo de uma unidade, ou seja, com dois pulsos.

   (d) Uma onda triangular que vai de $x = 0$ a $x = 2$, ou seja, com um pico triangular.

Respostas

1. Utilize como base a demonstração feita neste capítulo.

2. Gráficos:

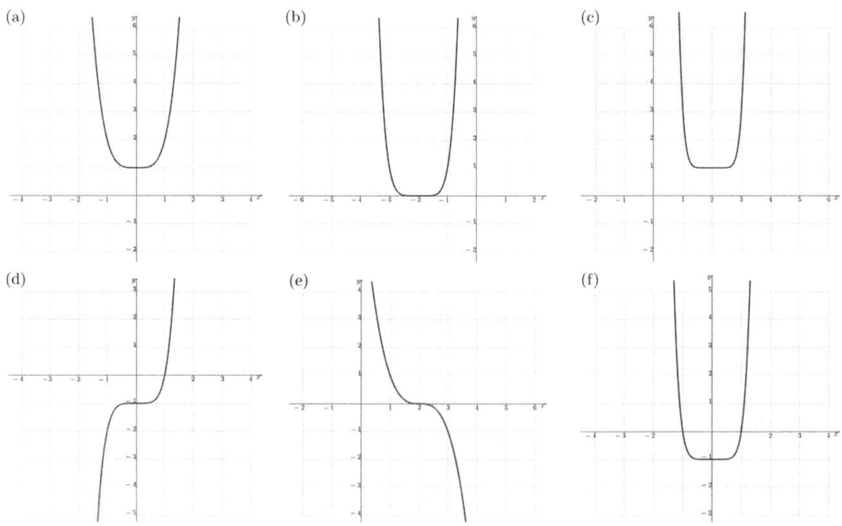

3. Gráficos:

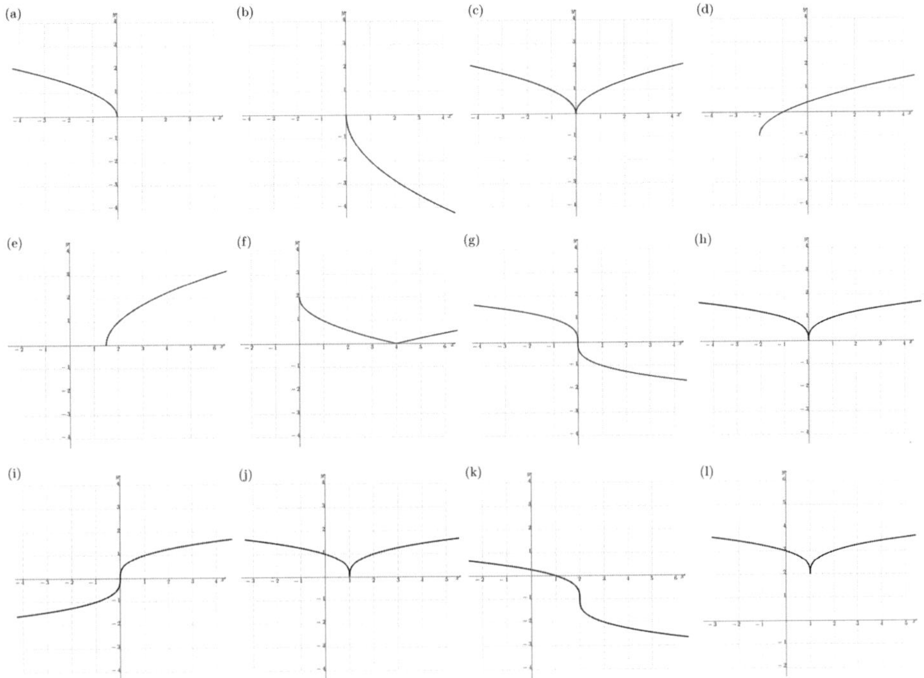

4. Gráficos:

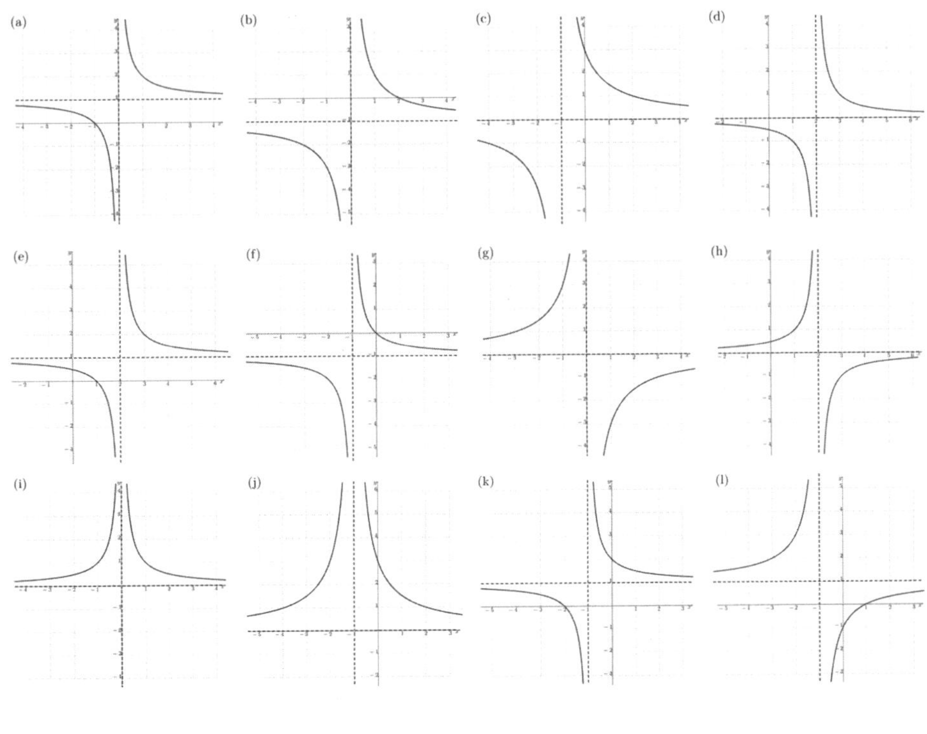

5. Gráficos:

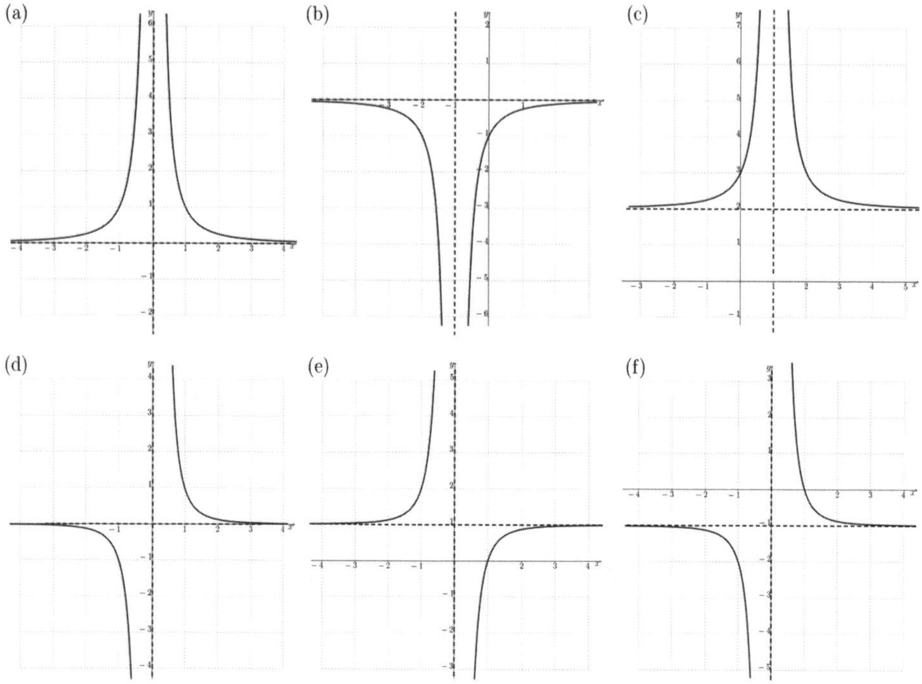

6. Gráficos:

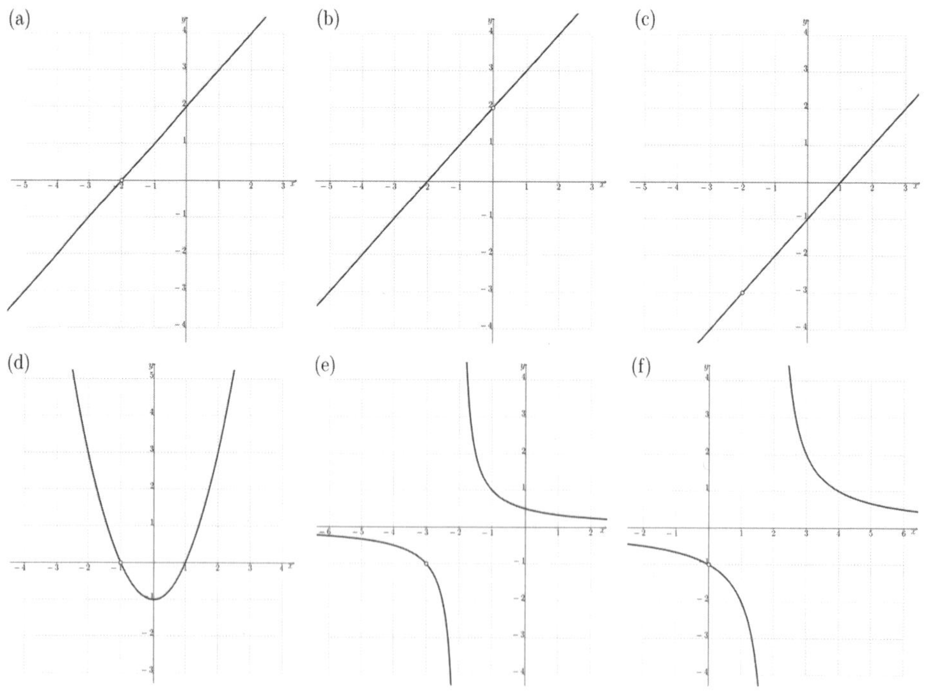

7. Gráficos:

(a)

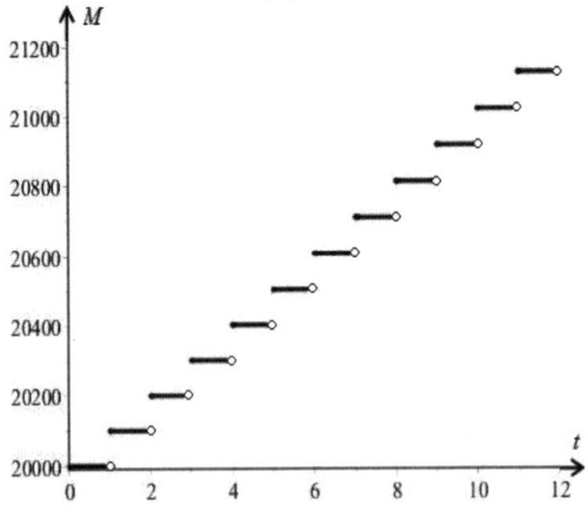

(b)

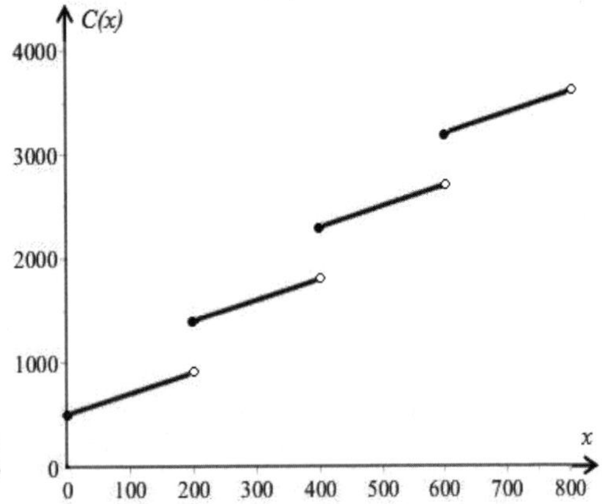

8. O gráfico de $-H(x)$ é uma reflexão em torno do eixo y, da função $H(x)$.

9. (a)$f(x) = H(x-1) - H(x-2)$

   (b)$f(x) = xH(x) + (1-x)H(x-1)$

   (c) $f(x) = H(x-1) - H(x-2) + H(x-3) - H(x-4)$

   (d)$f(x) = xH(x) + 2(1-x)H(x-1) + (x-2)H(x-2)$

(a)

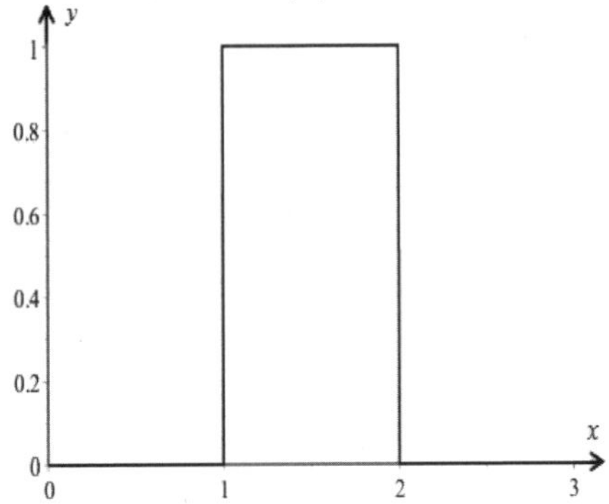

(d)

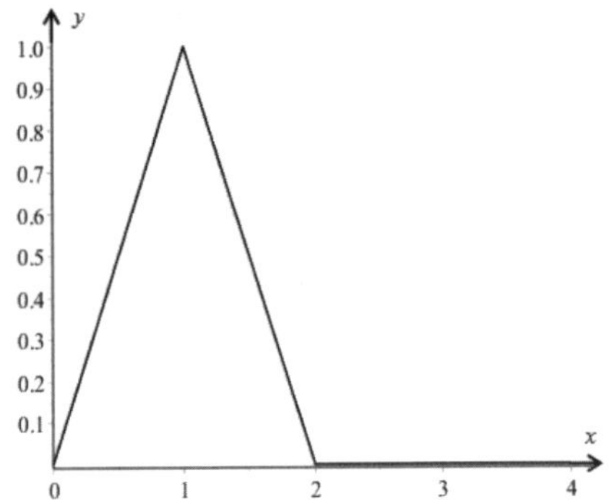

Capítulo 7

Função composta e função inversa

Neste capítulo, apresentaremos dois conceitos fundamentais no estudo de funções: a composição e a inversibilidade. Para a composição de funções, introduziremos uma variável adicional. Já para a inversibilidade, introduziremos previamente os conceitos de funções injetoras, bijetoras e sobrejetoras.

7.1 Função composta

Nos capítulos anteriores, vimos que, em uma função, existem duas variáveis: a variável independente, em geral denotada por x, e a variável dependente, em geral denotada por y. Neste caso, escreve-se $y = y(x)$, ou $y = f(x)$, para denotar que a variável y é dada em função da variável x.

Agora, suponhamos que a variável x também seja dada em função de uma terceira variável, que denotamos, por exemplo, por t, ou seja, $x = x(t)$. Como y está em função de x e x está em função de t, podemos afirmar que y também será uma função da variável t, ou seja, $y = y(x(t))$.

A seguir. apresentamos exemplos de como se dá a introdução de uma terceira variável.

Exemplo 7.1 A conta de energia elétrica em uma residência é dada em função do consumo mensal.

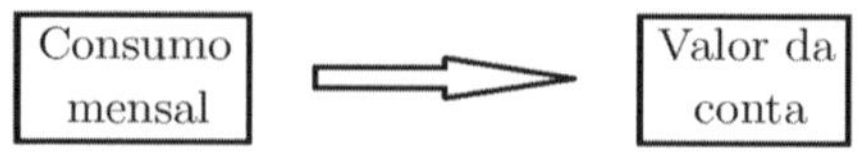

Por sua vez, o consumo mensal da residência é dado em função da quantidade de aparelhos eletrônicos utilizados.

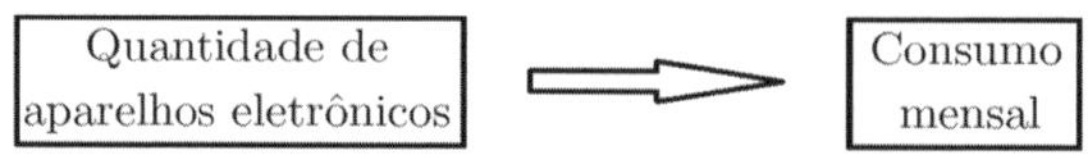

Pode-se dizer então que o valor da conta de energia elétrica de uma residência é dado em função da quantidade de aparelhos eletrônicos utilizados.

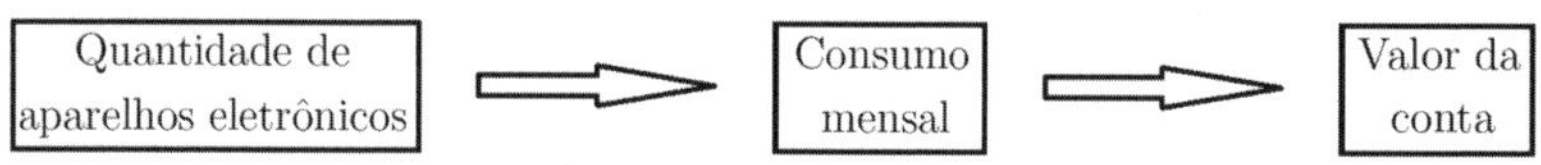

Note que a função do valor da conta é, portanto, uma "composta" de duas funções.

Exemplo 7.2 O preço do litro do leite em um supermercado é dado em função do valor pago pelo litro do leite para a indústria. Por outro lado, o valor cobrado pela indústria é dado em função do valor pago ao produtor rural. Por sua vez, o preço cobrado pelo produtor é dado em função do preço dos insumos agrícolas necessários para a produção.

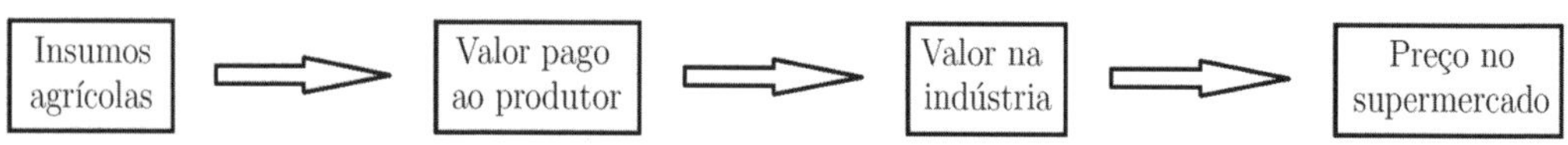

Pode-se dizer então que o preço do litro do leite no supermercado está em função do preço dos insumos. Note que a função do preço no supermercado é uma "composta" de três funções.

Observação: de uma forma mais simples, a ideia de função composta é a seguinte: suponha que seja necessário realizar dois cálculos, onde o segundo cálculo depende do resultado encontrado no primeiro. Diante disto, surge a pergunta: *é possível "compor" os dois cálculos em uma única fórmula?* A resposta a esta pergunta é: *sim, é possível.*

Vejamos um exemplo prático onde se dá a composição de dois cálculos.

Exemplo 7.3 Uma indústria produz placas metálicas em formato circular para sinalizações de trânsito.

O valor de venda de cada uma destas placas é calculado proporcionalmente à área da mesma, sendo cobrado o valor de R\$50,00 por metro quadrado.

Estabeleça o preço de venda de cada placa em função do comprimento do raio do círculo.

Solução: Representando o preço de venda de cada placa por y e a quantidade de material utilizado para a produção da mesma por x, obtemos $y = 50x$. Se representarmos o raio da placa (em metros) por r, temos $x = \pi r^2$. Portanto, a relação que estabelece o preço da placa em função do raio da mesma é dada por $y = 50x = 50\pi r^2$. Note que o valor da placa em função do raio é uma *composta* de duas funções.

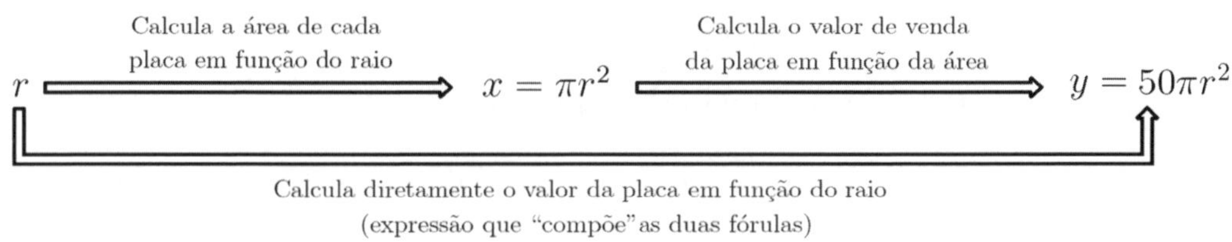

A seguir, definiremos formalmente a *função composta*.

Definição 7.4

Dadas duas funções $f : A \longrightarrow B$ e $g : C \longrightarrow D$, tais que $B \subset C$, a *função composta de g e f*, denotada por $g \circ f : A \longrightarrow D$, é definida por

$$(g \circ f)(x) = g(f(x))$$

A função composta $g \circ f$ consiste, portanto, em aplicar a função f em cada $x \in A$ para encontrar $f(x)$, e então aplicar a função g no resultado obtido para encontrar $g(f(x))$.

Isto esclarece a condição $B \subset C$ e mostra que a função composta $g \circ f$ possui domínio A e contradomínio D, como ilustrado na figura que segue:

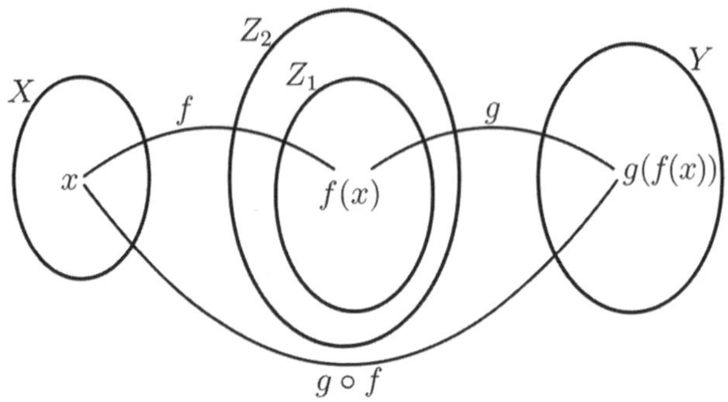

Em uma função composta $g \circ f$, a função f é chamada de *função de dentro* e a função g é chamada de *função de fora.*

Exemplo 7.5 Dados os conjuntos $A = \{0, 1, 2, 3\}$, $B = \{-1, 0, 1, 2, 3, 4, 5\}$, $C = \{-3, -2, -1, 0, 1, 2, 3, 4, 5\}$ e $D = \{0, 1, 4, 9, 16, 25, 36\}$ e as funções $f : A \longrightarrow B$ e $g : C \longrightarrow D$ dadas por $f(x) = 2x - 1$ e $g(x) = x^2$, tem-se

$$f = \{(0, -1), (1, 1), (2, 3), (3, 5)\}$$

$$g = \{(-3, 9), (-2, 4), (-1, 1), (0, 0), (1, 1), (2, 4), (3, 9), (4, 16), (5, 25)\}$$

Consequentemente, pela definição de função composta, obtemos

$$(g \circ f)(0) = g(f(0)) = g(-1) = 1 \qquad (g \circ f)(1) = g(f(1)) = g(1) = 1$$

$$(g \circ f)(2) = g(f(2)) = g(3) = 9 \qquad (g \circ f)(3) = g(f(3)) = g(5) = 25$$

Ou seja, $g \circ f = \{(0, 1), (1, 1), (2, 9), (3, 25)\}$. Os diagramas abaixo evidenciam como se obtém $(g \circ f)(x)$, para cada $x \in A$.

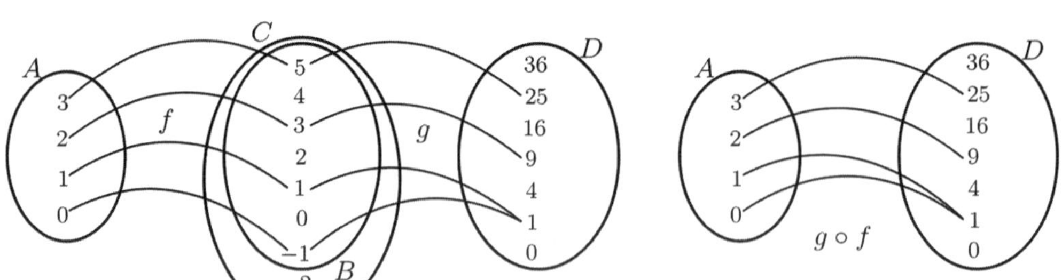

Observe que pode-se obter a lei de formação da função $g \circ f$ procedendo de acordo com a definição de função composta.

De fato, como $f(x) = 2x - 1$ e $g(x) = x^2$, basta notar que

$$(g \circ f)(x) = g(f(x)) = g(2x - 1) = (2x - 1)^2 = 4x^2 - 4x + 1$$

Desta forma, pode-se comprovar os resultados obtidos anteriormente utilizando esta lei de formação, ou seja,

$$(g \circ f)(0) = 4(0)^2 - 4(0) + 1 = 1$$

$$(g \circ f)(1) = 4(1)^2 - 4(1) + 1 = 1$$

$$(g \circ f)(2) = 4(2)^2 - 4(2) + 1 = 9$$

$$(g \circ f)(3) = 4(3)^2 - 4(3) + 1 = 25$$

Exemplo 7.6 Sejam $f : \mathbb{R} \longrightarrow \mathbb{R}$ e $g : \mathbb{R} \longrightarrow \mathbb{R}$ definidas por $f(x) = x + 3$ e $g(x) = x^2 + 2x + 1$, obtenha as leis de formação das compostas $f \circ g$ e $g \circ f$.

Solução: Neste caso, tem-se

$$(f \circ g)(x) = f(g(x)) = f(x^2 + 2x + 1) = (x^2 + 2x + 1) + 3 = x^2 + 2x + 4 \text{ e}$$

$$(g \circ f)(x) = g(f(x)) = g(x + 3) = (x + 3)^2 + 2(x + 3) + 1 = x^2 + 8x + 16$$

Exemplo 7.7 Sejam $f : \mathbb{R}_+ \longrightarrow \mathbb{R}$, $g : \mathbb{R} \longrightarrow \mathbb{R}$ e $h : \mathbb{R}^* \longrightarrow \mathbb{R}$ definidas por $f(x) = \sqrt{x}$, $g(x) = x + 2$ e $h(x) = \frac{1}{x}$. obtenha as leis de formação das compostas:

(a) $f \circ g$, $f \circ f$, $g \circ g$, $h \circ g$, $h \circ f$, e $h \circ h$

(b) $h \circ g \circ f$, $f \circ g \circ h$, $g \circ f \circ h$, $h \circ f \circ g$, $f \circ h \circ g$ e $g \circ h \circ f$

Solução:

(a) $(f \circ g)(x) = f(g(x)) = f(x + 2) = \sqrt{x + 2}$

Sugerimos ao leitor a obtenção das demais compostas.

(b) $(h \circ g \circ f)(x) = h(g(f(x))) = h(g(\sqrt{x})) = h(\sqrt{x} + 2) = \dfrac{1}{\sqrt{x} + 2}$

Sugerimos ao leitor a obtenção das demais compostas.

Exemplo 7.8 Em cada caso, expresse a função dada como uma composta de duas funções, isto é, encontre f_1 e f_2 distintas tais que $f = f_2 \circ f_1$.

(a) $f(x) = \sqrt{x} + 4$ **(c)** $f(x) = (x+1)^{10}$

(b) $f(x) = \sqrt{x+4}$ **(d)** $f(x) = \dfrac{1}{x} + 3$

Solução:

(a) $f_1(x) = \sqrt{x}$ e $f_2(x) = x + 4$ **(b)** $f_1(x) = x + 4$ e $f_2(x) = \sqrt{x}$

(c) $f_1(x) = x + 1$ e $f_2(x) = x^{10}$ **(d)** $f_1(x) = \dfrac{1}{x}$ e $f_2(x) = x + 3$

Exemplo 7.9 Em cada caso, expresse a função dada como uma composta de três funções, isto é, encontre f_1, f_2 e f_3 distintas, tais que $f = f_3 \circ f_2 \circ f_1$.

(a) $f(x) = \sqrt{x^2+1} - 3$ **(c)** $f(x) = \dfrac{|x|}{5} - 2$

(b) $f(x) = \dfrac{1}{\sqrt[3]{x+1}}$ **(d)** $f(x) = \dfrac{2}{(x+3)^5}$

Solução:

(a) $f_1(x) = x^2 + 1,\ f_2(x) = \sqrt{x}$ e $f_3(x) = x - 3$

(b) $f_1(x) = x + 1,\ f_2(x) = \sqrt[3]{x}$ e $f_3(x) = \frac{1}{x}$

(c) $f_1(x) = |x|,\ f_2(x) = \frac{x}{5}$ e $f_3(x) = x - 2$

(d) $f_1(x) = x + 3,\ f_2(x) = x^5$ e $f_3(x) = \frac{2}{x}$

Exemplo 7.10 Em cada caso, considere as funções $f : A \longrightarrow B$ e $g : C \longrightarrow D$. Determine as condições para os conjuntos A, B, C e D para que a composta $g \circ f$ esteja definida.

(a) $f(x) = x - 2$ e $g(x) = \sqrt{x}$ **(c)** $f(x) = x^2$ e $g(x) = \sqrt{x}$

(b) $f(x) = \sqrt{x}$ e $g(x) = x^2$ **(d)** $f(x) = 2x - 4$ e $g(x) = \frac{1}{x}$

Solução:

(a) $A = [2, +\infty),\ B = [0, +\infty),\ C = [0, +\infty)$ e $D = \mathbb{R}$

(b) $A = [0, +\infty),\ B = \mathbb{R},\ C = \mathbb{R}$ e $D = \mathbb{R}$

(c) $A = \mathbb{R},\ B = \mathbb{R}_+,\ C = \mathbb{R}_+$ e $D = \mathbb{R}_+$

(d) $A = \mathbb{R} - \{2\},\ B = \mathbb{R}^*,\ C = \mathbb{R}^*$ e $D = \mathbb{R}^*$

7.2 Funções bijetoras

Definição 7.11

Uma função $f : A \longrightarrow B$ é dita

(i) *Injetora* se $x_1 \neq x_2$, quaisquer que sejam x_1 e x_2 pertencentes a A. Neste caso, $f(x_1) \neq f(x_2)$, isto é, não existem dois elementos do domínio com a mesma imagem.

(ii) *Sobrejetora* se, para todo $y \in B$, existir $x \in A$ tal que $f(x) = y$. Isto é, o contradomínio coincide com a imagem.

(iii) *Bijetora* se ela for injetora e sobrejetora.

Exemplo 7.12 Sejam $A = \{3, 4, 5, 6\}$ e $B = \{1, 3, 4, 6, 8\}$, considere as funções f_1, f_2, f_3, f_4, f_5 e f_6 representadas abaixo:

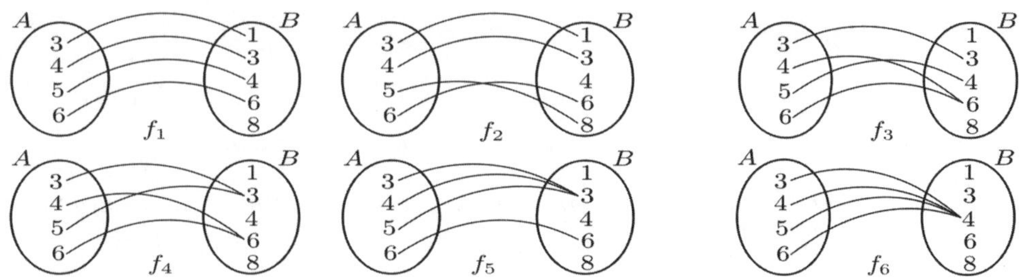

Note que f_1 e f_2 são injetoras e f_3, f_4, f_5 e f_6 não são injetoras. Nenhuma destas funções é sobrejetora.

Exemplo 7.13 Sejam $A = \{0, 1, 2, 3, 4\}$ e $B = \{6, 7, 8, 9\}$, considere as funções f_1, f_2, f_3, f_4, f_5 e f_6 representadas abaixo:

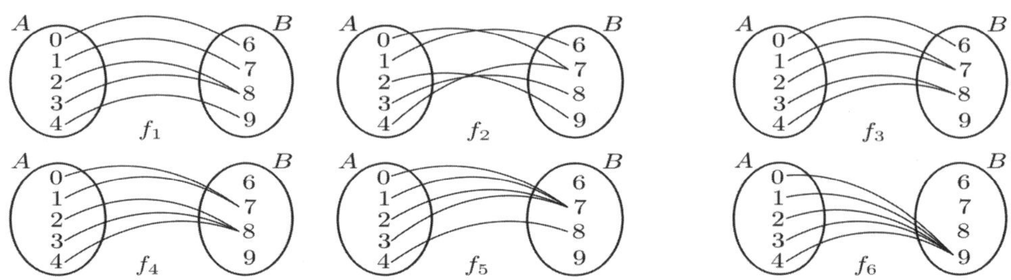

Note que f_1 e f_2 são sobrejetoras e f_3, f_4, f_5 e f_6 não são sobrejetoras. Nenhuma destas funções é injetora

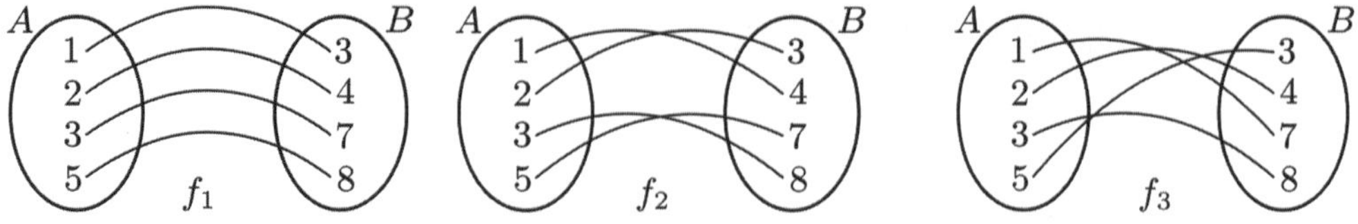

Exemplo 7.14 Sejam $A = \{1, 2, 3, 5\}$ e $B = \{3, 4, 7, 8\}$, considere as funções f_1, f_2 e f_3 representadas abaixo:

Note que estas funções são injetoras e sobrejetoras e, portanto, bijetoras.

A proposição 7.15 a seguir é chamada de *teste da reta horizontal* e será bastante útil para determinar se uma função é injetora, sobrejetora e bijetora a partir do seu gráfico.

Proposição 7.15

Uma função $f : A \longrightarrow B$ é

(i) *Injetora se cada reta horizontal $y = b$, onde $b \in B$, interceptar o gráfico cartesiano de f em, no máximo, um ponto.*

(ii) *Sobrejetora se cada reta horizontal $y = b$, onde $b \in B$, interceptar o gráfico cartesiano de f em, pelo menos, um ponto.*

(iii) *Bijetora se cada reta horizontal $y = b$, onde $b \in B$, interceptar o gráfico cartesiano de f em, exatamente, um ponto.*

Demonstração.

(i) Seja $f : A \longrightarrow B$ uma função injetora, suponha, por absurdo, que existe $b \in B$, tal que a reta horizontal $y = b$ intercepta o gráfico de f em mais de um ponto. Então, existem $x_1, x_2 \in A$, tais que $x_1 \neq x_2$ e $f(x_1) = f(x_2) = b$. Portanto, f não é injetora.

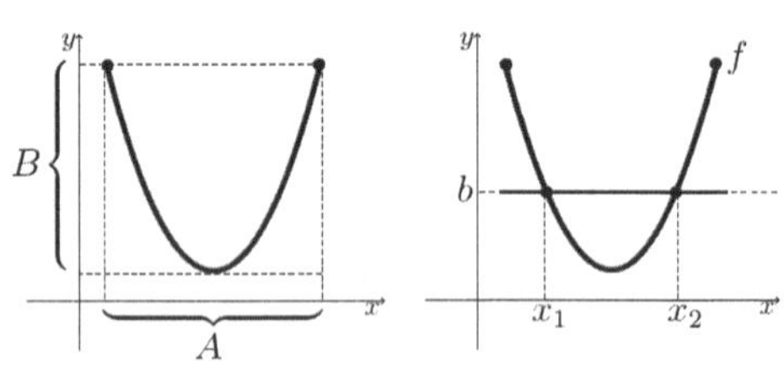

(ii) Seja $f : A \longrightarrow B$ uma função sobrejetora, suponha, por absurdo, que existe $b \in B$, tal que nenhuma reta horizontal $y = b$ intercepta o gráfico de f. Então, não existe $x \in A$ tal que $f(x) = b$. Portanto, f não é sobrejetora.

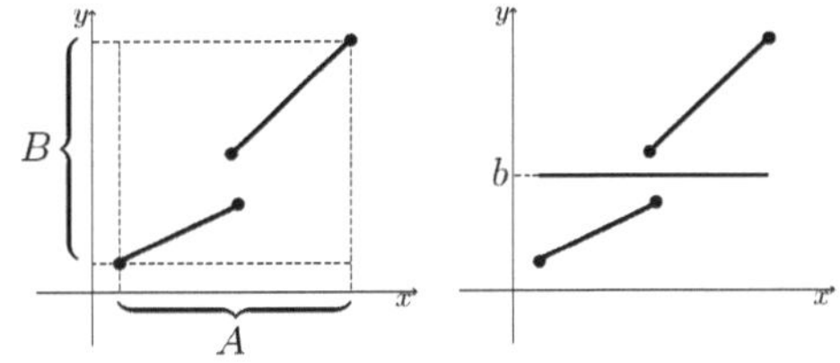

Exemplo 7.16 Dados os conjuntos $A = [1, 5]$ e $B = [1, 5]$, considere as funções $f_1, f_2, f_3, f_4, f_5, f_6, f_7, f_8$ e f_9, de A em B, representadas graficamente abaixo:

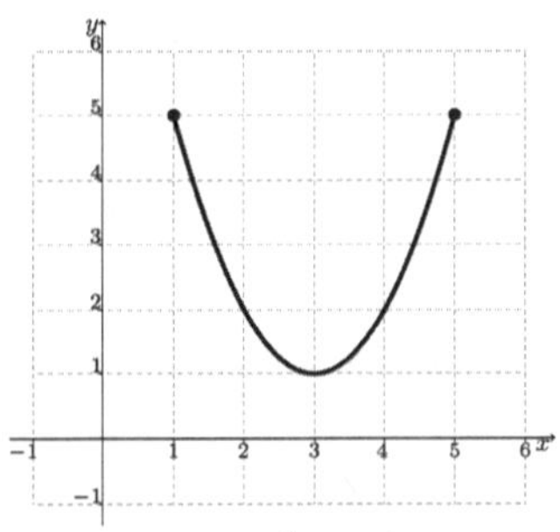
f_1

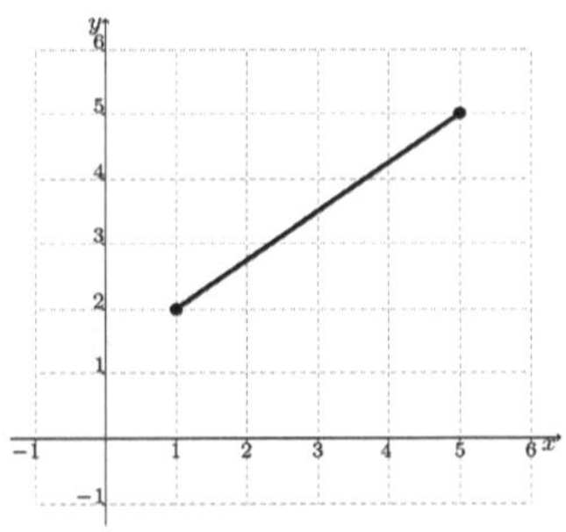
f_2

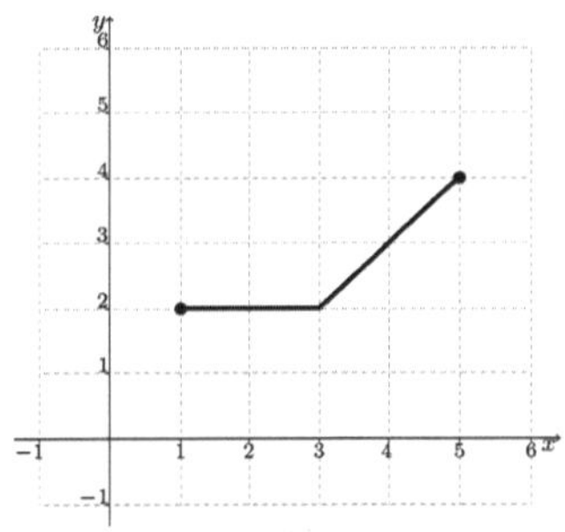
f_3

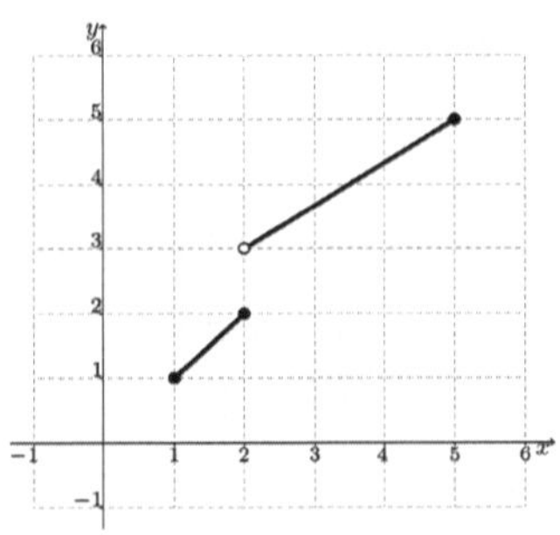
f_4

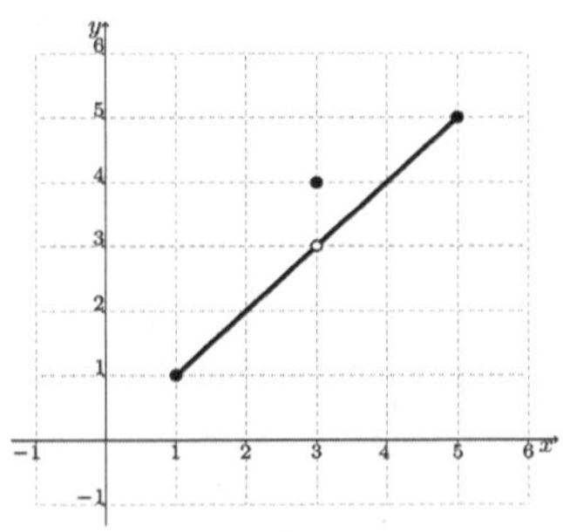
f_5

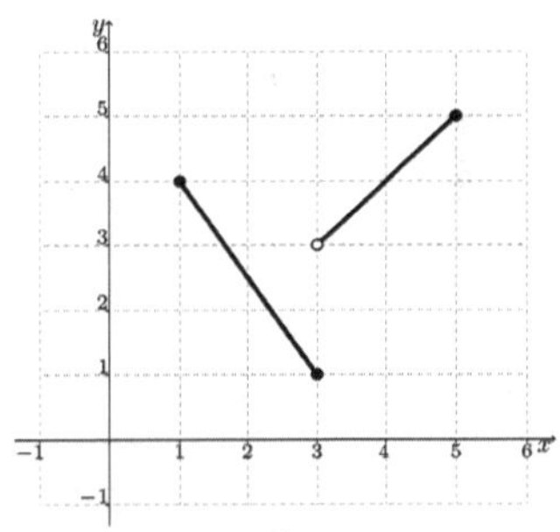
f_6

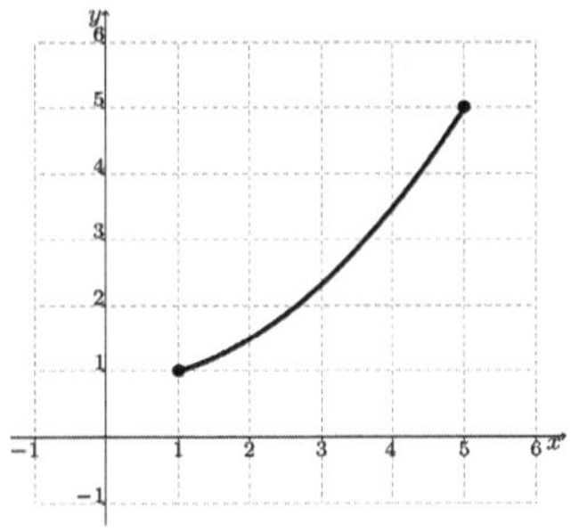
f_7

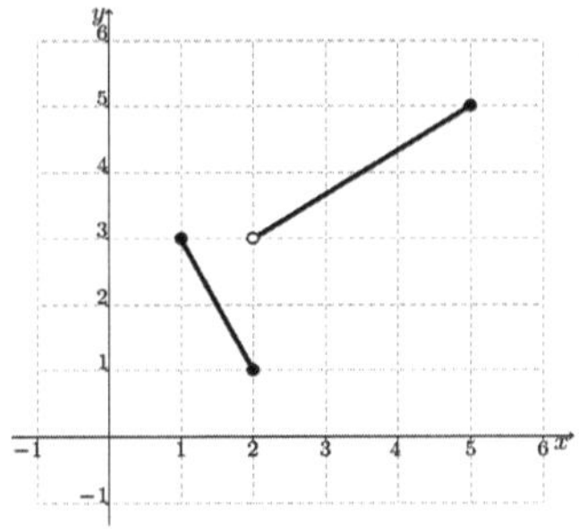
f_8

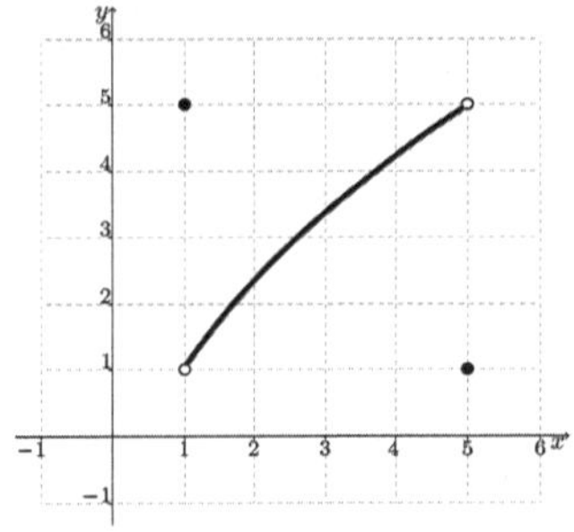
f_9

Utilizando a proposição 7.15, pode-se concluir que

	f_1	f_2	f_3	f_4	f_5	f_6	f_7	f_8	f_9
Injetora	Não	Sim	Não	Sim	Não	Não	Sim	Sim	Sim
Sobrejetora	Sim	Não	Não	Não	Não	Sim	Sim	Sim	Sim
Bijetora	Não	Não	Não	Não	Não	Não	Sim	Sim	Sim

Teorema 7.2.1

Uma função $f : A \longrightarrow B$ é bijetora se, e somente se, existe uma função $g : B \longrightarrow A$ tal que

$$(g \circ f)(x) = x,\ \forall x \in A \quad e \quad (f \circ g)(y) = y,\ \forall y \in B$$

Note que, neste caso, decorre do próprio teorema 7.2.1 que a função g também é bijetora.

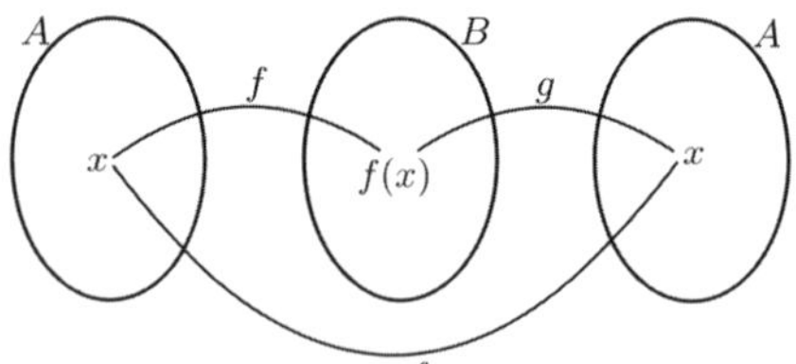

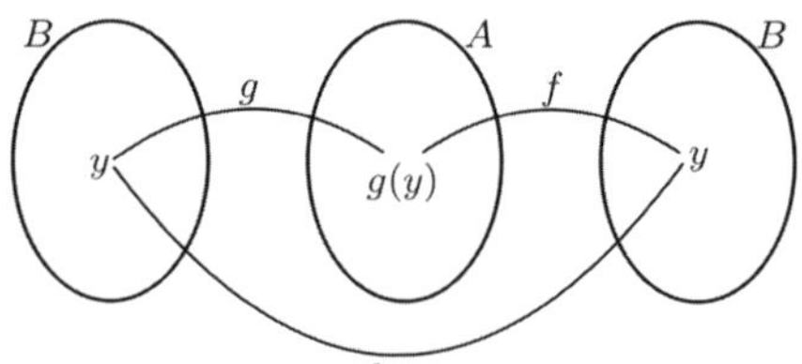

Pode-se pensar, de maneira mais simplificada, que "a função g desfaz o que a função f faz".

Exemplo 7.17 A função $f : \mathbb{R} \longrightarrow \mathbb{R}$ dada por $f(x) = x + 1$ é bijetora.

De fato, basta notar que a função $g : \mathbb{R} \longrightarrow \mathbb{R}$ dada por $g(x) = x - 1$ satisfaz $(g \circ f)(x) = g(f(x)) = g(x+1) = x + 1 - 1 = x,\ \forall x \in \mathbb{R}$ e

$$(f \circ g)(x) = f(g(x)) = f(x-1) = x - 1 + 1 = x,\ \forall x \in \mathbb{R}.$$

Exemplo 7.18 A função $f : \mathbb{R} \longrightarrow \mathbb{R}$ dada por $f(x) = x^3$ é bijetora.

De fato, basta notar que a função $g : \mathbb{R} \longrightarrow \mathbb{R}$ dada por $g(x) = \sqrt[3]{x}$ satisfaz $(g \circ f)(x) = g(f(x)) = g(x^3) = \sqrt[3]{x^3} = x,\ \forall x \in \mathbb{R}$ e

$$(f \circ g)(x) = f(g(x)) = f(\sqrt[3]{x}) = (\sqrt[3]{x})^3 = x,\ \forall x \in \mathbb{R}.$$

Exemplo 7.19 Prove que as seguintes funções são bijetoras:

(a) $f : \mathbb{R} \longrightarrow \mathbb{R}$ dada por $f(x) = ax + b$, onde $a \neq 0$;

(b) $f : \mathbb{R} \longrightarrow \mathbb{R}$ dada por $f(x) = x^n$, onde n é ímpar;

(c) $f : \mathbb{R} \longrightarrow \mathbb{R}$ dada por $f(x) = \sqrt[n]{x}$, onde n é ímpar;

(d) $f : \mathbb{R}^* \longrightarrow \mathbb{R}^*$ dada por $f(x) = \dfrac{1}{x}$.

Teorema 7.2.2

Se $f : A \longrightarrow B$ e $g : B \longrightarrow C$ são funções bijetoras, a composta $g \circ f : A \longrightarrow C$ também é bijetora.

Exemplo 7.20 A função $f(x) = \sqrt[5]{x+1}$ é bijetora.

De fato, basta notar que $f = f_2 \circ f_1$, onde $f_1(x) = x + 1$ e $f_2(x) = \sqrt[5]{x}$ são funções bijetoras.

Exemplo 7.21 A função $f(x) = (\sqrt[3]{x} + 1)^5$ é bijetora.

De fato, basta notar que $f = f_3 \circ f_2 \circ f_1$, onde $f_1(x) = \sqrt[3]{x}$ e $f_2(x) = x+1$ e $f_3(x) = x^5$ são funções bijetoras.

7.3 Função inversa

Lembre que toda relação binária R possui uma relação binária inversa, denotada por R^{-1}.

Em particular, toda função f possui uma relação binária inversa f^{-1}.

A pergunta natural é: a relação binária inversa de uma função é também uma função?

No que segue, veremos alguns exemplos.

Exemplo 7.22 Sejam $A = \{0, 1, 2, 3, 4\}$ e $B = \{6, 7, 8, 9\}$, considere as funções f_1, f_2 e f_3 e as suas respectivas relações binárias inversas representadas no que segue.

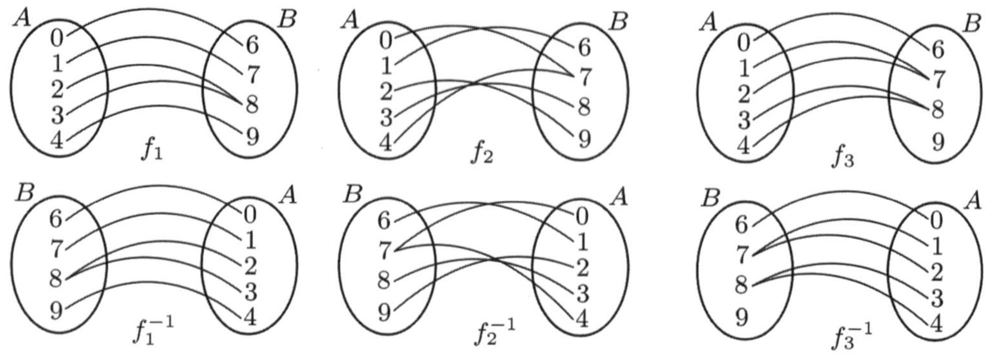

Tem-se que f_1^{-1}, f_2^{-1} e f_3^{-1} não são funções. Perceba que f_1 e f_2 são sobrejetoras, mas não são injetoras, enquanto f_3 não é nem sobrejetora nem injetora. Note que, se $f : A \longrightarrow B$ não for injetora, então existem pelo menos dois elementos distintos de A relacionados ao mesmo elemento de B. Ao considerar a relação binária inversa f^{-1}, um elemento do conjunto de partida (neste caso, o conjunto B) estará relacionado a dois ou mais elementos distintos do conjunto de chegada (neste caso, o conjunto A), comprovando que f^{-1} não é uma função.

Exemplo 7.23 Sejam $A = \{3, 4, 5, 6\}$ e $B = \{1, 2, 4, 6, 8\}$, considere as funções f_1, f_2 e f_3 e suas respectivas relações binárias inversas representadas abaixo:

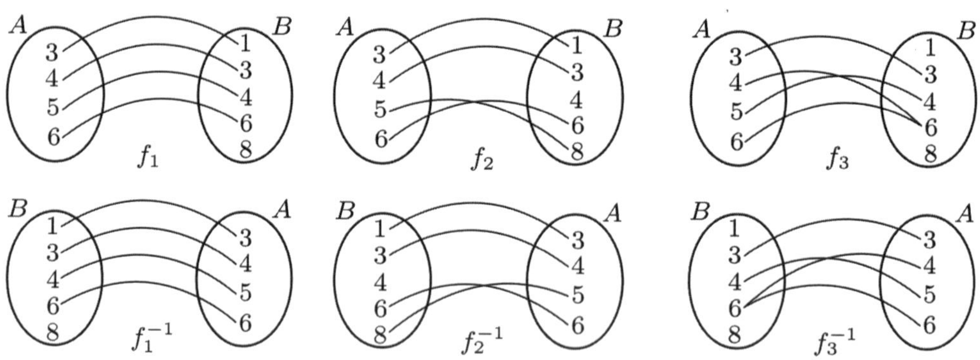

Temos que f_1^{-1}, f_2^{-1} e f_3^{-1} não são funções. Perceba que f_1 e f_2 são injetoras, mas não são sobrejetoras, enquanto f_3 não é nem injetora nem sobrejetora. Note que, se $f : A \longrightarrow B$ não for sobrejetora, então existe pelo menos um elemento de A que não está relacionado a nenhum dos elementos de B. Ao considerar a relação binária inversa f^{-1}, pelo menos um elemento do conjunto de partida (neste caso, o conjunto B) não estará relacionado a nenhum dos elementos do conjunto de chegada (neste caso, o conjunto A), comprovando que f^{-1} não é uma função.

Exemplo 7.24 Sejam $A = \{1, 2, 3, 5\}$ e $B = \{3, 4, 7, 8\}$.

Considere as funções f_1 e f_2 e as suas respectivas relações binárias inversas representadas ao lado. Tem-se que f_1^{-1} e f_2^{-1} são funções de B em A. Note que f_1 e f_2 são bijetoras.

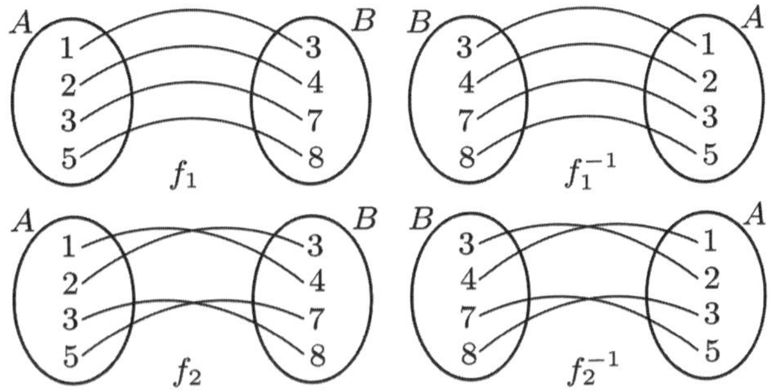

Teorema 7.3.1

A relação binária inversa de uma função f é uma função se, e somente se, f for bijetora.

Neste caso, $f : A \longrightarrow B$ é dita *inversível*, e a função $f^{-1} : B \longrightarrow A$ é chamada de *função inversa* de f.

Teorema 7.3.2

Seja $f : A \longrightarrow B$ uma função bijetora e $f^{-1} : B \longrightarrow A$ a função inversa de f, então

$$(f^{-1} \circ f)(x) = x, \ \forall x \in A \quad e \quad (f \circ f^{-1})(y) = y, \ \forall y \in B$$

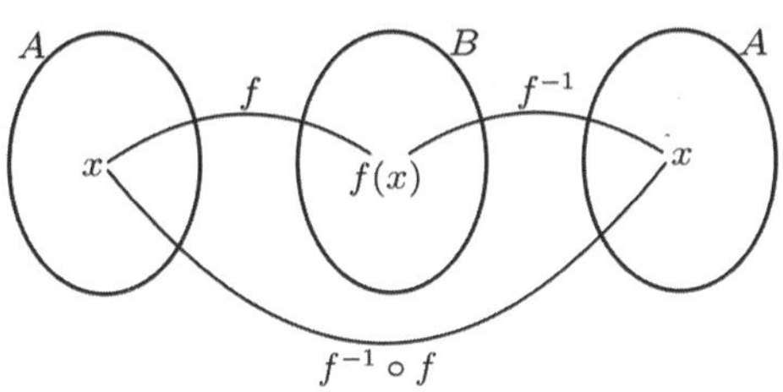

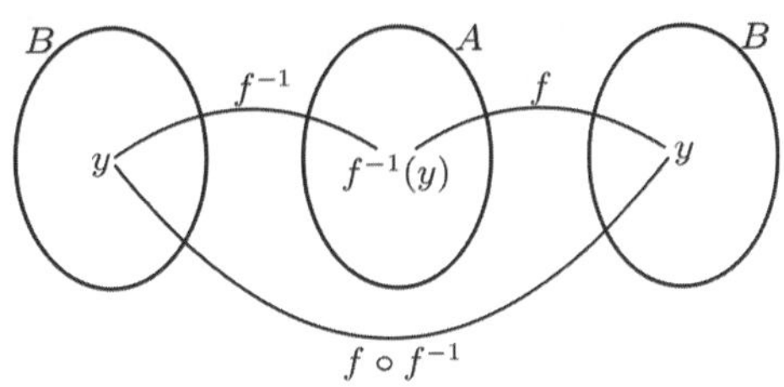

Exemplo 7.25 A função $g : \mathbb{R} \longrightarrow \mathbb{R}$ dada por $g(x) = \sqrt[3]{x}$ é a função inversa da função $f : \mathbb{R} \longrightarrow \mathbb{R}$ dada por $f(x) = x^3$. De fato, basta notar que $(f \circ g)(x) = f(g(x)) = f(\sqrt[3]{x}) = (\sqrt[3]{x})^3 = x, \ \forall x \in \mathbb{R}$ e

$$(g \circ f)(x) = g(f(x)) = g(x^3) = (\sqrt[3]{x^3}) = x, \ \forall x \in \mathbb{R}.$$

No capítulo de função logarítmica, foram apresentadas duas etapas para obtenção da função inversa de uma função bijetora, as quais retomamos aqui de forma sucinta.

Primeira etapa: troque y por x e x por y na expressão $y = f(x)$.

Segunda etapa: isole a variável y.

Exemplo 7.26 Determine a função inversa das seguintes funções bijetoras:

(a) $f(x) = 2x + 3$ **(b)** $f(x) = x^5$

Solução:

(a) $y = 2x + 3 \Longrightarrow x = 2y + 3 \Longrightarrow y = \dfrac{x-3}{2} \Longrightarrow f^{-1}(x) = \dfrac{x-3}{2}$

(b) $y = x^5 \Longrightarrow x = y^5 \Longrightarrow y = \sqrt[5]{x} \Longrightarrow f^{-1}(x) = \sqrt[5]{x}$

Exemplo 7.27 Em cada caso, verifique se a função dada é bijetora e, no caso afirmativo, determine a sua inversa:

(a) $f(x) = x^5 - 4$ **(b)** $f(x) = 2\sqrt[3]{x^7 + 1} - 4$

Solução:

(a) Como $f(x) = (f_2 \circ f_1)(x)$, onde $f_1(x) = x^5$ e $f_2(x) = x - 4$ são funções bijetoras, temos que f é uma função bijetora. Para encontrar f^{-1}, tem-se

$$y = x^5 - 4 \Longrightarrow x = y^5 - 4 \Longrightarrow y = \sqrt[5]{x+4} \Longrightarrow f^{-1}(x) = \sqrt[5]{x+4}$$

(b) Como $f(x) = (f_4 \circ f_3 \circ f_2 \circ f_1)(x)$, onde $f_1(x) = x^7$, $f_2(x) = x + 1$, $f_3(x) = \sqrt[3]{x}$ e $f_4(x) = 2x - 4$ são funções bijetoras, temos que f é uma função bijetora. Para encontrar f^{-1}, tem-se

$$y = 2\sqrt[3]{x^7 + 1} - 4 \Longrightarrow x = 2\sqrt[3]{y^7 + 1} - 4 \Longrightarrow y = \sqrt[7]{\left(\frac{x+4}{2}\right)^3 - 1}$$

Portanto,

$$f^{-1}(x) = \sqrt[7]{\left(\frac{x+4}{2}\right)^3 - 1}$$

Exemplo 7.28 Considere a função $f : A \longrightarrow B$ dada por $f(x) = x^2$.

Determine os conjuntos $A \subset \mathbb{R}$ e $B \subset \mathbb{R}$ tais que f seja bijetora.

Solução: Veja que $f(x) = x^2$ bijetora só ocorre em $A \subset \mathbb{R}_+$ e $B \subset \mathbb{R}_+$, ou seja, somente a região do gráfico no primeiro quadrante satisfaz as condições do teste da reta vertical e horizontal em tocar um único ponto da reta.

Observação: note que os gráficos de f e f^{-1} são simétricos em relação à bissetriz dos quadrantes ímpares. Sendo assim, o gráfico de f^{-1} é a reflexão do gráfico de f em relação à bissetriz dos quadrantes ímpares.

Exemplo 7.29 Considere a função bijetora $f(x) = 2x + 1$.

(a) Determine a função inversa f^{-1}.

(a) Esboce os gráficos das funções f e f^{-1}.

Solução:

(a) $y = 2x + 1 \Longrightarrow x = 2y + 1 \Longrightarrow y = \dfrac{x-1}{2} \Longrightarrow f^{-1}(x) = \dfrac{x-1}{2}$

(b)

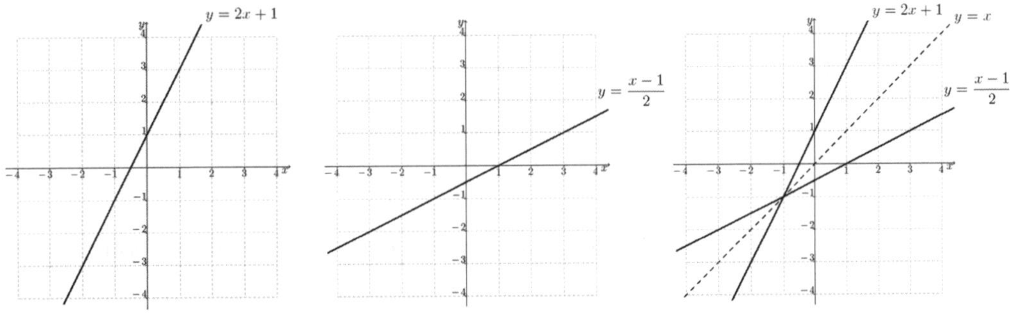

Exemplo 7.30 Considere a função bijetora $f(x) = x^3$.

(a) Determine a função inversa f^{-1}.

(b) Esboce os gráficos das funções f e f^{-1}.

Solução:

(a) $y = x^3 \Longrightarrow x = y^3 \Longrightarrow y = \sqrt[3]{x} \Longrightarrow f^{-1}(x) = \sqrt[3]{x}$

(b)

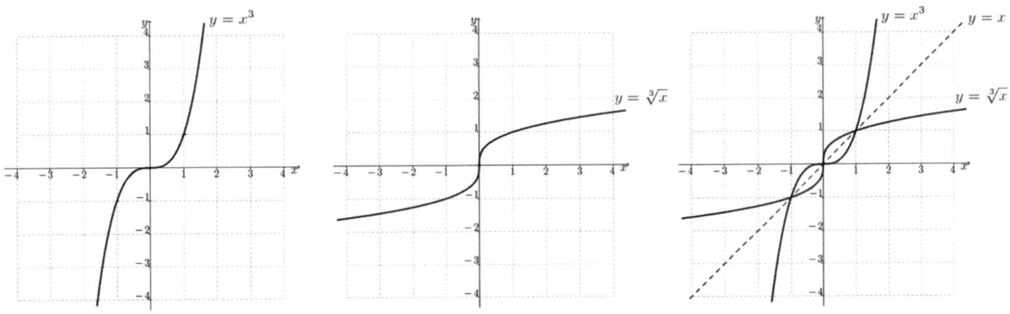

7.4 Exercícios e aplicações

1. Considerando as funções reais dadas por $f(x) = x^2 - 5x + 6$ e $g(x) = x + 1$, determine:
   (a) $f \circ g$, $g \circ f$, $f \circ f$ e $g \circ g$.
   (b) $(f \circ g)(-1)$, $(g \circ f)(2)$, $(f \circ f)(0)$ e $(g \circ g)(5)$.
   (c) os valores de x para os quais $(f \circ g)(x) = 0$.
   (d) os valores de x para os quais $(g \circ f)(x) = 13$.

2. Dadas as funções $f(x) = x^2 + 1$ e $g(x) = \sqrt[3]{x - 2}$, determine:
   (a) $f \circ g$ e $g \circ f$ (b) $(f \circ g)(1)$ e $(g \circ f)(3)$

3. Considere a função $f : \mathbb{R} - \{1\} \to \mathbb{R} - \{1\}$ dada por $f(x) = \dfrac{x+1}{x-1}$.
   (a) Determine $(f \circ f)(x)$.
   (b) Qual o valor de $(f \circ f)(\sqrt{\pi})$?
   (c) Determine a lei de formação e o domínio da função g, sendo que
   $$(f \circ g)(x) = \frac{x+2}{x+1}, \quad \forall x \neq -1$$

4. Dadas as funções $f(x) = x^2 - 8x + 12$ e $g(x) = |x|$, determine:
   (a) $f \circ g$ (b) $g \circ f$ (c) $(f \circ g)(-3)$ (d) $(g \circ f)(1)$
   (e) os valores de x tais que $(f \circ g)(x) = 5$.
   (f) os valores de x tais que $(g \circ f)(x) = 3$.

5. Sejam $f(x) = 3x - 2$ e $g : \mathbb{R} \longrightarrow \mathbb{R}$ tais que $(f \circ g)(x) = -6x + 7$, determine a lei de formação da função g.

6. Sejam $f(x) = x^2 + 2x$ e $g : \mathbb{R} \longrightarrow \mathbb{R}$ tais que $(f \circ g)(x) = 4x^2 + 8x + 3$, determine a lei de formação da função g.

7. Expresse a função $f(x) = (x + 1)^2$ como uma composta de duas funções, isto é, encontre f_1 e f_2 distintas da função identidade tais que $f = f_2 \circ f_1$.

8. Expresse a função $f(x) = (\sqrt{x} + 1)^3$ como uma composta de três funções, isto é, encontre f_1, f_2 e f_3 distintas da função identidade tais que $f = f_3 \circ f_2 \circ f_1$.

9. Expresse a função $f(x) = \sqrt[2]{4 + \sqrt[5]{x}} + 1$ como uma composta de quatro funções, isto é, encontre f_1, f_2, f_3 e f_4 distintas da função identidade tais que $f = f_4 \circ f_3 \circ f_2 \circ f_1$.

10. Em cada caso, escreva a função dada como uma composição de três funções, ou seja, encontre f_1, f_2 e f_3 distintas da função identidade tais que $f = f_3 \circ f_2 \circ f_1$:

    (a) $f(x) = (\sqrt[3]{x} + 1)^2$

    (b) $f(x) = \sqrt[3]{(x+1)^2}$

    (c) $f(x) = \sqrt[3]{x^2} + 1$

11. Em cada caso, prove que a função f é bijetora (escreva f como uma composta de funções bijetoras mais simples) e determine f^{-1}.

    (a) $f(x) = \sqrt[7]{x+1}$

    (b) $f(x) = 3x^5 - 4$

    (c) $f(x) = \dfrac{x+3}{2}$

    (d) $f(x) = (x+1)^3$

    (e) $f(x) = \sqrt[7]{3x^5 + 1}$

    (f) $f(x) = (x+3)^9 - 5$

    (g) $f(x) = \frac{1}{x+1} - 2$

    (h) $f(x) = \frac{x+2}{x+1}$

12. Considere as funções cujas representações gráficas são dadas a seguir. Em cada caso:

    (a) determine o domínio e a imagem;

    (b) certifique-se que as condições para que a função seja bijetora (sobre a imagem) são cumpridas;

    (c) utilize o método da reflexão em relação à bissetriz dos quadrantes ímpares para esboçar o gráfico da função inversa;

    (d) determine o domínio e a imagem das funções inversas obtidas no item (c) e compare com os resultados obtidos com o item (a).

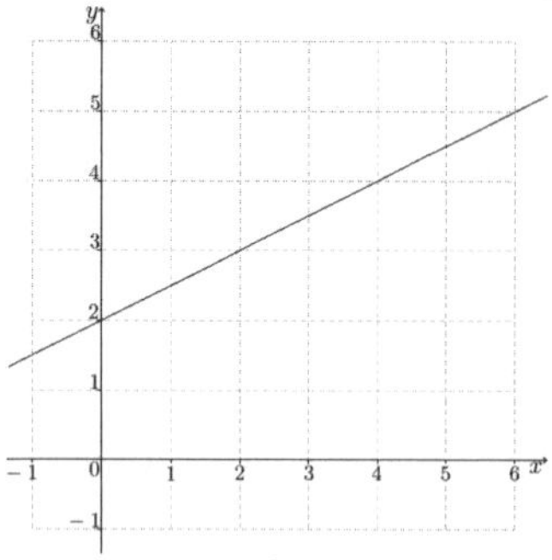

f_1

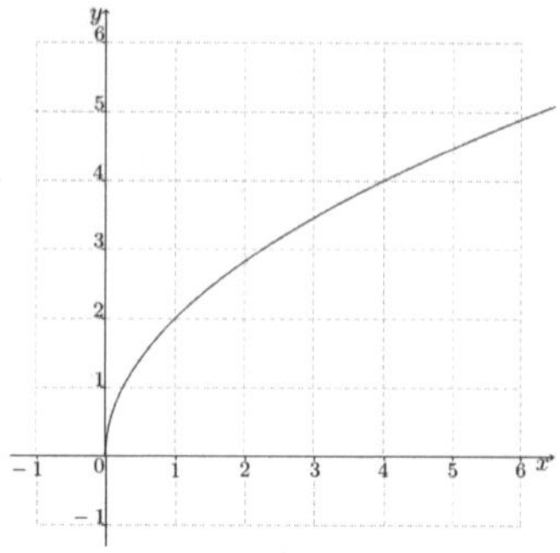

f_2

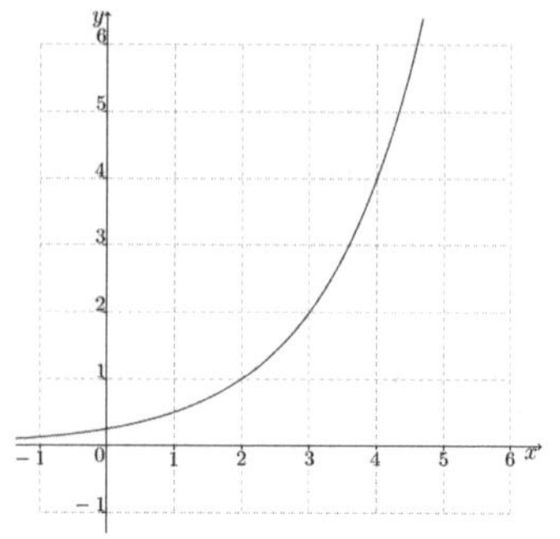

f_3

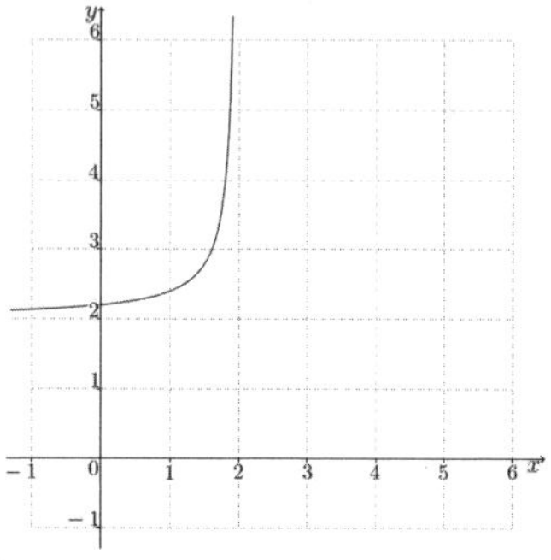

f_4

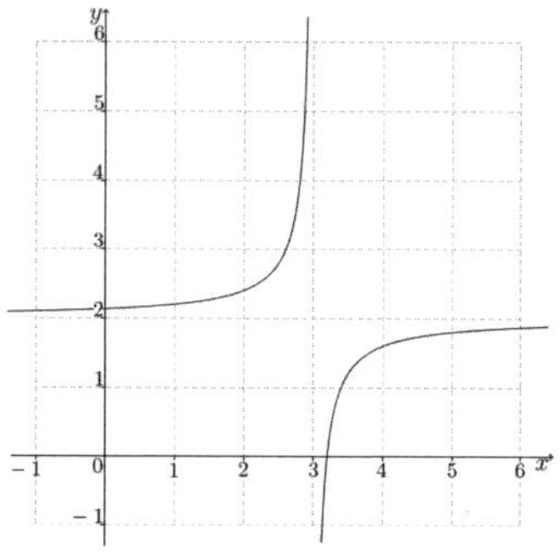

f_5

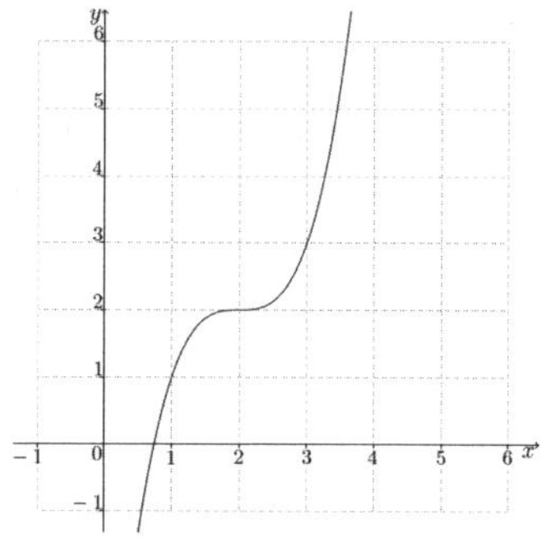

f_6

13. Em cada caso, verifique se f é injetora ou sobrejetora. Justifique.

(a) $f : \mathbb{R} \to \mathbb{R}$ dada por $f(x) = x^4$ (c) $f : \mathbb{R} \to \mathbb{R}_+$ dada por $f(x) = x^4$

(b) $f : \mathbb{R}_+ \to \mathbb{R}$ dada por $f(x) = x^4$ (d) $f : \mathbb{R}_+ \to \mathbb{R}_+$ dada por $f(x) = x^4$

14. Uma indústria produz placas metálicas em formato retangular para sinalizações de trânsito. O valor de venda de cada uma destas placas é calculado proporcionalmente à área da mesma, sendo cobrado o valor de R\$40, 00 por metro quadrado. Estabeleça o preço de venda de cada placa em função de sua área.

15. O preço do litro do óleo de soja em um supermercado é dado em função do valor pago pelo litro para a indústria. Já o valor cobrado pela indústria é dado em função do valor pago ao produtor de soja. Por sua vez, o preço cobrado pelo produtor é dado em função do preço dos insumos agrícolas necessários para a produção da soja. Estabeleça um esquema, similar ao apresentado no início deste capítulo, que mostre a composição de funções envolvida no preço do litro do óleo de soja em um supermercado.

16. Para a produção de placas em formato circular, de diâmetro de $50cm$, são utilizadas chapas de metal quadradas de $1m^2$. O material que sobra da produção das placas é vendido para uma indústria de reciclagem pelo valor de R$5,00 por metro quadrado. Estabeleça a função de venda das sobras de material, em m^2, para cada chapa quadrada.

17. Uma das aplicações mais importantes da função inversa é na criptografia, onde uma mensagem é cifrada pelo emissor e decifrada pelo receptor. O emissor cifra a mensagem utilizando uma função f e o receptor, tendo conhecimento da regra utilizada, normalmente definida por "chave", decifra a mensagem utilizando a função inversa f^{-1}. Sugerimos ao leitor, aguçado pela curiosidade, que busque na literatura uma forma de cifrar e decifrar uma mensagem (que pode ser uma palavra ou um número) através de uma função simples.

Respostas

1. (a) $(f \circ g)(x) = x^2 - 3x + 2$, $(g \circ f)(x) = x^2 - 5x + 7$,
   $(f \circ f)(x) = x^4 - 10x^3 + 32x^2 - 35x + 12$ e $(g \circ g)(x) = x + 2$
   (b) $(f \circ g)(-1) = 6$, $(g \circ f)(2) = 1$, $(f \circ f)(0) = 12$ e $(g \circ g)(5) = 7$
   (c) 1 e 2 (d) -1 e 6

2. (a) $(f \circ g)(x) = (x-2)^{\frac{2}{3}} + 1$ e $(g \circ f)(x) = \sqrt[3]{x^2 - 1}$
   (b) $(f \circ g)(1) = 2$ e $(g \circ f)(3) = 2$

3. (a) $(f \circ f)(x) = x, \forall x \neq 1$ (b) $(f \circ f)(\sqrt{\pi}) = \sqrt{\pi}$ (c) $g(x) = 2x + 3$ e $D(g) = \mathbb{R} - \{-2, -1\}$

4. (a) $(f \circ g)(x) = |x|^2 - 8|x| + 12$ (b) $(g \circ f)(x) = |x^2 - 8x + 12|$
   (c) -3 (d) 5 (e) $-7, -1, 1$ e 7 (f) $3, 5$ e $4 \pm \sqrt{7}$

5. $g(x) = -2x + 3$

6. $g(x) = 2x + 1$ ou $g(x) = -2x - 3$

7. $f_1(x) = x + 1$ e $f_2(x) = x^2$

8. $f_1(x) = \sqrt{x}$, $f_2(x) = x + 1$ e $f_3(x) = x^3$

9. $f_1(x) = \sqrt[5]{x}$, $f_2(x) = x + 4$, $f_3(x) = \sqrt[2]{x}$ e $f_4(x) = x + 1$

10. (a) $f_1(x) = \sqrt[3]{x}$, $f_2(x) = x + 1$ e $f_3(x) = x^2$ (b) $f_1(x) = x + 1$, $f_2(x) = x^2$ e $f_3(x) = \sqrt[3]{x}$ (c) $f_1(x) = x^2$, $f_2(x) = \sqrt[3]{x}$ e $f_3(x) = x + 1$

11. Exercício de demonstração.

12. (a) $D(f_1) = \mathbb{R}$ e $Im(f_1) = \mathbb{R}$ $D(f_2) = \mathbb{R}_+$ e $Im(f_2) = \mathbb{R}_+$
$D(f_3) = \mathbb{R}$ e $Im(f_3) = \mathbb{R}_+^*$ $D(f_4) = (-\infty, 2)$ e $Im(f_4) = (2, +\infty)$
$D(f_5) = \mathbb{R} - \{3\}$ e $Im(f_5) = \mathbb{R} - \{2\}$ $D(f_6) = \mathbb{R}$ e $Im(f_6) = \mathbb{R}$

(b) Basta notar que cada reta horizontal passando pelas ordenadas da imagem intercepta o gráfico da função em um único ponto.

(c) As linhas tracejadas correspondem aos gráficos das funções dadas, e as linhas contínuas correspondem aos gráficos das respectivas funções inversas.

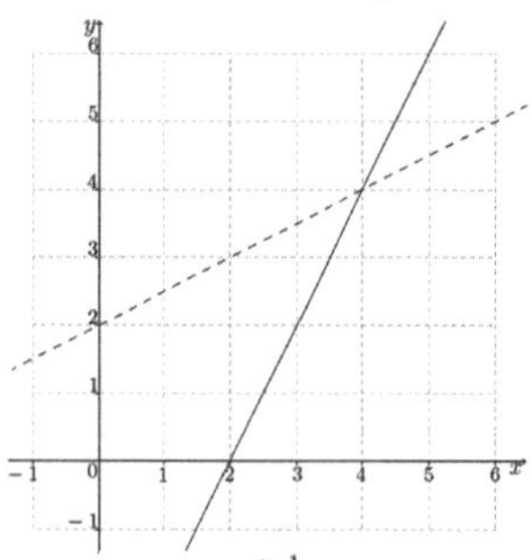

f_1^{-1}

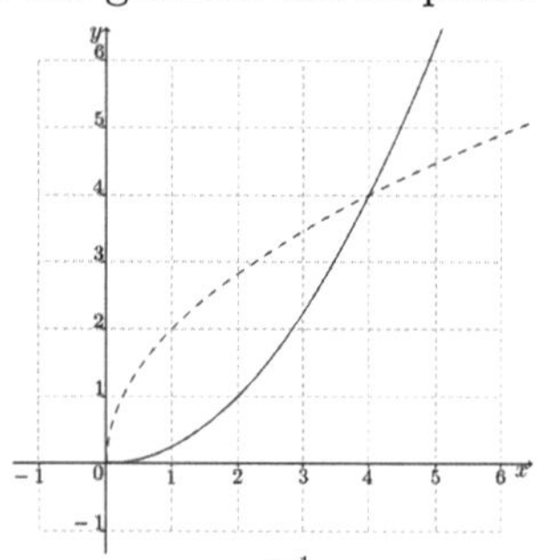

f_2^{-1}

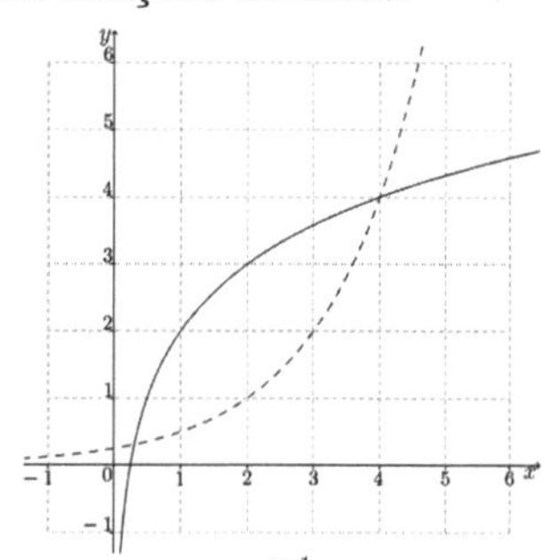

f_3^{-1}

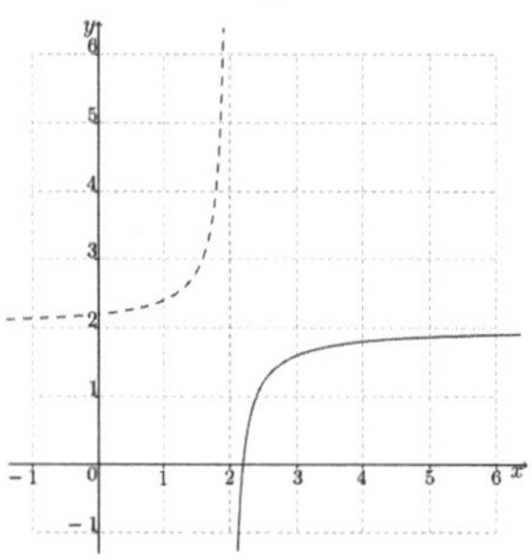

f_4^{-1}

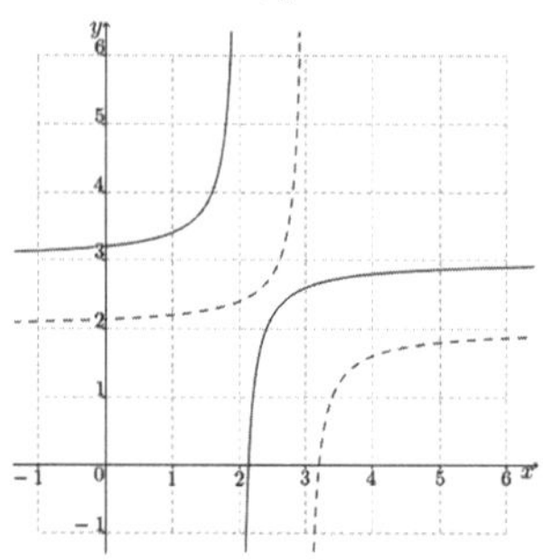

f_5^{-1}

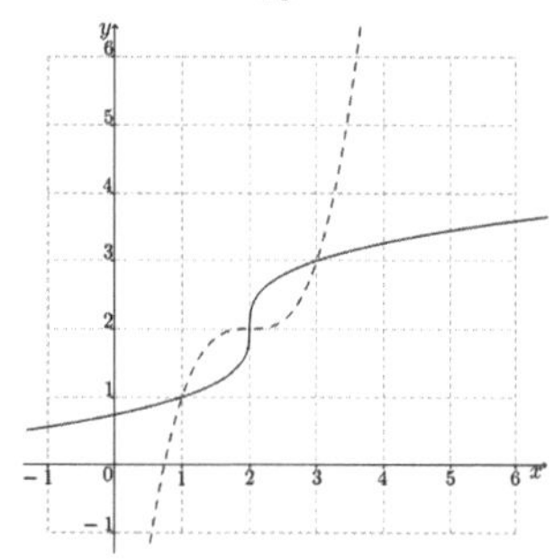

f_6^{-1}

(d) Basta notar que o domínio da função dada coincide com a imagem da respectiva função inversa, e a imagem da função dada coincide com o domínio da respectiva função inversa. Compare os gráficos.

13. (a) Nem injetora e nem sobrejetora. (b) é injetora, mas não é sobrejetora. (c) não é injetora, mas é sobrejetora. (d) é injetora e sobrejetora. (em todos os itens deixamos para o leitor pensar porque)

14. Sendo A a área de cada placa, temos $y = 40A$.

15. Deixamos para o leitor

16. É possível produzir 4 placas com cada chapa. Sendo y o valor e x a quantidade de chapas, temos $y = 5.(1 - 4.\pi. 0,25^2)x$.

Capítulo 8

Função exponencial

A função exponencial certamente é uma das funções mais relevantes na matemática e nas ciências de forma geral. Ela é utilizada para expressar o crescimento ou decrescimento de fenômenos da natureza e de capitais financeiros, mediante a incidência de juros. Além disso, ela é a base para grande parte das teorias do Cálculo Diferencial e Integral e das Equações Diferenciais.

8.1 Função exponencial

Definição 8.1

Dado um número real a tal que $a > 0$ e $a \neq 1$, a *função exponencial de base a* é a função $f : \mathbb{R} \longrightarrow \mathbb{R}_+^*$ dada por

$$f(x) = a^x$$

Antes de prosseguirmos com exemplos e propriedades, investiguemos por que se exige na definição acima que $a > 0$ e $a \neq 1$. De fato, dado $f(x) = a^x$, com $x \in \mathbb{R}$, observamos que:

• Se $a = 1$, teríamos $f(x) = 1^x = 1$, $\forall x$, ou seja, seria uma função constante, e não exponencial.

• Se $a = 0$, teríamos que

$$f(x) = 0^x = \begin{cases} 0, & \text{se } x > 0, \\ \nexists, & \text{se } x < 0, \\ \text{indeterminado}, & \text{se } x = 0. \end{cases}$$

• Se $a < 0$, então f não teria sentido para certos valores de x. Por exemplo, se $f(x) = (-1)^x$, então para $x = \frac{1}{3}$, teríamos $f(x) = (-1)^{\frac{1}{3}} = \sqrt[3]{-1} = -1$, mas não tem sentido se, por exemplo, $x = \frac{3}{2}$, pois $f(\frac{3}{2}) = (-1)^{\frac{3}{2}} = \sqrt{(-1)^3} \notin \mathbb{R}$.

Sendo assim, dadas as exclusões acima, procede da definição 8.1 que $a > 0$ e $a \neq 1$.

Exemplo 8.2 São exemplos de funções exponenciais:

(a) $f(x) = 2^x$ " função exponencial de base 2 ";

(b) $f(x) = 10^x$ " função exponencial de base 10 ";

(c) $f(x) = \left(\dfrac{1}{2}\right)^x$ " função exponencial de base $\dfrac{1}{2}$ ";

(d) $f(x) = e^x$ " função exponencial de base e ".

Observações. Para a função exponencial $f(x) = a^x$, temos

(a) O ponto $(0, 1)$ pertence ao gráfico de f. De fato, $f(0) = a^0 = 1$.

(b) O ponto $(1, a)$ pertence ao gráfico de f. De fato, $f(1) = a^1 = a$.

(c) $D(f) = \mathbb{R}$ e $Im(f) = \mathbb{R}_+^*$.

O gráfico de uma função exponencial assume uma das formas abaixo:

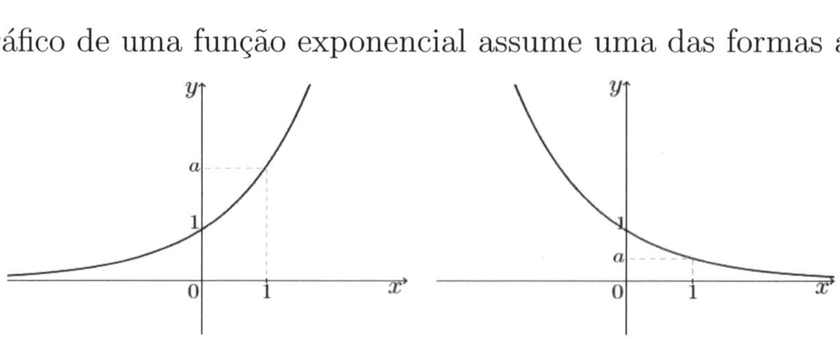

$a > 1$ $0 < a < 1$

No que segue, apresentamos um primeiro exemplo de aplicação onde a função exponencial aparece naturalmente.

Exemplo 8.3 Uma determinada cultura de bactérias dobra a cada hora. Se no começo da observação a população era de 10 bactérias, determine:

(a) uma função que descreva o crescimento desta população em função do número de horas passadas em relação ao começo da observação;

(b) a quantidade de bactérias após 5 horas;

(c) Se a população em um determinado momento é de 1280 bactérias, quantas horas se passaram desde o começo da observação?

(d) quantas horas devem se passar para que a população ultrapasse 10240 bactérias?

Solução:

(a) Denotemos por x o tempo dado em horas e por $f(x)$ a população de bactérias no tempo x. Assim, temos uma função tal que:

$f(0) = 10, \quad f(1) = 10 \cdot 2, \quad f(2) = 10 \cdot 2^2, \quad f(3) = 10 \cdot 2^3, \quad \ldots, \quad f(x) = 10 \cdot 2^x.$

Neste caso, a lei que descreve o crescimento desta população de bactérias em função do número x de horas é dada por $f(x) = 10 \cdot 2^x$.

(b) Como $f(5) = 10 \cdot 2^5 = 10 \cdot 32 = 320$, tem-se que o número de bactérias após 5 horas será de 320.

(c) Neste caso, devemos resolver a equação $f(x) = 1280$. Sendo assim, temos

$$f(x) = 1280 \Longrightarrow 10 \cdot 2^x = 1280 \Longrightarrow 2^x = 128 \Longrightarrow 2^x = 2^7 \Longrightarrow x = 7$$

Ou seja, a população de bactérias será de 1280 após 7 horas.

(d) Neste caso, devemos resolver a inequação $f(x) > 10240$. Sendo assim, temos

$$f(x) > 10240 \Longrightarrow 10 \cdot 2^x > 10240 \Longrightarrow 2^x > 1024 \Longrightarrow 2^x > 2^{10} \Longrightarrow x > 10$$

Ou seja, para que a população ultrapasse 10240 bactérias o tempo decorrido deve ser superior a 10 horas.

Exemplo 8.4 Esboce o gráfico da função $f(x) = 2^x$.

Solução: Neste caso, temos uma função exponencial de base 2. Na tabela a seguir, apresentamos alguns pontos $(x, f(x))$, ou seja, $(x, 2^x)$, pertencentes ao gráfico de f.

x	$f(x)$	Ponto
-3	$\frac{1}{8}$	$A\left(-3, \frac{1}{8}\right)$
-2	$\frac{1}{4}$	$B\left(-2, \frac{1}{4}\right)$
-1	$\frac{1}{2}$	$C\left(-1, \frac{1}{2}\right)$
0	1	$D\,(0,1)$
1	2	$E\,(1,2)$
2	4	$F\,(2,4)$
3	8	$G\,(3,8)$

Marcando estes pontos em um plano cartesiano, obtemos o esboço gráfico de f abaixo:

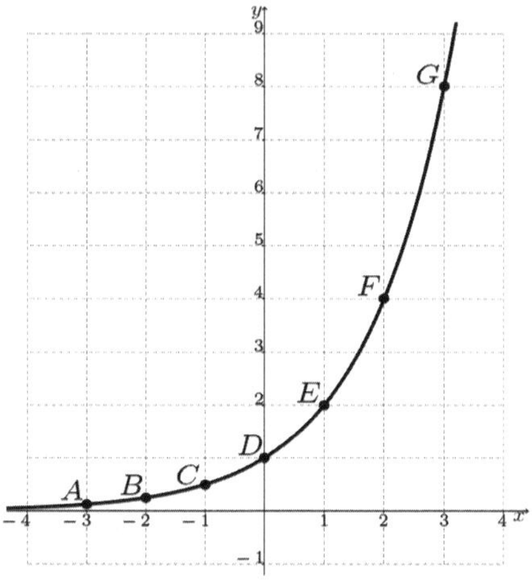

Exemplo 8.5 Esboce o gráfico da função $f(x) = \left(\frac{1}{2}\right)^x$.

Solução: Neste caso, temos uma função exponencial de base $\frac{1}{2}$. Na tabela a seguir, apresentamos alguns pontos $(x, f(x))$, ou seja, $(x, (\frac{1}{2})^x)$, pertencentes ao gráfico de f.

x	$f(x)$	Ponto
-3	8	$A\,(-3,8)$
-2	4	$B\,(-2,4)$
-1	2	$C\,(-1,2)$
0	1	$D\,(0,1)$
1	$\frac{1}{2}$	$E\left(1, \frac{1}{2}\right)$
2	$\frac{1}{4}$	$F\left(2, \frac{1}{4}\right)$
3	$\frac{1}{8}$	$G\left(3, \frac{1}{8}\right)$

Marcando estes pontos em um plano cartesiano, obtemos os esboço gráfico de f abaixo:

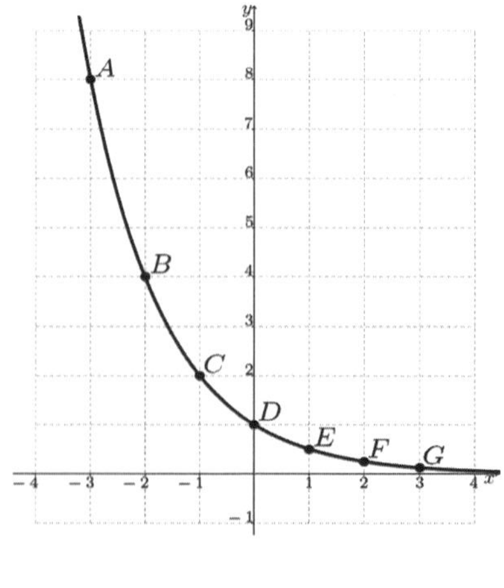

Observe que os gráficos das funções exponenciais acima possuem assíntotas horizontais, cuja equação é dada por $y = 0$.

O próximo resultado estabelece uma importante propriedade referente ao crescimento ou decrescimento de uma função exponencial.

Proposição 8.6

A função exponencial $f(x) = a^x$ é crescente se $a > 1$ e decrescente se $0 < a < 1$.

Demonstração. Seja $f : \mathbb{R} \to (0, +\infty)$ a função exponencial dada por $f(x) = a^x$. Dados $x, y \in \mathbb{R}$, com $x < y$, vamos considerar dois casos de análise.

Caso I: $a > 1$.

Neste caso, temos que, como $x < y$, então $a^x < a^y$, i.e., $f(x) < f(y)$, ou seja, f é crescente.

Caso II: $0 < a < 1$.

Neste caso, temos então que $\dfrac{1}{a} > 1$, o que, pelo caso I, segue que

$$x < y \Rightarrow \left(\frac{1}{a}\right)^x < \left(\frac{1}{a}\right)^y \Rightarrow \frac{1}{a^x} < \frac{1}{a^y} \Rightarrow a^x > a^y \Rightarrow f(x) > f(y)$$

Ou seja, f é decrescente. □

Exemplo 8.7 Esboce o gráfico das seguintes funções exponenciais:

(a) $f(x) = 2^{x+1}$ **(d)** $f(x) = 2^{-x}$ **(g)** $f(x) = 2^{|x|}$

(b) $f(x) = 2^x + 1$ **(e)** $f(x) = -2^x$ **(h)** $f(x) = 2^{-|x|}$

(c) $f(x) = 2^{x+1} - 1$ **(f)** $f(x) = -2^{-x}$ **(i)** $f(x) = |2^x|$

Solução: Utilizaremos aqui as técnicas de esboço de gráfico abordadas no capítulo de introdução às funções.

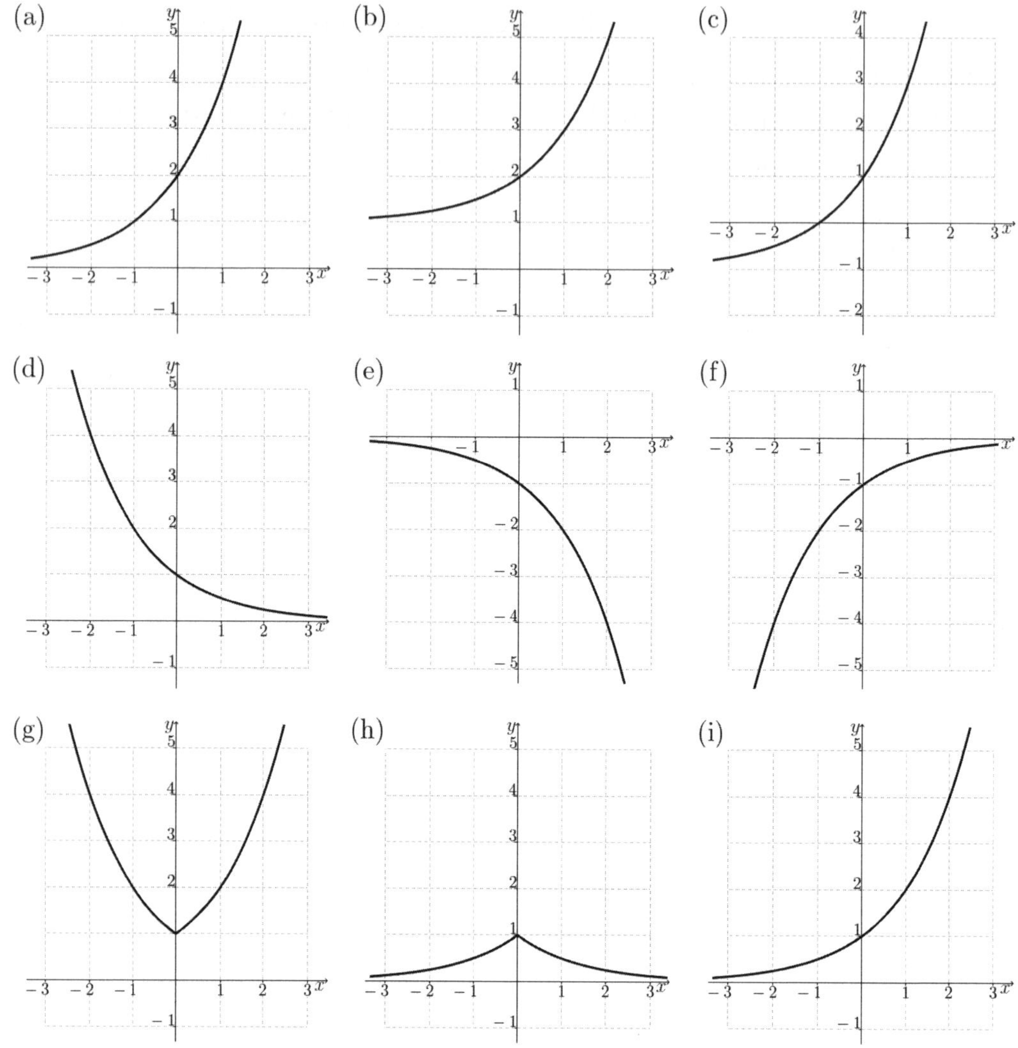

8.2 Equações exponenciais

Definição 8.8

Toda equação que contém a incógnita no expoente é denominada *equação exponencial.*

Exemplo 8.9 São exemplos de equações exponenciais:

$$3^x = 81, \quad (\sqrt{2})^x = 0,25, \quad 2^{x^2-2x} = 8, \quad 5^{|x|-3} = 1, \quad 9^x - 4 \cdot 3^x + 3 = 0,$$

$$\left(\frac{1}{2}\right)^{|x^2+4x-1|} = 0,0625, \quad 2^{x-2} + 2^{x-1} + 2^x + 2^{x+1} + 2^{x+2} = 124,$$

$$\sqrt[x]{9^{2x-1}} - \sqrt{3^{x-1}} \cdot \sqrt[x]{3^{2x+1}} = 0.$$

Na sequência veremos alguns exemplos de resolução destas equações.

Exemplo 8.10 Resolva as equações exponenciais:
(a) $3^x = 81$ **(b)** $(\sqrt{2})^x = 0,25$

Solução: Escrevendo ambos os lados como potências de uma mesma base obtemos
(a) $3^x = 81 \Longrightarrow 3^x = 3^4 \Longrightarrow x = 4 \Longrightarrow S = \{4\}$
(b) $(\sqrt{2})^x = 0,25 \Longrightarrow 2^{\frac{x}{2}} = 2^{-2} \Longrightarrow \dfrac{x}{2} = -2 \Longrightarrow x = -4 \Longrightarrow S = \{-4\}$

Exemplo 8.11 Resolva as equações exponenciais:
(a) $2^{x^2-2x} = 8$ **(b)** $5^{|x|-3} = 1$

Solução: Escrevendo ambos os lados como potências de uma mesma base obtemos
(a) $2^{x^2-2x} = 8 \Longrightarrow 2^{x^2-2x} = 2^3 \Longrightarrow x^2 - 2x - 3 = 0 \Longrightarrow S = \{-1, 3\}$
(b) $5^{|x|-3} = 1 \Longrightarrow 5^{|x|-3} = 5^0 \Longrightarrow |x| - 3 = 0 \Longrightarrow |x| = 3 \Longrightarrow S = \{-3, 3\}$

Exemplo 8.12 Resolva a equação exponencial $9^x - 4 \cdot 3^x + 3 = 0$.

Solução: Note que esta equação exponencial pode ser reescrita como: $(3^x)^2 - 4 \cdot 3^x + 3 = 0$. Fazendo $3^x = y$, temos $y^2 - 4y + 3 = 0 \Longrightarrow y = 1$ ou $y = 3$. Se $y = 1$, temos $3^x = 1$ e, portanto, $x = 0$.

Se $y = 3$, temos $3^x = 3$ e, portanto, $x = 1$.

Consequentemente, temos $S = \{0, 1\}$.

Exemplo 8.13 Resolva a equação exponencial $\left(\dfrac{1}{2}\right)^{|x^2+4x-1|} = 0,0625.$

Solução: Igualando as bases, temos

$$\left(\frac{1}{2}\right)^{|x^2+4x-1|} = 0,0625 \Longrightarrow \left(\frac{1}{2}\right)^{|x^2+4x-1|} = \frac{625}{10000}$$

$$\Longrightarrow \left(\frac{1}{2}\right)^{|x^2+4x-1|} = \left(\frac{1}{2}\right)^4$$

Desta forma, temos

$$|x^2+4x-1|=4 \Longrightarrow x^2+4x-1=4 \text{ ou } x^2+4x-1=-4$$

Se $x^2+4x-1=4 \Longrightarrow x^2+4x-5=0$, donde, $x=-5$ ou $x=1$.
Se $x^2+4x-1=-4 \Longrightarrow x^2+4x+3=0$, donde, $x=-3$ ou $x=-1$.
Consequentemente, $S=\{-5,-3,-1,1\}$.

Exemplo 8.14 Resolva a equação exponencial

$$2^{x-2}+2^{x-1}+2^x+2^{x+1}+2^{x+2}=124$$

Solução: Reescrevendo a equação acima, temos

$$2^{x-2}+2^{x-1}+2^x+2^{x+1}+2^{x+2}=124 \Longrightarrow \frac{2^x}{4}+\frac{2^x}{2}+2^x+2\cdot 2^x+4\cdot 2^x=124$$

$$\Longrightarrow \left(\frac{1}{4}+\frac{1}{2}+1+2+4\right)2^x=124 \Longrightarrow \left(\frac{31}{4}\right)2^x=124 \Longrightarrow 2^x=16 \Longrightarrow x=4$$

Consequentemente, $S=\{4\}$.

Exemplo 8.15 Resolva a equação exponencial

$$\sqrt[x]{9^{2x-1}}-\sqrt{3^{x-1}}\cdot\sqrt[x]{3^{2x+1}}=0$$

Solução: Reescrevendo a equação acima, temos

$$\sqrt[x]{9^{2x-1}}=\sqrt{3^{x-1}}\cdot\sqrt[x]{3^{2x+1}} \Longrightarrow 9^{\frac{2x-1}{x}}=3^{\frac{x-1}{2}}\cdot 3^{\frac{3x+1}{x}}$$

$$\Longrightarrow 3^{2\frac{2x-1}{x}}=3^{\frac{x-1}{2}}\cdot 3^{\frac{3x+1}{x}} \Longrightarrow \frac{4x-2}{x}=\frac{x-1}{2}+\frac{3x+1}{x}$$

$$\Longrightarrow \frac{2(4x-2)}{2x}=\frac{x(x-1)+2(3x+1)}{2x}$$

$$\Longrightarrow 8x-4=x^2-x+4x+2 \Longrightarrow x^2-5x+6=0$$

Consequentemente, $S=\{2,3\}$.

8.3 Inequações exponenciais

Definição 8.16

Toda inequação que contém a incógnita no expoente é denominada *inequação exponencial.*

Exemplo 8.17 São exemplos de inequações exponenciais:

$$5^x \leq 125, \quad \left(\frac{1}{3}\right)^{x+1} < \frac{1}{9}, \quad \left(\frac{3}{4}\right)^{x^2-6} \geq \frac{16}{9}, \quad \frac{1}{5^{|2x+1|}} > 0,04,$$

$$\sqrt{7} < 7^{|x+1|} \leq 343, \quad 4^x - 10 \cdot 2^x + 16 \leq 0$$

A proposição 8.18, enunciada a seguir, será utilizada na resolução de inequações exponenciais.

Proposição 8.18

Sejam a um real positivo tal que $a \neq 1$ e sejam dadas as funções reais $f : \mathbb{R} \longrightarrow \mathbb{R}$ e $g : \mathbb{R} \longrightarrow \mathbb{R}$.
Se $a > 1$, então
$$a^{f(x)} < a^{g(x)} \Longleftrightarrow f(x) < g(x), \quad \textit{i.e., a desigualdade “se mantém”.}$$
Se $0 < a < 1$, então
$$a^{f(x)} < a^{g(x)} \Longleftrightarrow f(x) > g(x), \quad \textit{i.e., a desigualdade “se inverte”.}$$
Resultados análogos valem para as desigualdades $>$, $\leq$ e $\geq$.

Demonstração. Consideremos a função auxiliar

$$\begin{aligned} h : \mathbb{R} &\longrightarrow \mathbb{R} \\ x &\longmapsto a^x \end{aligned}$$

Se $a > 1$, sabemos que h é uma função crescente e, portanto,

$$f(x) < g(x) \Longleftrightarrow h(f(x)) < h(g(x)) \Longleftrightarrow a^{f(x)} < a^{g(x)}$$

Se $0 < a < 1$, sabemos que h é uma função decrescente e, portanto,

$$f(x) < g(x) \Longleftrightarrow h(f(x)) > h(g(x)) \Longleftrightarrow a^{f(x)} > a^{g(x)} \qquad \square$$

Exemplo 8.19 Resolva as inequações exponenciais:

(a) $5^x \leq 125$ **(b)** $\left(\dfrac{1}{3}\right)^{x+1} < \dfrac{1}{9}$ **(c)** $\left(\dfrac{3}{4}\right)^{x^2-6} \geq \dfrac{16}{9}$

Solução: Igualando as bases e utilizando a proposição 8.18, obtemos

(a) $5^x \leq 125 \Longrightarrow 5^x \leq 5^3 \Longrightarrow x \leq 3 \Longrightarrow S = (-\infty, 3]$

(b) $\left(\dfrac{1}{3}\right)^{x+1} < \dfrac{1}{9} \Longrightarrow \left(\dfrac{1}{3}\right)^{x+1} < \left(\dfrac{1}{3}\right)^2 \Longrightarrow x+1 > 2 \Longrightarrow S = (1, +\infty)$

(c) $\left(\dfrac{3}{4}\right)^{x^2-6} \geq \dfrac{16}{9} \Longrightarrow \left(\dfrac{3}{4}\right)^{x^2-6} \geq \left(\dfrac{3}{4}\right)^{-2} \Longrightarrow x^2-6 \leq -2 \Longrightarrow x^2-4 \leq 0$

Consequentemente, temos $S = [-2, 2]$.

Exemplo 8.20 Resolva as inequações exponenciais:

(a) $\dfrac{1}{5^{|2x+1|}} > 0,04$ **(b)** $\sqrt{7} < 7^{|x+1|} \leq 343$

Solução: Igualando as bases e utilizando a proposição 8.18, obtemos

(a) $\dfrac{1}{5^{|2x+1|}} > \dfrac{1}{25} \Longrightarrow \left(\dfrac{1}{5}\right)^{|2x+1|} > \left(\dfrac{1}{5}\right)^2 \Longrightarrow |2x+1| < 2 \Longrightarrow S = (-\frac{3}{2}, \frac{1}{2})$

(b) $\sqrt{7} < 7^{|x+1|} \leq 343 \Longrightarrow 7^{\frac{1}{2}} < 7^{|x+1|} \leq 7^3 \Longrightarrow \dfrac{1}{2} < |x+1| \leq 3$

Resolvendo a inequação modular dupla $\dfrac{1}{2} < |x+1| \leq 3$, obtemos $S = [-4, -\frac{3}{2}) \cup (-\frac{1}{2}, 2]$.

Exemplo 8.21 Resolva a inequação exponencial $4^x - 10 \cdot 2^x + 16 \leq 0$.

Solução: Note que esta inequação exponencial pode ser reescrita como

$$(2^x)^2 - 10 \cdot 2^x + 16 \leq 0.$$

Fazendo $2^x = y$, temos

$$y^2 - 10y + 16 \leq 0 \Longrightarrow 2 \leq y \leq 8 \Longrightarrow 2 \leq 2^x \leq 8 \Longrightarrow 2 \leq 2^x \leq 2^3 \Longrightarrow 1 \leq x \leq 3.$$

Consequentemente, $S = [1, 3]$.

8.4 Exercícios e aplicações

1. Esboce o gráfico das seguintes funções exponenciais:

(a) $f(x) = 3^x$
(b) $f(x) = 3^{-x}$
(c) $f(x) = -3^x$
(d) $f(x) = -3^x + 2$
(e) $f(x) = 3^x + 1$
(f) $f(x) = 3^{x-2}$
(g) $f(x) = 3^{x+2}$
(h) $f(x) = 2 \cdot 3^x - 1$
(i) $f(x) = 3^{1-x} - 2$
(j) $f(x) = 3^{|x|}$
(k) $f(x) = 3^{|x-2|}$
(l) $f(x) = \left|3^x - 2\right|$

2. Dadas $f(x) = 5^x$ e $g(x) = x^2 + 2x + 3$, obtenha a lei de formação das funções $f \circ g$ e $g \circ f$.

3. Em cada caso, expresse a função dada como uma composta de três funções, isto é, encontre f_1, f_2 e f_3 distintas da função identidade tais que $f = f_3 \circ f_2 \circ f_1$.

(a) $f(x) = 2 + 3^{2x+1}$
(b) $f(x) = 5^{x^3+2}$
(c) $f(x) = \sqrt{9^x - 3^x}$

4. Resolva as seguintes equações exponenciais:

(a) $2^{-x} = 128$
(b) $5^{2x+1} = 125$
(c) $9^{x-1} = 3$
(d) $(\sqrt[3]{4})^x = 8$
(e) $3^{-x} = \frac{1}{243}$
(f) $100^{2x} = 0,000001$
(g) $\left(\frac{1}{9}\right)^{x^2} = \frac{1}{\sqrt{3}}$
(h) $\left(\frac{\sqrt{5}}{2}\right)^{\frac{1}{x}} = \frac{16}{25}$
(i) $e^{2x^2+3x-1} = e$
(j) $3^{x^2-2x-3} = 1$
(k) $27^{x^2-x} = 9^{x+1}$
(l) $4^{x^2-1} = 2^{x^2+x+4}$
(m) $5^{|x|-2} = 0,2$
(n) $6^{|x+2|} = \sqrt[3]{36}$
(o) $7^{|x^2+4x+2|} = 49$

5. Resolva as seguintes equações exponenciais:

(a) $4^x + 4 = 5 \cdot 2^x$
(b) $9^x + 3^x - 12 = 0$
(c) $3^{x-1} - 3^x + 3^{x+1} + 3^{x+2} = 306$
(d) $16^{2x+3} - 16^{2x+1} = 2^{8x+12} - 2^{6x+5}$

6. Resolva as seguintes inequações exponenciais:

(a) $2^x < 32$ (b) $4^x \geq 8$ (c) $2^x < \frac{1}{8}$ (d) $\left(\frac{1}{3}\right)^x \leq \frac{1}{27}$ (e) $\left(\frac{2}{9}\right)^{x+4} \leq \frac{\sqrt{2}}{3}$

(f) $(0,008)^x > \sqrt[3]{25}$ (g) $(\sqrt[5]{25})^x > \frac{1}{\sqrt[4]{125}}$ (h) $(0,1)^{3-4x} \leq 0,001$ (i) $\pi^{3x-4} \geq 1$ (j) $2^{x^2-5x+6} < 4$

(k) $\left(\frac{2}{3}\right)^{x^2+5x-2} \leq \frac{9}{4}$ (l) $\pi^{(x-3)(x+2)} \leq \frac{1}{\pi^4}$ (m) $4^{|x+3|} \leq \sqrt{2}$ (n) $\sqrt[3]{7^{|x-5|}} > 343$ (o) $\frac{1}{2}^{|x^2-7x+6|} > \frac{1}{64}$

7. Resolva as seguintes inequações exponenciais:

(a) $27 < 3^x \leq 243$ (b) $4 < 8^{|x|} < 32$

(c) $4^x - 6 \cdot 2^x + 8 < 0$ (d) $3^{2x} - 3^{x+1} > 3^x - 3$

8. Em cada caso, determine o domínio da função dada:

(a) $f(x) = 2^{\frac{1}{x}}$ (b) $f(x) = \sqrt{2^x - 1}$

(c) $f(x) = \dfrac{5}{\sqrt[4]{3 - 3^{|x|}}}$ (d) $f(x) = \dfrac{\sqrt{9^x - 6 \cdot 3^x - 27}}{2x - 6}$

9. (ENADE, 2011) Sob certas condições, o número de colônias de bactérias, t horas após ser preparada a cultura, é dada pela função

$$B(t) = 9^t - 2 \cdot 3^t + 3, \qquad (t \geq 0).$$

O tempo mínimo necessário para esse número ultrapassar 6 colônias é de

(a) 1 hora (b) 2 horas (c) 3 horas (d) 4 horas (e) 6 horas

10. (UNESP, 2018) O ibuprofeno é uma medicação prescrita para dor e febre, com meia-vida de aproximadamente 2 horas. Isso significa que,

por exemplo, depois de 2 horas da ingestão de 200 mg de ibuprofeno, permanecerão na corrente sanguínea do paciente apenas 100 mg da medicação. Após mais 2 horas (4 horas no total), apenas 50 mg permanecerão na corrente sanguínea e, assim, sucessivamente. Se um paciente recebe 800 mg de ibuprofeno a cada 6 horas, a quantidade dessa medicação que permanecerá na corrente sanguínea na 14ª hora após a ingestão da primeira dose será

(a) 12,50 mg

(b) 456,25 mg

(c) 114,28 mg

(d) 6,25 mg

(e) 537,50 mg

11. Se aplicarmos um capital de R$ 1.000,00 na poupança, que pagará juros compostos de 0,5% ao mês, qual será o montante acumulado após 3 anos?

12. O número e é um dos mais importantes números da matemática. É comum encontrarmos a denominação de *número de Euler* (ou constante de Euler) para e, em homenagem ao matemático Leonhard Euler. O e é muito usado como a base de funções exponenciais, com diversas aplicações na ciência em geral. Pensando na importância destas aplicações, sugerimos ao leitor buscar na bibliografia ou em páginas da internet a utilização da função exponencial de base e, principalmente:

    (a) em biologia, para descrever o crescimento ou decrescimento de populações ou de seres vivos;

    (b) em física, para descrever o decaimento radioativo de materiais;

    (c) em economia, para descrever a taxa contínua de juros que incide sobre um determinado capital.

Respostas

1. Gráficos:

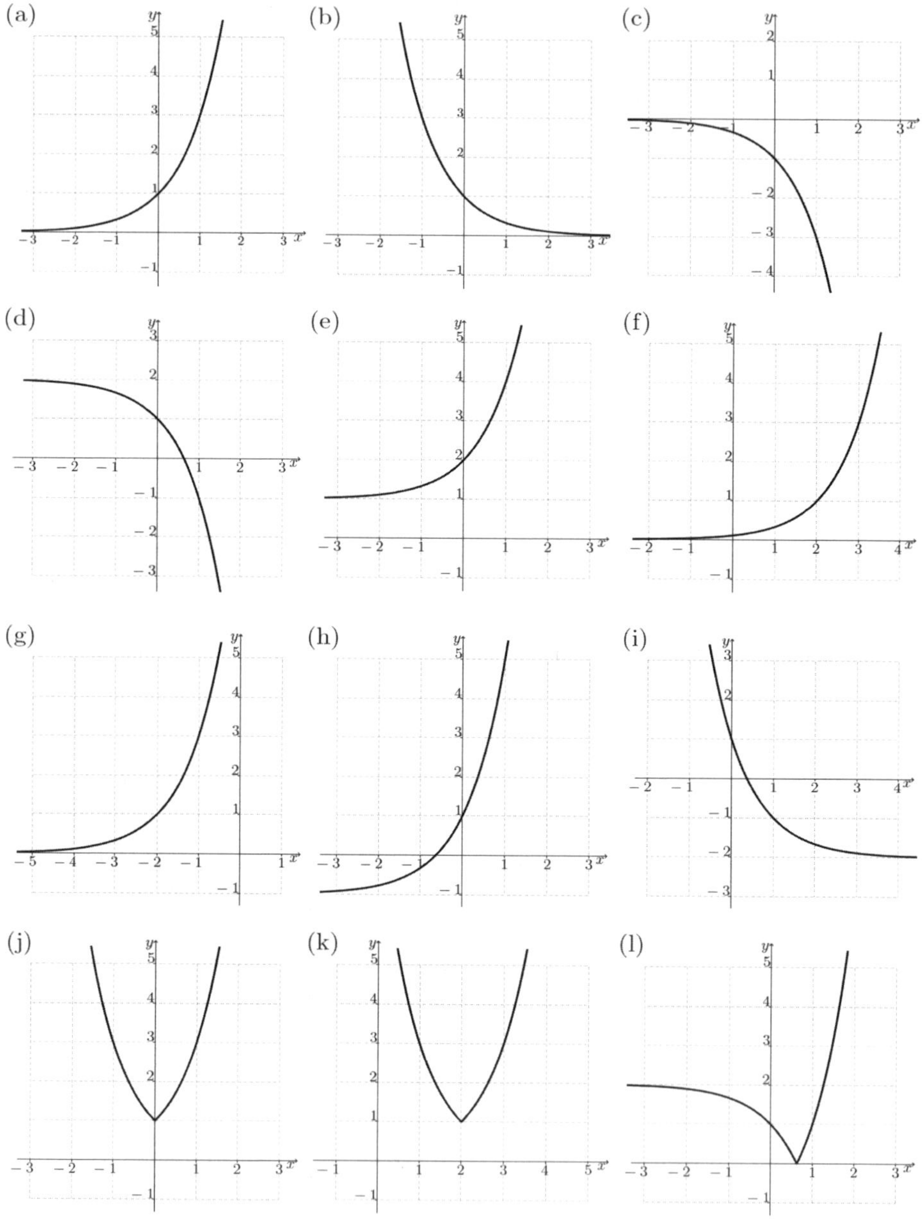

2. $(f \circ g)(x) = 5^{x^2+2x+3}$ e $(g \circ f)(x) = 5^{2x} + 2 \cdot 5^x + 3$

3. (a) $f_1(x) = 2x + 1$, $f_2(x) = 3^x$ e $f_3(x) = 2 + x$

   (b) $f_1(x) = x^3$, $f_2(x) = x + 2$ e $f_3(x) = 5^x$

   (c) $f_1(x) = 3^x$, $f_2(x) = x^2 - x$ e $f_3(x) = \sqrt{x}$

4.

(a) $S = \{-7\}$ (f) $S = \{-\frac{3}{2}\}$ (k) $S = \{-\frac{1}{3}, 2\}$

(b) $S = \{1\}$ (g) $S = \{\pm\frac{1}{2}\}$ (l) $S = \{-2, 3\}$

(c) $S = \{\frac{3}{2}\}$ (h) $S = \{-\frac{1}{4}\}$ (m) $S = \{-1, 1\}$

(d) $S = \{\frac{9}{2}\}$ (i) $S = \{-2, \frac{1}{2}\}$ (n) $S = \{-\frac{8}{3}, -\frac{4}{3}\}$

(e) $S = \{5\}$ (j) $S = \{-1, 3\}$ (o) $S = \{-4, -2, 0\}$

5. (a) $S = \{0, 2\}$ (b) $S = \{1\}$ (c) $S = \{3\}$ (d) $S = \{\frac{1}{2}\}$

6. (a) $S = (-\infty, 5)$ (f) $S = \left(-\infty, -\frac{2}{9}\right)$ (k) $S = \mathbb{R} - (-5, 0)$

(b) $S = \left[\frac{3}{2}, +\infty\right)$ (g) $S = \left(-\frac{15}{8}, +\infty\right)$ (l) $S = [-1, 2]$

(c) $S = (-\infty, -3)$ (h) $S = (-\infty, 0]$ (m) $S = \left[-\frac{13}{4}, -\frac{11}{4}\right]$

(d) $S = [3, +\infty)$ (i) $S = \left[\frac{4}{3}, +\infty\right)$ (n) $S = \mathbb{R} - [-14, 4]$

(e) $S = \left[-\frac{7}{2}, +\infty\right)$ (j) $S = (1, 4)$ (o) $S = (0, 3) \cup (4, 7)$

7. (a) $S = (3, 5]$ (c) $S = (1, 2)$

(b) $S = \left(-\frac{5}{3}, -\frac{2}{3}\right) \cup \left(\frac{2}{3}, \frac{5}{3}\right)$ (d) $S = (-\infty, 0) \cup (1, +\infty)$

8. (a) $D(f) = \mathbb{R}^*$ (c) $D(f) = (-1, 1)$

(b) $D(f) = \mathbb{R}_+$ (d) $D(f) = (2, +\infty) - \{3\}$

9. (a)

10. (b)

11. R\$1.196,68

Capítulo 9

Função logarítmica

Assim como a função exponencial, a função logarítmica é utilizada para descrever diversos fenômenos naturais. Como exemplos, podemos tomar o cálculo do pH (potencial Hidrogeniônico) de uma solução aquosa e a extensão das variações entre as intensidades sonoras, medida em decibéis (dB), que é uma escala logarítimica.

9.1 Logaritmos

Definição 9.1

Sejam a e b números reais positivos, com $a \neq 1$, chama-se *logaritmo de b na base a* ao número real x que satisfaz a equação

$$a^x = b \tag{9.1}$$

Costuma-se utilizar a notação $\log_a b$ e diz-se *logaritmo de b na base a* para representar o número real x dado em (9.1), onde

$$\log_a b = x \Longleftrightarrow a^x = b \tag{9.2}$$

Em (9.2), o número x é chamado de *logaritmo*, o número a é chamado de *base do logaritmo* e o número b é chamado de *logaritmando*.

As restrições $a > 0$, $a \neq 1$ e $b > 0$ dadas na definição 9.1 são chamadas de *condições de existência* do logaritmo.

Exemplo 9.2 A taxa de crescimento da população de um determinado país é de, aproximadamente, 2% ao ano. Se a taxa de crescimento continuar a mesma, em quantos anos a população deste país irá dobrar?

Solução: Denotemos por P_0 a atual população deste país. Utilizaremos P_1 para denotar a população após 1 ano, por P_2 a população após 2 anos e assim por diante. Note que

$$P_1 = (1,02)P_0 \qquad P_2 = (1,02)P_1 = (1,02)[(1,02)P_0] = (1,02)^2P_0$$
$$P_3 = (1,02)P_2 = (1,02)[(1,02)^2P_0] = (1,02)^3P_0, \;\ldots,\; P_k = (1,02)^kP_0$$

Desta forma, estamos interessados em descobrir para qual valor de k teremos $P_k = 2P_0$, ou seja, $2P_0 = (1,02)^kP_0 \Longrightarrow 2 = (1,02)^k$.

A equação $2 = (1,02)^k$ é uma equação (a princípio) de difícil resolução. No entanto, é resolvida facilmente utilizando a teoria de logaritmos.

Utilizando logaritmos, obtemos

$$2 = (1,02)^k \Longleftrightarrow k = \frac{\log 2}{\log 1,02} \approx \frac{0,30103}{0,0086} \approx 35$$

de onde concluímos que são necessários, aproximadamente, 35 anos para que a população deste país seja duplicada.

Exemplo 9.3 Determine o valor da soma $x + y + z$ onde

$$\log_2 16 = x, \quad \log_3 \frac{1}{9} = y \quad \text{e} \quad \log_{0,25} 64 = z.$$

Solução: Basta notar que

$$\log_2 16 = x \Longleftrightarrow 2^x = 16 \Longleftrightarrow 2^x = 2^4 \Longleftrightarrow x = 4$$
$$\log_3 \frac{1}{9} = y \Longleftrightarrow 3^y = \frac{1}{9} \Longleftrightarrow 3^y = 3^{-2} \Longleftrightarrow y = -2$$
$$\log_{0,25} 64 = z \Longleftrightarrow (0,25)^z = 64 \Longleftrightarrow (2^{-2})^z = 2^6 \Longleftrightarrow z = -3$$

Portanto,

$$x + y + z = 4 + (-2) + (-3) = -1$$

Observações:

(a) Quando a base do logaritmo é o *Número de Euler* (ver último exercício do capítulo anterior sobre este número), escreve-se $\ln b$ ao invés de $\log_e b$.

(b) Quando a base do logaritmo é igual a 10, escreve-se $\log b$ ao invés de $\log_{10} b$.

Propriedade 9.1.1 Seja a um número real positivo tal que $a \neq 1$, então $\log_a 1 = 0$. Ou seja, o logaritmo de 1 em qualquer base é igual a 0.
Demonstração. Basta notar que

$$\log_a 1 = x \iff a^x = 1 \iff a^x = a^0 \iff x = 0 \qquad \square$$

Exemplo 9.4 $\log_2 1 = 0; \quad \log_\pi 1 = 0; \quad \log 1 = 0; \quad \ln 1 = 0.$

Propriedade 9.1.2 Seja a um número real positivo tal que $a \neq 1$, então $\log_a a = 1$. Ou seja, o logaritmo de um número, de mesma base, é igual a 1.
Demonstração. Basta notar que

$$\log_a a = x \iff a^x = a \Longrightarrow a^x = a^1 \Longrightarrow x = 1 \qquad \square$$

Exemplo 9.5 $\log_2 2 = 1; \quad \log_5 5 = 1; \quad \log 10 = 1; \quad \ln e = 1.$

Propriedade 9.1.3 Sejam a e b reais positivos tais que $a \neq 1$, então $a^{\log_a b} = b$. Ou seja, o logaritmo é a solução de uma equação exponencial.
Demonstração. Basta notar que

$$a^x = b \iff x = \log_a b \qquad \square$$

Exemplo 9.6 $2^{\log_2 3} = 3; \quad 5^{\log_5 4} = 4; \quad 10^{\log 2} = 2; \quad e^{\ln \pi} = \pi.$

Propriedade 9.1.4 Sejam a, b e c reais positivos tais que $a \neq 1$, então $\log_a b = \log_a c \Longrightarrow b = c$. Ou seja, dois logaritmos de uma mesma base são iguais se, e somente se, os logaritmandos forem iguais.
Demonstração. Utilizando a propriedade 9.1.3, tem-se

$$\log_a b = \log_a c \iff a^{\log_a b} = a^{\log_a c} \iff b = c \qquad \square$$

Exemplo 9.7 $2^{\log_2 3} = 3$; $5^{\log_5 4} = 4$; $10^{\log 2} = 2$; $e^{\ln \pi} = \pi$.

A proposição 9.8 a seguir é conhecida como *logaritmo do produto.*

Proposição 9.8

Sejam a, b e c reais positivos tais que $a \neq 1$, então

$$\log_a(b \cdot c) = \log_a b + \log_a c$$

Demonstração. Segue da propriedade 9.1.3 que

$$b \cdot c = a^{\log_a(b \cdot c)} \tag{9.3}$$

Por outro lado, segue também da propriedade 9.1.3 que

$$b \cdot c = a^{\log_a b} \cdot a^{\log_a c} = a^{\log_a b + \log_a c} \tag{9.4}$$

Sendo assim, segue de (9.3) e (9.4) que

$$a^{\log_a(b \cdot c)} = a^{\log_a b + \log_a c} \Longrightarrow \log_a(b \cdot c) = \log_a b + \log_a c$$ □

Corolário 9.9

Sejam $a, a_1, a_2, ..., a_n$ reais positivos tais que $a \neq 1$, então

$$\log_a(a_1 \cdot a_2 \cdot ... \cdot a_n) = \log_a a_1 + \log_a a_2 + ... + \log_a a_n$$

Exemplo 9.10

(a) $\log_2 15 = \log_2 3 \cdot 5 = \log_2 3 + \log_2 5$

(b) $\log_3 6 = \log_3 3 \cdot 2 = \log_3 3 + \log_3 2 = 1 + \log_3 2$

(c) $\log_5 125 = \log_5 5 \cdot 5 \cdot 5 = \log_5 5 + \log_5 5 + \log_5 5 = 3$

A proposição 9.11 a seguir é conhecida como *logaritmo do quociente.*

Proposição 9.11

Sejam a, b e c reais positivos tais que $a \neq 1$. Então

$$\log_a\left(\frac{b}{c}\right) = \log_a b - \log_a c$$

Demonstração. Segue da propriedade 9.1.3 que

$$\frac{b}{c} = a^{\log_a\left(\frac{b}{c}\right)} \tag{9.5}$$

Por outro lado, segue também da propriedade 9.1.3 que

$$\frac{b}{c} = \frac{a^{\log_a b}}{a^{\log_a c}} = a^{\log_a b - \log_a c} \tag{9.6}$$

Sendo assim, segue de (9.5) e (9.6) que

$$a^{\log_a\left(\frac{b}{c}\right)} = a^{\log_a b - \log_a c} \Longrightarrow \log_a\left(\frac{b}{c}\right) = \log_a b - \log_a c$$ □

Exemplo 9.12

(a) $\log_2\left(\frac{7}{3}\right) = \log_2 7 - \log_2 3$

(b) $\log_3\left(\frac{1}{5}\right) = \log_3 1 - \log_3 5 = -\log_3 5$

(c) $\log_5(0,25) = \log_5\left(\frac{25}{100}\right) = \log_5\left(\frac{1}{4}\right) = -\log_5 4$

A proposição 9.13 abaixo é conhecida como *logaritmo da potência.*

Proposição 9.13

Sejam a e b reais positivos tais que $a \neq 1$ e seja c um real qualquer. Então

$$\log_a b^c = c \cdot \log_a b$$

Demonstração. Segue da propriedade 9.1.3 que

$$b^c = a^{\log_a(b^c)} \tag{9.7}$$

Por outro lado, segue também da propriedade 9.1.3 que

$$b^c = \left(a^{\log_a b}\right)^c = a^{c \cdot \log_a b} \tag{9.8}$$

Sendo assim, segue de (9.7) e (9.8) que

$$a^{\log_a(b^c)} = a^{c \cdot \log_a b} \Longrightarrow \log_a b^c = c \cdot \log_a b$$ □

Exemplo 9.14

(a) $\log_5 125 = \log_5 5^3 = 3\log_5 5 = 3$

(b) $\log_3\left(\frac{1}{32}\right) = \log_3 2^{-5} = -5\log_3 2$

(c) $\log_5 \sqrt[4]{2^3} = \log_5 2^{\frac{3}{4}} = \frac{3}{4}\log_5 2$

A proposição 9.15 abaixo é conhecida como *mudança de base do logaritmo.*

Proposição 9.15

Sejam a, b e c reais positivos tais que $a \neq 1$ e $c \neq 1$, então

$$\log_a b = \frac{\log_c b}{\log_c a}$$

Demonstração. Utilizando a propriedade 9.1.3 e a proposição 9.13, tem-se $b = c^{\log_c b} = c^{\log_c a^{(\log_a b)}} = c^{(\log_a b)\cdot(\log_c a)}$. Portanto:

$$\log_c b = (\log_a b)\cdot(\log_c a) \Longrightarrow \log_a b = \frac{\log_c b}{\log_c a} \qquad \square$$

Exemplo 9.16

(a) $\log_3 5 = \dfrac{\log_{10} 5}{\log_{10} 3}$

(b) $\log_{1000} 2 = \dfrac{\log_{10} 2}{\log_{10} 1000} = \dfrac{\log_{10} 2}{\log_{10} 10^3} = \dfrac{\log_{10} 2}{3\log_{10} 10} = \dfrac{\log_{10} 2}{3}$

(c) $\log_8 128 = \dfrac{\log_2 128}{\log_2 8} = \dfrac{\log_2 2^7}{\log_2 2^3} = \dfrac{7\log_2 2}{3\log_2 2} = \dfrac{7}{3}$

Corolário 9.17

Sejam a, b e c reais positivos tais que $a \neq 1$, $b \neq 1$ e $c \neq 1$ e α um real não nulo, então

(i) $\log_a b = \log_a c \cdot \log_c b$

(ii) $\log_a b = \dfrac{1}{\log_b a}$

(iii) $\log_{a^\alpha} b = \frac{1}{\alpha}\log_a b$

Demonstração. Segue diretamente da proposição 9.15 que

(i) $\log_c b = \dfrac{\log_a b}{\log_a c} \Longrightarrow \log_a b = \log_a c \cdot \log_c b$

(ii) $\log_a b = \dfrac{\log_b b}{\log_b a} = \dfrac{1}{\log_b a}$

(iii) $\log_{a^\alpha} b = \dfrac{\log_a b}{\log_a a^\alpha} = \dfrac{\log_a b}{\alpha \log_a a} = \dfrac{\log_a b}{\alpha} = \frac{1}{\alpha} \log_a b$ □

Exemplo 9.18

(a) $\log_{10} 3 \cdot \log_3 8 = \log_{10} 8$

(b) $\log_2 5 \cdot \log_5 10 \cdot \log_{10} 4 \cdot \log_4 3 \cdot \log_3 8 = \log_2 8 = 3$

(c) $\log_8 3 = \dfrac{1}{\log_3 8}$

(d) $\log_{1000} 2 = \log_{10^3} 2 = \dfrac{1}{3} \log_{10} 2 = \dfrac{\log_{10} 2}{3}$

(e) $\log_{\frac{1}{3}} 5 = \log_{3^{-1}} 5 = -\log_3 5$

(f) $\log_8 128 = \log_{2^3} 2^7 = 7 \log_{2^3} 2 = \dfrac{7}{3} \log_2 2 = \dfrac{7}{3}$

Exercícios

1. Calcule, pela definição, os seguintes logaritmos:

   (a) $\log_3 81$ (b) $\log_3 \sqrt{3}$ (c) $\log_{100} \sqrt[5]{10}$ (d) $\log_{\frac{1}{\sqrt{2}}} \sqrt{8}$

2. Determine o valor de:

   (a) $9^{\log_3 2}$ (b) $2^{3+\log_2 5}$ (c) $5^{2-\log_5 4}$ (d) $4^{2+\log_2 3}$

3. Verifique se cada afirmação é verdadeira ou falsa:

   (a) $(\log_3 27) \cdot (\log_3 9) = \log_3(27 \cdot 9) = \log_3(3^3 \cdot 3^2) = \log_3 3^5 = 5 \log_3 3 = 5$

   (b) $(\log_3 18) \cdot (\log_3 9) = \log_3(18 + 9) = \log_3 27 = \log_3 3^3 = 3 \log_3 3 = 3$

(c) $\log_5 16 + \log_5 9 = \log_5(16+9) = \log_5 25 = \log_5 5^2 = 2\log_5 5 = 2$

(d) $\log_6 9 + \log_6 4 = \log_6(9 \cdot 4) = \log_6 36 = \log_6 6^2 = 2\log_6 6 = 2$

(e) $\dfrac{\log_2 70}{\log_2 6} = \log_2(70-6) = \log_2 64 = \log_2 2^6 = 6\log_2 2 = 6$

(f) $\log_4 8 - \log_4 2 = \log_4\left(\frac{8}{2}\right) = \log_4 4 = 1$

(g) $\log_{\sqrt{2}}(\sqrt{32}) = \log_{(\sqrt{2})^2}(\sqrt{32})^2 = \log_2 32 = \log_2 2^5 = 5\log_2 2 = 5$

(h) $\log_3 9 = \log_3(-3)^2 = 2\log_3(-3) = 2(-\log_3 3) = 2(-1) = -2$

4. Se $\log_2 3 = x$ e $\log_2 5 = y$, coloque em função de x e y os seguintes logaritmos:

(a) $\log_2 15$ (b) $\log_2 9$ (c) $\log_2 \sqrt{5}$ (d) $\log_2(0,2)$

5. Determine o valor de:

$$\log_3 2 \cdot \log_4 3 \cdot \log_5 4 \cdot \log_6 5 \cdot \ldots \cdot \log_{61} 60 \cdot \log_{62} 61 \cdot \log_{63} 62 \cdot \log_{64} 63$$

Respostas

1. (a) 4 (b) $\dfrac{1}{2}$ (c) $\dfrac{1}{10}$ (d) -3

2. (a) 4 (b) 40 (c) $\dfrac{25}{4}$ (d) 144

3. (a) Falsa (b) Falsa (c) Falsa (d) Verdadeira

(e) Falsa (f) Verdadeira (g) Verdadeira (h) Falsa

4. (a) $x+y$ (b) $2x$ (c) $\dfrac{y}{2}$ (d) $-y$

5. $\dfrac{1}{6}$

9.2 Um pouco de história

Foi o matemático John Napier (1550-1617) quem fez a primeira publicação oficial sobre logaritmos (de base e), em seu livro *Mirifici Logarithmorum canonis descriptio* [Uma descrição maravilhosa da regra dos logaritmos], publicado em 1614. De fato, esse livro constitui em uma tabela que permite determinar, traduzindo para a linguagem moderna, o seno de arcos em graus, de zero a 89, de minuto a minuto, com 7 decimais, chamado de mantissa, e também o logaritmo natural de cada mantissa correspondente. Abaixo apresentamos uma das páginas, a correspondente ao arco de 44°.

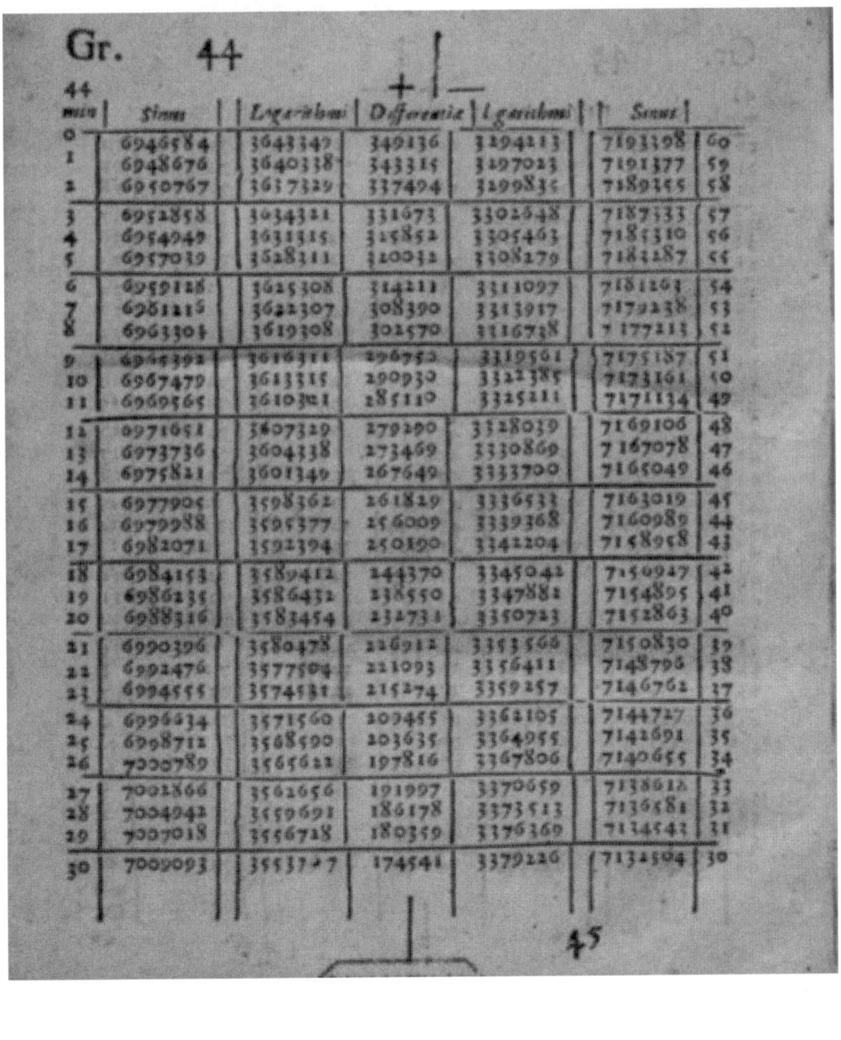

Gr. 44

44 min	Sinus	Logarithmi	Differentiæ + | —	Logarithmi	Sinus	
0	6946584	3643349	349136	3294213	7193398	60
1	6948676	3640338	343315	3297023	7191377	59
2	6950767	3637329	337494	3299835	7189355	58
3	6952858	3634321	331673	3302648	7187333	57
4	6954949	3631315	325852	3305463	7185310	56
5	6957039	3628311	320032	3308279	7183287	55
6	6959128	3625308	314211	3311097	7181263	54
7	6961216	3622307	308390	3313917	7179238	53
8	6963304	3619308	302570	3316738	7177213	52
9	6965391	3616311	296752	3319561	7175187	51
10	6967479	3613315	290930	3322385	7173161	50
11	6969565	3610321	285110	3325211	7171134	49
12	6971651	3607329	279290	3328039	7169106	48
13	6973736	3604338	273469	3330869	7167078	47
14	6975821	3601349	267649	3333700	7165049	46
15	6977905	3598362	261829	3336533	7163019	45
16	6979988	3595377	256009	3339368	7160989	44
17	6982071	3592394	250190	3342204	7158958	43
18	6984153	3589412	244370	3345042	7156927	42
19	6986235	3586432	238550	3347882	7154895	41
20	6988316	3583454	232731	3350723	7152863	40
21	6990396	3580478	226912	3353566	7150830	39
22	6992476	3577504	221093	3356411	7148796	38
23	6994555	3574531	215274	3359257	7146762	37
24	6996634	3571560	209455	3362105	7144727	36
25	6998712	3568590	203635	3364955	7142691	35
26	7000789	3565622	197816	3367806	7140655	34
27	7002866	3562656	191997	3370659	7138618	33
28	7004942	3559691	186178	3373513	7136581	32
29	7007018	3556728	180359	3376369	7134543	31
30	7009093	3553767	174541	3379226	7132504	30

45

Na figura seguinte, que corresponde a um fragmento da página 10 do livro, Napier exemplifica seu uso para determinar o arco de um seno e o logaritmo natural desse arco seno (vários problemas de navegação na época requeriam esses valores).

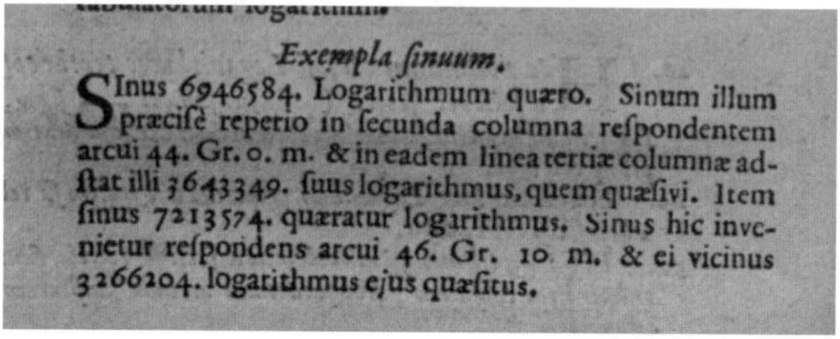

Exempla ſinuum.

SInus 6946584. Logarithmum quæro. Sinum illum præcisè reperio in ſecunda columna reſpondentem arcui 44. Gr. o. m. & in eadem linea tertiæ columnæ adſtat illi 3643349. ſuus logarithmus, quem quæſivi. Item ſinus 7213574. quæratur logarithmus. Sinus hic invenietur reſpondens arcui 46. Gr. 10. m. & ei vicinus 3266204. logarithmus ejus quæſitus.

Em linguagem atual, ele determina, via tabela (pode-se consultar a figura anterior para as determinações de 0,6946584 – no livro anota-se apenas a mantissa, isto é, a parte decimal: 6946584):

$$\operatorname{arcsen}(0,6946584) \approx 44°0'$$

$$\ln(0,6946584) \approx -0,3643349$$

e também determina

$$\operatorname{arcsen}(0,7213574) \approx 46°10'$$

$$\ln(0,7213574) \approx -0,3266204.$$

9.3 Função logarítmica

Definição 9.19

Dado um número real positivo a, com $a \neq 1$, chama-se de *função logarítmica* a função que associa a cada número real positivo x o número $\log_a x$. Ou seja,

$$\begin{array}{rccc} f: & \mathbb{R}_+^* & \longrightarrow & \mathbb{R} \\ & x & \longmapsto & \log_a x \end{array}$$

Exemplo 9.20 São exemplos de funções logarítmicas:

(a) $f(x) = \log_2 x$, " função logarítmica de base 2 ";

(b) $f(x) = \log_{10} x$, " função logarítmica de base 10 ";

(c) $f(x) = \log_{\frac{1}{2}} x$, " função logarítmica de base $\frac{1}{2}$ ";

(d) $f(x) = \ln x$, " função logarítmica de base e ".

Observações: Para a função logarítmica $f(x) = \log_a x$, temos

(a) $(1, 0) \in f$. De fato, $f(1) = \log_a 1 = 0$.

(b) $(a, 1) \in f$. De fato, $f(a) = \log_a a = 1$.

(c) $D(f) = \mathbb{R}_+^*$ e $Im(f) = \mathbb{R}$.

O gráfico de uma função logarítmica assume uma das formas abaixo:

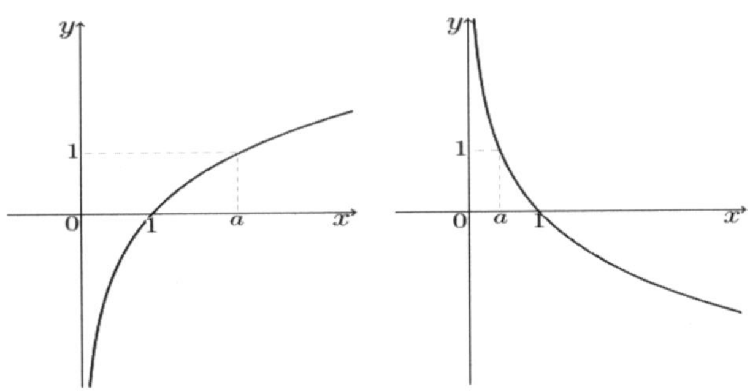

$a > 1$ $\qquad$ $0 < a < 1$

Quando $a > 1$, a função é crescente, e, quando $0 < a < 1$, a função é decrescente.

Nos exemplos 9.21 e 9.22 abaixo, iremos destacar alguns pontos pertencentes ao gráfico das funções dadas em uma tabela, embora este não seja o melhor método para se esboçar o gráfico de uma função logarítmica.

Exemplo 9.21 Esboce o gráfico da função $f(x) = \log_2 x$.

Solução: Neste caso, temos uma função logarítmica de base 2 e, consequentemente, uma função crescente.

x	$f(x)$	Ponto
$\frac{1}{8}$	-3	$A\left(\frac{1}{8},-3\right)$
$\frac{1}{4}$	-2	$B\left(\frac{1}{4},-2\right)$
$\frac{1}{2}$	-1	$C\left(\frac{1}{2},-1\right)$
1	0	$D(1,0)$
2	1	$E(2,1)$
4	2	$F(4,2)$
8	3	$G(8,3)$

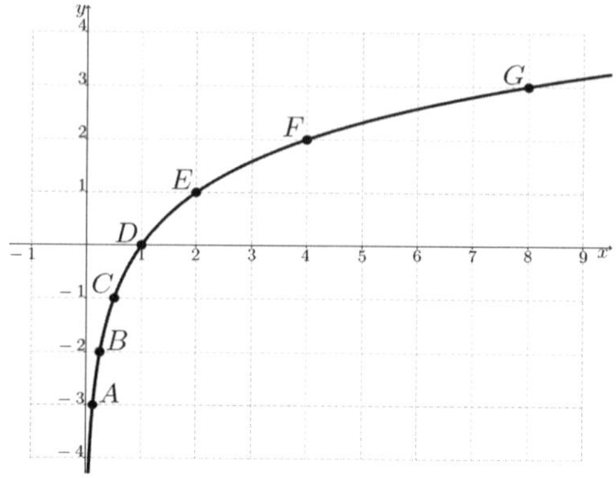

Exemplo 9.22 Esboce o gráfico da função $f(x) = \log_{\frac{1}{2}} x$.

Solução: Neste caso, temos uma função logarítmica de base $\frac{1}{2}$ e, consequentemente, uma função decrescente.

x	$f(x)$	Ponto
$\frac{1}{8}$	3	$A\left(\frac{1}{8},3\right)$
$\frac{1}{4}$	2	$B\left(\frac{1}{4},2\right)$
$\frac{1}{2}$	1	$C\left(\frac{1}{2},1\right)$
1	0	$D(1,0)$
2	-1	$E(2,-1)$
4	-2	$F(4,-2)$
8	-3	$G(8,-3)$

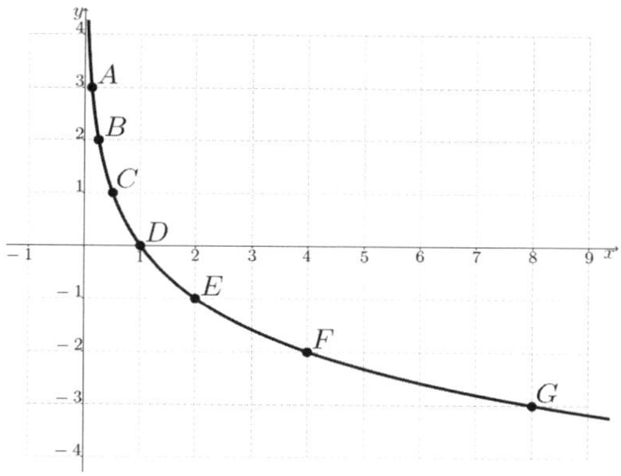

Exemplo 9.23 Esboce o gráfico das seguintes funções logarítmicas:

(a) $y = \log_2(x+1)$

(b) $y = \log_2 x + 1$

(c) $y = \log_2(2x)$

(d) $y = 2\log_2 x$

(e) $y = \log_2 \sqrt{x}$

(f) $y = -\log_2 x$

(g) $y = \log_2(-x)$

(h) $y = \log_2 |x|$

(i) $y = |\log_2 x|$

Solução:

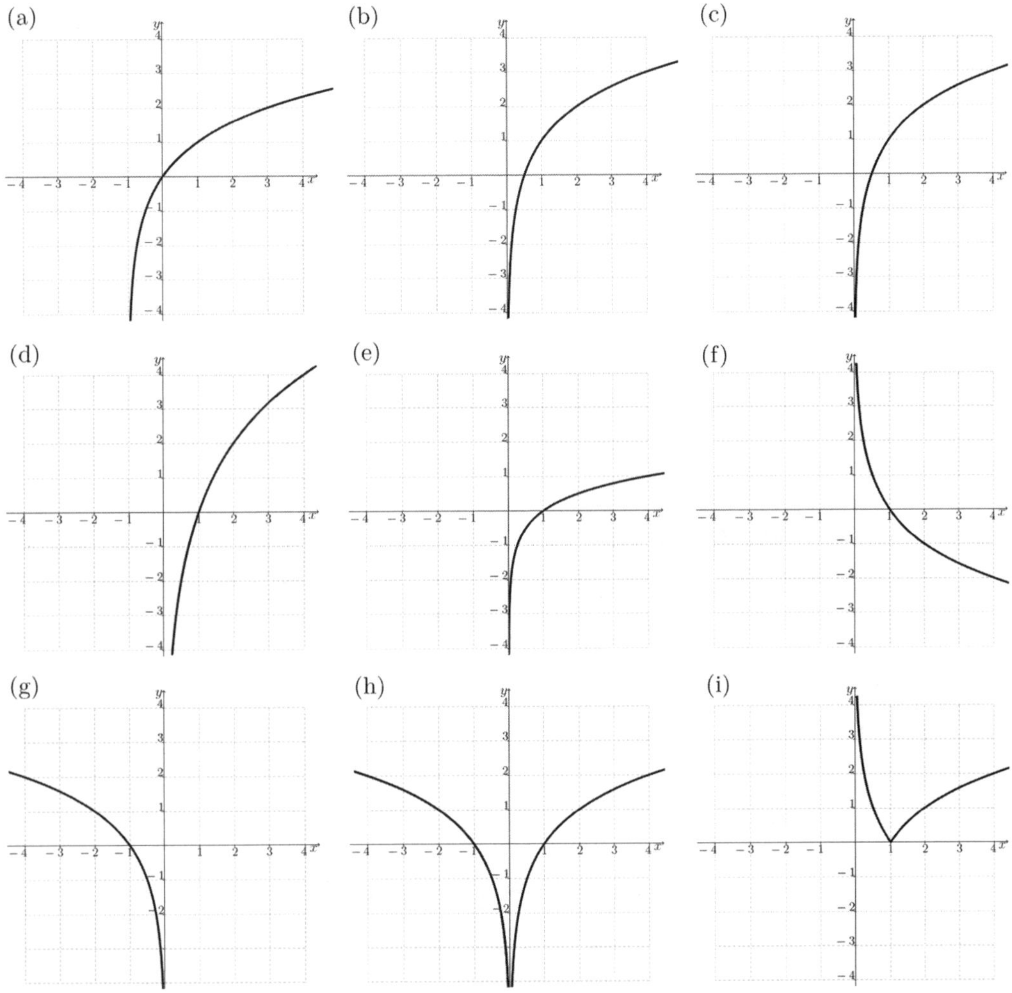

A proposição 9.24 abaixo mostra que a função logarítmica é bijetora.

Proposição 9.24

Seja a um real positivo tal que $a \neq 1$, a função logarítmica

$$\begin{array}{rcl} f : \mathbb{R}_+^* & \longrightarrow & \mathbb{R} \\ x & \longmapsto & \log_a x \end{array}$$

é bijetora.

Demonstração. Basta notar que esta função é sobrejetora e injetora.

Afirmação 1: f é sobrejetora. De fato, dado $y \in \mathbb{R}$, seja $x \in \mathbb{R}_+^*$ dado por $x = a^y$. Assim, $f(x) = f(a^y) = \log_a a^y = y \log_a a = y$, e, portanto, f é sobrejetora.

Afirmação 2: f é injetora. De fato, sejam $x_1, x_2 \in \mathbb{R}_+^*$ tais que $f(x_1) = f(x_2)$, $\log_a x_1 = \log_a x_2 \Longrightarrow a^{\log_a x_1} = a^{\log_a x_2} \Longrightarrow x_1 = x_2$, e, portanto, f é injetora.

Das afirmações 1 e 2, temos que f é bijetora. □

Observação: a demonstração da proposição 9.24 sugere que a função inversa da função logarítmica de base a é a função exponencial de mesma base. Demonstraremos este fato na proposição 9.25 abaixo.

Proposição 9.25

Seja a um real positivo tal que $a \neq 1$, as funções

$$\begin{array}{rccl} f: & \mathbb{R}_+^* & \longrightarrow & \mathbb{R} \\ & x & \longmapsto & \log_a x \end{array} \quad e \quad \begin{array}{rccl} g: & \mathbb{R} & \longrightarrow & \mathbb{R}_+^* \\ & x & \longmapsto & a^x \end{array}$$

são mutuamente inversas.

Demonstração. Basta notar que $g \circ f : \mathbb{R}_+^* \longrightarrow \mathbb{R}_+^*$ e $f \circ g : \mathbb{R} \longrightarrow \mathbb{R}$ são tais que

$$(g \circ f)(x) = g(f(x)) = g(\log_a x) = a^{\log_a x} = x \quad \text{e}$$

$$(f \circ g)(x) = f(g(x)) = f(a^x) = \log_a a^x = x \log_a a = x$$ □

Exemplo 9.26 Considere as funções $f(x) = \log_2 x$ e $g(x) = \log_{\frac{1}{2}} x$. Esboce no mesmo sistema cartesiano os gráficos de f e de f^{-1}.

Solução: Como $f(x) = \log_2 x$ e $g(x) = \log_{\frac{1}{2}} x$, segue da proposição 9.25 que

$$f^{-1}(x) = 2^x \;\text{ e }\; g^{-1}(x) = \left(\frac{1}{2}\right)^x$$

Os respectivos gráficos são apresentados no que segue. Observe a simetria dos gráficos de cada função e de sua respectiva inversa em relação à bissetriz dos quadrantes ímpares.

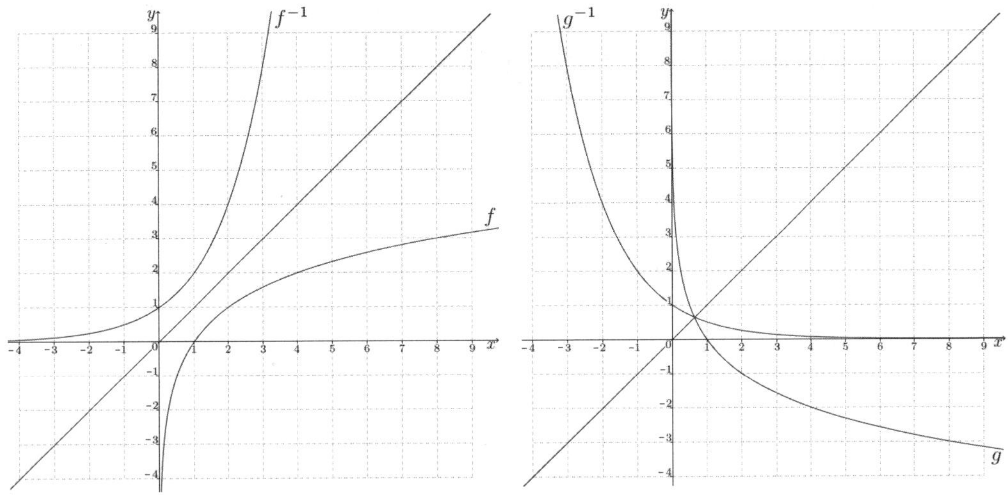

Exemplo 9.27 Determine se a função

$$f(x) = 1 + \log_2 \left(x^3 - 4\right)$$

é bijetora e, em caso afirmativo, encontre a função inversa f^{-1}.

Solução: Note que as funções

$$f_1(x) = x^3,\ f_2(x) = x - 4,\ f_3(x) = \log_2 x \text{ e } f_4(x) = 1 + x$$

são bijetoras em seus respectivos domínios e que $f(x) = (f_4 \circ f_3 \circ f_2 \circ f_1)(x)$. Portanto, a função $f(x)$ também é bijetora.

Agora, para obtenção da função inversa, procedemos em duas etapas.

Primeira etapa: na expressão que define $y = f(x)$, substituimos x por y e y por x.

$$y = 1 + \log_2 \left(x^3 - 4\right) \Longrightarrow x = 1 + \log_2 \left(y^3 - 4\right)$$

Segunda etapa: isolamos y na expressão obtida na primeira etapa.

$$x = 1 + \log_2 \left(y^3 - 4\right) \Longrightarrow x - 1 = \log_2 \left(y^3 - 4\right) \Longrightarrow 2^{x-1} = y^3 - 4 \Longrightarrow$$

$$2^{x-1} + 4 = y^3 \Longrightarrow y = \sqrt[3]{2^{x-1} + 4}$$

Portanto, função inversa de $f(x) = 1 + \log_2 (x^3 - 4)$ é

$$f^{-1}(x) = \sqrt[3]{2^{x-1} + 4}$$

9.4 Equações logarítmicas

Definição 9.28

Toda equação que contém a incógnita na base ou no logaritmando de um logaritmo é denominada *equação logarítmica.*

Exemplo 9.29 São exemplos de equações logarítmicas:

(a) $\log_3 x = 4$

(b) $\log_x\left(\frac{1}{16}\right) = 2$

(c) $\log_2(9 - x^2) = \log_2(3 - x)$

(d) $[\log_3 x]^2 - 5[\log_3 x] + 6 = 0$

(e) $\log_x(10 - 3x) = 2$

Observação: dada uma equação logarítmica, denotaremos o conjunto de todos os números reais que satisfaçam as condições de existência dos logaritmos envolvidos por S_0. Note que as soluções da equação logarítmica, quando existem, estão contidas no conjunto S_0 correspondente a esta equação.

Vejamos alguns exemplos de resoluções de equações logarítmicas no que segue.

Exemplo 9.30 Resolva a equações logarítmicas:

(a) $\log_3 x = 4$ **(b)** $\log_x\left(\frac{1}{16}\right) = 2$ **(c)** $\ln(9 - x^2) = \ln(3 - x)$

Solução:

(a) Neste caso, temos $S_0 = \{x \in \mathbb{R} \mid x > 0\}$. Como $\log_3 x = 4 \Longrightarrow x = 3^4 = 81$ e $81 \in S_0$ (a condição de existência é cumprida), temos que o conjunto solução da equação dada é $S = \{81\}$.

(b) Neste caso, temos $S_0 = \{x \in \mathbb{R} \mid x > 0 \text{ e } x \neq 1\}$. Se $x \in S_0$ temos

$$\log_x\left(\frac{1}{16}\right) = 2 \Longrightarrow x^2 = \frac{1}{16} \Longrightarrow x = \frac{1}{4} \Longrightarrow S = \left\{\frac{1}{4}\right\}.$$

Observe que $x^2 = \dfrac{1}{16}$ também possui $x = -\dfrac{1}{4}$ como solução, mas esta foi descartada, pois $-\dfrac{1}{4} \notin S_0$.

(c) Neste caso, temos

$$S_0 = \{x \in \mathbb{R} \mid 9 - x^2 > 0 \text{ e } 3 - x > 0\} = \{x \in \mathbb{R} \mid -3 < x < 3\}$$

Se $x \in S_0$, temos

$$\ln(9 - x^2) = \ln(3 - x) \Longrightarrow 9 - x^2 = 3 - x \Longrightarrow x^2 - x - 6 = 0 \Longrightarrow x = -2 \text{ ou } x = 3.$$

Como $-2 \in S_0$ e $3 \notin S_0$, tem-se $S = \{-2\}$

Exemplo 9.31 Resolva as equações logarítmicas:

(a) $[\log_3 x]^2 - 5[\log_3 x] + 6 = 0$ **(b)** $\log_x(10 - 3x) = 2$

Solução:

(a) Neste caso, temos $S_0 = \{x \in \mathbb{R} \mid x > 0\}$. Considerando a incógnita auxiliar $y = \log_3 x$, podemos reescrever a equação dada como $y^2 - 5x + 6 = 0$. Resolvendo esta equação em y, obtemos $y = 2$ ou $y = 3$. Agora, voltaremos à incógnita original:

Para $y = 2$, temos $\log_3 x = 2 \Longrightarrow x = 9$.

Para $y = 3$, temos $\log_3 x = 3 \Longrightarrow x = 27$.

Como $9 \in S_0$ e $27 \in S_0$, temos $S = \{9, 27\}$.

(b) Neste caso, temos $S_0 = \{x \in \mathbb{R} \mid x > 0, x \neq 1 \text{ e } 10 - 3x > 0\}$. Se $x \in S_0$, temos $\log_x(10 - 3x) = 2 \Longrightarrow 10 - 3x = x^2 \Longrightarrow x^2 + 3x - 10 = 0 \Longrightarrow x = 2$. Portanto $S = \{2\}$. Note que a equação $x^2 + 3x - 10 = 0$ também possui $x = -5$ como solução, mas, como $-5 \notin S_0$, esta possibilidade foi descartada.

Exemplo 9.32 Resolva a equação logarítmica

$$\log_3(2x - 1)^2 - \log_3(x - 1)^2 = 2$$

Solução: Neste caso, temos

$S_0 = \{x \in \mathbb{R} \mid 2x - 1 \neq 0 \text{ e } x - 1 \neq 0\} = \mathbb{R} - \left\{\frac{1}{2}, 1\right\}$. Se $x \in S_0$, temos $\log_3(2x - 1)^2 - \log_3(x - 1)^2 = 2 \Longrightarrow \log_3 \dfrac{(2x - 1)^2}{(x - 1)^2} = 2 \Longrightarrow \dfrac{(2x - 1)^2}{(x - 1)^2} = 3^2 \Longrightarrow$ $(2x - 1)^2 = 9(x - 1)^2 \Longrightarrow 5x^2 - 14x + 8 = 0$. Resolvendo esta equação, encontramos $x = \dfrac{4}{5}$ ou $x = 2$. Como $\left\{\dfrac{4}{5}, 2\right\} \subset S_0$, temos que $S = \left\{\dfrac{4}{5}, 2\right\}$.

Exemplo 9.33 Resolva a equação logarítmica

$$\log_2(x-2) = \log_2(x^2-x+6) + \log_{\frac{1}{2}}(2x+1)$$

Solução: Neste caso, temos

$$S_0 = \{x \in \mathbb{R} \mid x-2>0, x^2-x+6>0 \text{ e } 2x+1>0\} = \{x \in \mathbb{R} \mid x>2\}$$

Se $x \in S_0$, temos

$$\log_2(x-2) = \log_2(x^2-x+6) + \log_{\frac{1}{2}}(2x+1) \Longrightarrow$$

$$\log_2(x-2) = \log_2(x^2-x+6) - \log_2(2x+1) \Longrightarrow$$

$$\log_2(x-2) = \log_2\left(\frac{x^2-x+6}{2x+1}\right) \Longrightarrow x-2 = \frac{x^2-x+6}{2x+1} \Longrightarrow$$

$$(x-2)(2x+1) = x^2-x+6 \Longrightarrow x^2-2x-8=0 \Longrightarrow x=4$$

Note que a equação $x^2-2x-8=0$ também possui $x=-2$ como solução, mas, como $-2 \notin S_0$, esta possibilidade foi descartada.

Exemplo 9.34 Resolva a equação logarítmica

$$\log(x^3-x^2) = \log(4x-x^2)$$

Solução. Neste caso, o conjunto S_0 é formado pelos números que cumprem as condições $x^3-x^2 = x^2(x-1) > 0$ e $4x-x^2 = x(4-x) > 0$.

Resolvendo estas inequações, obtemos

$$S_0 = (1,4)$$

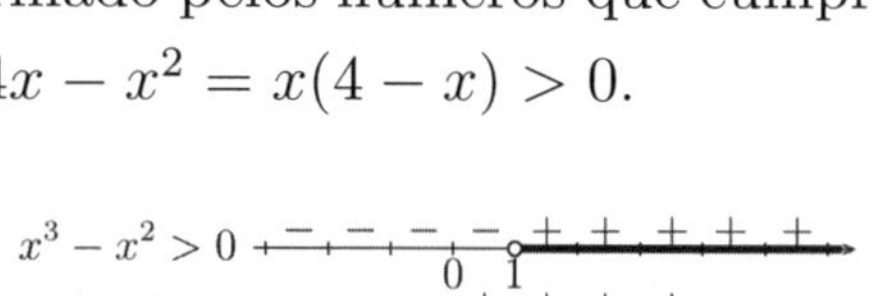

Resolvendo agora a equação dada, obtemos

$$\log(x^3-x^2) = \log(4x-x^2) \Longrightarrow x^3-x^2 = 4x-x^2 \Longrightarrow x^3-4x=0$$

$$\Longrightarrow x(x^2-4)=0 \Longrightarrow x(x-2)(x+2)=0 \Longrightarrow S_1 = \{-2,0,2\}$$

Portanto, o conjunto solução da equação é dado por $S = S_0 \cap S_1 = \{2\}$.

9.5 Inequações logarítmicas

Definição 9.35

Toda inequação que contém a incógnita na base ou no logaritmando de um logaritmo é denominada *inequação logarítmica.*

Exemplo 9.36 São exemplos de inequações logarítmicas:

(a) $\log_5(x-3) \leq \log_5 7$

(b) $\log_{\frac{1}{3}}(3x+7) < \log_{\frac{1}{3}}(2x+1)$

(c) $\log_4(x+5) < 2$

(d) $\log_3(x+1) + \log_3(x-7) > 2$

(e) $\left(\dfrac{1}{3}\right)^{\log_{\frac{1}{2}}(x^2-5x+6)} \geq 3$

Observação: antes de resolver uma inequação logarítmica, devemos encontrar o conjunto S_0 de números reais que satisfazem as condições de existência dos logaritmos envolvidos. As soluções da inequação, quando existem, estão contidas no conjuto S_0.

A proposição 9.37 abaixo nos auxiliará na resolução de inequações logarítmicas.

Proposição 9.37

Sejam a um real positivo tal que $a \neq 1$ e sejam dadas as funções reais positivas $f : \mathbb{R} \longrightarrow \mathbb{R}_+^*$ e $g : \mathbb{R} \longrightarrow \mathbb{R}_+^*$:
Se $a > 1$, então

$$\log_a f(x) < \log_a g(x) \iff f(x) < g(x); \quad \text{“a desigualdade se mantém”}$$

Se $0 < a < 1$ então

$$\log_a f(x) < \log_a g(x) \iff f(x) > g(x). \quad \text{“a desigualdade se inverte”}$$

Resultados análogos valem para as desigualdades $>$, $\leq$ e $\geq$.

Demonstração. Consideremos a função auxiliar

$$\begin{array}{rcl} h : \mathbb{R}_+^* & \longrightarrow & \mathbb{R} \\ x & \longmapsto & \log_a x \end{array}$$

Se supormos $a > 1$, sabemos que h é uma função crescente e, portanto,

$$f(x) < g(x) \iff h(f(x)) < h(g(x)) \iff \log_a f(x) < \log_a g(x)$$

Por outro lado, se supormos $0 < a < 1$, sabemos que h é uma função decrescente e, portanto,

$$f(x) < g(x) \iff h(f(x)) > h(g(x)) \iff \log_a f(x) > \log_a g(x)$$

Isto demonstra a proposição. □

Exemplo 9.38 Resolva as inequações logarítmicas:

(a) $\log_5(x-3) \leq \log_5 7$ **(b)** $\log_{\frac{1}{3}}(3x+7) < \log_{\frac{1}{3}}(2x+1)$

Solução:

(a) Neste caso, temos $S_0 = \{x \in \mathbb{R} \mid x - 3 > 0\} = \{x \in \mathbb{R} \mid x > 3\}$.

Se $x \in S_0$, temos $\log_5(x-3) \leq \log_5 7 \iff x - 3 \leq 7 \iff x \leq 10$.

Considerando o resultado obtido e a condição dada pelo conjunto S_0, obtemos $S = \{x \in \mathbb{R} \mid 3 < x \leq 10\}$.

(b) Neste caso, temos

$$S_0 = \{x \in \mathbb{R} \mid 3x + 7 > 0 \text{ e } 2x + 1 > 0\} = \left\{x \in \mathbb{R} \mid x > -\frac{1}{2}\right\}$$

Se $x \in S_0$, temos

$$\log_{\frac{1}{3}}(3x+7) < \log_{\frac{1}{3}}(2x+1) \Longrightarrow 3x + 7 > 2x + 1 \Longrightarrow x > -6$$

Portanto, considerando o resultado obtido e a condição dada pelo conjunto S_0, obtemos $S = \left\{x \in \mathbb{R} \mid x > -\frac{1}{2}\right\}$.

A proposição 9.39 que segue também nos auxiliará na resolução de inequações logarítmicas.

Proposição 9.39

Sejam a um real positivo tal que $a \neq 1$ e $k \in \mathbb{R}$ e seja dada a função real positiva $f : \mathbb{R} \longrightarrow \mathbb{R}_+^*$:
Se $a > 1$, então

$$\log_a f(x) < k \iff f(x) < a^k; \quad \text{“a desigualdade se mantém”}$$

Se $0 < a < 1$, então

$$\log_a f(x) < k \iff f(x) > a^k; \quad \text{“a desigualdade se inverte”}$$

Resultados análogos valem para as desigualdades $>$, $\leq$ e $\geq$.

Demonstração. Consideremos a função auxiliar

$$\begin{array}{rcl} h : \mathbb{R} & \longrightarrow & \mathbb{R} \\ x & \longmapsto & a^x \end{array}$$

Se supormos $a > 1$, sabemos que h é uma função crescente e, portanto,

$$\log_a f(x) < k \iff h(\log_a f(x)) < h(g(x)) \iff a^{\log_a f(x)} < a^k \iff f(x) < a^k$$

Por outro lado, se supormos $0 < a < 1$, sabemos que h é uma função decrescente e, portanto,

$$\log_a f(x) < k \iff h(\log_a f(x)) > h(g(x)) \iff a^{\log_a f(x)} > a^k \iff f(x) > a^k$$

Isto demonstra a proposição. □

Exemplo 9.40 Resolva as inequações logarítmicas:

(a) $\log_4(x+5) < 2$ **(b)** $\log_{0,25}\left(\frac{x}{16}\right) \geq 2$

Solução:

(a) Neste caso, temos $S_0 = \{x \in \mathbb{R} \mid x + 5 > 0\} = \{x \in \mathbb{R} \mid x > -5\}$. Se $x \in S_0$, temos $\log_4(x+5) < 2 \iff x + 5 < 16 \iff x < 11$. Portanto, considerando o resultado obtido e a condição dada pelo conjunto S_0, obtemos $S = \{x \in \mathbb{R} \mid -5 < x < 11\}$.

(b) Neste caso, temos $S_0 = \left\{x \in \mathbb{R} \mid \frac{x}{16} > 0\right\} = \{x \in \mathbb{R} \mid x > 0\}$. Se $x \in S_0$, temos $\log_{0,25}\left(\frac{x}{16}\right) \geq 2 \Longrightarrow \dfrac{x}{16} \leq (0,25)^2 \Longrightarrow \dfrac{x}{16} \leq \left(\dfrac{1}{4}\right)^2 \Longrightarrow \dfrac{x}{16} \leq \dfrac{1}{16} \Longrightarrow x \leq 1$. Portanto, considerando o resultado obtido e a condição dada pelo conjunto S_0, obtemos $S = \{x \in \mathbb{R} \mid 0 < x \leq 1\}$.

Exemplo 9.41 Resolva as inequações:

(a) $\log_3(x+1) + \log_3(x-7) > 2$ (b) $\left(\frac{1}{3}\right)^{\log_{\frac{1}{2}}(x^2-5x+6)} \geq 3$

Solução:

(a) Neste caso, temos $S_0 = \{x \in \mathbb{R} \mid x+1 > 0 \text{ e } x-7 > 0\} = \{x \in \mathbb{R} \mid x > 7\}$. Se $x \in S_0$, temos $\log_3(x+1) + \log_3(x-7) > 2 \Longrightarrow \log_3(x+1)(x-7) > 2 \Longrightarrow (x+1)(x-7) > 9 \Longrightarrow x^2 - 6x - 7 > 9 \Longrightarrow x^2 - 6x - 16 > 0 \Longrightarrow (x+2)(x-8) > 0 \Longrightarrow x > 8$.

Note que, na última implicação da cadeia acima, utilizamos a condição dada pelo conjunto S_0. Assim, $S = \{x \in \mathbb{R} \mid x > 8\}$.

(b) Neste caso, temos

$$S_0 = \left\{x \in \mathbb{R} \mid x^2 - 5x + 6 > 0\right\} = \{x \in \mathbb{R} \mid x < 2 \text{ ou } x > 3\}.$$

Se $x \in S_0$, temos $\left(\frac{1}{3}\right)^{\log_{\frac{1}{2}}(x^2-5x+6)} \geq 3 \Longrightarrow \left(\frac{1}{3}\right)^{\log_{\frac{1}{2}}(x^2-5x+6)} \geq \left(\frac{1}{3}\right)^{-1}$

$$\Longrightarrow \log_{\frac{1}{2}}(x^2 - 5x + 6) \leq -1 \Longrightarrow x^2 - 5x + 6 \geq \left(\frac{1}{2}\right)^{-1}$$

$$\Longrightarrow x^2 - 5x + 6 \geq 2 \Longrightarrow x^2 - 5x + 4 \geq 0 \Longrightarrow x \leq 1 \text{ ou } x \geq 4.$$

Portanto, considerando o resultado obtido e a condição dada pelo conjunto S_0, obtemos

$$S = \{x \in \mathbb{R} \mid x \leq 1 \text{ ou } x \geq 4\}$$

Exemplo 9.42 Resolva a inequação $\log(x^2 - x^3) \leq \log(x^2 - 7x + 6)$.

Solução: Neste caso, o conjunto S_0 é formado pelos números que cumprem as condições $x^2 - x^3 = x^2(1-x) > 0$ e $x^2 - 7x + 6 = (x-1)(x-6) > 0$.

Resolvendo estas inequações, obtemos:

$$S_0 = (-\infty, 1) - \{0\}$$

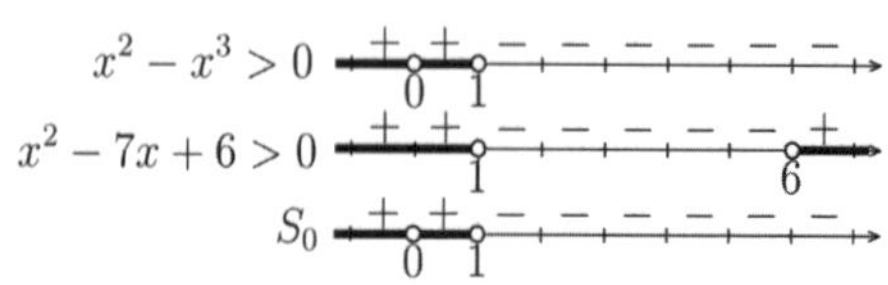

Resolvendo agora a equação dada, obtemos:

$$\log(x^2 - x^3) \leq \log(x^2 - 7x + 6)$$
$$x^2 - x^3 \leq x^2 - 7x + 6$$
$$0 \leq x^3 - 7x + 6$$
$$0 \leq (x-1)(x-2)(x+3)$$

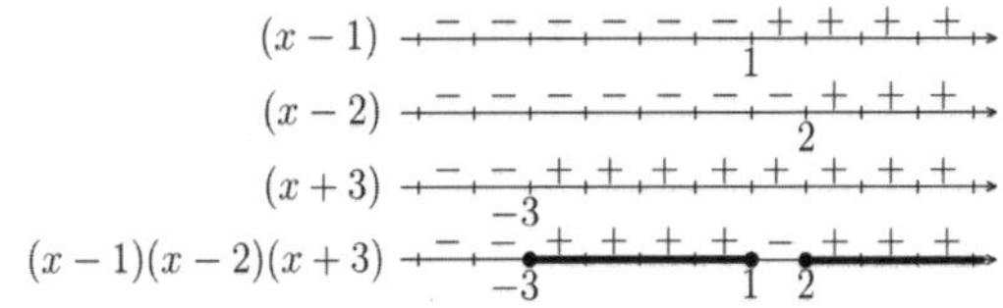

A partir deste resultado, obtemos o conjunto $S_1 = [-3, 1] \cup [2, +\infty)$. Portanto, o conjunto solução da equação é dado por

$$S = S_0 \cap S_1 = [-3, 1) - \{0\}$$

9.6 Exercícios e aplicações

1. Em cada caso, determine o domínio da função dada:

   (a) $f(x) = \log_3 x$
   (b) $f(x) = \ln(x-1)$
   (c) $f(x) = \ln x - 1$
   (d) $f(x) = \log_{\frac{1}{3}}(2x+1)$
   (e) $f(x) = \log_2(x^2 - 5x + 6)$
   (f) $f(x) = \ln x^2 - 4$
   (g) $f(x) = \log_{\frac{2}{3}}(x^2+1)$
   (h) $f(x) = \log_5(-x)$
   (i) $f(x) = \log_5 |x|$
   (j) $f(x) = \log_{0,2} |x-1|$
   (k) $f(x) = \log_\pi(1 - |x|)$
   (l) $f(x) = \left|\log_3 x\right|$

2. Em cada caso, determine o domínio da função dada:

   (a) $f(x) = \log_2\left(\dfrac{x+3}{x-1}\right)$
   (b) $f(x) = \log_2\left|\dfrac{x+3}{x-1}\right|$
   (c) $f(x) = \log_2\left(\dfrac{|x+3|}{x-1}\right)$
   (d) $f(x) = \log_2\left(\dfrac{x+3}{|x-1|}\right)$

3. Em cada caso, determine o domínio da função dada:

   (a) $f(x) = \log_x(x+2)$
   (b) $f(x) = \log_{|x|}(x+2)$
   (c) $f(x) = \log_x |x+2|$
   (d) $f(x) = \log_{|x|} |x+2|$

4. Em cada caso, determine o domínio da função dada:

   (a) $f(x) = \log_3(x+3)+\log_3(x-2)$
   (b) $f(x) = \log_3(x+3)(x-2)$
   (c) $f(x) = \log_3(x+1) - \log_3 x$
   (d) $f(x) = \log_3 \frac{x+1}{x}$

5. É possível afirmar que as funções $f(x) = \log_{\frac{1}{2}} x$ e $g(x) = -\log_2 x$ são iguais? Justifique.

6. É possível afirmar que as funções $f(x) = \log_2(x-3) + \log_2(x-5)$ e $g(x) = \log_2(x-3)(x-5)$ são iguais? Justifique.

7. Em cada caso, verifique se as funções f e g dadas são iguais. Justifique.

   (a) $f(x) = \log_2 x^3$ e $g(x) = 3\log_2 x$

   (b) $f(x) = \log_3 x^2$ e $g(x) = 2\log_3 x$

   (c) $f(x) = \log_3 x^2$ e $g(x) = (\log_3 x)^2$

   (d) $f(x) = \log_3 x$ e $g(x) = 1 - \log_3 \left(\frac{3}{x}\right)$

8. Sejam $f(x) = \log_2 x$ e $g(x) = 2^{x+1}$.

   (a) Determine o domínio de f.

   (b) Calcule $f(16)$ e $f\left(\frac{1}{8}\right)$.

   (c) Determine $x_1, x_2 \in D(f)$, tais que $f(x_1) = 5$ e $f(x_2) = -4$.

   (d) Encontre $f \circ g$ e $g \circ f$.

9. Em cada caso, expresse a função dada como uma composta de três funções, isto é, encontre f_1, f_2 e f_3, tais que $f = f_3 \circ f_2 \circ f_1$.

   (a) $f(x) = 5 + \log_4(x+1)$
   (b) $f(x) = \ln\left(\sqrt[3]{x} + 2\right)$
   (c) $f(x) = \sqrt[4]{(\log x)^2 + \log x}$

10. Em cada caso, determine se a função f é bijetora e, em caso afirmativo, encontre a função inversa f^{-1}. (Dica: para determinar se f é bijetora, tente escrevê-la como uma função composta de funções bijetoras.)

(a) $f(x) = \log_5(2x+1)$

(b) $f(x) = \log_{\frac{1}{6}} x^3$

(c) $f(x) = \ln \sqrt[7]{x}$

(d) $f(x) = \log_{10} \sqrt[5]{x^2}$

(e) $f(x) = \log_{\frac{1}{3}} \sqrt[5]{x^7}$

(f) $f(x) = \log_6 |x|$

(g) $f(x) = \log_2 \sqrt[3]{5x+1}$

(h) $f(x) = 4 - \log_2(x^5+1)$

(i) $f(x) = 1 + 3\log_{10} \sqrt[7]{x^3-1}$

(j) $f(x) = 2^{x+1}$

(k) $f(x) = \sqrt[3]{4^x}$

(l) $f(x) = 2e^{x+3}$

(m) $f(x) = 5^{x^4-1}$

(n) $f(x) = 5e^{\frac{x-2}{3}} - 6$

11. Esboce o gráfico das seguintes funções logarítmicas:

(a) $f(x) = \log_3 x$

(b) $f(x) = \log_{\frac{1}{3}} x$

(c) $f(x) = -\log_{\frac{1}{2}}(x+1)$

(d) $f(x) = \log_2(x-1)$

(e) $f(x) = 1 + \log_{\frac{1}{2}} x$

(f) $f(x) = 2\log_3 x$

(g) $f(x) = \log_2 \frac{1}{x}$

(h) $f(x) = \log_2(-x)$

(i) $f(x) = \log_3 \sqrt{x}$

(j) $f(x) = \log_{\frac{1}{3}} x^3$

(k) $f(x) = \log_2 \sqrt{x+1}$

(l) $f(x) = \log_2 \sqrt[3]{x^5}$

12. Resolva as seguintes equações logarítmicas:

(a) $\log_3 x = 2$

(b) $\log_x 64 = 3$

(c) $\ln(3-x) = \ln(2x-6)$

(d) $-5 + \log_4(x-8) = -5$

(e) $\log_7(2x+6) = \log_{49} 64$

(f) $\log_4(x^2-6x) = 2$

(g) $\log_2 x + 4\log_2 8 = 16$

(h) $\log_3(x^2-x+3) = 2$

(i) $\log_2 x + \log_2(x-2) = \log_2 8$

(j) $\log_x(2x-5) = 1$

(k) $\log_x(2x+5) = 1$

(l) $\log_2 x - \log_2 2 = \log_x 4$

(m) $\log_3(12-3^x) = 2x$

(n) $3^{\log_2 \sqrt{x}} = \dfrac{1}{9}$

13. Resolva as seguintes inequações logarítmicas:

(a) $\log_3(4x-6) < 0$

(b) $\log_2(7x-2) \leq 6$

(c) $\log_2(\frac{2}{8}) \geq \log_2(3x)$

(d) $\log_{\frac{1}{2}}(3+x) + \log_{\frac{1}{2}} 2 > -2$

(e) $\log_2(x^2-x-2) \geq 2$

(f) $\log_2 x < 4 - \log_2(x+6)$

(g) $\log_2(x^2+6x) < 4$

(h) $\log_3 |x+1| \leq 1$

14. Determine o domínio da função $f(x) = \log_2(\log_3(x+1))$.

15. No texto intitulado "Etimologia Econômica" (O. Nakono et al., Piracicaba: ESALQ, USP, 1981), encontra-se a descrição do ciclo biológico de duas espécies de pragas da soja (lagartas), a *Rachiplusia nu* e a *Pseudoplusia includes*, apresentada na tabela que segue. A partir

Ciclo biológico (dado em dias)	*R. nu*	*P. includes*
Incubação dos ovos	3,0	3,0
Período larval	13,3	12,9
Período pupal	7,0	7,0
Longevidade dos adultos	11,5	12,0
Média de ovos por fêmea	400 a 600	400 a 600
Número de gerações por safra	3 a 4	3 a 4

destes dados e levando em consideração uma situação de laboratório, ou seja, com desenvolvimento livre e sem valor de saturação, podemos determinar a taxa de crescimento (dada por r) da população (dada por N), utilizando o modelo matemático de crescimento populacional de *Malthus*, cuja evolução temporal é dada por $N = N_0 e^{rt}$, onde N_0 é a população e t o tempo decorrido, em dias. Pelo apresentado na tabela, a praga *R. nu* tem o tempo de vida em torno de 35 dias, considerando o ciclo biológico completo, desde a incubação até o final da fase adulta, e sem levar em conta a queda na fertilidade no fim da fase adulta. Como média de ovos por fêmea podemos usar 400. Observe que o ciclo biológico é similar para as duas espécies. Com base nas informações apresentadas, e usando $N_0 = 1$, determine a taxa de crescimento r da população N.

16. A divisão de uma oitava em 12 partes é usada em praticamente todos os instrumentos musicais. Uma oitava de um som fundamental, com certa frequência, corresponde ao dobro dessa frequência. Considerando esta divisão, a razão entre a frequência do som de uma tecla para a vizinha de um teclado é de $2^{1/12}$, pois essa raiz multiplicada por ela mesma 12 vezes é igual a 2. Por exemplo, se tomarmos uma frequência de $440Hz$, que equivale a uma nota *Lá*, e multiplicarmos por $2^{1/12}$, obtemos $466{,}16Hz$, que equivale a uma nota *Lá#*. Observe que podemos estabelecer $\log_2 x$ como os valores de $\frac{1}{12}, \frac{2}{12}, \frac{3}{12}, \ldots, \frac{12}{12}$. Assim, os valores de x se encontram no intervalo de $(1, 2]$. Utilizando esta formulação, estabeleça os 12 valores de x que compõe os 12 valores multiplicativos de uma oitava musical.

17. Um aplicação a juros compostos tem o montante M calculado por $M = C(1 + T)^t$, onde C é o capital aplicado, T é a taxa de juros e t é o tempo decorrido, normalmente dado em meses. Nesta formulação, se M, C e t forem conhecidos, podemos calcular a taxa de juros que incidiu sobre a aplicação financeira. Reformule a equação dada para o cálculo de M para agora obter T. Observe que esta reformulação envolverá o cálculo de um logaritmo, que pode ser o de base 10.

18. Tendo agora conhecimento sobre equações e funções exponenciais e logarítmicas, sugerimos fortemente ao leitor simular, para diferentes valores financeiros, o Sistema de Amortização Constante (SAC). Este sistema é de suma importância, uma vez que é muito utilizado em financiamentos de habitação e outros tipos de longo prazo.

19. Qual é a *meia vida*[1] de um material radioativo que sofre desintegração de 20% de sua massa em um período de 1 ano?

[1]Nos processos radioativos, meia-vida ou período de semidesintegração de um radioisótopo é o tempo necessário para desintegrar a metade da massa desse isótopo, que pode ocorrer em segundos ou em bilhões de anos, dependendo do grau de instabilidade

20. Em uma caverna da França, famosa pelas pinturas feitas por homens pré-históricos, foram encontrados pedaços de carvão vegetal, nos quais a radioatividade de C^{14} era $0,145$ vezes a radioatividade num pedaço de carvão feito hoje. Calcule a idade do carvão e dê uma estimativa para a época em que as pinturas foram feitas (Obs.: A meia vida do C^{14} é 5730 anos).

Respostas

1. (a) $D(f) = \mathbb{R}_+^*$
   (b) $D(f) = (1, +\infty)$
   (c) $D(f) = \mathbb{R}_+^*$
   (d) $D(f) = \left(-\frac{1}{2}, +\infty\right)$
   (e) $D(f) = (-\infty, 2) \cup (3, +\infty)$
   (f) $D(f) = \mathbb{R}^*$
   (g) $D(f) = \mathbb{R}$
   (h) $D(f) = \mathbb{R}_-^*$
   (i) $D(f) = \mathbb{R}^*$
   (j) $D(f) = \mathbb{R} - \{1\}$
   (k) $D(f) = (-1, 1)$
   (l) $D(f) = \mathbb{R}_+^*$
2. (a) $D(f) = \mathbb{R} - [-3, 1]$
   (b) $D(f) = \mathbb{R} - \{-3, 1\}$
   (c) $D(f) = (1, +\infty)$
   (d) $D(f) = (-3, +\infty) - \{1\}$
3. (a) $D(f) = \mathbb{R}_+^* - \{1\}$
   (b) $D(f) = (-2, +\infty) - \{-1, 0, 1\}$
   (c) $D(f) = \mathbb{R}_+^* - \{1\}$
   (d) $D(f) = \mathbb{R} - \{-2, -1, 0, 1\}$
4. (a) $D(f) = (2, +\infty)$
   (b) $D(f) = (-\infty, -3) \cup (2, +\infty)$
   (c) $D(f) = (0, +\infty)$
   (d) $D(f) = (-\infty, -1) \cup (0, +\infty)$
5. As funções f e g são iguais, uma vez que $D(f) = D(g) = (0, +\infty)$, $CD(f) = CD(g)$ e $f(x) = g(x)$, para todo $x \in (0, +\infty)$, visto que

$$f(x) = \log_{\frac{1}{2}} x = \log_{2^{-1}} x = \frac{1}{-1} \log_2 x = -\log_2 x, \forall x \in (0, +\infty)$$

6. As funções f e g não são iguais, uma vez que

$$D(f) = (5, +\infty) \quad \text{e} \quad D(g) = (-\infty, 3) \cup (5, +\infty)$$

---

do radioisótopo. Ou seja, se tivermos 100 kg de um material, cuja meia-vida é de 100 anos, depois desses 100 anos, teremos 50 kg desse material. Mais 100 anos e teremos 25 kg, e assim sucessivamente.

7. (a) As funções f e g são iguais, uma vez que $D(f) = D(g) = \mathbb{R}_+^*$, $Im(f) = Im(g) = \mathbb{R}$ e, por uma propriedade dos logaritmos, temos que

$$\log_2 x^3 = 3\log_2 x, \forall x > 0$$

(b) As funções f e g não são iguais, uma vez que $D(f) = \mathbb{R}^*$ e $D(g) = \mathbb{R}_+^*$.

(c) As funções f e g não são iguais, uma vez que $D(f) = \mathbb{R}^*$ e $D(g) = \mathbb{R}_+^*$. Além disso, $f(x) \neq g(x)$ para uma infinidade de valores de x, por exemplo, $f(3) = \log_3 3^2 = 2$ e $g(3) = (\log_3 3)^2 = 1$.

(d) As funções f e g são iguais, uma vez que $D(f) = D(g) = \mathbb{R}_+^*$ e, por uma propriedade dos logaritmos, temos que

$$g(x) = 1 - \log_3\left(\frac{3}{x}\right) = 1 - (\log_3 3 - \log_3 x) = 1 - 1 + \log_3 x = \log_3 x, \forall x > 0$$

8. (a) $D(f) = \mathbb{R}_+^*$

(b) $f(16) = 4$ e $f\left(\frac{1}{8}\right) = -3$

(c) $x_1 = 32$ e $x_2 = \frac{1}{16}$

(d) $(f \circ g)(x) = x + 1$ e $(g \circ f)(x) = 2x$ $(x > 0)$

9. (a) $f_1(x) = x + 1$, $f_2(x) = \log_4 x$ e $f_3(x) = 5 + x$

(b) $f_1(x) = \sqrt[3]{x}$, $f_2(x) = x + 2$ e $f_3(x) = \ln x$

(c) $f_1(x) = \log x$, $f_2(x) = x^2 + x$ e $f_3(x) = \sqrt[4]{x}$

10. (a) Considere as funções $f_1(x) = 2x + 1$ e $f_2(x) = \log_5 x$.

Note que estas funções são bijetoras em seus domínios e

$$(f_2 \circ f_1)(x) = f_2(f_1(x)) = f_2(2x + 1) = \log_5(2x + 1) = f(x)$$

Sendo assim, a função f é uma composta de funções bijetoras e, portanto, f é bijetora.

A função inversa de f é dada por $f^{-1}(x) = \dfrac{5^x - 1}{2}$.

(b) A função f é bijetora (justifique!) e

$$f^{-1}(x) = \sqrt[3]{\left(\frac{1}{6}\right)^x}.$$

(c) A função f é bijetora (justifique!) e $f^{-1}(x) = e^{7x}$.

(d) A função f não é bijetora (justifique!).

(e) A função f é bijetora (justifique!) e $f^{-1}(x) = \left(\dfrac{1}{3}\right)^{\frac{5x}{7}}$.

(f) A função f não é bijetora (justifique!).

(g) A função f é bijetora (justifique!) e $f^{-1}(x) = \dfrac{2^{3x} - 1}{5}$.

(h) A função f é bijetora (justifique!) e $f^{-1}(x) = \sqrt[5]{2^{4-x} - 1}$.

(i) A função f é bijetora (justifique!) e $f^{-1}(x) = \sqrt[3]{10^{\frac{7x-7}{3}} + 1}$.

(j) A função f é bijetora (justifique!) e $f^{-1}(x) = \log_2 x - 1$.

(k) A função f é bijetora (justifique!) e $f^{-1}(x) = 3 \log_4 x$.

(l) A função f é bijetora (justifique!) e

$$f^{-1}(x) = \ln \frac{x}{2} - 3.$$

(m) A função f não é bijetora (justifique!).

(n) A função f é bijetora (justifique!) e

$$f^{-1}(x) = 2 + 3 \ln \left(\frac{x+6}{5} \right).$$

11. Gráficos:

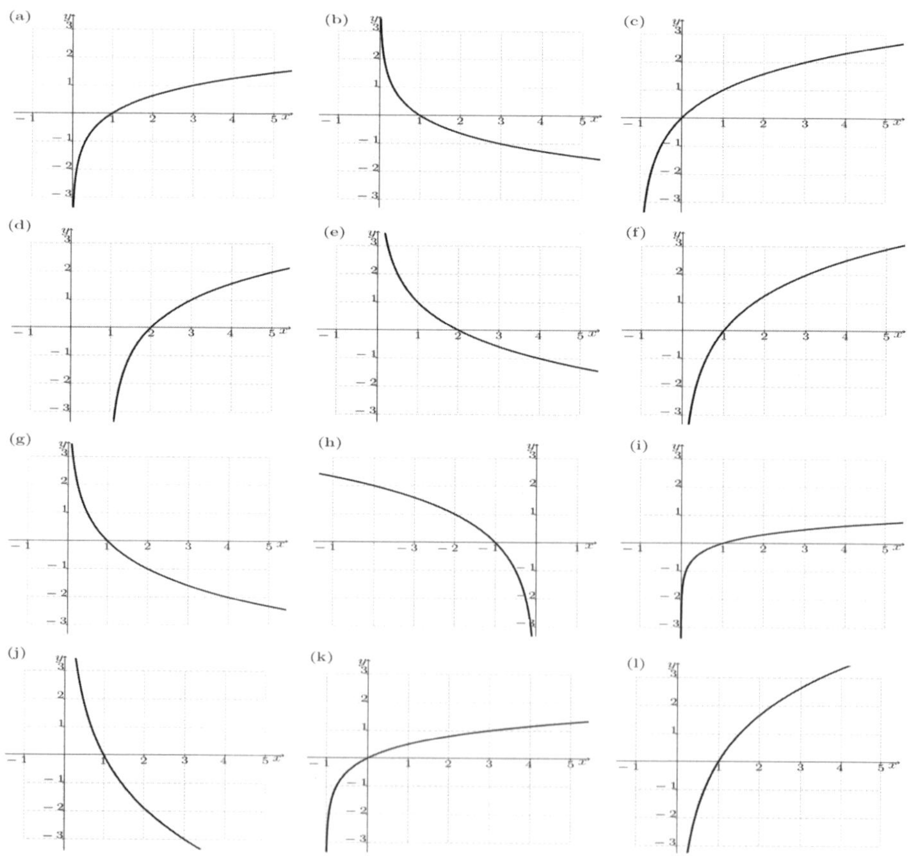

12. (a) $S = \{9\}$
(b) $S = \{4\}$
(c) $S = \emptyset$
(d) $S = \{9\}$
(e) $S = \{1\}$
(f) $S = \{-2, 8\}$
(g) $S = \{16\}$
(h) $S = \{-2, 3\}$
(i) $S = \{4\}$
(j) $S = \{5\}$
(k) $S = \emptyset$
(l) $S = \{\frac{1}{2}, 4\}$
(m) $S = \{1\}$
(n) $S = \{\frac{1}{16}\}$

13. (a) $S = \left(\frac{3}{2}, \frac{7}{4}\right)$
(b) $S = \left(\frac{2}{7}, \frac{66}{7}\right]$
(c) $S = \left(0, \frac{1}{12}\right]$
(d) $S = (-3, -1)$
(e) $S = \mathbb{R} - (-2, 3)$
(f) $S = (0, 2)$
(g) $S = (-8, -6) \cup (0, 2)$
(h) $S = [-4, 2] - \{-1\}$

14. $x > 0$

15. $r = \ln(400)/35 = 0,17$

16. Valores de x: 1,0595; 1,1225; 1,1892; 1,2599; 1,3348; 1,4142; 1,4983; 1,5874; 1,6818; 1,7818; 1,8877; 2,0000 (denominada de escala bem-temperada).

17. $M = C(1+T)^t \Rightarrow \dfrac{\log M - \log C}{t} = \log(1+T) \Rightarrow T = 10^{\frac{\log M - \log C}{t}} - 1.$
Observe também que, se t for desconhecido e o restante conhecido, podemos calcular $t = \dfrac{\log M - \log C}{\log(1+T)}$.

18. $t = \frac{\ln \frac{1}{2}}{\ln \frac{4}{5}} \approx 3,106$ anos

19. Sendo m_0 a massa inicial, então para que a massa final m seja $m = 0,145m_0$, seriam aproximadamente 15963 anos atrás.

Capítulo 10

Função modular

Neste capítulo, estudaremos mais uma relevante função: a função modular. Esta é uma função que possui mais de uma sentença. Ela é uma das mais importantes funções no estudo das derivadas, pois é um exemplo fundamental de função que não possui derivada. Inicialmente, estudaremos as funções modulares e sua definição, seguidas pelas equações e inequações modulares.

10.1 Funções definidas por várias sentenças

Definição 10.1

Sejam $A_1, A_2 \ldots A_n$ subconjuntos reais disjuntos e $A = A_1 \cup A_2 \cup \cdots \cup A_n$. Sejam $f_1 : A_1 \longrightarrow \mathbb{R}, f_2 : A_2 \longrightarrow \mathbb{R}, \ldots, f_n : A_n \longrightarrow \mathbb{R}$ funções dadas e $f : A \longrightarrow \mathbb{R}$ uma função definida pela lei f_1 no conjunto A_1, pela lei f_2 no conjunto A_2 e assim por diante, e pela lei f_n no conjunto A_n, ou seja,

$$f(x) = \begin{cases} f_1(x), & \text{se } x \in A_1 \\ f_2(x), & \text{se } x \in A_2 \\ \vdots \\ f_n(x), & \text{se } x \in A_n \end{cases}$$

A função f acima é chamada de *função definida por várias sentenças.*

Exemplo 10.2 Esboce o gráfico da função $f(x) = \begin{cases} x + 2, & \text{se } x \leq 0 \\ 2, & \text{se } x > 0 \end{cases}$

Solução: Neste caso, a função f é definida por duas sentenças.

No intervalo $A_1 = (-\infty, 0]$, a função f coincide com a função $f_1(x) = x + 2$, e no intervalo $A_2 = (0, +\infty)$ a função f coincide com a função $f_2(x) = 2$.

O gráfico da função f está representado ao lado.

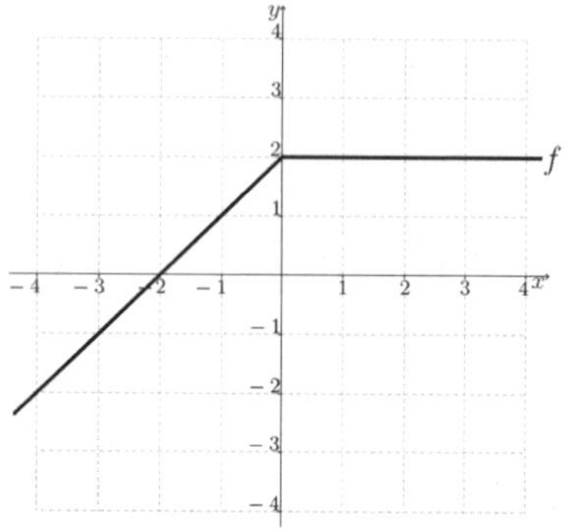

Exemplo 10.3 Esboce o gráfico da função $f(x) = \begin{cases} 3, \text{ se } x \leq -2 \\ x^2 - 1, \text{ se } -2 < x < 2 \\ -x + 4, \text{ se } x \geq 2 \end{cases}$

Solução: Neste caso, a função f é definida por três sentenças.

No intervalo $A_1 = (-\infty, -2]$, a função f coincide com a função $f_1(x) = 3$; no intervalo $A_2 = (-2, 2)$, a função f coincide com a função $f_2(x) = x^2 - 1$; e no intervalo $A_3 = [2, +\infty)$, a função f coincide com a função $f_3(x) = -x + 4$.

O gráfico da função f está representado ao lado.

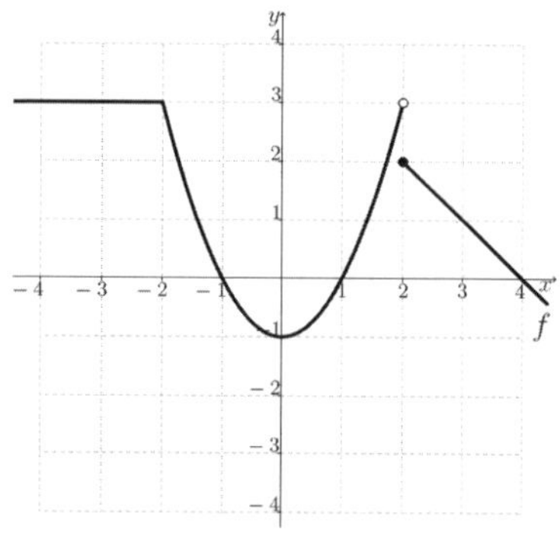

Exemplo 10.4 Esboce o gráfico das seguintes funções:

$$f_1(x) = \begin{cases} -x, \text{ se } x < 0 \\ x, \text{ se } x \geq 0 \end{cases} \qquad f_3(x) = \begin{cases} -x^2 - 4x - 3, \text{ se } x \leq 0 \\ \frac{1}{x}, \text{ se } x > 0 \end{cases}$$

$$f_2(x) = \begin{cases} 2x^2 - 2, \text{ se } x < 1 \\ \sqrt{x - 1} + 2, \text{ se } x \geq 1 \end{cases} \qquad f_4(x) = \begin{cases} -1, \text{ se } x < 0 \\ 0, \text{ se } x = 0 \\ 1, \text{ se } x > 0 \end{cases}$$

$$f_5(x) = \begin{cases} x^2 - 1, \text{ se } x \leq -1 \\ x^2 - 2, \text{ se } -1 < x \leq 1 \\ x^2 - 1, \text{ se } x > 1 \end{cases} \quad f_6(x) = \begin{cases} \frac{1}{x+1} + 3, \text{ se } x < -1 \\ 2\sqrt[3]{x}, \text{ se } -1 \leq x \leq 1 \\ (x-2)^2 + 1, \text{ se } x > 1 \end{cases}$$

Solução: Esboçando cada gráfico, tem-se

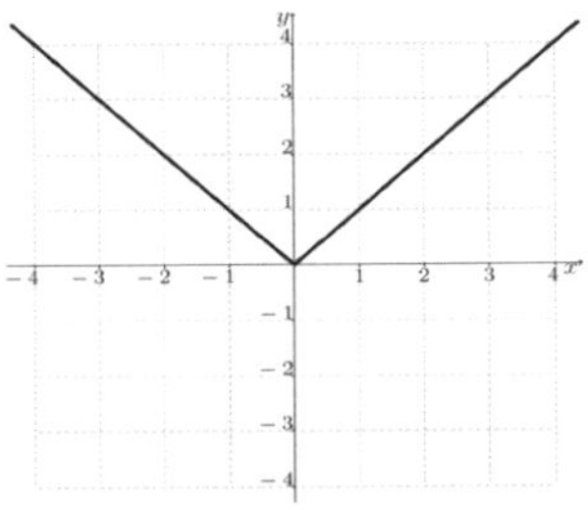

f_1

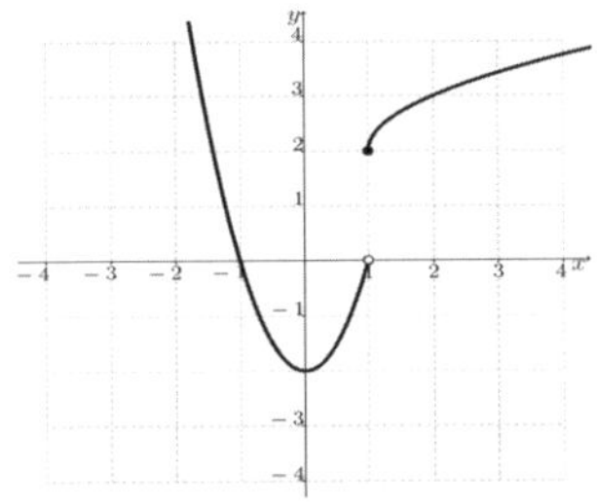

f_2

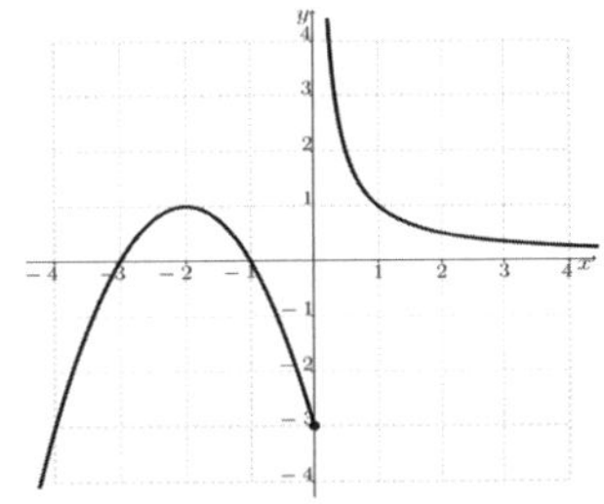

f_3

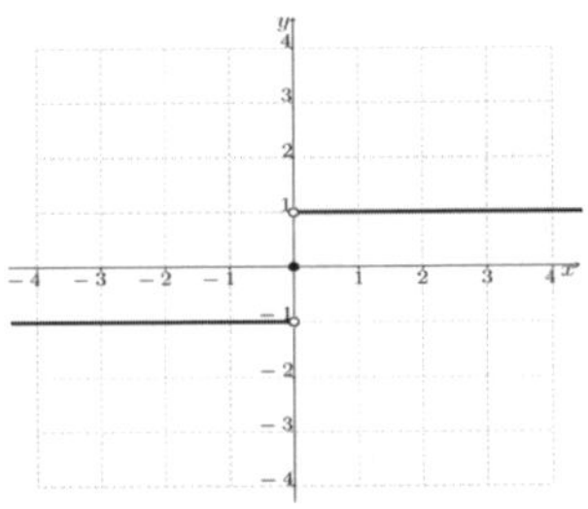

f_4

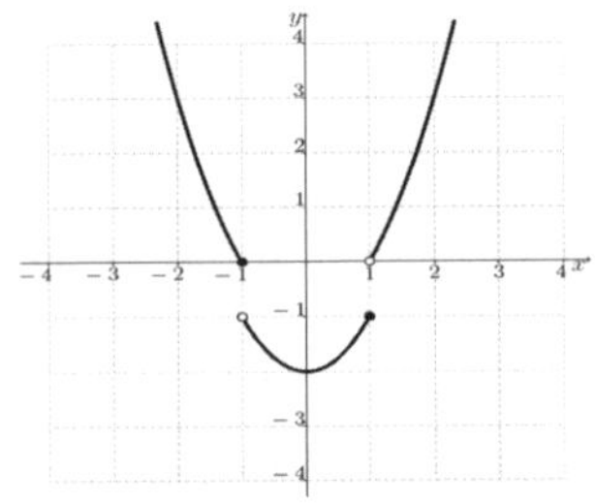

f_5

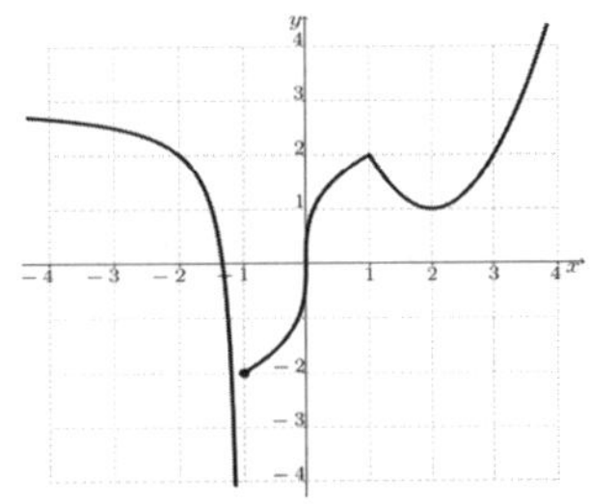

f_6

10.2 A função modular

Definição 10.5

A função $f : \mathbb{R} \longrightarrow \mathbb{R}$ dada por $f(x) = |x|$ é dita *função modular.*

Como

$$f(x) = |x| = \begin{cases} -x, \text{ se } x < 0 \\ x, \text{ se } x \geq 0 \end{cases}$$

tem-se que a função modular é uma função definida por duas sentenças.

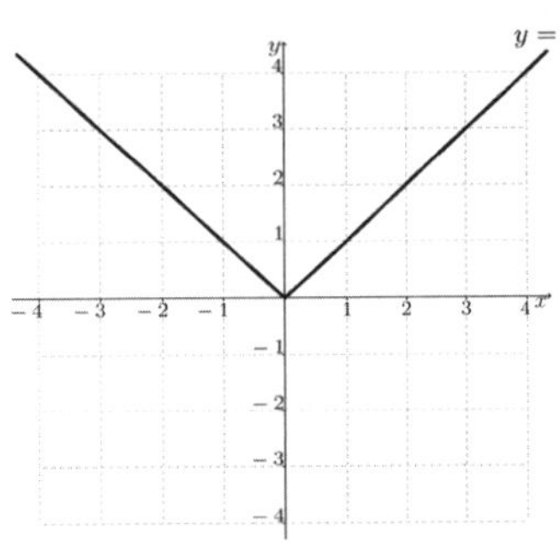

Note que $D(f) = \mathbb{R}$, $Im(f) = \mathbb{R}_+$, a função modular é uma função par, decrescente em $\mathbb{R}_-$ e crescente em $\mathbb{R}_+$.

Exemplo 10.6 Esboce o gráfico das funções:

(a) $f_1(x) = |x| - 1$ (b) $f_2(x) = 2|x|$ (c) $f_3(x) = -|x+1|$

Solução: Neste caso, os gráficos das funções podem ser obtidos diretamente por meio de translações, alongamentos e reflexões da função $f(x) = |x|$.

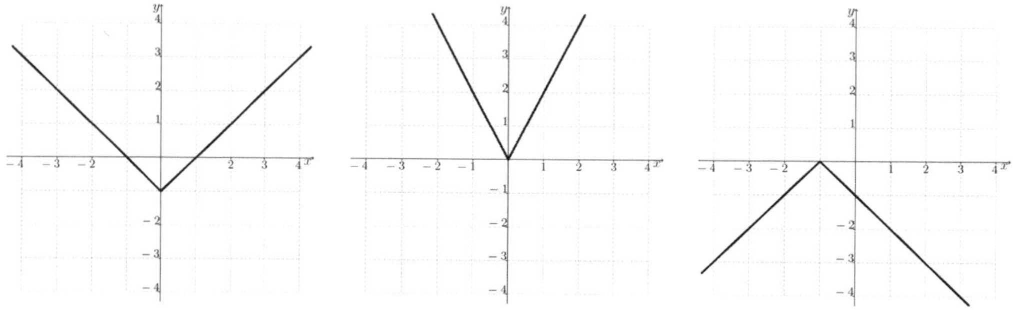

f_1 f_2 f_3

Exemplo 10.7 Esboce o gráfico da função $f(x) = |x-1| + x - 2$.

Solução: Neste caso, para esboçar o gráfico deve-se expressar as sentenças que definem cada uma das funções dadas. Como

$$|x-1| = \begin{cases} -(x-1), \text{ se } x-1 < 0 \\ x-1, \text{ se } x-1 \geq 0 \end{cases} = \begin{cases} -x+1, \text{ se } x < 1 \\ x-1, \text{ se } x \geq 1 \end{cases}$$

tem-se

	$x < 1$	$x \geq 1$
$\|x-1\|$	$-x+1$	$x-1$
$x-2$	$x-2$	$x-2$
$\|x-1\| + x - 2$	-1	$2x-3$

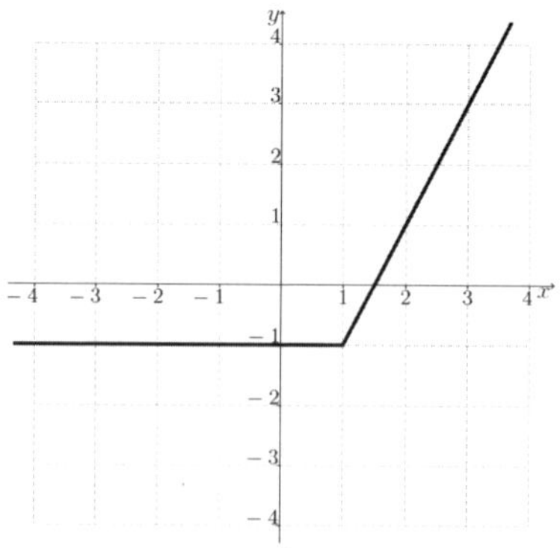

f

Portanto,

$$f(x) = \begin{cases} -1, \text{ se } x < 1 \\ 2x-3, \text{ se } x \geq 1 \end{cases}$$

Ou seja, f é uma função definida por duas sentenças.

Exemplo 10.8 Esboce o gráfico da função $f(x) = |x+1| + |x-1|$.

Solução: Neste caso, para esboçar o gráfico, deve-se expressar as sentenças que definem cada uma das funções dadas. Como

$$|x+1| = \begin{cases} -(x+1), & \text{se } x+1<0 \\ x+1, & \text{se } x+1 \geq 0 \end{cases} = \begin{cases} -x-1, & \text{se } x<-1 \\ x+1, & \text{se } x \geq -1 \end{cases}$$

e

$$|x-1| = \begin{cases} -(x-1), & \text{se } x-1<0 \\ x-1, & \text{se } x-1 \geq 0 \end{cases} = \begin{cases} -x+1, & \text{se } x<1 \\ x-1, & \text{se } x \geq 1 \end{cases}$$

tem-se

	$x<-1$	$-1 \leq x < 1$	$x \geq 1$
$\lvert x+1\rvert$	$-x-1$	$x+1$	$x+1$
$\lvert x-1\rvert$	$-x+1$	$-x+1$	$x-1$
$\lvert x+1\rvert+\lvert x-1\rvert$	$-2x$	2	$2x$

Portanto,

$$f(x) = \begin{cases} -2x, & \text{se } x<-1 \\ 2, & \text{se } -1 \leq x < 1 \\ 2x, & \text{se } x \geq 1 \end{cases}$$

Ou seja, f é uma função definida por três sentenças e o seu gráfico está representado ao lado.

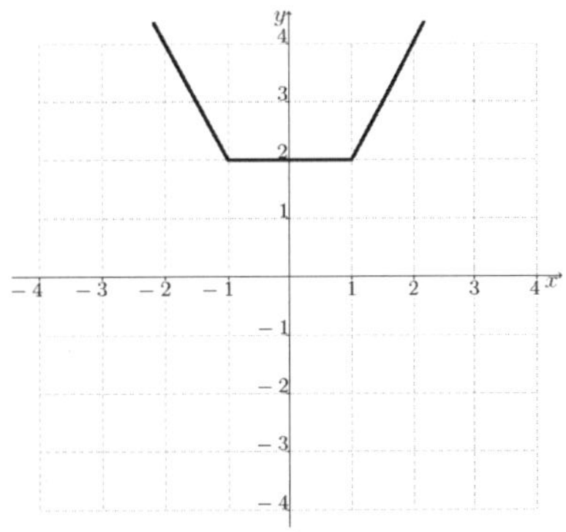

f

Exemplo 10.9 Esboce o gráfico da função $f(x) = |x-1| - |x+1|$.

Solução: Neste caso, para esboçar o gráfico, deve-se expressar as sentenças que definem cada uma das funções dadas. Como

$$|x-1| = \begin{cases} -(x-1), & \text{se } x-1<0 \\ x-1, & \text{se } x-1 \geq 0 \end{cases} = \begin{cases} -x+1, & \text{se } x<1 \\ x-1, & \text{se } x \geq 1 \end{cases}$$

e

$$|x+1| = \begin{cases} -(x+1), & \text{se } x+1<0 \\ x+1, & \text{se } x+1 \geq 0 \end{cases} = \begin{cases} -x-1, & \text{se } x<-1 \\ x+1, & \text{se } x \geq -1 \end{cases}$$

tem-se

	$x < -1$	$-1 \leq x < 1$	$x \geq 1$
$\lvert x-1 \rvert$	$-x+1$	$-x+1$	$x-1$
$\lvert x+1 \rvert$	$-x-1$	$x+1$	$x+1$
$\lvert x-1 \rvert - \lvert x+1 \rvert$	2	$-2x$	-2

Portanto,

$$f(x) = \begin{cases} 2, \text{ se } x < -1 \\ -2x, \text{ se } -1 \leq x < 1 \\ -2, \text{ se } x \geq 1 \end{cases}$$

Ou seja, f é uma função definida por três sentenças e o seu gráfico está representado ao lado.

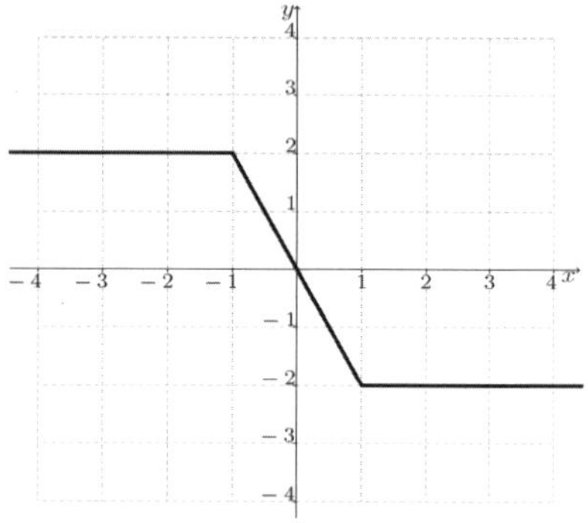

f

10.3 Equações modulares

Vamos realizar o estudo de equações modulares através de exemplos.

Exemplo 10.10 Resolva a equação $|x-4| = 10$.

Solução: Tem-se duas possibilidades: $x - 4 = 10$ ou $x - 4 = -10$.

Como $x - 4 = 10 \Longrightarrow x = 14$ e $x - 4 = -10 \Longrightarrow x = -6$, tem-se $S = \{-6, 14\}$.

Exemplo 10.11 Resolva a equação $\left|\frac{x}{3} - 2\right| = 4$.

Solução: Tem-se duas possibilidades: $\frac{x}{3} - 2 = 4$ ou $\frac{x}{3} - 2 = -4$.

Como

$$\frac{x}{3} - 2 = 4 \Longrightarrow \frac{x}{3} = 6 \Longrightarrow x = 18$$

e

$$\frac{x}{3} - 2 = -4 \Longrightarrow \frac{x}{3} = -2 \Longrightarrow x = -6$$

tem-se $S = \{-6, 18\}$.

Exemplo 10.12 Resolva a equação $|4x-1|=0$.

Solução: Neste caso, tem-se

$$|4x-1|=0 \Longrightarrow 4x-1=0 \Longrightarrow 4x=1 \Longrightarrow x=\frac{1}{4}$$

Portanto, $S=\left\{\frac{1}{4}\right\}$.

Exemplo 10.13 Resolva a equação $|3x-2|=-1$.

Solução: Da definição de módulo, segue que $|3x-2|\geq 0$. Sendo assim, a equação $|3x-2|=-1$ não possui solução em $\mathbb{R}$, ou seja, $S=\emptyset$.

Exemplo 10.14 Resolva a equação $|x-2|=x$.

Solução: Neste caso, a condição $x\geq 0$ deve ser satisfeita.

Tem-se duas possibilidades: $x-2=x$ ou $x-2=-x$.

Como $x-2=x \Longrightarrow -2=0$ (impossível) e

$x-2=-x \Longrightarrow 2x=2 \Longrightarrow x=1$, tem-se $S=\{1\}$.

Exemplo 10.15 Resolva a equação $|x+1|=x$.

Solução: Neste caso, a condição $x\geq 0$ deve ser satisfeita.

Tem-se duas possibilidades: $x+1=x$ ou $x+1=-x$.

Como $x+1=x \Longrightarrow 1=0$ (impossível) e

$x+1=-x \Longrightarrow 2x=-1 \Longrightarrow x=-\frac{1}{2}$ (não cumpre a condição para $x\geq 0$), tem-se $S=\emptyset$.

Exemplo 10.16 Resolva a equação $|x-2|=\frac{x+7}{2}$.

Solução: Neste caso, a condição $x\geq -7$ deve ser satisfeita.

Tem-se duas possibilidades:

$$x-2=\frac{x+7}{2} \quad \text{ou} \quad x-2=-\frac{x+7}{2}$$

Como

$$x-2=\frac{x+7}{2} \Longrightarrow 2x-4=x+7 \Longrightarrow x=11$$

e

$$x-2=-\frac{x+7}{2} \Longrightarrow 2x-4=-x-7 \Longrightarrow 3x=-3 \Longrightarrow x=-1$$

tem-se $S=\{-1,11\}$.

Exemplo 10.17 Resolva a equação $|x-5| = |x+3|$.

Solução: Tem-se duas possibilidades: $x-5 = x+3$ ou $x-5 = -(x+3)$.
Como $x-5 = x+3 \Longrightarrow -5 = 3$ (impossível) e
$x-5 = -(x+3) \Longrightarrow x-5 = -x-3 \Longrightarrow 2x = 2 \Longrightarrow x = 1$,
tem-se $S = \{1\}$.

Exemplo 10.18 Resolva a equação $|2x-4| + |x-5| = 6$.

Solução: Como

$$|2x-4| = \begin{cases} -(2x-4), & \text{se } 2x-4 < 0 \\ 2x-4, & \text{se } 2x-4 \geq 0 \end{cases} = \begin{cases} -2x+4, & \text{se } x < 2 \\ 2x-4, & \text{se } x \geq 2 \end{cases}$$

e

$$|x-5| = \begin{cases} -(x-5), & \text{se } x-5 < 0 \\ x-5, & \text{se } x-5 \geq 0 \end{cases} = \begin{cases} -x+5, & \text{se } x < 5 \\ x-5, & \text{se } x \geq 5 \end{cases}$$

tem-se

	$x < 2$	$2 \leq x < 5$	$x \geq 5$
$\|2x-4\|$	$-2x+4$	$2x-4$	$2x-4$
$\|x-5\|$	$-x+5$	$-x+5$	$x-5$
$\|2x-4\| + \|x-5\|$	$-3x+9$	$x+1$	$3x-9$

Portanto, temos três casos a considerar.

• **Primeiro caso:** $x < 2$. Neste caso, a equação pode ser escrita como $|2x-4| + |x-5| = 6 \Longrightarrow -3x+9 = 6 \Longrightarrow -3x = -3 \Longrightarrow x = 1$.

• **Segundo caso:** $2 \leq x < 5$. Neste caso, a equação pode ser escrita como $|2x-4| + |x-5| = 6 \Longrightarrow x+1 = 6 \Longrightarrow x = 5$.

Como $x = 5$ não pertence ao intervalo considerado no segundo caso, segue que este deve ser descartado.

• **Terceiro caso:** $x \geq 5$. Neste caso, a equação pode ser escrita como $|2x-4| + |x-5| = 6 \Longrightarrow 3x-9 = 6 \Longrightarrow 3x = 15 \Longrightarrow x = 5$.

Consequentemente, $S = \{1, 5\}$.

10.4 Inequações modulares

Como em equações modulares, também vamos realizar o estudo de inequações modulares através de exemplos.

Exemplo 10.19 Resolva a inequação $|x-5| \leq 4$.

Solução: Neste caso, a inequação é equivalente à seguinte inequação dupla: $|x-5| \leq 4 \Longleftrightarrow -4 \leq x-5 \leq 4 \Longleftrightarrow 1 \leq x \leq 9$.

Portanto, $S = [1, 9]$.

Exemplo 10.20 Resolva a inequação $|2x+3| < 1$.

Solução: Neste caso, a inequação é equivalente à seguinte inequação dupla: $|2x+3| < 1 \Longleftrightarrow -1 < 2x+3 < 1 \Longleftrightarrow -4 < 2x < -2 \Longleftrightarrow -2 < x < -1$

Portanto, $S = (-2, -1)$.

Exemplo 10.21 Resolva a inequação $|4x+6| \geq 10$.

Solução: Neste caso, tem-se duas possibilidades:

$$4x+6 \geq 10 \text{ ou } 4x+6 \leq -10.$$

Resolvendo cada uma das inequações, obtém-se
$4x+6 \geq 10 \Longrightarrow 4x \geq 4 \Longrightarrow x \geq 1$ ou $4x+6 \leq -10 \Longrightarrow 4x \leq -16 \Longrightarrow x \leq -4$

Portanto, $S = (-\infty, -4] \cup [1, +\infty)$.

Exemplo 10.22 Resolva a inequação $\left|\frac{x}{2} - 2\right| > 3$.

Solução: Neste caso, tem-se duas possibilidades:

$$\frac{x}{2} - 2 > 3 \text{ ou } \frac{x}{2} - 2 < -3$$

Resolvendo cada uma das inequações, obtém-se
$\frac{x}{2} - 2 > 3 \Longrightarrow \frac{x}{2} > 5 \Longrightarrow x > 10$ ou $\frac{x}{2} - 2 < -3 \Longrightarrow \frac{x}{2} < -1 \Longrightarrow x < -2$

Portanto, $S = (-\infty, -2) \cup (10, +\infty)$.

Exemplo 10.23 Resolva a inequação $|x^2 + 2x - 1| < 2$.

Solução: Neste caso, a inequação é equivalente à seguinte inequação dupla:

$$-2 < x^2 + 2x - 1 < 2 \iff 0 < x^2 + 2x + 1 < 4$$

Resolvendo a primeira inequação, obtém-se

$$0 < x^2 + 2x + 1 \Longrightarrow S_1 = \mathbb{R} - \{-1\}$$

Resolvendo a segunda inequação, obtém-se

$$x^2 + 2x + 1 < 4 \Longrightarrow S_2 = (-3, 1)$$

Portanto, $S = S_1 \cap S_2 = (-3, 1) - \{-1\}$.

Exemplo 10.24 Resolva a inequação $|x| + |x - 2| < 4$.

Solução: Como

$$|x| = \begin{cases} -x, & \text{se } x < 0 \\ x, & \text{se } x \geq 0 \end{cases}$$

e

$$|x - 2| = \begin{cases} -(x-2), & \text{se } x - 2 < 0 \\ x - 2, & \text{se } x - 2 \geq 0 \end{cases} = \begin{cases} -x + 2, & \text{se } x < 2 \\ x - 2, & \text{se } x \geq 2 \end{cases}$$

tem-se

	$x < 0$	$0 \leq x < 2$	$x \geq 2$
$\lvert x\rvert$	$-x$	x	x
$\lvert x-2\rvert$	$-x+2$	$-x+2$	$x-2$
$\lvert x\rvert + \lvert x-2\rvert$	$-2x+2$	2	$2x-2$

Portanto, temos três casos a serem considerados.

• **Primeiro caso:** $x < 0$. Neste caso, a inequação pode ser escrita como $|x| + |x - 2| < 4 \Longrightarrow -2x + 2 < 4 \Longrightarrow -2x < 2 \Longrightarrow 2x > -2 \Longrightarrow x > -1$. Portanto, $S_1 = (-1, 0)$.

• **Segundo caso:** $0 \leq x < 2$. Neste caso, a inequação pode ser escrita como $|x| + |x - 2| < 4 \Longrightarrow 2 < 4$ (verdadeiro para todo $x \in \mathbb{R}$). Portanto, $S_2 = [0, 2)$.

• **Terceiro caso:** $x \geq 2$. Neste caso, a inequação pode ser escrita como $|x|+|x-2| < 4 \Longrightarrow 2x-2 < 4 \Longrightarrow 2x < 6 \Longrightarrow x < 3$. Portanto, $S_3 = [2,3)$.

Consequentemente, $S = S_1 \cup S_2 \cup S_3 = (-1,3)$.

Exemplo 10.25 Resolva a inequação $|x-2| < 2x+5$.

Solução: Neste caso, a condição $x > -\dfrac{5}{2}$ deve ser satisfeita.

Assim, a inequação é equivalente à seguinte inequação dupla:

$$|x-2| < 2x+5 \Longleftrightarrow -(2x+5) < x-2 < 2x+5 \Longleftrightarrow -2x-5 < x-2 < 2x+5$$

Resolvendo a primeira inequação, obtém-se

$$-2x-5 < x-2 \Longrightarrow -3x < 3 \Longrightarrow 3x > -3 \Longrightarrow x > -1 \Longrightarrow S_1 = (-1,+\infty)$$

e $\quad x-2 < 2x+5 \Longrightarrow -x < 7 \Longrightarrow x > -7 \Longrightarrow S_2 = (-7,+\infty)$

Portanto, $S = S_1 \cap S_2 = (-1,+\infty)$.

Exemplo 10.26 Resolva a inequação $|x+2| - |x-3| \leq x-1$.

Solução: Como

$$|x+2| = \begin{cases} -(x+2), \text{ se } x+2 < 0 \\ x+2, \text{ se } x+2 \geq 0 \end{cases} = \begin{cases} -x-2, \text{ se } x < -2 \\ x+2, \text{ se } x \geq -2 \end{cases}$$

e

$$|x-3| = \begin{cases} -(x-3), \text{ se } x-3 < 0 \\ x-3, \text{ se } x-3 \geq 0 \end{cases} = \begin{cases} -x+3, \text{ se } x < 3 \\ x-3, \text{ se } x \geq 3 \end{cases}$$

tem-se

	$x < -2$	$-2 \leq x < 3$	$x \geq 3$
$\|x+2\|$	$-x-2$	$x+2$	$x+2$
$\|x-3\|$	$-x+3$	$-x+3$	$x-3$
$\|x+2\| - \|x-3\|$	-5	$2x-1$	5

Portanto, temos três casos a serem considerados.

• **Primeiro caso:** $x < -2$. Neste caso, a inequação pode ser escrita como $|x+2| - |x-3| \leq x-1 \Longrightarrow -5 \leq x-1 \Longrightarrow -4 \leq x$.

Portanto, $S_1 = [-4, -2)$.

• **Segundo caso:** $-2 \leq x < 3$. Neste caso, a inequação pode ser escrita como $|x+2| - |x-3| \leq x - 1 \Longrightarrow 2x - 1 \leq x - 1 \Longrightarrow x \leq 0$.

Portanto, $S_2 = [-2, 0]$.

• **Terceiro caso:** $x \geq 3$. Neste caso, a inequação pode ser escrita como $|x+2| - |x-3| \leq x - 1 \Longrightarrow 5 \leq x - 1 \Longrightarrow 6 \leq x$. Portanto, $S_3 = [6, +\infty)$.

Consequentemente, $S = S_1 \cup S_2 \cup S_3 = [-4, 0] \cup [6, +\infty)$.

Exemplo 10.27 Determine o domínio das seguintes funções:

(a) $f(x) = \dfrac{2x+1}{|x|}$ **(b)** $f(x) = \dfrac{1}{\sqrt{|x|-2}}$ **(c)** $f(x) = \dfrac{\sqrt{x}}{\sqrt{1-|x|}}$

Solução:

(a) Neste caso, tem-se $|x| \neq 0$, ou seja, $x \neq 0$ e, portanto, $D(f) = \mathbb{R}^*$.

(b) Neste caso, tem-se $|x| - 2 > 0 \Longrightarrow |x| > 2 \Longrightarrow x < -2$ ou $x > 2$, ou seja, $D(f) = \mathbb{R} - [-2, 2]$.

(c) Neste caso, do numerador da fração tem-se $x \geq 0$ e do denominador tem-se $1 - |x| > 0 \Longrightarrow -|x| > -1 \Longrightarrow |x| < 1 \Longrightarrow -1 < x < 1$. Portanto, $D(f) = [0, 1)$.

Exemplo 10.28 Determine o domínio das seguintes funções:

(a) $f(x) = \dfrac{\sqrt[4]{|x|-1}}{\sqrt{x^2-5x+6}}$ **(b)** $f(x) = \dfrac{\sqrt{x^2-1}}{\sqrt[3]{|x|-1}} + \dfrac{1}{\sqrt[4]{4-|x|}}$

Solução:

(a) Do numerador da fração, tem-se

$|x| - 1 \geq 0 \Longrightarrow |x| \geq 1 \Longrightarrow x \leq -1$ ou $x \geq 1$.

Do denominador, tem-se $x^2 - 5x + 6 > 0 \Longrightarrow x < 2$ ou $x > 3$.

Portanto, $D(f) = (-\infty, -1] \cup [1, 2) \cup (3, +\infty)$.

(b) Neste caso, existem três exigências a serem cosideradas:

$x^2 - 1 \geq 0$, $|x| - 1 \neq 0$ e $4 - |x| > 0$.

Da primeira condição, tem-se:
$x^2 - 1 \geq 0 \Longrightarrow x \leq -1$ ou $x \geq 1$.
Da segunda condição, segue que:
$|x| - 1 \neq 0 \Longrightarrow |x| \neq 1 \Longrightarrow x \neq \pm 1$.
Da terceira condição, tem-se:
$4 - |x| > 0 \Longrightarrow -|x| > -4 \Longrightarrow |x| < 4 \Longrightarrow -4 < x < 4$.
Considerando as três condições acima, obtém-se:
$D(f) = (-4, -1) \cup (1, 4)$.

Exemplo 10.29

(a) Resolva a inequação $|x - 1| \geq 2$.

(b) Esboce, no mesmo sistema cartesiano, os gráficos de $f(x) = |x - 1|$ e $g(x) = 2$.

(c) Em termos dos gráficos das funções f e g, descreva o significado do conjunto solução obtido em (a).

Solução:

(a) Note que a inequação dada é equivalente à inequação dupla

$$|x - 1| \geq 2 \Longleftrightarrow x - 1 \leq -2 \text{ ou } x - 1 \geq 2$$

Resolvendo estas inequações, obtém-se o conjunto solução

$$S = (-\infty, -1] \cup [3, +\infty)$$

(b) Esboçando os gráficos de f e g no mesmo sistema e destacando o conjunto S, obtém-se os gráficos que seguem.

(c) Em termos das funções f e g, a inequação é dada por $\underbrace{|x - 1|}_{f(x)} \geq \underbrace{2}_{g(x)} \Longleftrightarrow f(x) \geq g(x)$.

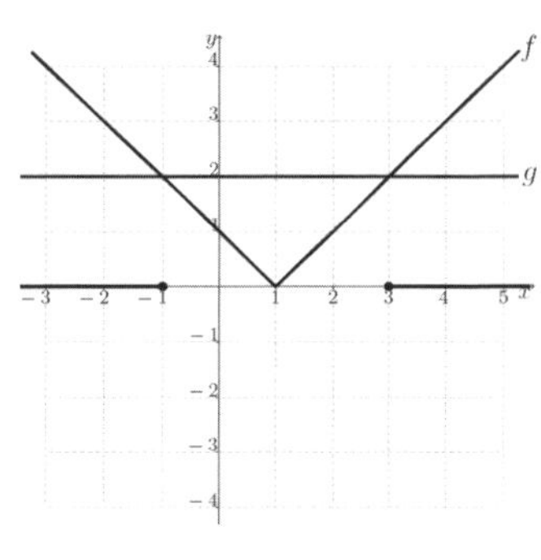

O conjunto S é formado pelos valores de x (abscissas) que cumprem a condição $f(x) \geq g(x)$, ou seja, os valores de x para os quais o gráfico de f está acima ou é igual ao gráfico de g.

Exemplo 10.30

(**a**) Resolva a inequação $|3x - 3| \leq -x^2 + 2x + 3$.

(**b**) Esboce, no mesmo sistema cartesiano, os gráficos de $f(x) = |3x - 3|$ e $g(x) = -x^2 + 2x + 3$.

(**c**) Em termos dos gráficos das funções f e g, descreva o significado do conjunto solução obtido em (a).

Solução:

(**a**) Antes de resolver a inequação dada, devemos observar a condição $-x^2 + 2x + 3 \geq 0$. Resolvendo esta inequação, obtemos o conjunto $S_0 = [-1, 3]$. Note que a inequação dada é equivalente à inequação dupla $x^2 - 2x - 3 \leq 3x - 3 \leq -x^2 + 2x + 3$. Resolvendo cada inequação separadamente, obtem-se: $x^2 - 2x - 3 \leq 3x - 3 \Longrightarrow S_1 = [0, 5]$ e $3x - 3 \leq -x^2 + 2x + 3 \Longrightarrow S_2 = [-3, 2]$.

Consequentemente, o conjunto solução da inequação dada é

$$S = S_0 \cap S_1 \cap S_3 = [0, 2]$$

(**b**) O gráfico das funções está representado ao lado.

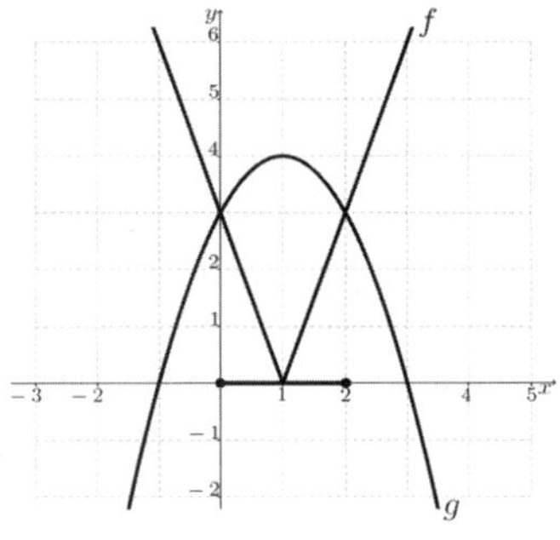

(**c**) O conjunto S é formado pelos valores de x (abscissas) que cumprem a condição $|3x - 3| \leq -x^2 + 2x + 3$, ou seja, para os valores de x o gráfico de $-x^2 + 2x + 3$ está acima ou é igual ao gráfico de $|3x - 3|$.

Exemplo 10.31

(**a**) Resolva a inequação $|x| + |x + 2| < x + 3$.

(**b**) Esboce os gráficos das funções $f(x) = |x| + |x + 2|$ e $g(x) = x + 3$ e destaque o conjunto solução obtido em (a).

Solução:

(**a**) Para resolver a inequação dada, deve-se observar que

$\underbrace{|x| + |x+2|}_{f(x)} < \underbrace{x+3}_{g(x)}$. Podemos ver pelo gráfico ao lado que a solução é dada por

$$S = (-1, 1)$$

(b) Graficamente, o conjunto S é formado pelas abscissas que satisfazem $f(x) < g(x)$.

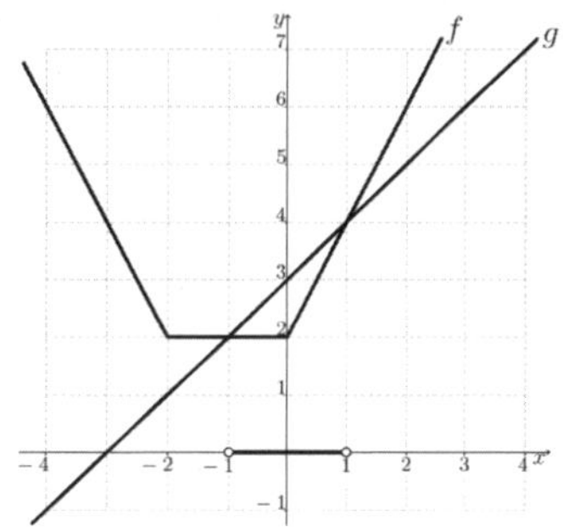

Exercícios

1. Esboce o gráfico das seguintes funções:

(a) $f(x) = \begin{cases} x, \text{ se } x \geq 0 \\ -x+1, \text{ se } x < 0 \end{cases}$

(b) $f(x) = \begin{cases} 2x-4, \text{ se } x \geq 1 \\ -1, \text{ se } -1 < x < 1 \\ -x, \text{ se } x \leq -1 \end{cases}$

(c) $f(x) = \begin{cases} x^2-2x-3, \text{ se } x \leq 3 \\ 2, \text{ se } x > 3 \end{cases}$

(d) $f(x) = \begin{cases} x^2-2x, \text{ se } x \geq 0 \\ -x^2-2x, \text{ se } x < 0 \end{cases}$

(e) $f(x) = \begin{cases} \sqrt{x-1}, \text{ se } x \geq 1 \\ x^2-3, \text{ se } -1 \leq x < 1 \\ -(x+2)^2+2, \text{ se } x < -1 \end{cases}$

(f) $f(x) = \begin{cases} \frac{1}{x}, \text{ se } x \geq -1 \\ x, \text{ se } x < -1 \end{cases}$

2. Esboce o gráfico das seguintes funções:

(a) $f(x) = \begin{cases} \dfrac{x^2+x-2}{x-1}, \text{ se } x \neq 1 \\ 2, \text{ se } x = 1 \end{cases}$

(b) $f(x) = \begin{cases} \dfrac{x^2-1}{x+1}, \text{ se } x \neq -1 \\ -2, \text{ se } x = -1 \end{cases}$

(c) $f(x) = \begin{cases} \dfrac{x^2-1}{1-x}, \text{ se } x \neq 1 \\ 1, \text{ se } x = 1 \end{cases}$

(d) $f(x) = \begin{cases} \dfrac{x^3-4x^2+3x}{x}, \text{ se } x \neq 0 \\ 3, \text{ se } x = 0 \end{cases}$

(e) $f(x) = \begin{cases} \dfrac{x-2}{x^2-4}, \text{ se } x \neq \pm 2 \\ 0, \text{ se } x = -2 \\ 1, \text{ se } x = 2 \end{cases}$

(f) $f(x) = \begin{cases} \dfrac{x^2+2x}{2x-x^2-x^3}, \text{ se } x \notin \{-2, 0, 1\} \\ -1, \text{ se } x = 0 \end{cases}$

3. Esboce o gráfico das funções:

   (a) $f(x) = 2|x| - 1$ (c) $f(x) = \big|2|x| - 2\big|$ (e) $f(x) = \frac{1}{|x|} - 1$

   (b) $f(x) = \left|\frac{x}{2} + 1\right|$ (d) $f(x) = |x^2 + 2x - 3|$ (f) $f(x) = \sqrt{|x - 1|}$

4. Esboce o gráfico das funções:

   (a) $f(x) = |x| + x$ (c) $f(x) = \frac{|x|}{x}$ (e) $f(x) = |x| + |x+1|$

   (b) $f(x) = |x| - x$ (d) $f(x) = |2x - 2| + x - 4$ (f) $f(x) = |x| - |x+1|$

5. Resolva as seguintes equações:

   (a) $|x - 3| = 2$

   (b) $|2x + 1| = 3$

   (c) $|3x + 4| = 0$

   (d) $|x + 1| = -2$

   (e) $|x^2 - 6x + 7| = 2$

   (f) $|-x^2 + 6x - 5| = 12$

   (g) $||x| - 4| = 1$

   (h) $||x^2 - 2x - 2| - 1| = 5$

6. Resolva as seguintes equações:

   (a) $|x + 1| = |2x - 1|$

   (b) $|x - 5| = |x + 3|$

   (c) $|x - 4| - |2x - 5| = 0$

   (d) $|x^2 + 4x + 3| = |x - 3|$

   (e) $|x^2 - 8x + 15| = |x^2 - 1|$

   (f) $|2x - 5| = x - 1$

   (g) $|x + 1| = x + 1$

   (h) $|2x^2 + 12x + 17| = 2x + 9$

   (i) $|x^2 - 2x - 1| = x^2 - 2x + 1$

   (j) $|x^2 - 5x + 6| - x^2 + 4x = 5$

7. Resolva as seguintes equações:

   (a) $|x - 1| + |x - 3| = 6$

   (b) $|x - 2| - |x| = 2$

   (c) $|x - 1| + |x + 1| = x + 3$

   (d) $|x^2 - 1| + |x^2 - 2x + 1| = 2 - 2x$

8. Resolva as seguintes inequações:

(a) $|x-1| \geq 0$

(b) $|3x+2| > 0$

(c) $|2x-1| \leq 0$

(d) $|5x-2| < 0$

(e) $|x+1| \leq 2$

(f) $|2x-5| < 3$

(g) $|3x+6| \geq 6$

(h) $|x+1| > 5$

(i) $|x^2+4x-1| \leq 4$

(j) $|-x^2+4x| > 5$

(k) $\big||x|-3\big| < 1$

(l) $\big||x^2-2x|-2\big| \geq 6$

(m) $|x|^2 - 8|x| + 12 \leq 0$

(n) $-|x|^2 - |x| + 2 > 0$

9. Resolva as seguintes inequações:

(a) $|x-1| + |x+3| \geq 3$

(b) $|x| - |x+5| < -1$

(c) $|x^2+1| + |x| \leq 3$

(d) $|x^2-1| + |x^2+2x+1| > 4$

10. Resolva as seguintes inequações:

(a) $|x-2| \leq 2x-1$

(b) $|2x+3| > -x+3$

(c) $|x+5| \geq |2x-2|$

(d) $|x+1| + |x-2| < x+4$

11. Determine o domínio das funções:

(a) $f(x) = \dfrac{\sqrt{x}}{\sqrt[4]{|x|-1}}$

(b) $f(x) = \dfrac{\sqrt{|x-2|-1}}{\sqrt[3]{|x|-1}}$

(c) $f(x) = \sqrt{\dfrac{x+1}{2-|x|}} + 2x$

(d) $f(x) = \sqrt{\dfrac{x^2-2}{3-|x+1|}}$

12. Determine o domínio das funções:

(a) $f(x) = \sqrt{|x-1| + 2x - 5}$

(b) $f(x) = \sqrt{|x-2| - |x+4|}$

Respostas

1. Gráficos:

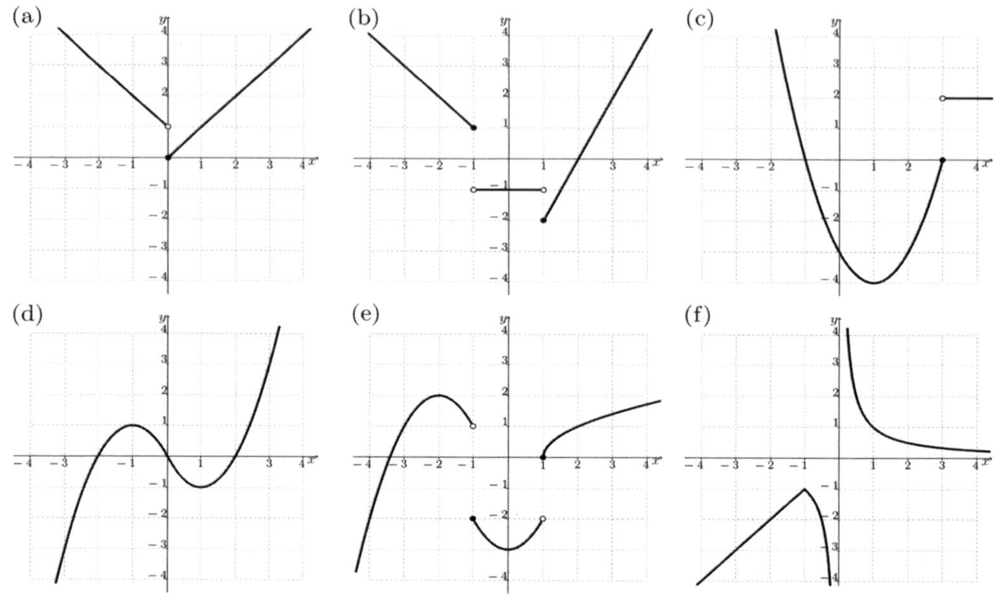

2. Gráficos:

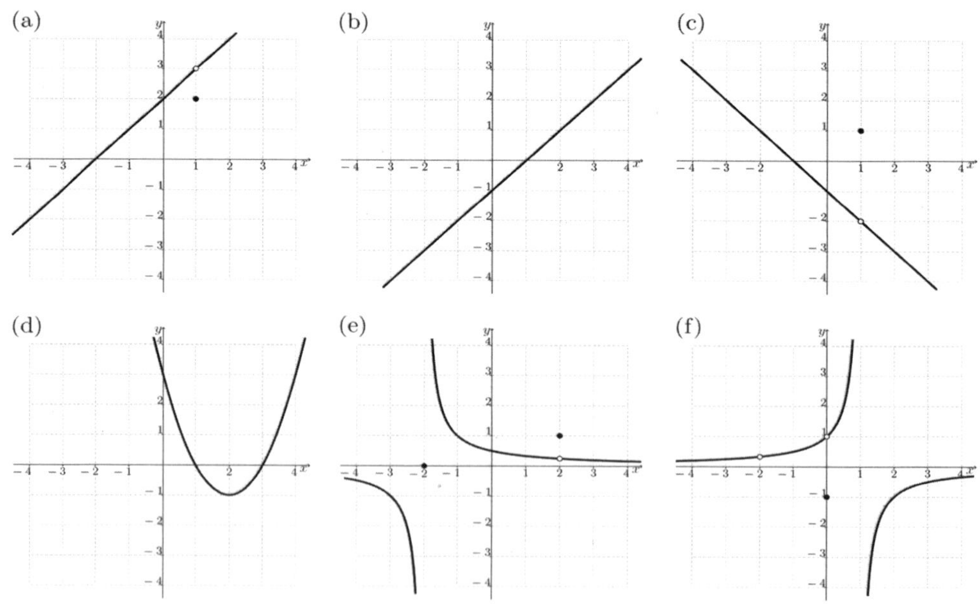

3. Gráficos:

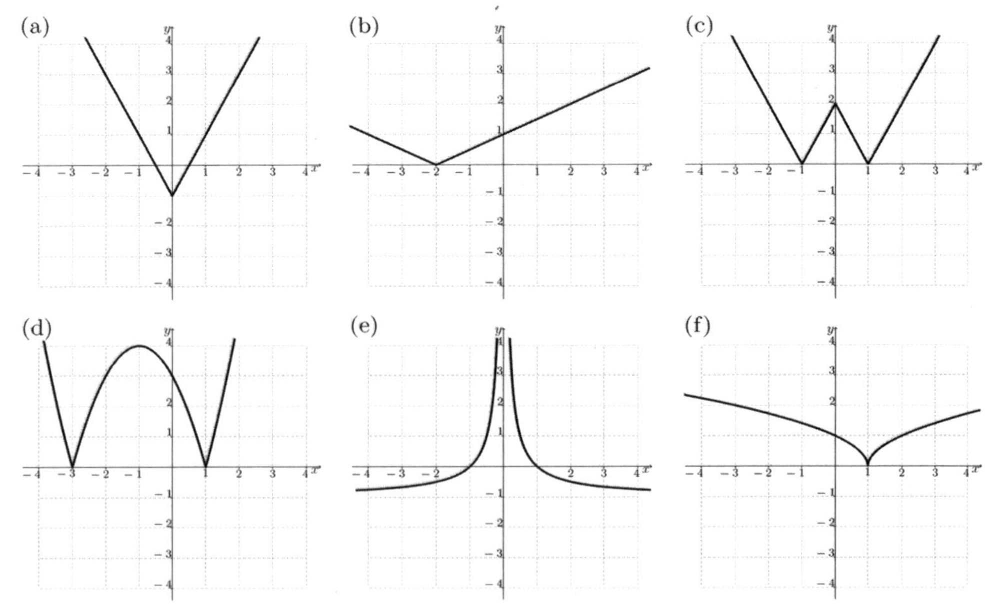

4. Gráficos:

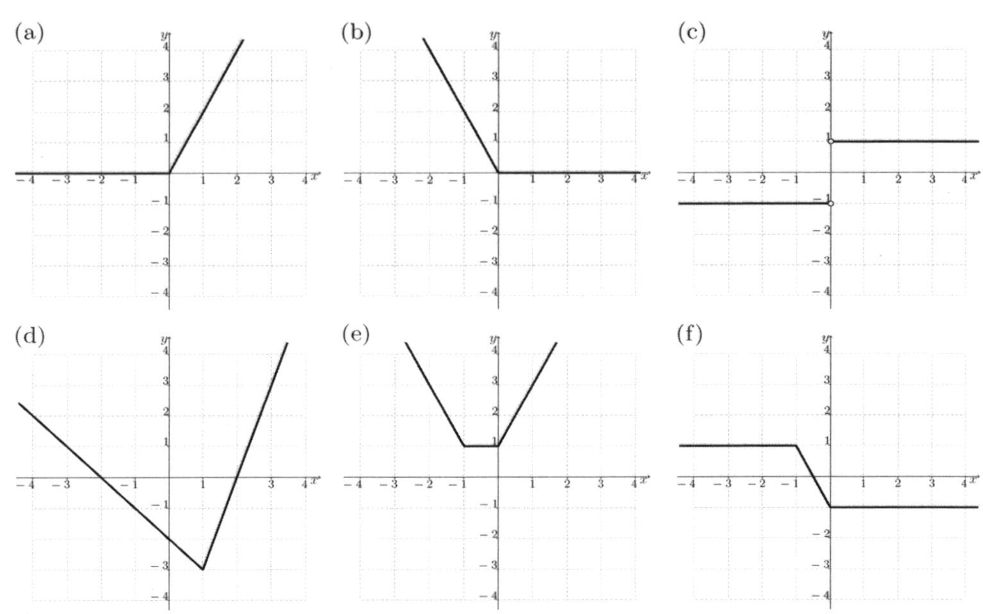

5. (a) $S = \{1, 5\}$
   (b) $S = \{-2, 1\}$
   (c) $S = \{-\frac{4}{3}\}$
   (d) $S = \emptyset$
   (e) $S = \{1, 3, 5\}$
   (f) $S = \{-1, 7\}$
   (g) $S = \{-5, -3, 3, 5\}$
   (h) $S = \{-2, 4\}$
6. (a) $S = \{0, 2\}$
   (b) $S = \{1\}$
   (c) $S = \{1, 3\}$
   (d) $S = \{-5, 0\}$
   (e) $S = \{2\}$
   (f) $S = \{2, 4\}$
   (g) $S = [-1, +\infty)$
   (h) $S = \{-4, -1\}$
   (i) $S = \{0, 2\}$
   (j) $S = \{1\}$
7. (a) $S = \{-1, 5\}$
   (b) $S = (-\infty, 0]$
   (c) $S = \{-1, 3\}$
   (d) $S = [-1, 1]$
8. (a) $S = \mathbb{R}$
   (b) $S = \mathbb{R} - \{-\frac{2}{3}\}$
   (c) $S = \{\frac{1}{2}\}$
   (d) $S = \emptyset$
   (e) $S = [-3, 1]$
   (f) $S = (1, 4)$
   (g) $S = \mathbb{R} - (-4, 0)$
   (h) $S = \mathbb{R} - [-6, 4]$
   (i) $S = [-5, -3] \cup [-1, 1]$
   (j) $S = \mathbb{R} - [-1, 5]$
   (k) $S = (-4, -2) \cup (2, 4)$
   (l) $S = \mathbb{R} - (-2, 4)$
   (m) $S = [-6, -2] \cup [2, 6]$
   (n) $S = (-1, 1)$
9. (a) $S = \mathbb{R}$
   (b) $S = (-2, +\infty)$
   (c) $S = [-1, 1]$
   (d) $S = \mathbb{R} - [-2, 1]$
10. (a) $S = [1, +\infty)$
    (b) $S = \mathbb{R} - [-6, 0]$
    (c) $S = [-1, 7]$
    (d) $S = (-1, 5)$
11. (a) $S = (1, +\infty)$
    (b) $S = (-\infty, 1) \cup [3, +\infty) - \{-1\}$
    (c) $S = (-\infty, -2) \cup [-1, 2)$
    (d) $S = (-4, -\sqrt{2}] \cup [\sqrt{2}, 2)$
12. (a) $S = [2, +\infty)$
    (b) $S = (-\infty, -1]$

Capítulo 11

Funções hiperbólicas

Neste capítulo, apresentaremos um estudo mais avançado sobre funções, pois trataremos das funções seno hiperbólico, cosseno hiperbólico, tangente hiperbólico, secante hiperbólica, cossecante hiperbólica e cotangente hiperbólica, além de suas respectivas inversas[1], o que, na maioria dos casos, transcendem a abordagem sobre funções, principalmente no ensino médio e cursos de graduação que não sejam de ciências exatas ou engenharias.

Definição 11.1

As funções *seno hiperbólico* e *cosseno hiperbólico*são definidas, respectivamente, por

$$f : \mathbb{R} \to \mathbb{R}, \quad f(x) = \operatorname{senh} x = \frac{e^x - e^{-x}}{2} \quad \text{e}$$

$$g : \mathbb{R} \to \mathbb{R}, \quad g(x) = \cosh x = \frac{e^x + e^{-x}}{2}$$

onde $e = 2,7182818284590...$ é o *número de Euler.*

A partir daqui, é possível definir as funções *tangente hiperbólica, secante hiperbólica, cossecante hiperbólica* e *cotangente hiperbólica*, respectivamente, por

$$\tanh x = \frac{\operatorname{senh} x}{\cosh x} = \frac{e^x - e^{-x}}{e^x + e^{-x}}, \quad \operatorname{sech} x = \frac{1}{\cosh x}, \quad \operatorname{csch} x = \frac{1}{\operatorname{senh} x},$$

[1]Neste livro, as funções trigonométricas não serão abordades, apenas mencionadas no que se refere a algumas similaridades com as funções hiperbólicas. Um estudo detalhado sobre as funções trigonométricas é feito no livro de Trigonometria e Números Complexos, dos mesmos autores da presente obra.

$$\coth x = \frac{1}{\tanh x} = \frac{\cosh x}{\operatorname{senh} x}.$$

Como exercício, deixamos para o leitor investigar o domínio destas funções.

Ainda, somando as definições exponenciais do cosseno hiperbólico e do seno hiperbólico, vamos obter $e^x = \cosh x + \operatorname{senh} x$ e, subtraindo o seno hiperbólico do cosseno hiperbólico, obtemos $e^{-x} = \cosh x - \operatorname{senh} x$.

Estas duas igualdades são chamadas de *relações de Euler* para funções hiperbólicas.

Para esboçar o gráfico das funções hiperbólicas, consideremos as funções exponenciais $f, g : \mathbb{R} \to \mathbb{R}$ dadas por $f(x) = \frac{1}{2}e^x$ e $g(x) = \frac{1}{2}e^{-x} = \frac{1}{2}\left(\frac{1}{e}\right)^x$. Seus gráficos estão representados na figura abaixo:

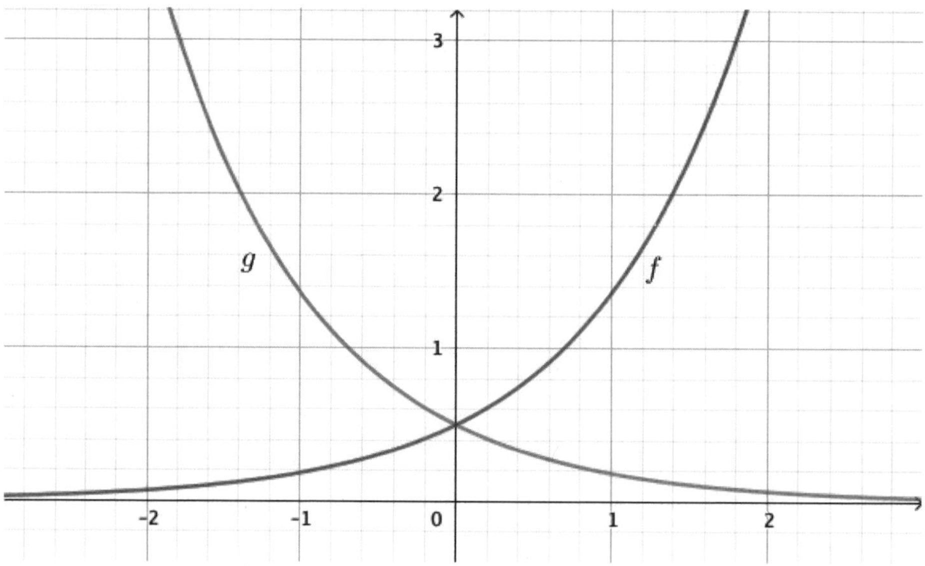

Perceba que $\operatorname{senh} x = f(x) - g(x)$ e $\cosh x = f(x) + g(x)$. Assim, efetuando a subtração e a adição de f e g, respectivamente, obtemos os gráficos do seno hiperbólico e do cosseno hiperbólico, como podemos ver na ilustração que segue (os gráficos de f e g estão juntos, tracejados, para facilitar na visualização). Observe que $Im(\operatorname{senh}) = \mathbb{R}$ e que $Im(\cosh) = [1, +\infty)$.

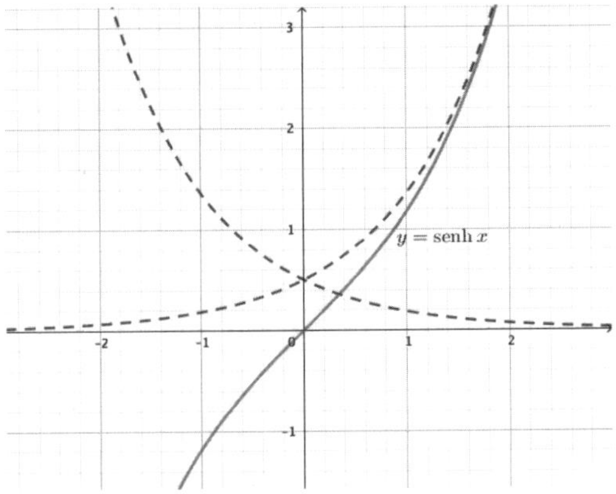

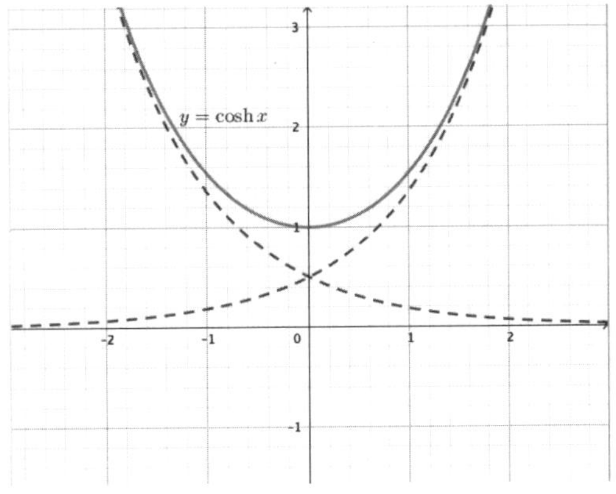

Para esboçar o gráfico de função tangente hiperbólica, vamos escrever

$$\tanh x = \frac{e^x - e^{-x}}{e^x + e^{-x}} = \frac{e^x - \dfrac{1}{e^x}}{e^x + \dfrac{1}{e^x}} = \frac{e^{2x} - 1}{e^{2x} + 1} = \frac{e^{2x} + 1}{e^{2x} + 1} - \frac{2}{e^{2x} + 1} = 1 - \frac{2}{e^{2x} + 1}$$

Observe que

$$\tanh 0 = 1 - \frac{2}{1+1} = 1 - 1 = 0$$

Note também que, quando x se aproximar de $+\infty$, temos que a exponencial $e^{2x} + 1$ vai para infinito e, portanto, o seu inverso vai se aproximar de zero. Portanto, a imagem $1 - \dfrac{2}{e^{2x} + 1}$ se aproximará de $1 - 0 = 1$.

Ainda, quando x se aproximar de $-\infty$, temos que a exponencial $e^{2x} + 1$ se aproximará de $0 + 1 = 1$ e, portanto, $1 - \dfrac{2}{e^{2x} + 1}$ se aproximará de $1 - \dfrac{2}{1} = -1$. Desses argumentos, concluímos que $y = 1$ e $y = -1$ são assíntotas horizontais para o gráfico de $f(x) = \tanh x$.

Façamos ainda o gráfico de $f(x) = \operatorname{sech} x$. Note que $\cosh 0 = 1$ e que o inverso de 1 é 1. Portanto, $\operatorname{sech} 0 = \dfrac{1}{\cosh 0} = 1$.

Ainda, quando x se aproxima de $+\infty$ ou $-\infty$, temos que $\cosh x$ se aproxima de $+\infty$ e, então, sech x (seu inverso) se aproximará de zero. Com estes argumentos, obtemos o esboço gráfico da secante hiperbólica (o gráfico do cosseno hiperbólico está tracejado):

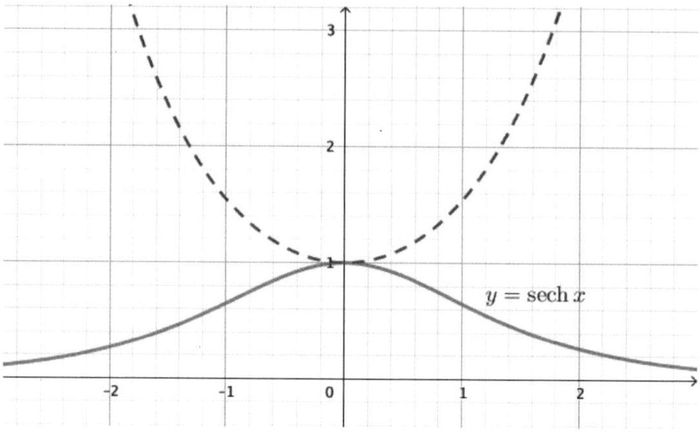

Como exercício, convidamos o leitor a esboçar os gráficos das demais funções hiperbólicas.

11.1 Paridade

Recordando o estudo de funções, temos que uma função $f : \mathbb{R} \to \mathbb{R}$ é *par* se $f(x) = f(-x)$, $\forall x \in \mathbb{R}$, e *ímpar* se $f(-x) = -f(x)$, $\forall x \in \mathbb{R}$. Isso posto, temos o seguinte resultado:

Proposição 11.2

As funções seno hiperbólico e tangente hiperbólico são funções ímpares, enquanto a função cosseno hiperbólico é uma função par.

Demonstração. De fato, basta notar que, para todo $x \in \mathbb{R}$, temos

$$\text{senh}(-x) = \frac{e^{-x} - e^{-(-x)}}{2} = \frac{e^{-x} - e^{x}}{2} = -\frac{e^{x} - e^{-x}}{2} = -\,\text{senh}\,(x)$$

Ou seja, a função seno hiperbólico é uma função ímpar. Analogamente, mostram-se as demais, isto é, mostra-se que

$$\cosh(-x) = \cosh x \quad \text{e} \quad \tanh(-x) = -\tanh x$$ □

11.2 Identidades hiperbólicas

Assim como nas funções trigonométricas, temos identidades com funções hiperbólicas. São as seguintes:

(a) Relação hiperbólica fundamental:

$$\cosh^2 x - \operatorname{senh}^2 x = 1 \tag{11.1}$$

(b) Relações derivadas da hiperbólica fundamental:

$$1 - \tanh^2 x = \operatorname{sech}^2 x,\ \forall x \in \mathbb{R} \tag{11.2}$$

$$\coth^2 x - 1 = \operatorname{csch}^2 x,\ \forall x \neq 0 \tag{11.3}$$

(c) Adições de arcos hiperbólicos:

$$\operatorname{senh}(x+y) = \operatorname{senh} x \cosh y + \operatorname{senh} y \cosh x \tag{11.4}$$

$$\cosh(x+y) = \cosh x \cosh y + \operatorname{senh} x \operatorname{senh} y \tag{11.5}$$

$$\tanh(x+y) = \frac{\tanh x + \tanh y}{1 + \tanh x \tanh y} \tag{11.6}$$

(d) Subtrações de arcos hiperbólicos:

$$\operatorname{senh}(x-y) = \operatorname{senh} x \cosh y - \operatorname{senh} y \cosh x \tag{11.7}$$

$$\cosh(x-y) = \cosh x \cosh y - \operatorname{senh} x \operatorname{senh} y \tag{11.8}$$

$$\tanh(x-y) = \frac{\tanh x - \tanh y}{1 - \tanh x \tanh y} \tag{11.9}$$

(e) Arcos duplos:

$$\operatorname{senh} 2x = 2 \operatorname{senh} x \cosh x \qquad \cosh 2x = \cosh x + \operatorname{senh} x$$

$$\tanh 2x = \frac{2 \tanh x}{1 + \tanh^2 x}$$

(f) Tranformações de somas e diferenças em produtos:

$$\operatorname{senh} p + \operatorname{senh} q = 2 \cdot \operatorname{senh}\left(\frac{p+q}{2}\right) \cdot \cosh\left(\frac{p-q}{2}\right) \qquad (11.10)$$

$$\operatorname{senh} p - \operatorname{senh} q = 2 \cdot \operatorname{senh}\left(\frac{p-q}{2}\right) \cdot \cosh\left(\frac{p+q}{2}\right) \qquad (11.11)$$

$$\cosh p + \cosh q = 2 \cdot \cosh\left(\frac{p+q}{2}\right) \cdot \cosh\left(\frac{p-q}{2}\right) \qquad (11.12)$$

$$\cosh p - \cosh q = 2 \cdot \operatorname{senh}\left(\frac{p+q}{2}\right) \cdot \operatorname{senh}\left(\frac{p-q}{2}\right) \qquad (11.13)$$

Demonstração. Para provar a relação hiperbólica fundamental (11.1), basta abrir as notações exponenciais de cada uma. Assim,

$$\cosh^2 x - \operatorname{senh}^2 x = \left(\frac{e^x + e^{-x}}{2}\right)^2 + \left(\frac{e^x - e^{-x}}{2}\right)^2 =$$

$$= \frac{e^{2x} + 2e^x e^{-x} + e^{-2x}}{4} - \frac{e^{2x} - 2e^x e^{-x} + e^{-2x}}{4} = \frac{4}{4} = 1$$

A prova de (11.2) é obtida dividindo (11.1) por $\cosh^2 x$, que sempre é diferente de zero. Já a prova de (11.3) é obtida dividindo (11.1) por $\operatorname{senh}^2 x$, desde que $x \neq 0$, pois neste caso o seno hiperbólico seria zero e teríamos uma divisão por zero, o que não pode ocorrer.

Para a prova de (11.4), (11.5) e (11.6), basta abrir as definições. Faremos a prova apenas de (11.4):

$$\operatorname{senh} x \cosh y + \operatorname{senh} y \cosh x = \frac{e^x - e^{-x}}{2} \cdot \frac{e^y + e^{-y}}{2} + \frac{e^y - e^{-y}}{2} \cdot \frac{e^x + e^{-x}}{2} =$$

$$= \frac{e^{x+y} + e^{x-y} - e^{-x+y} - e^{-(x+y)} + e^{x+y} + e^{-x+y} - e^{x-y} - e^{-(x+y)}}{4} =$$

$$= \frac{e^{x+y} - e^{-(x+y)} + e^{x+y} - e^{-(x+y)}}{4} = \frac{e^{x+y} - e^{-(x+y)}}{2} = \operatorname{senh}(x+y)$$

Já para a prova das fórmulas de arco duplo, basta escrever $2x = x + x$ e usar as fórmulas (11.4), (11.5) e (11.6).

E, para provar as fórmulas (11.7), (11.8) e (11.9), precisamos escrever $x - y = x + (-y)$ e usar as fórmulas da adição já provadas e a paridade das respectivas funções hiperbólicas. Por exemplo, como $\operatorname{senh}(-x) = -\operatorname{senh} x$ e $\cosh(-x) = \cosh x$, temos

$$\cosh(x - y) = \cosh(x + (-y)) = \cosh x \cdot \cosh(-y) + \operatorname{senh} x \cdot \operatorname{senh}(-y) =$$

$$= \cosh x \cdot \cosh y + \operatorname{senh} x \cdot (-\operatorname{senh} y) = \cosh x \cdot \cosh y - \operatorname{senh} x \cdot \operatorname{senh} y$$

Por fim, para provar as fórmulas (11.10) a (11.13), faremos as seguintes considerações: primeiramente, escrevendo

$$x + y = p \quad \text{e} \quad x - y = q, \quad \text{e daí} \quad x = \frac{p+q}{2} \quad \text{e} \quad y = \frac{p-q}{2} \tag{11.14}$$

e efetuando a soma de (11.4) e (11.7), obtemos

$$\operatorname{senh}(x + y) + \operatorname{senh}(x - y) = 2 \cdot \operatorname{senh} x \cdot \cosh y$$

Conforme (11.14), obtemos a fórmula (11.10).

Já subtraindo (11.7) de (11.4), obtemos

$$\operatorname{senh}(x + y) - \operatorname{senh}(x - y) = 2 \cdot \operatorname{senh} y \cdot \cosh x$$

Novamente usando (11.14), obtemos a fórmula (11.11).

As outras duas fórmulas são provadas de modo análogo, usando (11.14), (11.5) e (11.8). □

Exercícios

1. Em cada item a seguir, é dada uma função hiperbólica. Determine as outras cinco:

   (a) $\operatorname{senh} x = -\frac{3}{4}$, $x < 0$ (b) $\operatorname{sech} x = \frac{3}{5}$, $x < 0$

   (c) $\tanh x = -\frac{7}{25}$, $x > 0$ (d) $\operatorname{csch} x = -2$, $x < 0$

2. Dado $\tanh(a + b) = 3$ e $\tanh b = 2$, ache $\cosh a$.

3. Encontre os valores de x que verificam cada igualdade abaixo:

(a) $\tanh x = \dfrac{1}{2}$ (b) $\cosh x = 2$ (c) $\operatorname{senh} x = \dfrac{1}{2}$

4. Demonstre que:

(a) $\operatorname{senh}(v - w) = \operatorname{senh} v \cdot \cosh w - \operatorname{senh} w \cdot \cosh v$

(b) $\operatorname{csch} 2x = \dfrac{1}{2}\operatorname{sech} x \cdot \operatorname{csch} x$

(c) $\tanh(\ln x) = \dfrac{x^2 - 1}{x^2 + 1}$

(d) $\dfrac{1 + \tanh x}{1 - \tanh x} = e^{2x}$

(e) $\tanh x = \dfrac{\operatorname{senh} 2x}{1 + \cosh 2x}$

5. Esboce o gráfico de cada função a seguir, indicando domínio e imagem:

(a) $f(x) = 1 - \operatorname{senh} x$ (b) $f(x) = \operatorname{senh}(x - 1)$

(c) $f(x) = 1 - 2\operatorname{senh}(1 - x)$ (d) $f(x) = \cosh(x - 2)$

(e) $f(x) = 2 - \operatorname{sech} x$ (f) $f(x) = 1 - 2\coth(1 - x)$

Respostas

1. (a) $\operatorname{csch} x = -\frac{4}{3}$, $\cosh x = \frac{5}{4}$, $\operatorname{sech} x = \frac{4}{5}$, $\tanh x = -\frac{3}{5}$, $\coth x = -\frac{5}{3}$.

(b) $\cosh x = \frac{5}{3}$, $\operatorname{senh} x = -\frac{4}{3}$, $\operatorname{csch} x = -\frac{3}{4}$, $\tanh x = -\frac{4}{5}$, $\coth x = -\frac{5}{4}$.

(c) $\coth x = -\frac{25}{7}$, $\operatorname{sech} x = \frac{24}{25}$, $\cosh x = \frac{25}{24}$, $\operatorname{senh} x = -\frac{7}{24}$, $\operatorname{csch} x = -\frac{24}{7}$.

(d) $\operatorname{senh} x = -\frac{1}{2}$, $\cosh x = \frac{\sqrt{5}}{2}$, $\tanh x = -\frac{1}{\sqrt{5}}$, $\coth x = -\sqrt{5}$, $\operatorname{sech} x = \frac{2}{\sqrt{5}}$.

2. $\cosh a = \frac{5}{2\sqrt{6}}$

3. (a) $x = \frac{1}{2}\ln 3$ (b) $x = \ln(2 \pm \sqrt{3})$ (c) $x = \ln\left(\frac{1+\sqrt{5}}{2}\right)$

5. Gráficos:

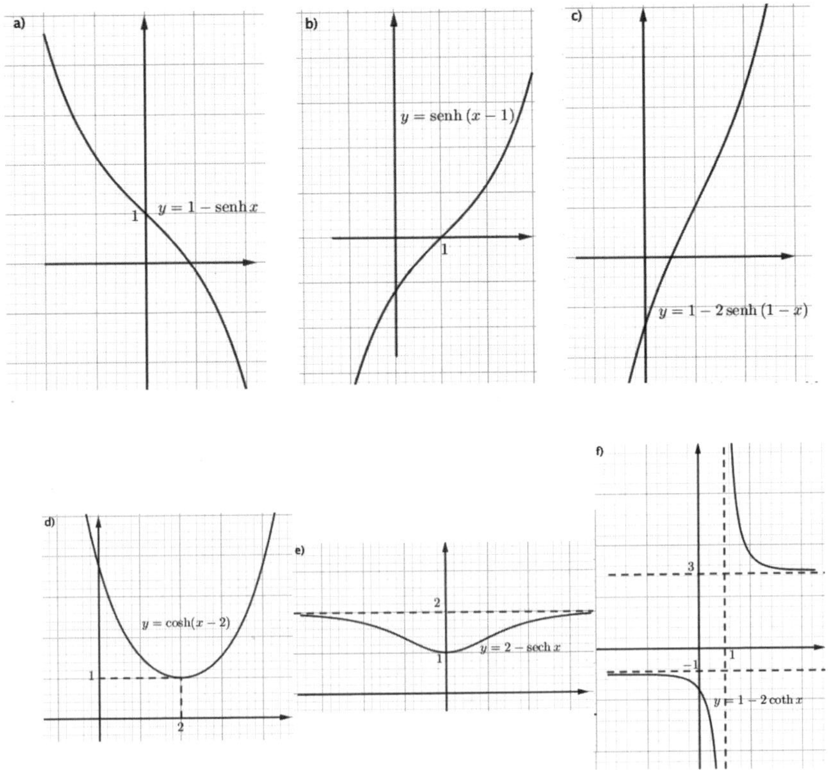

11.3 Funções hiperbólicas inversas

Repare que a função seno hiperbólico, conforme definida, já é bijetiva e, portanto, admite inversa. Graficamente, percebemos isto, porém faremos este estudo algebricamente. Em primeiro lugar, note que a função seno hiperbólico é injetiva:

$$\operatorname{senh} x = \operatorname{senh} y \Rightarrow \frac{e^x - e^{-x}}{2} = \frac{e^y - e^{-y}}{2} \Rightarrow e^x - e^{-x} = e^y - e^{-y} \Rightarrow$$

$$\Rightarrow e^x - \frac{1}{e^x} = e^y - \frac{1}{e^y} \Rightarrow \frac{e^{2x} - 1}{e^x} = \frac{e^{2y} - 1}{e^y} \Rightarrow$$

$$\Rightarrow e^{2x}e^y - e^y = e^{2y}e^x - e^x \Rightarrow e^{2x}e^y + e^x = e^{2y}e^x + e^y \Rightarrow$$

$$\Rightarrow e^x\left(e^x e^y + 1\right) = e^y\left(e^y e^x + 1\right) \Rightarrow e^x = e^y \Rightarrow x = y$$

Observamos também que a função seno hiperbólico também é sobrejetiva: dado qualquer $z \in \mathbb{R}$, segue que $\exists\, x \in D_{(\text{senh})} = \mathbb{R}$, tal que $f(x) = z$. De fato, basta tomar $x = \ln\left(z + \sqrt{z^2+1}\right)$:

$$f(x) = \operatorname{senh} x = \frac{e^x - e^{-x}}{2} = \frac{e^{\ln\left(z+\sqrt{z^2+1}\right)} - e^{-\ln\left(z+\sqrt{z^2+1}\right)}}{2} = \ldots = z$$

(Como exercício, deixamos o leitor concluir estes cálculos.)

Logo, temos que a função seno hiperbólico é bijetiva e portanto admite uma inversa f^{-1}.

Observação: obviamente o valor $x = \ln\left(z + \sqrt{z^2+1}\right)$ não é nada natural para se tomar para provar a sobrejetividade. Porém, a definição seguinte e os cálculos posteriores elucidarão o porquê desta escolha para x.

Definição 11.3

A função *arco-seno hiperbólico* é definida por

$$f : \mathbb{R} \to \mathbb{R}, \quad f(x) = \operatorname{arcsenh}\, x, \quad \text{onde} \quad y = \operatorname{arcsenh} x \iff x = \operatorname{senh} y.$$

Como uma função hiperbólica é dada em termos de funções exponenciais, é de se esperar que a hiperbólica inversa seja dada em termos de logaritmos. De fato, a função arco-seno hiperbólico tem uma representação logarítmica. Basta observar da definição que

$$y = \operatorname{arcsenh} x \iff x = \operatorname{senh} y \iff x = \frac{e^y - e^{-y}}{2} \iff$$

$$2x = e^y - e^{-y} \iff 2x + e^{-y} - e^y = 0 \iff 2xe^y + 1 - e^{2y} = 0$$

Resolvendo esta equação em função de e^y, obtemos

$$e^y = \frac{2x \pm \sqrt{4x^2+4}}{2} = x \pm \sqrt{x^2+1}$$

Como $e^y > 0$, somente a raiz positiva nos interessa[2]. Portanto,

$$e^y = x + \sqrt{x^2+1} \Rightarrow y = \ln\left(x + \sqrt{x^2+1}\right)$$

[2]Note, ainda, que $\forall x \in \mathbb{R}$, temos $x \leq |x| = \sqrt{x^2} < \sqrt{x^2+1} \Rightarrow x - \sqrt{x^2+1} < 0$ e, assim, não existe valor real para $\ln\left(x - \sqrt{x^2+1}\right)$.

Concluímos que a notação logarítmica para a função arco-seno hiperbólico é

$$y = \operatorname{arcsenh} x = \ln\left(x + \sqrt{x^2+1}\right), \forall x \in \mathbb{R}.$$

Isto justifica a escolha do x feita acima para provar a sobrejetividade.

Proposição 11.4

As funções $f, g : \mathbb{R} \to \mathbb{R}$ dadas por

$$f(x) = \operatorname{senh} x \quad e \quad g(x) = \operatorname{arcsenh}\ x$$

são inversas uma da outra.

Demonstração. De fato, $\forall x \in \mathbb{R}$, temos

$$(f \circ g)(x) = f(g(x)) = f(\operatorname{arcsenh} x) = \operatorname{senh}(\operatorname{arcsenh} x) = \frac{e^{\operatorname{arcsenh} x} - e^{-\operatorname{arcsenh} x}}{2}$$

$$= \frac{e^{\ln\left(x+\sqrt{x^2+1}\right)} - e^{-\ln\left(x+\sqrt{x^2+1}\right)}}{2} = \frac{x + \sqrt{x^2+1} - \dfrac{1}{x+\sqrt{x^2+1}}}{2} =$$

$$= \frac{x^2 + 2x\sqrt{x^2+1} + x^2 + 1 - 1}{2(x+\sqrt{x^2+1})} = \frac{2x(x+\sqrt{x^2+1})}{2(x+\sqrt{x^2+1})} = x = id_{\mathbb{R}}(x)$$

Do mesmo modo, $\forall x \in \mathbb{R}$, temos

$$(g \circ f)(x) = g(\operatorname{senh} x) = \ln\left(\operatorname{senh} x + \sqrt{\operatorname{senh}^2 x + 1}\right) =$$

$$= \ln\left(\frac{e^x - e^{-x}}{2} + \sqrt{\left(\frac{e^x - e^{-x}}{2}\right)^2 + 1}\right) =$$

$$= \ln\left(\frac{e^x - e^{-x}}{2} + \sqrt{\frac{e^{2x} - 2 + e^{-2x} + 4}{4}}\right) =$$

$$= \ln\left(\frac{e^x - e^{-x} + e^x + e^{-x}}{2}\right) = \ln e^x = x = id_{\mathbb{R}}(x)$$

O que conclui a proposição. □

Pela "técnica de espelhamento", obtemos o esboço gráfico da função arco-seno hiperbólico a partir do "reflexo" da função seno hiperbólico em relação à bissetriz $y = x$:

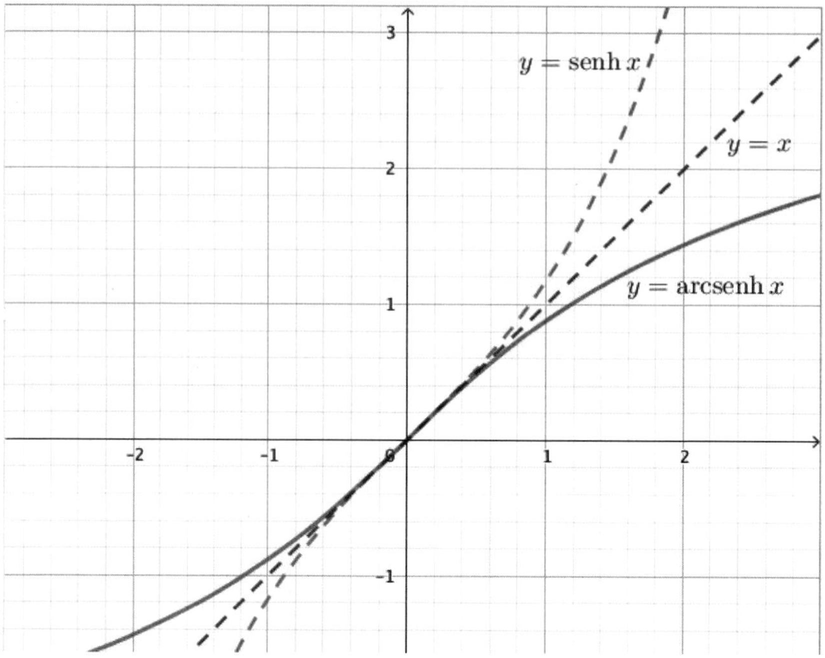

Agora, investiguemos a função cosseno hiperbólico no que diz respeito à bijetividade. Graficamente, observamos que esta função não é injetiva (nem sobrejetiva). Portanto, da maneira como foi definida, não admitirá uma inversa f^{-1}. Precisaremos redefinir esta função. Reforçando a afirmação acima, note, algebricamente, que f não é injetiva pois esta função é par: $\forall x \in \mathbb{R}$, $x \neq -x$ e

$$\cosh(-x) = \frac{e^{-x} + e^{-(-x)}}{2} = \frac{e^{x} + e^{-x}}{2} = \cosh x,$$

o que justifica algebricamente a afirmação de que o cosseno hiperbólico não é bijetiva.

Portanto, para que o cosseno hiperbólico possua inversa, devemos redefini-la da seguinte forma:

$$f : [0, +\infty) \to [1, +\infty)\,, \qquad f(x) = \cosh x$$

cujo esboço gráfico é o seguinte:

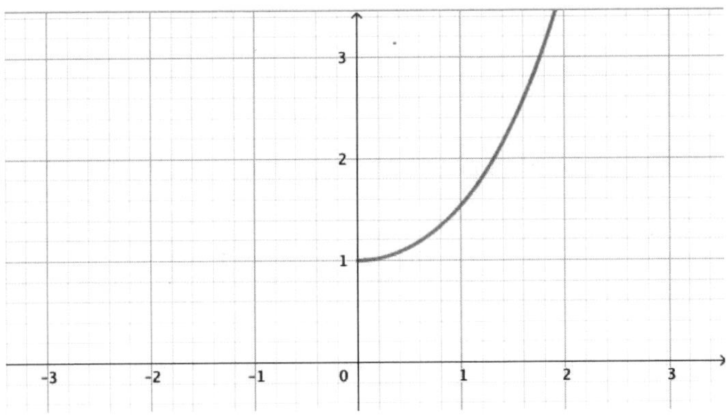

Isto motiva a definição que segue.

Definição 11.5

A função *arco-cosseno hiperbólico* é definida por

$$f : [1, +\infty) \to [0, +\infty)\,, \quad f(x) = \operatorname{arccosh} x$$

onde $y = \operatorname{arccosh} x \iff x = \cosh y$.

Pela "técnica de espelhamento", temos no que segue o esboço gráfico desta função:

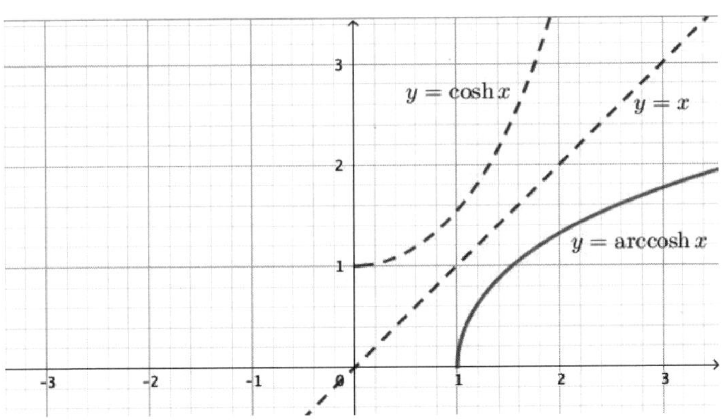

Esta função também possui uma representação logarítmica, cuja demonstração é análoga àquela feita para a função arco-seno hiperbólico. Como exercício, sugerimos ao leitor mostrar que

$$\operatorname{arccosh} x = \ln\left(x + \sqrt{x^2 - 1}\right)\,, \quad \forall x \geq 1$$

E provar a seguinte proposição:

Proposição 11.6

As funções

$$f : [0, +\infty) \to [1, +\infty)\,, \quad f(x) = \cosh x \qquad e$$

$$g : [1, +\infty) \to [0, +\infty)\,, \quad g(x) = \operatorname{arccosh} x$$

são inversas uma da outra.

Por fim, investiguemos a função tangente hiperbólica quanto à bijetividade. Observamos graficamente que a função tangente hiperbólica é injetiva, pois é estritamente crescente. Porém, ela não é sobrejetiva, pois $\mathrm{CD}(f) = \mathbb{R} \neq (-1, 1) = \mathrm{Im}(f)$. Logo, para ser bijetiva, devemos redefinir a função tangente hiperbólica por

$$f : \mathbb{R} \to (-1, 1)\,, \quad f(x) = \tanh x$$

A partir daí, podemos apresentar a definição que segue.

Definição 11.7

A função *arco-tangente hiperbólico* é definida por

$$f : (-1, 1) \to \mathbb{R}\,, \qquad f(x) = \operatorname{arctanh} x$$

onde $y = \operatorname{arctanh} x \iff x = \tanh y$.

Seu esboço gráfico é dado a seguir (usando a "técnica do espelhamento"):

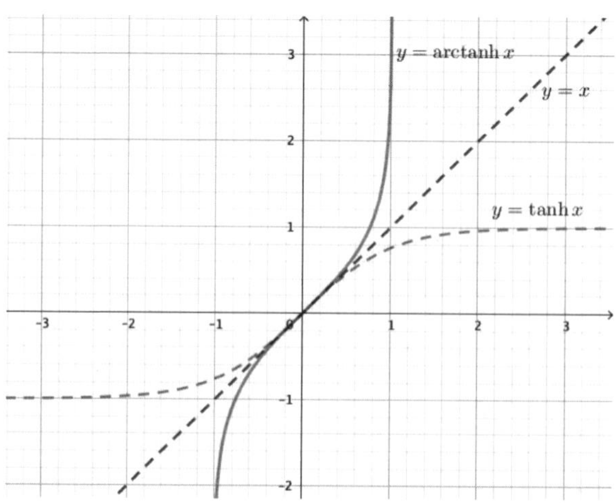

Vamos mostrar que a representação logarítmica desta função é dada por

$$\operatorname{arctanh} x = \frac{1}{2} \ln \frac{1+x}{1-x}, \quad \forall x \text{ tal que } |x| < 1$$

De fato, basta notar que $\forall x \in (-1, 1)$, temos

$$y = \operatorname{arctanh} x \iff x = \tanh y \iff x = \frac{e^y - e^{-y}}{e^y + e^{-y}} \iff$$

$$e^y x + e^{-y} x = e^y - e^{-y} \iff e^y(x-1) = -e^{-y}(x+1) \iff$$

$$e^{2y}(x-1) = -(x+1) \iff e^{2y} = -\frac{x+1}{x-1} = \frac{1+x}{1-x} \iff y = \frac{1}{2} \ln \frac{1+x}{1-x}$$

Como exercício, deixamos para o leitor provar a proposição que segue.

Proposição 11.8

As funções

$$f : \mathbb{R} \to (-1, 1), \quad f(x) = \tanh x \qquad e$$

$$g : (-1, 1) \to \mathbb{R}, \quad g(x) = \operatorname{arctanh} x$$

são inversas uma da outra.

Também existem outras funções hiperbólicas inversas: *arco-secante hiperbólica, arco-cossecante hiperbólica* e *arco-cotangente hiperbólica.* Como exercício, procure defini-las e encontrar suas respectivas representações logarítmicas.

11.4 Exercícios e aplicações

1. Calcule o valor numérico de cada expressão:

   (a) $\operatorname{arcsinh} 0,25 + \operatorname{arcsenh} \frac{3}{4}$ (b) $\operatorname{arccosh} 3 - \operatorname{arcsenh} 1$

2. Prove a seguinte identidade: $\operatorname{arccsch} x = \ln \left(\frac{1 + \sqrt{1 + x^2}}{x} \right)$.

3. Usando o exercício anterior, mostre que $\operatorname{arccsch} x = \operatorname{arcsinh} \frac{1}{x}$.

4. Esboce o gráfico de cada função abaixo, indicando domínio e imagem:

   (a) $f(x) = 1 - \operatorname{arcsenh} x$ (b) $f(x) = 1 + \operatorname{arccosh}(1 - x)$

   (c) $f(x) = \operatorname{arcsech} x$ (d) $f(x) = \operatorname{arctanh} x$

5. Usando as notações logarítmicas das funções hiperbólicas inversas, determine o valor de:

   (a) $\operatorname{arccosh} 1$ (b) $\operatorname{arcsenh} 1$ (c) $\operatorname{arctanh} \frac{1}{2}$

6. As funções hiperbólicas têm aplicações importantes, principalmente no contexto das Engenharias, mas, em geral, requerem conhecimento de Cálculo Diferencial e Integral na modelagem matemática dos problemas. Entre os problemas reais que podem ser modelados à partir de funções hiperbólicas, destacamos dois, que seguem abaixo. Como são aplicações clássicas, podem ser encontradas em diferentes fontes literárias. Sendo assim, não indicaremos nenhuma fonte específica.

   (a) Uma aplicação, que também envolve conhecimento de equações diferenciais ordinárias, é encontrar a posição de equilíbrio dos corpos. Um exemplo interessante é o formato da curva de cabos suspensos, presos nas extremidades de postes. Deixamos para o leitor mostrar que o formato desta curva pode ser dada por $f(x) = \cosh(x - 1) - \cosh(1)$. A curva que representa um cabo suspenso é chamada de *Catenária.*

   (b) Outra aplicação se dá no cálculo da velocidade das ondas do mar. A velocidade de propagação das ondas na superfície de líquidos pode ser calculada utilizando a seguinte fórmula:

$$v = \sqrt{\frac{g\lambda}{2\pi} \tanh\left(\frac{2\pi d}{\lambda}\right)}$$

   onde λ é o comprimento da onda, d a espessura da lâmina de líquido ou profundidade e g é a aceleração da gravidade. Deixamos para o leitor calcular as velocidades das ondas do mar para diferentes valores de λ e d.

Respostas

1. (a) $\ln\left(\frac{1+\sqrt{17}}{2}\right)$ (b) $\ln(1+\sqrt{2})$

2. Escreva $y = \operatorname{arccsch} x$ e então $\operatorname{csch} y = x$, e siga o procedimento conforme feito para obter o arcoseno-hiperbólico.

3. Compare a fórmula do exercício anterior com a fórmula para o arco cosseno hiperbólico.

4. Gráficos:

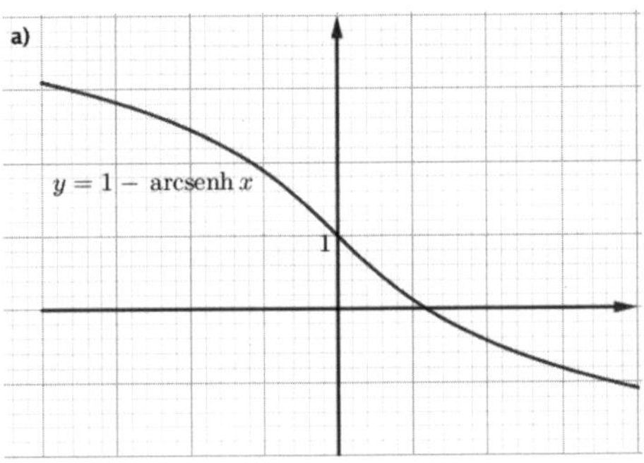

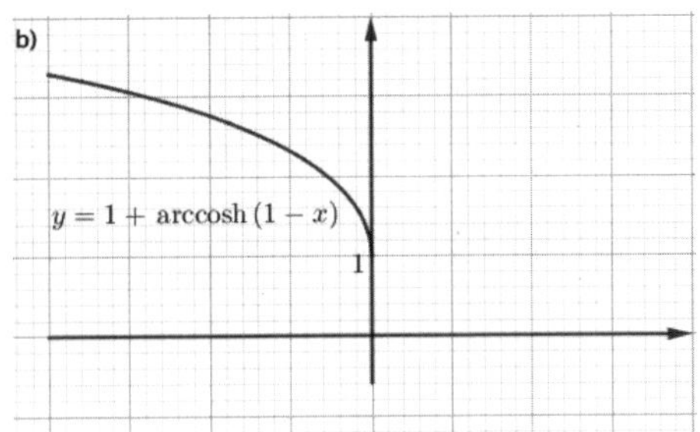

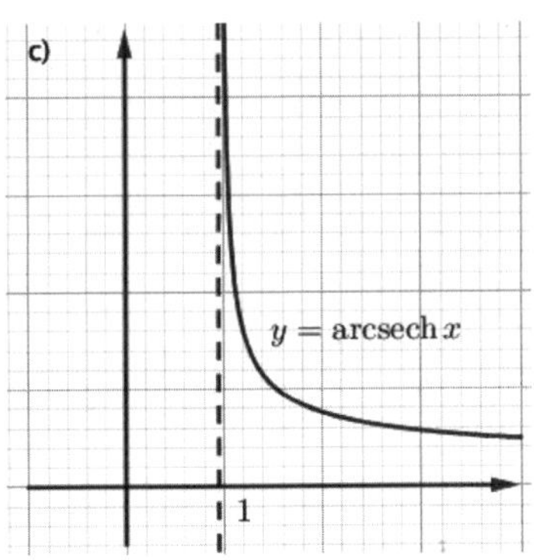

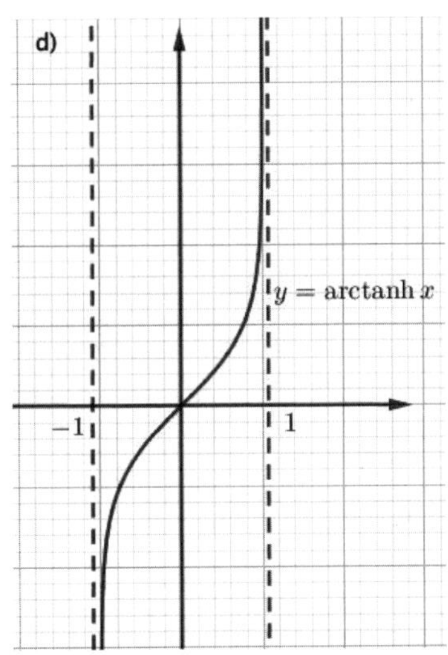

5. (a) 0 (b) $\ln(1+\sqrt{2})$ (c) $\frac{1}{2}\ln 3$

Referências

DANTE, Luiz Roberto. **Matemática: Contexto e Aplicações**. São Paulo, Editora Ática, 2009.

DEMANA, Franklin; FOLEY, Gregory D.; KENNEDY, Daniel. **Pré-cálculo**. 2. ed. São Paulo: Pearson, 2013.

GOMES, Francisco Magalhães. **Pré-cálculo**. 2. ed. São Paulo: Cengage Learning, 2018.

IEZZI, Gelson; DOLCE, Osvaldo; MARUKAMI, Carlos. **Fundamentos de Matemática Elementar**. Vol. 2. São Paulo, Editora Atual, 1985.

IEZZI, Gelson; MARUKAMI, Calros. **Fundamentos de Matemática Elementar**. Vol. 1. São Paulo, Editora Atual, 1985.

LEITHOLD, Louis. **O Cálculo com Geometria Analítica**. Vol. 1. São Paulo, Harbra, 1990.

MEDEIROS, Valéria Zuma; CALDEIRA, André Machado; SILVA, Luiza Maria Oliveira; MACHADO, Maria Augusta Soares. **Pré-cálculo**. 2. ed. São Paulo: Cengage Learning, 2010.

NEPERO, Ioannes. **Logarithmorum canonis descriptio: eiusque usus, in utraque Trigonometria; ut etiam in omni Logistica Mathematica** . Edingurgi, 1614.

SAADI, Alessandro da Silva e SILVA, Felipe Morais da. **Apostila de Pré-cálculo - Parte 1**. Rio Grande: Gráfica da FURG, 2017.

SAFIER, Fred. **Pré-cálculo**. Porto Alegre: Bookman, 2011. (Coleção Schaum).

ZAHN, Mauricio. **Teoria Elementar das Funções**. Rio de Janeiro, Ciência Moderna, 2009.

Índice remissivo

GRÁFICA PAYM
Tel. [11] 4392-3344
paym@graficapaym.com.br